Logik für die Informatik

Markus Junker

Logik für die Informatik

Eine Einführung in die Aussagenlogik, Prädikatenlogik und Berechenbarkeitstheorie

Markus Junker
Mathematisches Institut
Albert-Ludwigs-Universität Freiburg
Freiburg im Breisgau
Baden-Württemberg Deutschland

ISBN 978-3-662-70824-8   ISBN 978-3-662-70825-5   (eBook)
https://doi.org/10.1007/978-3-662-70825-5

Die Deutsche Nationalbibliothek verzeichnet diese Publikation in der Deutschen Nationalbibliografie; detaillierte bibliografische Daten sind im Internet über https://portal.dnb.de abrufbar.

© Der/die Herausgeber bzw. der/die Autor(en), exklusiv lizenziert an Springer-Verlag GmbH, DE, ein Teil von Springer Nature 2025

Das Werk einschließlich aller seiner Teile ist urheberrechtlich geschützt. Jede Verwertung, die nicht ausdrücklich vom Urheberrechtsgesetz zugelassen ist, bedarf der vorherigen Zustimmung des Verlags. Das gilt insbesondere für Vervielfältigungen, Bearbeitungen, Übersetzungen, Mikroverfilmungen und die Einspeicherung und Verarbeitung in elektronischen Systemen.
Die Wiedergabe von allgemein beschreibenden Bezeichnungen, Marken, Unternehmensnamen etc. in diesem Werk bedeutet nicht, dass diese frei durch jede Person benutzt werden dürfen. Die Berechtigung zur Benutzung unterliegt, auch ohne gesonderten Hinweis hierzu, den Regeln des Markenrechts. Die Rechte des/der jeweiligen Zeicheninhaber*in sind zu beachten.
Der Verlag, die Autor*innen und die Herausgeber*innen gehen davon aus, dass die Angaben und Informationen in diesem Werk zum Zeitpunkt der Veröffentlichung vollständig und korrekt sind. Weder der Verlag noch die Autor*innen oder die Herausgeber*innen übernehmen, ausdrücklich oder implizit, Gewähr für den Inhalt des Werkes, etwaige Fehler oder Äußerungen. Der Verlag bleibt im Hinblick auf geografische Zuordnungen und Gebietsbezeichnungen in veröffentlichten Karten und Institutionsadressen neutral.

Springer Vieweg ist ein Imprint der eingetragenen Gesellschaft Springer-Verlag GmbH, DE und ist ein Teil von Springer Nature.
Die Anschrift der Gesellschaft ist: Heidelberger Platz 3, 14197 Berlin, Germany

Wenn Sie dieses Produkt entsorgen, geben Sie das Papier bitte zum Recycling.

Vorwort

Dieses Buch ist eine Ausarbeitung meines Skriptes zu der zweistündigen Vorlesung „Logik für Studierende der Informatik", die ich in den Wintersemestern 2016/17, 2017/18 und 2020/21 an der Albert-Ludwigs-Universität in Freiburg gehalten habe. Das Buch ist umfangreicher als die Vorlesung, da ich nicht in jedem Semester alle Themen angesprochen habe – insbesondere die Ausblicke im Anhang und die diversen Methoden kamen nur in Auszügen vor. Außerdem habe ich das ursprüngliche Skript durch viele Beispiele und Erläuterungen so angereichert, dass es sich nun auch gut zum Selbststudium eignen sollte.

Im Aufbau der Vorlesung bin ich zunächst der von Martin Ziegler im Wintersemester 2012/13 gehaltenen Vorlesung gefolgt; meine Version hat dann nach und nach ein Eigenleben entwickelt. Ich beginne mit einem starken Fokus auf der Aussagenlogik, einerseits als „Modelllogik", an der die Ideen und Konzepte der Mathematischen Logik deutlich werden – semantische Auswertung von Formeln, Normalformen, Kalküle –, andererseits als Spielwiese für verschiedenste Methoden zur Lösung typischer Fragestellungen der Logik – beispielsweise die Tableau-Methode, Resolution oder ein Sequenzenkalkül. Im zweiten Teil stelle ich die Prädikatenlogik erster Ordnung vor, wieder mit Auswertung von Formeln, Normalformen, Kalkülen, und ich beweise die Vollständigkeit eines Kalküls. Ich lege dann noch detailliert zwei weitere Methoden dar: eine prädikatenlogische Version der Tableau-Methode sowie das automatische Beweisen à la Herbrand mit Resolution und Unifikation. Im dritten Teil gebe ich einen Einblick in die Berechenbarkeitstheorie: Themen hierin sind Turing-Maschinen und das Halteproblem, die Unentscheidbarkeit der Prädikatenlogik, die NP-Vollständigkeit des Erfüllbarkeitsproblems der Aussagenlogik sowie rekursive Funktionen mit einem Ausblick auf Gödels Unvollständigkeitssatz.

Wie es typischerweise bei solchen Lehrbüchern der Fall ist, erhebt das Buch keinen Anspruch auf eigene wissenschaftliche Leistung: Es werden die Errungenschaften anderer, im Wesentlichen aus der Zeit zwischen 1850 und 1975, dargestellt. Nur die konkrete Darstellung und Ausformulierung stammt von mir, inklusive möglicher Fehler. Meine

Darstellung ist stark beeinflusst von den Logik-Vorlesungen, die ich selbst gehört habe – bei Jacques Stern, Jean-Louis Krivine und Ramez Labib-Sami in Paris – und die ich bei Martin Ziegler in Freiburg als Assistent betreut habe, sowie von den Büchern von Kollegen, die im Literaturverzeichnis im Anhang aufgeführt sind.

Da Mathematik meistens ahistorisch betrieben wird, ist bis auf wenige Ausnahmen nicht bekannt, von wem genau welche Fragestellungen, Konzepte, Begriffe, Sätze, Beweise oder Beweistechniken stammen. Die Entwicklung eines mathematischen Teilgebiets ist sicher auch als ein Gemeinschaftswerk einer mathematischen *Community* zu verstehen. Ich habe, um eine Vorstellung zu vermitteln, den drei Teilen jeweils einen kurzen geschichtlichen Abriss vorangestellt, so gut mir die Zusammenhänge bekannt sind. Die Referenzen zu den darin genannten Werken und auch Referenzen zu den wichtigen mit Namen oder Jahreszahl versehenen Sätzen habe ich im Literaturverzeichnis im Anhang gesammelt.

Zu Dank verpflichtet bin ich meinen akademischen Lehrern und meinen Kolleginnen und Kollegen am Mathematischen Institut der Albert-Ludwigs-Universität Freiburg, insbesondere in der Abteilung für Mathematische Logik. Korrekturen früherer Versionen des Skripts und viele Anregungen kamen insbesondere von Andreas Claessens sowie von unzähligen Studierenden der Informatik. Charlotte Bartnick und Roland Muntschick haben einen Entwurf des Buches gelesen, viele Fehler korrigiert und wertvolle Verbesserungsvorschläge angebracht. Über die Mitteilung verbliebener Fehler bin ich dankbar. Dem Springer-Verlag danke ich herzlich für die Initiative, mein Skript als Buch zu veröffentlichen.

Markus Junker

Kurze Einführung

Traditionell wird *Logik* gerne als die „Lehre vom korrekten Schließen" charakterisiert. Untersuchungsobjekte der Logik sind dann logische Schlüsse oder Argumentationen, die typischerweise in der Gestalt

$$\begin{array}{c} \textit{Prämisse } 1 \\ \vdots \\ \underline{\textit{Prämisse } n} \\ \textit{Schlussfolgerung} \end{array}$$

betrachtet werden. Untersucht wird, ob sich die Schlussfolgerung „logisch korrekt" aus den Prämissen ergibt. Dazu wird üblicherweise von den konkreten Inhalten abstrahiert und nur die „Form" des Schlusses und damit die Form der beteiligten Sätze betrachtet. Diese Form der Sätze lässt sich in einer symbolischen, *formalen Sprache* darstellen, und die korrekten logischen Schlussweisen können dann als *Regeln* im Umgang mit Ausdrücken dieser formalen Sprache verstanden werden.

In einem weiten Sinn kann man *Logik* daher als eine Theorie von in formalen Sprachen beschriebenen Regelsystemen verstehen. Solch eine allgemeine Theorie hat viele Anwendungen, nämlich immer dann, wenn sich aus Bedingungen oder Voraussetzungen nach allgemeinen Regeln, also situationsunabhängig, eine Folgerung ergeben soll. Das kann zum Beispiel ein Algorithmus sein, bei dem unter gegebenen Bedingungen eine gewisse Berechnungsvorschrift auszuführen ist, oder ein mathematischer Beweis, bei dem aus bereits bewiesenen Zwischenschritten eine weitere Aussage abgeleitet wird.

Die Logik betrachtet verschiedene solche Regelsysteme, je nach beabsichtigter Anwendung. Sie können sich in den zugrunde liegenden Prinzipien, in ihrer Ausdrucksstärke oder in der verwendeten formalen Sprache unterscheiden. Ein solches System wird meistens kurz *eine Logik* genannt (im Unterschied zu *der Logik* als umfassender wissenschaftlicher Disziplin) und in der Regel in zwei Schritten beschrieben:

- *Syntax:* Welche *Zeichen* werden für die Konstruktion der formalen Sprache benutzt und welche Gebilde aus diesen Zeichen bilden zugelassene *Sätze* (auch *wff's* – engl.: *well formed formulae* – genannt) der formalen Sprache?
- *Semantik:* Wie lassen sich diese Sätze in Strukturen/Kontexten ... *auswerten?* Aus diesen Auswertungen ergeben sich dann Definitionen der für die Logik relevanten Begriffe, wie zum Beispiel *logische Folgerung* und *logische Äquivalenz*.
- Alternativ zu solch einer Semantik können diese Begriffe auch über Ableitungs- oder Umformungsregeln eingeführt werden, die dann einen sogenannten *Kalkül* bilden.

Die grundlegendsten Logiken sind *Aussagenlogiken*. Eine Aussagenlogik ist dadurch charakterisiert, dass die Auswertung von Sätzen vollständig durch die Zuweisung von *Wahrheitswerten* erfolgt. Die einfachste Aussagenlogik ist die *klassische zweiwertige Aussagenlogik,* die jedem Satz in jedem Kontext genau einen der beiden Wahrheitswerte 0/„falsch" oder 1/„wahr" zuordnet und den Prinzipien des ausgeschlossenen Widerspruchs und des ausgeschlossenen Dritten unterliegt.

Man kann auch mehrwertige Logiken betrachten (mit im Extremfall einem Kontinuum an Wahrheitswerten) oder nichtklassische Logiken (wie z. B. die *intuitionistische Aussagenlogik,* die in der Informatik eine Rolle spielt, weil sie in gewisser Weise das Laufverhalten von Computerprogrammen adäquater beschreibt als die klassische).

Erweiterungen der Aussagenlogiken mit einer größeren Ausdrucksstärke sind zum Beispiel *Modallogiken* und die *Prädikatenlogiken*. Nach der klassischen zweiwertigen Aussagenlogik wird in diesem Buch die (klassische zweiwertige) *Prädikatenlogik erster Stufe* betrachtet, die dafür geeignet ist, komplexe abstrakte Strukturen und Sachverhalte zu beschreiben, wie sie zum Beispiel in der Informatik und der Mathematik vorkommen.

Die formalen Sprachen und die Methoden der Logik können helfen, Probleme aus der Informatik zu beschreiben und zu lösen. Anwendungsgebiete finden sich zum Beispiel bei Constraint-Satisfaction-Problemen oder der Programmverifikation, aber auch die Konstruktion einiger Programmiersprachen baut direkt auf Logik auf. Auf solche Anwendungen gehe ich in diesem Buch allerdings nicht ein.

Dagegen reiße ich mit der *Berechenbarkeitstheorie* und der *Komplexitätstheorie* zwei gemeinsame Teilgebiete der Logik und der (historisch gesehen aus der Logik entstandenen) theoretischen Informatik an. Der Logik lag immer schon der Gedanke der Berechenbarkeit nahe: Zum einen hat die Anwendung korrekter logischer Schlussweisen einen maschinellen Charakter, zum anderen hat sich früh die Frage gestellt, ob die Korrektheit algorithmisch überprüfbar ist. Mit der Einsicht, dass nicht alle Fragestellungen der Logik algorithmisch entscheidbar sind, hat sich zu Beginn des 20. Jahrhundert die Berechenbarkeitstheorie entwickelt. Auch die benachbarte Komplexitätstheorie, bei der es darum geht, wie schnell sich Probleme algorithmisch lösen lassen, benutzt Methoden und Ergebnisse der Logik.

Hinweise zum Gebrauch des Buchs

Wichtige Begriffe sind **fett** (bold) gedruckt und in der Regel mit englischer Übersetzung versehen, um die Lektüre von englischsprachiger Literatur zu erleichtern. Auch für einige weniger wichtige Begriffe habe ich die typische englische Übersetzung aufgeführt.

> Beispiele sind in der Regel grau unterlegt.

Erläuterungen, die zusätzliche Informationen liefern, aber insbesondere bei einer ersten Lektüre übersprungen werden können, sind in einem etwas kleineren Font gehalten.[1]

BEWEISE: Beginnen so und enden mit einem kleinen Quadrat am Zeilenende. □

Am Ende jedes Abschnitts sind Übungsaufgaben angegeben. Aufgaben, die meines Erachtens schwerer sind oder bei denen weniger offensichtlich ist, wie sie zu lösen sind, habe ich mit * markiert. Nicht mit * markiert sind Aufgaben, deren Behandlung lediglich langwierig ist.

Ich setze Grundkenntnisse aus einführenden Mathematikvorlesungen im Informatikstudium voraus. Einige mathematische Grundlagen, die darin möglicherweise nicht behandelt sind, habe ich im Anhang 10 kurz zusammengefasst.

Alle Referenzen und Literaturangaben sind im Anhang A.1 versammelt.

Ein ungelöstes ästhetisches Problem ist die Frage, ob man am Ende abgesetzter Formeln Satzzeichen setzen sollte, also zum Beispiel einen Punkt, wenn der Satz mit der abgesetzten Formel endet. Ich habe mich in der Regel dagegen entschieden, bin aber nicht immer konsequent.

---

[1] Ab und zu nutze ich auch Fußnoten.

Inhaltsverzeichnis

Teil I Aussagenlogik

1 Grundlegende Konzepte 3
   1.1 Aussagenlogische Formeln und ihre Darstellungen 4
   1.2 Wahrheitswertfunktionen und -verläufe 12
   1.3 Tautologien, Erfüllbarkeit, logische Folgerung und logische Äquivalenz 17
   1.4 Gesetze der Aussagenlogik 23
   1.5 Disjunktive und konjunktive Normalform 28

2 Methoden und Verfahren 39
   2.1 Wahrheitstafeln und Venn-Diagramme 40
   2.2 Logische Umformungen und Formeln in DNF 44
   2.3 Tableau-Methode (Baumkalkül) 48
   2.4 Resolution und Formeln in KNF 54
   2.5 Die Methode von Quine 63
   2.6 Ein Sequenzenkalkül 65

3 Die mathematische Struktur der Aussagenlogik 71
   3.1 Der Kompaktheitssatz der Aussagenlogik 71
   3.2 Boole'sche Algebren 73
   3.3 Boole'sche Algebren als partielle Ordnungen 80
   3.4 Dualität 82

Teil II Aussagenlogik

4 Grundlegende Konzepte 87
   4.1 Prädikatenlogische Formeln 88
   4.2 Auswertung in Strukturen 98
   4.3 Allgemeingültigkeit, Erfüllbarkeit, logische Folgerung und logische Äquivalenz 107

4.4	Formalisierungen	109
4.5	Gesetze der Prädikatenlogik	114
4.6	Normalformen	123

5 Der Vollständigkeitssatz ... 133
    5.1 Kalküle ... 133
    5.2 Henkin-Konstruktion ... 138
    5.3 Der Kompaktheitssatz der Prädikatenlogik ... 144

6 Methoden und Verfahren ... 149
    6.1 Semantische Beweise und Gegenbeispiele ... 149
    6.2 Tableau-Methode ... 152
    6.3 Der Satz von Herbrand und Unifikation ... 159

Teil III Berechenbarkeit

7 Berechenbarkeit und Entscheidbarkeit ... 173
    7.1 Grundlegende Konzepte ... 174
    7.2 Turing-Maschinen ... 176
    7.3 Das Halteproblem ... 182
    7.4 Die Unentscheidbarkeit der Prädikatenlogik ... 187
    7.5 NP-Vollständigkeit und der Satz von Cook ... 193

8 Rekursive Funktionen ... 201
    8.1 Totale rekursive Funktionen ... 201
    8.2 Partielle rekursive Funktionen ... 208
    8.3 Gödelisierung und die Arithmetik ... 210

Teil IV Anhang

9 Ausblicke ... 219
    9.1 Prädikatenlogik zweiter Stufe ... 219
    9.2 Modallogik ... 221
    9.3 Intuitionistische Aussagenlogik ... 225

10 Grundlagen ... 231
    10.1 Relationen, Graphen, Wörter ... 232
    10.2 Abzählbarkeit ... 237
    10.3 Eindeutige Lesbarkeit ... 238

A Verzeichnisse ... 241

Stichwortverzeichnis ... 247

Symbolverzeichnis

Zeichen

$\top$	Aussagenkonstante „Verum"
$\bot$	Aussagenkonstante „Falsum"
$\neg$	Negationsjunktor, zugehörige Operation
$\wedge$	Konjunktionsjunktor, zugehörige Operation
$\bigwedge$	iterierte Konjunktion
$\cap$	Schnitt in Boole'scher Algebra
$\vee$	Disjunktionsjunktor, zugehörige Operation
$\bigvee$	iterierte Disjunktion
$\cup$	Vereinigung in Boole'scher Algebra
$\Box$	Notwendigkeitsoperator
$\Diamond$	Möglichkeitsoperator
$\sqsubseteq$	partielle Ordnung einer Boole'schen Algebra
$\rightarrow$	Implikationsjunktor
$\dashrightarrow$	partielle Funktion
$\Rightarrow$	mathematische Implikation
$\vDash$	Tautologie, allgemeingültig, Implikation, Modellbeziehung
$\vDash_{int}$	intuitionistische Implikation
$\vdash$	alternatives Zeichen für $\vDash$ (syntaktisch)
$\vdash_{seq}$	Implikationszeichen in einer Sequenz
$\vdash_{\mathbb{K}}$	Ableitung im Kalkül $\mathbb{K}$
$\vdash_{\mathscr{L}}$	Ableitung im Kalkül $\mathbb{K}_{\mathscr{L}}$
$\leftrightarrow$	Äquivalenzjunktor
$\Leftrightarrow$	mathematische Äquivalenz
$\sim$	logische Äquivalenz
$\sim_{int}$	intuitionistisch logisch äquivalent
$\approx$	Äquivalenzrelation in der Termstruktur
$\doteq$	Gleichheitszeichen

$\dot{-}$	modifizierte Differenz
$\downarrow$	NOR-Junktor, Peirce-Funktion
$\uparrow$ oder $\mid$	NAND-Junktor, Sheffer-Strich
$*$	Variable für Junktoren
$\widetilde{*}$	Wahrheitswertfunktion des Junktors $*$
$\frown$	Konkatenation zweier Wörter
$\times$	schließender Pfad
$\{\ldots\}$	Schreibweise für Klauseln
$[\![\ldots]\!]$	Auswertung in intuitionistischem Modell
$\ulcorner\ldots\urcorner$	Kodierung

Zahlen

0, 1	Wahrheitswert; Konstante in Boole'scher Algebra
4, 5	modallogische Axiome

Lateinische Buchstaben und Abwandlungen

$\forall$	Allquantor
A_i	Aussagenvariable
A^*	Menge der Wörter über dem Alphabet A
B	modallogisches Axiom
$\mathscr{B}$	Boole'sche Algebra
$\mathscr{B}^*$	duale Boole'sche Algebra
c	Komplement in Boole'scher Algebra
c_i	Konstantenzeichen
c_m^k	konstante Funktionen
c_φ	Henkin-Konstante
D	modallogisches Axiom
$\exists$	Existenzquantor
$\exists^{\geq 3}, \exists^{\leq 3}, \exists^{=3}$	„Zählquantoren"
f_i	Funktionszeichen
$f_i^{\mathscr{M}}$	Interpretation des Funktionszeichen in $\mathscr{M}$
$\mathscr{F}_n, \mathscr{F}_\infty$	(Tarski-)Lindenbaum-Algebren
$\mathscr{H}_n$	intuitionistische Lindenbaum-Algebren
ht	Höhe eines Baumes
K	modallogisches Axiom
$\mathbb{K}$	Kalkül
$\mathscr{L}$	prädikatenlogische Sprache

Symbolverzeichnis

$\mathscr{L}^*, \mathscr{L}_*$	Erweiterung von $\mathscr{L}$ durch Skolem-Funktionen
$\mathscr{L}_C$	Erweiterung von $\mathscr{L}$ durch Konstanten C
lg	Länge einer Zeichenkette
$\lg_i(\varphi)$	Länge von φ in Infix-Notation
$\lg_p(\varphi)$	Länge von φ in Polnischer Notation
$\mathscr{M}$	$\mathscr{L}$-Struktur, modallogisches Modell
M	Problem
M$^+$	um Zertifikate erweitertes Problem
N	Nachfolgerfunktion
$\mathscr{N}$	Arithmetik: $\mathbb{N}$ als $\mathscr{L}_N$-Struktur
NP	nichtdeterministisch polynomielle Probleme
P	polynomielle Probleme
Pot(M)	Potenzmenge(nalgebra)
Q	Robinson-Arithmetik
Q_i	Variable für Quantoren
R_i	Relationszeichen
$R_i^{\mathscr{M}}$	Interpretation des Relationszeichen in $\mathscr{M}$
s	Stelligkeit
T	modallogisches Axiom
v_i	Individuenvariable
V_i, V_i^n	Relationsvariable
$\mathscr{W}$	Boole'sche Algebra der Wahrheitswerte
z_0, z_{end}	Start- und Endzustand einer Turing-Maschine

Griechische Buchstaben und Abwandlungen

β	Belegung
$\beta^{i,j}$	Bijektionen $\mathbb{N}^i \to \mathbb{N}^j$
β^*	Bijektion $\mathbb{N}^* \to \mathbb{N}$
$\beta\frac{v_i}{m}$	Belegung, die v_i das Element m zuweist
$\beta(\tau)$	Auswertung von τ unter β
$\beta(\varphi)$	Wahrheitswert von φ unter β
Γ_f	Graph der Funktion f
μ	kleinstes Element bei μ-Rekursion
π_n	Paritätsformel
π_i^n	Projektion
τ, σ, etc.	Terme
$\tau(v_i, \dots)$	höchstens vorkommende Variablen in τ
$\tau[\frac{v_i}{\sigma}]$	Substitution von v_i durch σ in τ

$\overline{\tau}$	Äquivalenzklasse von τ in der Termstruktur
$\tau^{\mathcal{M}}$	durch τ definierte Funktion
φ, ψ, etc.	logische Formeln
Φ, Ψ, etc.	Mengen oder Auflistungen logischer Formeln
$[\varphi]_i$	Infix-Notation von φ
$[\varphi]_p$	Polnische Notation von φ
$\varphi(A_i, \ldots)$	höchstens vorkommende Aussagenvariablen in φ
$\varphi(v_i, \ldots)$	höchstens vorkommende freie Variablen in φ
$\varphi(m_i, \ldots)$	„Einsetzung" der m_i in φ
$\varphi[\frac{\varphi'}{\psi}]$	Substitution von φ' durch ψ in φ
$\varphi[\frac{v_i}{\sigma}]$	Substitution der freien v_i durch σ in φ
$\varphi/\sim$	Äquivalenzklasse von φ bzgl. logischer Äquivalenz
$\varphi : 0, \varphi : 1$	Tableaux
φ^+	erfüllbarkeitsäquivalente Formel in KNF
φ^*	duale Formel; Skolem-Normalform
φ_*	Herbrand-Normalform
φ_{AL}	„aussagenlogisches Gerüst" von φ
$\varphi^{\mathcal{M}}$	durch φ definierte Relation
χ_X	charakteristische Funktion von X
$\overline{\chi_X}$	partielle charakteristische Funktion von X

Teil I
Aussagenlogik

1 Grundlegende Konzepte

Die Aussagenlogik analysiert die Art und Weise, wie Aussagen – also Sätze, die wahr oder falsch sein können – aus einfacheren Aussagen so zusammengesetzt sein können, dass sich der Wahrheitswert der Gesamtaussage aus den Wahrheitswerten der Teilaussagen errechnet.

Beispielsweise möchte jemand eine Anfrage an einen Bibliothekskatalog stellen, um ältere Logikbücher zu finden, und weiß, dass die formale Logik früher zeitweise „Logistik" genannt wurde. Dann lautet die Anforderung in der Abfrage vielleicht:

Der Titel enthält das Wort „Logik" oder „Logistik", wenn das Buch vor 1970 erschienen ist.

Diese Anfrage kann man in drei Teilsätze zerlegen:

A: *Der Titel enthält das Wort „Logik".*
B: *Der Titel enthält das Wort „Logistik".*
C: *Das Buch ist vor 1970 erschienen.*

Verbunden sind diese Teilsätze durch die Verbindungswörter (Junktoren) *oder* und *wenn*. Nun muss man noch verstehen, wie die Hierarchie dieser Zusammenhänge ist: Gemeint ist, abkürzend geschrieben, *„A oder (wenn C, dann B)"* und nicht *„wenn C, dann (A oder B)"*. Diese Satzanalyse führt zu sogenannten *aussagenlogischen Formeln*, in denen Teilaussagen durch Buchstaben repräsentiert werden und für Zusammenhänge spezielle Symbole benutzt werden.

Genauer geht es in diesem Buch um die sogenannte **klassische zweiwertige Aussagenlogik** (classical bivalent propositional logic), die stets gemeint ist, wenn ich kurz von „Aussagenlogik" spreche. Diese Aussagenlogik ist durch zwei Eigenschaften charakterisiert:

- Für die Auswertung der aussagenlogischen Formeln gibt es genau zwei Wahrheitswerte – 0 (für *falsch*) und 1 (für *wahr*).
- Jede aussagenlogische Formel bestimmt eine Wahrheitswertfunktion $\{0, 1\}^n \to \{0, 1\}$ und jede mögliche Wahrheitswertfunktion kommt vor.

Eine nichtklassische Aussagenlogik stelle ich kurz im Anhang 9.3 vor.

Eine erste einigermaßen systematische, aber noch unvollständige und nicht formalisierte Darstellung der Aussagenlogik findet man bei Chrysippos von Soloi im 3. Jahrhundert v. Chr. Einen modernen Neuanfang für die Aussagenlogik hat George Boole 1847 mit seiner algebraisch formalisierten Herangehensweise an die traditionelle Logik bewirkt. Der Formalismus entwickelte sich dann in den folgenden Jahrzehnten zu einem unabhängigen Logikformalismus, allerdings in diversen Ausprägungen: Es gibt heute viele Varianten, die klassische zweiwertige Aussagenlogik darzustellen. Sie unterscheiden sich zum Beispiel in der Wahl der Symbole, im syntaktischen Aufbau von Formeln oder in der Art der Klammerung.

1.1 Aussagenlogische Formeln und ihre Darstellungen

Zur Konstruktion aussagenlogischer Sätze benutze ich die folgenden **Zeichen** oder **Symbole** (symbols).

Art des Zeichens:	Zeichen:	Name und *Sprechweise*:
Aussagenkonstanten	$\top$	Verum
(propositional constants)	$\bot$	Falsum
Aussagenvariablen	A_0	
(propositional variables)	A_1	
	A_2	
	$\vdots$	
Junktoren (connectives)		
– einstellige	$\neg$	Negationsjunktor „*nicht*"
– zweistellige	$\wedge$	Konjunktionsjunktor „*und*"
	$\vee$	Disjunktionsjunktor „*oder*"
	$\to$	Implikationsjunktor „*wenn, dann*"
	$\leftrightarrow$	Äquivalenzjunktor „*genau dann, wenn*"

Es stehen also unendlich viele Aussagenvariablen zur Verfügung. Jede soll dabei als *ein einziges* Zeichen gelten, also z. B. A_{398652} als *ein* Symbol. Ich verwende Zeichen wie A_i, A_j oder auch A, B, C als *Variablen für Aussagenvariablen*.

Eine aussagenlogische Formel werde ich definieren als einen *etikettierten, orientierten Wurzelbaum* wie zum Beispiel:

1.1 Aussagenlogische Formeln und ihre Darstellungen

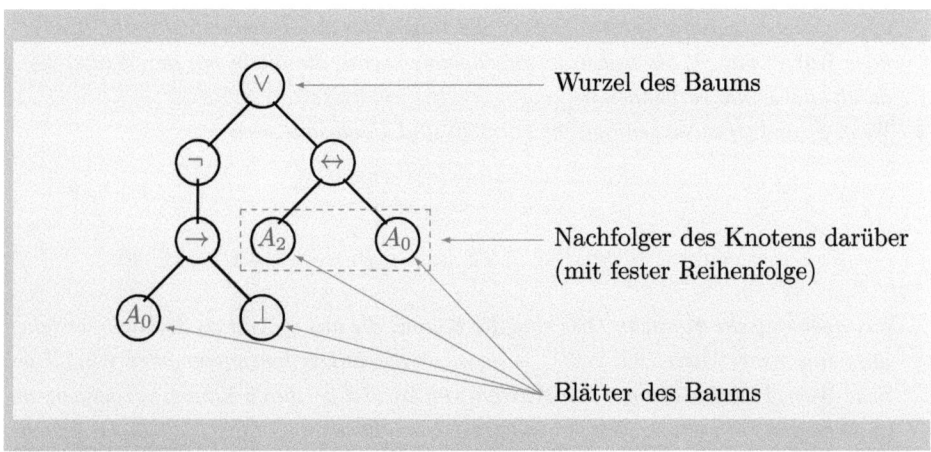

Dieser Baum besteht aus acht *Knoten* (im Bild die Kreise), die jeweils mit Zeichen der aussagenlogischen Sprache als sogenannten *Etiketten* versehen sind. Ein Knoten bildet die *Wurzel* und steht in der Darstellung ganz oben. Mit *Kanten* (im Bild die Striche) ist ein Knoten mit seinen *Nachfolgern* verbunden, die in einem orientierten Baum eine feste Reihenfolge haben. Knoten ohne Nachfolger heißen *Blätter*. (Etwas ausführlicher sind die graphentheoretischen Begriffe im Anhang 10.1 beschrieben.) An der Stelle der Knoten schreibe ich von nun an nur das Etikett und lasse die Kreise weg.

Häufiger werden in der Literatur logische Formeln als Zeichenfolgen definiert. Ich werde diese Zeichenfolgen als Darstellungen dieser Bäume einführen. Dies hat meiner Ansicht nach den Vorteil, dass einige Konzepte deutlicher werden. Als Variablen für aussagenlogische Formeln benutze ich kleine griechische Buchstaben wie φ und ψ, typischerweise eher vom Ende des griechischen Alphabets.

Definition 1.1.1
Eine **aussagenlogische Formel** (propositional formula) *– auch* **aussagenlogischer Satz** (propositional sentence) *genannt – ist ein endlicher, etikettierter, orientierter Wurzelbaum, der nach folgenden Regeln gebildet werden kann:*

- *Jeder einelementige Baum mit einer Aussagenvariablen oder einer Aussagenkonstanten als Etikett bildet eine aussagenlogische Formel.*

$$A_i \qquad \top \qquad \bot$$

- *Wenn φ eine aussagenlogische Formel ist, dann ist auch*

$$\begin{array}{c} \neg \\ | \\ \varphi \end{array}$$

eine aussagenlogische Formel. Dies ist der Baum, der aus φ dadurch entsteht, dass eine neue Wurzel mit $\neg$ als Etikett hinzugenommen wird, die allein mit der Wurzel von φ durch eine Kante verbunden ist.

- Wenn φ_1 und φ_2 aussagenlogische Formeln sind, dann sind auch

aussagenlogische Formeln. Dies sind die Bäume, die aus φ_1 und φ_2 dadurch entstehen, dass eine neue Wurzel mit $\wedge$, $\vee$, $\rightarrow$ bzw. $\leftrightarrow$ als Etikett hinzugenommen wird. Diese neue Wurzel wird allein mit den Wurzeln von φ_1 und φ_2 durch Kanten verbunden, und diese beiden Formeln werden den Indizes entsprechend angeordnet (d. h. in der üblichen Darstellung steht die Wurzel von φ_1 links von der Wurzel von φ_2).

Die *Blätter* (leaves) einer aussagenlogischen Formel haben stets Aussagenvariablen oder Aussagenkonstanten als Etikett. Alle anderen Knoten haben einen Junktor als Etikett, und dessen Stelligkeit ist gerade die Anzahl der Nachfolger des Knotens. Insbesondere ist der Baum *binär*, d. h., jeder Knoten hat höchstens zwei Nachfolger.

Eine Definition wie die eben gegebene Definition aussagenlogischer Formeln heißt *induktive* oder *rekursive Definition*, weil sie nicht alle aussagenlogischen Formeln auf einen Schlag beschreibt, sondern einen Prozess: Aus einfachsten aussagenlogischen Formeln werden schrittweise („induktiv") komplexere aufgebaut, bzw. eine komplexere Formel wird durch Zurückgreifen („Rekursion") auf einfachere beschrieben. Die Definition ist so zu verstehen:

- Alle Bäume, die dadurch konstruiert werden können, dass die Regeln endlich oft hintereinander angewandt werden, sind aussagenlogische Formeln.
- Etwas, was man nicht dadurch konstruieren kann, dass man die Regeln endlich oft hintereinander anwendet, ist keine aussagenlogische Formel.

Man kann solche Definitionen formaler fassen, indem man zum Beispiel die Menge aller aussagenlogischen Formeln als die kleinste Menge aller etikettierten, orientierten Wurzelbäume beschreibt, welche die in der ersten Bedingung beschriebenen einelementigen Bäume enthält und unter den in der zweiten und dritten Bedingung beschriebenen Konstruktionsschritten abgeschlossen ist.

Definitionen und Beweise von Sätzen über aussagenlogische Formeln müssen typischerweise diesen Induktionsprozess nachvollziehen. Man spricht dann von einer Definition bzw. einem Beweis *per Induktion über den Aufbau der Formeln* oder kurz von einer Definition bzw. einem Beweis *über den Aufbau der Formeln*. Häufig lassen sich die vier Fälle zweistelliger Junktoren uniform behandeln, manchmal auch alle Junktoren. Ich benutze dann eine Variable $*$ für Junktoren, die etwa im folgenden ersten Beispiel einer Definition über den Aufbau der Formeln über die Menge $\{\wedge, \vee, \rightarrow, \leftrightarrow\}$ läuft, ohne dass ich dies immer explizit angebe:

1.1 Aussagenlogische Formeln und ihre Darstellungen

Definition 1.1.2 *Die* **Höhe** (height) $\text{ht}(\varphi)$ *einer aussagenlogischen Formel φ ist die Höhe des zugehörigen Baums, das heißt:*

- $\text{ht}(\varphi) := 0$, *falls φ nur aus der Wurzel besteht;*
- $\text{ht}(\underset{\varphi}{\overset{\neg}{|}}) := 1 + \text{ht}(\varphi);$
- $\text{ht}(\underset{\varphi_1 \; \varphi_2}{\overset{*}{/\backslash}}) := 1 + \max\{\text{ht}(\varphi_1), \text{ht}(\varphi_2)\}.$

> Die Formel im allerersten Beispiel hat die Höhe 3.

Definitionen und Beweise per Induktion über den Aufbau der Formeln kann man als übliche vollständige Induktion über die Höhe der Formeln auffassen.

Für das Verständnis aussagenlogischer Formeln ist es sinnvoll, sie als Bäume anzusehen; für den Gebrauch nützlicher ist dagegen eine „eindimensionale", sequenzielle Darstellung als Zeichenkette (string of symbols), d. h. als eine endliche Folge von Zeichen. Es gibt drei gebräuchliche Darstellungsweisen: Die *Infix-Notation* (mit verschiedenen Klammerungsvarianten), die *Polnische Notation* und die *Umgekehrte Polnische Notation*. Vorübergehend werde ich für diese Darstellungen einer aussagenlogischen Formel φ die Schreibweisen $[\varphi]_i$ und $[\varphi]_p$ verwenden. Wenn ich explizit darauf hinweisen möchte, dass eine Zeichenkette durch das Hintereinandersetzen (die *Konkatenation*) von zwei Zeichenketten Z_1 und Z_2 entsteht, schreibe ich dafür $Z_1 \frown Z_2$.

Die Infix-Notation

Die Infix-Notation folgt der klassischen Schreibweise mathematischer Operatoren wie + und ist für Menschen gut lesbar. Zusätzlich zu den Symbolen der aussagenlogischen Sprache benutzt sie allerdings die Klammern (und).

Definition 1.1.3 *Die Infix-Notation $[\varphi]_i$ für eine aussagenlogische Formel φ ist die Zeichenkette, die folgendermaßen induktiv über den Aufbau der Formeln definiert ist:*

- *Die Infix-Notation von Formeln der Höhe 0 ist das Etikett der Wurzel, also $[A_i]_i = A_i$, $[\top]_i = \top$ und $[\bot]_i = \bot$.*
- *Die Infix-Notation einer Formel $\underset{\varphi}{\overset{\neg}{|}}$ ist die Zeichenkette $\neg \frown [\varphi]_i$, also die Zeichenkette, die mit dem Zeichen $\neg$ beginnt, an das sich die Zeichenkette $[\varphi]_i$ anschließt.*
- *Die Infix-Notation einer Formel $\underset{\varphi_1 \; \varphi_2}{\overset{*}{/\backslash}}$ mit $* \in \{\wedge, \vee, \rightarrow, \leftrightarrow\}$ ist die Zeichenkette $(\frown [\varphi_1]_i \frown * \frown [\varphi_2]_i \frown)$.*

Die Formel

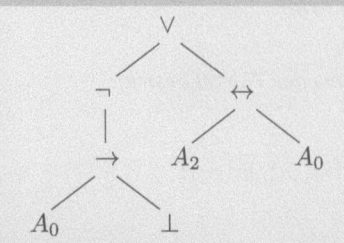

ergibt in Infix-Notation die Zeichenkette $(\neg(A_0 \to \bot) \lor (A_2 \leftrightarrow A_0))$. Bildlich gesehen wird der Baum von oben nach unten zusammengedrückt, wobei Negationszeichen nach links „wegrutschen":

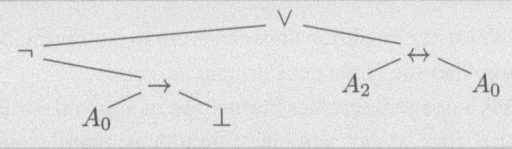

Die Infix-Notation einer aussagenlogischen Formel ist *eindeutig lesbar*, das heißt, dass man die Formel (also den Baum) aus der Zeichenkette rekonstruieren kann. Ein Beweis dafür ist im Anhang 10.3 aufgeführt. Diese eindeutige Lesbarkeit wird durch die Klammern sichergestellt.

Es gibt andere Möglichkeiten der Klammerung, für die man sich entscheiden kann. Außerdem kann man durch zusätzliche Regeln Klammern einsparen, zum Beispiel durch „Vorfahrtsregeln" analog zu „Punkt vor Strich". Abgesehen von einer Klammersparregel in Abschn. 1.5 habe ich mich entschieden, die Regeln möglichst einfach zu halten, aber dafür mehr Klammern in Kauf zu nehmen.

Definition 1.1.4 *Die* **Länge** (length) lg *einer Zeichenkette Z ist die Anzahl ihrer Zeichen. Dabei werden mehrfach vorkommende Zeichen auch mehrfach gezählt.*

$$\lg\bigl((\neg(A_0 \to \bot) \lor (A_2 \leftrightarrow A_0))\bigr) = 14$$

Zur Erinnerung: A_0 und A_2 zählen jeweils als ein Zeichen.

Die Länge $\lg_i(\varphi)$ einer aussagenlogischen Formel φ in Infix-Notation kann man auch per Induktion über den Aufbau der Formeln definieren:

- $\lg_i(A_i) = \lg_i(\top) = \lg_i(\bot) := 1$
- $\lg_i(\overset{\neg}{\underset{\varphi}{|}}) := 1 + \lg_i(\varphi)$
- $\lg_i(\underset{\varphi_1\ \varphi_2}{\overset{*}{\diagup\diagdown}}) := 3 + \lg_i(\varphi_1) + \lg_i(\varphi_2)$

Die Polnische Notation

Die von Jan Łukasiewicz erfundene und nach ihm so benannte Polnische Notation orientiert sich an der klassischen Funktionsschreibweise $f(x, y)$ und ist für Beweise und Programmierungen nützlich. Sie hat zudem den Vorteil ohne Klammern auszukommen, ist dadurch für Menschen allerdings schwerer lesbar.

Definition 1.1.5 *Die Polnische Notation $[\varphi]_p$ für eine aussagenlogische Formel φ ist die Zeichenkette, die folgendermaßen induktiv über den Aufbau der Formeln definiert ist:*

- *Die Polnische Notation von Formeln der Höhe 0 ist das Etikett der Wurzel, also $[A_i]_p = A_i$, $[\top]_p = \top$ und $[\bot]_p = \bot$.*
- *Die Polnische Notation einer Formel $\overline{\underset{\varphi}{|}}$ ist die Zeichenkette $\neg \frown [\varphi]_p$.*
- *Die Polnische Notation einer Formel $\underset{\varphi_1 \; \varphi_2}{\overset{*}{\diagup \diagdown}}$ mit $* \in \{\wedge, \vee, \rightarrow, \leftrightarrow\}$ ist die Zeichenkette $* \frown [\varphi_1]_p \frown [\varphi_2]_p$.*

Die Formel

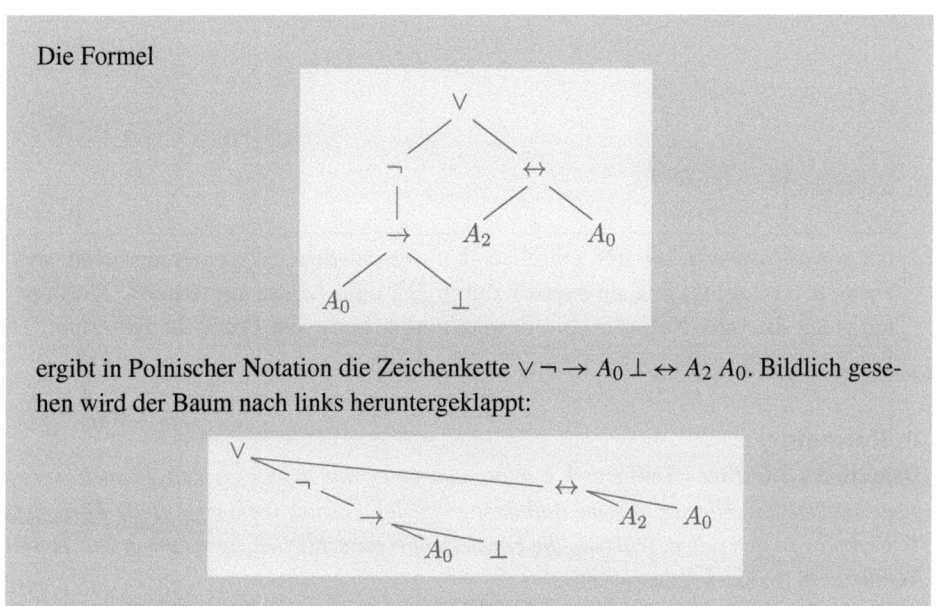

ergibt in Polnischer Notation die Zeichenkette $\vee \neg \rightarrow A_0 \bot \leftrightarrow A_2 A_0$. Bildlich gesehen wird der Baum nach links heruntergeklappt:

Wie die Infix-Notation ist auch die Polnische Notation eindeutig lesbar: Man kann also den Baum aus der Polnischen Notation rekonstruieren. Auch dafür ist ein Beweis im Anhang 10.3 aufgeführt.

Die Länge $\lg_p(\varphi)$ einer aussagenlogischen Formel φ in Polnischer Notation ist die Anzahl der Knoten des Baums. Im Beispiel ist $\lg_p(\varphi) = 8$. Rekursiv wird sie definiert als:

- $\lg_p(A_i) = \lg_p(\top) = \lg_p(\bot) := 1$
- $\lg_p(\overset{\neg}{\underset{\varphi}{|}}) := 1 + \lg_p(\varphi)$
- $\lg_p(\underset{\varphi_1\;\;\varphi_2}{\overset{*}{/\,\backslash}}) := 1 + \lg_p(\varphi_1) + \lg_p(\varphi_2)$

Die Umgekehrte Polnische Notation

Die Umgekehrte Polnische Notation funktioniert wie die Polnische Notation, nur dass Junktorenzeichen rechts statt links von ihren „Argumenten" stehen.

Das bisherige Standardbeispiel ergibt in Umgekehrter Polnischer Notation die Zeichenkette $A_0 \bot \to \neg\, A_2\, A_0 \leftrightarrow \vee$. Bildlich gesehen wird der Baum nach rechts heruntergeklappt:

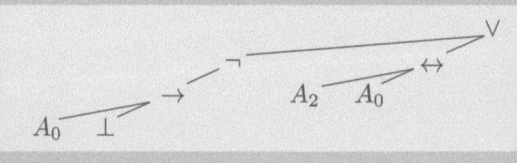

Ich werde von nun an frei zwischen den verschiedenen Darstellungsarten von Formeln wechseln, ohne sie explizit durch $[\varphi]_i$ oder $[\varphi]_p$ zu bezeichnen. Meistens nutze ich die Infix-Notation, bei Beweisen aber gerne die Polnische Notation.

Teilformeln

Definition 1.1.6 *Eine* **Teilformel** (subformula) *einer aussagenlogischen Formel ist eine aussagenlogische Formel, die im Aufbauprozess der Formel vorkommt. Jede Formel ist Teilformel von sich selbst. Will man die Formel selbst ausschließen, spricht man von* **echten Teilformeln** (proper subformulae).

In der Baumdarstellung kann man die Teilformeln folgendermaßen sehen: Man schneidet einen beliebigen Knoten mit allem, was darunter hängt, vom Rest des Baumes ab; dieser Knoten ist dann die Wurzel dieser Teilformel.

1.1 Aussagenlogische Formeln und ihre Darstellungen

Beispiel
Die Formel $\neg(A_0 \to \bot)$ ist Teilformel von $(\neg(A_0 \to \bot) \lor (A_2 \leftrightarrow A_0))$. In der Baumdarstellung ist die Wurzel dieser Teilformel der Knoten mit Etikett $\neg$:

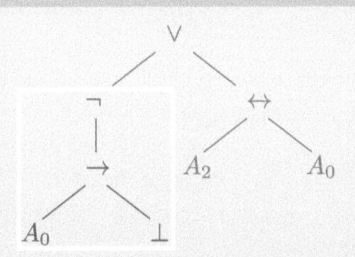

Aus der Formel $(\neg(A_0 \to \bot) \lor (A_2 \leftrightarrow A_0))$ kann man also an jedem der acht Knoten eine Teilformel gewinnen, wobei die Teilformel A_0 allerdings doppelt vorkommt. Es gibt also sieben verschiedene Teilformeln und somit sechs echte Teilformeln. Diese sind (in Infix-Notation):

$$\neg(A_0 \to \bot),\ (A_2 \leftrightarrow A_0),\ (A_0 \to \bot),\ A_2,\ A_0 \text{ und } \bot$$

Übungsaufgaben

Aufgabe 1.1.1 Welche der folgenden Zeichenfolgen sind (streng nach den Regeln) aussagenlogische Formeln in Infix-Notation?

$(A_0 \neg \to A_1)$ $\qquad$ $\neg(A_0 \to A_1)$ $\qquad$ $(A_0 \not\to A_1)$

$(\neg A_0 \to A_1)$ $\qquad$ $\neg A_0 \to A_1$ $\qquad$ $(\neg A_1 \to A_0)$

$\neg(\neg A_0 \to A_1)$ $\qquad$ $\neg(A_0 \leftarrow A_1)$ $\qquad$ $(\neg A_0 \to \neg A_1)$

$(A_0 \to A_1 \to A_2)$ $\qquad$ $\neg\neg\neg\bot$ $\qquad$ $\neg(\neg A_1)$

$(A_0 \lor A_0)$ $\qquad$ $(\bot)$ $\qquad$ $A_0 \to A_1$

Aufgabe 1.1.2 Betrachten Sie die drei aussagenlogischen Formeln:

$A_1 \top \land A_1 \neg \lor \neg$ $\qquad$ in Umgekehrt Polnischer,

$\land \land \neg A_2 \neg A_3 \land \to A_1 \neg A_2 \neg \to A_2 A_0$ $\qquad$ in Polnischer und

$(\neg(\neg A_2 \to (A_1 \lor A_4)) \leftrightarrow ((A_2 \land A_1) \to \neg\neg A_4))$ $\qquad$ in Infix-Notation.

Schreiben Sie jede der Formeln als Baum und in den beiden jeweils anderen Notationen auf.

Aufgabe 1.1.3 Wie viele und welche Möglichkeiten gibt es, aus der Zeichenfolge

$$A_0 \wedge \neg A_1 \wedge \neg A_2 \wedge A_3$$

durch Einfügen von Klammern aussagenlogische Formeln in Infix-Notation zu machen?

Aufgabe 1.1.4 Beweisen Sie für beliebige aussagenlogische Formeln φ per Induktion über den Aufbau der Formeln die Abschätzungen

$$\begin{aligned} \operatorname{ht}(\varphi) + 1 &\leqslant \lg_{\mathsf{p}}(\varphi) \leqslant 2^{\operatorname{ht}(\varphi)+1} - 1 \\ \lg_{\mathsf{p}}(\varphi) &\leqslant \lg_{\mathsf{i}}(\varphi) \leqslant 2 \cdot \lg_{\mathsf{p}}(\varphi) - 1 \end{aligned}$$

und zeigen Sie durch Beispiele, dass die Abschätzungen optimal sind.

1.2 Wahrheitswertfunktionen und -verläufe

Bisher sind aussagenlogische Formeln rein syntaktische Gebilde, d. h. Bäume oder Zeichenketten ohne eine Bedeutung. Nun sollen ihnen in einem geeigneten Kontext eine „Bedeutung" in Gestalt einer Wahrheitswertes zugewiesen werden.

Die Menge der **Wahrheitswerte** (truth values) für die klassische zweiwertige Aussagenlogik ist $\{0, 1\}$. Der Wahrheitswert 0 heißt auch *falsch*, der Wahrheitswert 1 *wahr*. Die beiden Wahrheitswerte sind durch $0 < 1$ angeordnet und werden durch die Abbildung $x \mapsto 1 - x$ ineinander überführt. In Abschn. 3.2 wird noch genauer betrachtet, welche Struktur man auf der Menge der Wahrheitswerte benötigt; es ist die einer *Boole'schen Algebra*.

Definition 1.2.1
Eine **Belegung der Aussagenvariablen mit Wahrheitswerten** *– kurz: Belegung* (assignment) *– ist eine Abbildung* $\beta : \{A_i \mid i \in \mathbb{N}\} \to \{0, 1\}$*, die, wie der Name sagt, jeder Aussagenvariablen einen Wahrheitswert zuordnet.*

Jede Belegung β kann nun induktiv zu einer Abbildung fortgesetzt werden, die nicht nur jeder Aussagenvariablen, sondern jeder beliebigen aussagenlogischen Formel φ einen Wahrheitswert $\beta(\varphi)$ zuordnet. Dazu muss man jedem Junktor zunächst eine **Wahrheitswertfunktion** (truth function) zuweisen: jedem n-stelligen Junktor $*$ eine n-stellige Funktion $\widetilde{*} : \{0, 1\}^n \to \{0, 1\}$.

In diesem Zusammenhang ist es praktisch, die Aussagenkonstanten $\top$ und $\bot$ als 0-*stellige Junktoren* aufzufassen, d. h. als Zeichen, die zusammen mit null anderen Formeln eine aussagenlogische Formel bilden. Eine nullstellige Funktion kann man als eine konstante Funktion ohne Argument verstehen.

1.2 Wahrheitswertfunktionen und -verläufe

Wahrheitswertfunktionen der Junktoren

$$\widetilde{\top} := 1 \qquad\qquad \widetilde{\bot} := 0$$

$$\widetilde{\neg}(w) := 1 - w$$

$$\widetilde{\wedge}(w, w') := \min\{w, w'\} \qquad \widetilde{\vee}(w, w') := \max\{w, w'\}$$

$$\widetilde{\to}(w, w') := \begin{cases} 1 & \text{falls } w \leqslant w' \\ 0 & \text{falls } w > w' \end{cases} \qquad \widetilde{\leftrightarrow}(w, w') := \begin{cases} 1 & \text{falls } w = w' \\ 0 & \text{falls } w \neq w' \end{cases}$$

Insbesondere steht der Disjunktionsjunktor $\vee$ also für das *einschließende Oder*, das wahr wird, wenn *mindestens* eines der dadurch verbundenen Teile wahr wird. Das *ausschließende Oder*, das wahr wird, wenn *genau* eines der dadurch verbundenen Teile wahr wird, kommt in Aufgabe 1.3.2.

Als Wertetabellen dargestellt sehen die Wahrheitswertfunktionen so aus:

w	w'	$\widetilde{\top}$	$\widetilde{\bot}$	$\widetilde{\neg}(w)$	$\widetilde{\wedge}(w,w')$	$\widetilde{\vee}(w,w')$	$\widetilde{\to}(w,w')$	$\widetilde{\leftrightarrow}(w,w')$
0	0	1	0	1	0	0	1	1
0	1	1	0	1	0	1	1	0
1	0	1	0	0	0	1	0	0
1	1	1	0	0	1	1	1	1

Definition 1.2.2 *Jede Belegung β wird zu einer Abbildung fortgesetzt, die jeder aussagenlogischen Formel φ den* **Wahrheitswert $\beta(\varphi)$ von φ unter der Belegung β** *(the truth value of φ under the assignment β) zuordnet. Dieser Wahrheitswert ist folgendermaßen über den Aufbau der Formeln bestimmt:*

- *$\beta(A_i)$ ist durch die Definition einer Belegung festgelegt.*
- *Wenn φ mithilfe eines n-stelligen Junktors $*$ aus Formeln $\varphi_1, \ldots, \varphi_n$ zusammengesetzt ist, wenn also in Polnischer Notation $\varphi = *\varphi_1 \ldots \varphi_n$ gilt, so setzt man*

$$\beta(\varphi) := \widetilde{*}\big(\beta(\varphi_1), \ldots, \beta(\varphi_n)\big).$$

Sowohl der Prozess, aus einer gegebenen Belegung β den Wahrheitswert $\beta(\varphi)$ auszurechnen, als auch dieser Wahrheitswert selbst, heißt **Auswertung** (evaluation) von φ (in dem von β gegeben Kontext).

Die Definition besagt insbesondere, dass sich der Wahrheitswert einer zusammengesetzten Formel φ unabhängig von der konkreten Gestalt der Teilformeln nur aus dem *führenden Junktor* (leading connective) – das ist das Etikett der Wurzel – und den Wahrheitswerten der unmittelbar darunter hängenden Teilformeln berechnet. Dieses Prinzip heißt *Frege-Prinzip* oder *Kompositionalitätsprinzip* (principle of compositionality).

Daraus ergibt sich auch die *Kontextfreiheit* (context-freeness): Wenn φ Teilformel von Formeln ψ_1 und ψ_2 ist und man den Wahrheitswert von ψ_1 und ψ_2 unter einer Belegung berechnet, bekommt φ in diesem Berechnungsprozess in beiden Fällen den gleichen Wahrheitswert zugewiesen. In der natürlichen Sprache kann dagegen ein Teilsatz je nach Kontext eine unterschiedliche Bedeutung haben.

Die Wahrheitswertfunktionalität der Junktoren kann also auch auf die folgende Weise anhand von Formeln (hier in Infix-Notation) dargestellt werden:

φ ψ	$\top$	$\bot$	$\neg \varphi$	$(\varphi \wedge \psi)$	$(\varphi \vee \psi)$	$(\varphi \rightarrow \psi)$	$(\varphi \leftrightarrow \psi)$
0 0	1	0	1	0	0	1	1
0 1	1	0	1	0	1	1	0
1 0	1	0	0	0	1	0	0
1 1	1	0	0	1	1	1	1

Lemma 1.2.3 *Der Wahrheitswert einer Formel φ unter einer Belegung hängt nur von den in φ vorkommenden Aussagenvariablen ab, d. h., wenn β, β' zwei Belegungen sind mit $\beta(A_i) = \beta'(A_i)$ für alle Aussagenvariablen A_i, die Etikett eines Knoten von φ sind, dann gilt $\beta(\varphi) = \beta'\varphi$.*

BEWEIS Das ist zwar eigentlich offensichtlich, ich will es aber doch ordentlich beweisen als Beispiel für einen Beweis per Induktion über den Aufbau der Formeln bzw. über die Höhe der Formeln.

Induktionsanfang: Ist $\text{ht}(\varphi) = 0$, dann ist φ ein einelementiger Baum mit *(Fall 1)* einer Aussagenvariablen A_i oder *(Fall 2)* einer Aussagenkonstanten $\top$ oder $\bot$ als Etikett. Im Fall 1 kommt A_i in $\varphi = A_i$ vor, und nach Voraussetzung ist dann

$$\beta(\varphi) = \beta(A_i) = \beta'(A_i) = \beta'(\varphi)$$

Im Fall 2 ist nach Definition $\beta(\top) = 1$ bzw. $\beta(\bot) = 0$ für alle β.

Induktionsschritt: Ist $\text{ht}(\varphi) > 0$, so hat die Wurzel einen n-stelligen Junktor $*$ als Etikett und ihre Nachfolger sind Teilformeln $\varphi_1, \ldots, \varphi_n$. Da dann $\text{ht}(\varphi_i) \leqslant \text{ht}(\varphi)$ für $i = 1, \ldots, n$, ist nach Induktionsannahme $\beta(\varphi_i) = \beta'(\varphi_i)$ und somit (jetzt Polnische Notation nutzend)

$$\beta(\varphi) = \beta(*\varphi_1 \ldots \varphi_n) = \widetilde{*}\big(\beta(\varphi_1), \ldots, \beta(\varphi_n)\big) =$$
$$= \widetilde{*}\big(\beta'(\varphi_1), \ldots, \beta'(\varphi_n)\big) = \beta'(*\varphi_1 \ldots \varphi_n) = \beta'(\varphi)$$

$\square$

In diesem Beweis sind der Negationsschritt und der Schritt für die zweistelligen Junktoren zusammengefasst. Dies ist zwar kürzer und systematischer, andererseits abstrakter und für manche möglicherweise verwirrender, zumal nur die Fälle $n = 1$ und $n = 2$ tatsächlich

1.2 Wahrheitswertfunktionen und -verläufe

vorkommen. Wer es bevorzugt, kann die Schritte in den Beweisen auch trennen. Umgekehrt kann man auch noch Fall 2 des Induktionsanfangs in den Induktionsschritt integrieren (mit $n = 0$), indem man $\top$ und $\bot$ als 0-stellige Junktoren auffasst.

Für die Berechnung von $\beta(\varphi)$ ist nur die *partielle Belegung der in φ vorkommenden Aussagenvariablen* relevant, d. h. die Einschränkung von β auf die in φ vorkommenden Aussagenvariablen. Dafür benutze ich synonym die beiden abkürzenden Ausdrücke „partielle Belegung" und „Belegung der vorkommenden Aussagenvariablen" und spreche manchmal missbräuchlich nur von „Belegung".

Als nützlich hat sich folgende Notation erwiesen: Man schreibt $\varphi(A_{i_1}, \ldots, A_{i_m})$, um auszudrücken, dass φ eine aussagenlogische Formel ist, dass die Aussagenvariablen $A_{i_1}, \ldots, A_{i_m}$ paarweise verschieden sind und dass sich jede in φ vorkommende Aussagenvariable darunter befindet. Es müssen aber nicht unbedingt alle $A_{i_1}, \ldots, A_{i_m}$ tatsächlich in φ vorkommen.

Kommen in einer Formel $\varphi(A_{i_1}, \ldots, A_{i_m})$ die m Aussagenvariablen $A_{i_1}, \ldots, A_{i_m}$ tatsächlich alle vor, dann gibt es 2^m für φ relevante partielle Belegungen, weil es 2^m verschiedene Abbildungen $\{A_{i_1}, \ldots, A_{i_m}\} \to \{0, 1\}$ gibt. Die Abbildung, die jeder solchen partiellen Belegung β den Wahrheitswert $\beta(\varphi)$ zuordnet, wird **Wahrheitswertverlauf** von φ genannt.

Den Wahrheitswertverlauf einer Formel φ kann man induktiv von den Blättern des Baumes bis hoch zu der Wurzel berechnen:

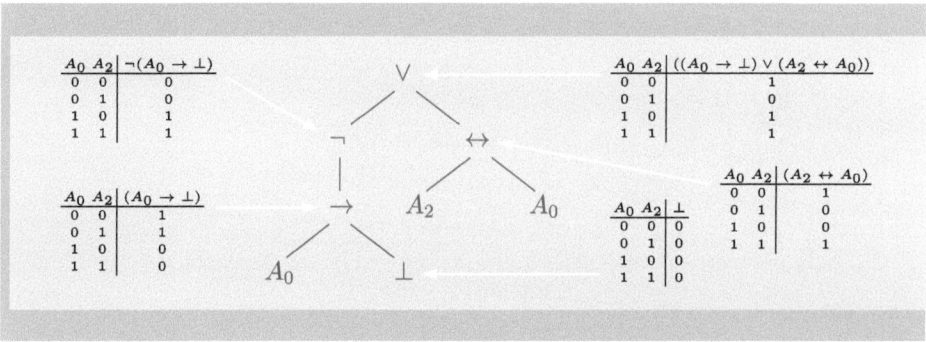

Einfacher ist es, dies in einer **Wahrheitstabelle** oder **Wahrheitstafel** (truth table) darzustellen, die alle Teilformeln in einer geeigneten Reihenfolge enthält.

Der führende Junktor jeder Teilformel ist hervorgehoben:						
A_0	A_2	$\bot$	$(A_0 \to \bot)$	$\neg(A_0 \to \bot)$	$(A_2 \leftrightarrow A_0)$	$(\neg(A_0 \to \bot) \vee (A_2 \leftrightarrow A_0))$
0	0	0	1	0	1	1
0	1	0	1	0	0	0
1	0	0	0	1	0	1
1	1	0	0	1	1	1

Wenn wie oben $A_{i_1}, \ldots, A_{i_m}$ mit $i_1 < \cdots < i_m$ die in der Formel φ vorkommenden Aussagenvariablen sind, führt man die partiellen Belegungen in der Wahrheitstafel am besten so auf, dass $\beta(A_{i_1})^\frown \ldots ^\frown \beta(A_{i_m})$ als Binärzahl gelesen die Zahlen von 0 bis $2^m - 1$ durchläuft.

Man kann die Wahrheitstafel viel kompakter aufschreiben, indem man unter jedem Junktor den Wahrheitswertverlauf der zugehörigen Teilformel notiert (also der Teilformel, dessen Wurzeletikett dieser Junktor ist). In Infix-Notation verliert man als Mensch dabei allerdings leicht den Überblick; außerdem muss man zusätzlich angeben, in welcher Spalte der gesuchte Wahrheitswertverlauf steht. Geeigneter hierfür ist die Polnische Notation, in der man die Spalten von rechts nach links auffüllen kann und in der der gesuchte Wahrheitswertverlauf stets in der Spalte ganz links steht (oder die Umgekehrte Polnische Notation, in der man die Spalten von links nach rechts auffüllen kann und in der der gesuchte Wahrheitswertverlauf stets in der Spalte ganz rechts steht).

> Infix-Notation:
> $(\neg (A_0 \to \bot) \lor (A_2 \leftrightarrow A_0))$
> 0 0 1 0 **1** 0   1 0
> 0 0 1 0 **0** 1   0 0
> 1 1 0 0 **1** 0   0 1
> 1 1 0 0 **1** 1   1 1
>
> Polnische Notation:
> $\lor \neg \to A_0 \bot \leftrightarrow A_2 A_0$
> **1** 0 1 0   0 1 0 0
> **0** 0 1 0   0 0 1 0
> **1** 1 0 1   0 0 0 1
> **1** 1 0 1   0 1 1 1
>
> Der Wahrheitswertverlauf der Gesamtformel ist jeweils hervorgehoben!

Die Auswertung einer Formel unter einer Belegung definiert eine „Paarung" zwischen aussagenlogischen Formeln und Belegungen:

$$\{\varphi \mid \varphi \text{ aussagenlogische Formel}\} \times \{\beta \mid \beta \text{ Belegung}\} \to \{0, 1\}$$
$$(\varphi, \beta) \mapsto \beta(\varphi)$$

Für festes β erhält man daraus einerseits die Abbildung $\varphi \mapsto \beta(\varphi)$ von den aussagenlogischen Formeln nach $\{0, 1\}$. Diese Abbildung ist eine Fortsetzung der Belegung β und motiviert die Notation $\beta(\varphi)$.

Andererseits erhält man für festes φ die Abbildung $\beta \mapsto \beta(\varphi)$ von den Belegungen nach $\{0, 1\}$. Diese Abbildung hängt wie gesehen nur von den Werten von β auf den m in φ vorkommenden Aussagenvariablen $A_{i_1}, \ldots, A_{i_m}$ ab. Das Ergebnis der Wahrheitstafel für φ kann man als eine Wertetabelle dieser Abbildung auffassen:

A_{i_1}	...	A_{i_m}	φ
$\beta_0(A_{i_1})$	...	$\beta_0(A_{i_m})$	$\beta_0(\varphi)$
$\beta_1(A_{i_1})$	...	$\beta_1(A_{i_m})$	$\beta_1(\varphi)$
$\vdots$		$\vdots$	$\vdots$
$\beta_{2^m-1}(A_{i_1})$	...	$\beta_{2^m-1}(A_{i_m})$	$\beta_{2^m-1}(\varphi)$

Hierbei durchläuft $\beta_0, \beta_1, \ldots, \beta_{2^m-1}$ alle relevanten partiellen Belegungen. Dieser Betrachtungsweise entspricht eine andere verbreitete Notation für die Auswertung einer Formel φ unter einer Belegung β, nämlich $\varphi[\beta]$.

„Vergisst" man im Wahrheitswertverlauf, welche konkreten Aussagenvariablen in φ vorkommen, erhält man daraus eine Abbildung $\{0,1\}^m \to \{0,1\}$, die *von φ induzierte Wahrheitswertfunktion*. Die beiden Formeln $(A_0 \wedge A_1)$ und $(A_0 \wedge A_2)$ induzieren in dieser Terminologie dieselbe Wahrheitswertfunktion, haben aber nicht denselben Wahrheitswertverlauf. Insbesondere kann man die induzierte Wahrheitswertfunktion von beispielsweise $((A_0 \wedge A_1) \vee (A_0 \wedge A_2))$ nicht aus den induzierten Wahrheitswertfunktionen der Teilformeln $(A_0 \wedge A_1)$ und $(A_0 \wedge A_2)$ allein berechnen!

Übungsaufgaben

Aufgabe 1.2.1 Stellen Sie die Wahrheitstafeln für folgenden Formeln auf:

$$(\neg(A_0 \to A_1) \leftrightarrow (\neg A_0 \to A_1))$$
$$(\neg(\neg A_2 \to (A_1 \vee A_4)) \leftrightarrow ((A_2 \wedge A_1) \to \neg\neg A_4))$$

Aufgabe 1.2.2 Betrachten Sie die *Paritätsformel*

$$\pi_n = (\ldots((\neg A_0 \leftrightarrow \neg A_1) \leftrightarrow \neg A_2)\ldots \leftrightarrow \neg A_n)$$

Beweisen Sie, dass genau dann $\beta(\pi_n) = 1$ gilt, wenn $\beta(A_i) = 1$ für eine gerade Anzahl der Aussagenvariablen $A_0, \ldots, A_n$.

1.3 Tautologien, Erfüllbarkeit, logische Folgerung und logische Äquivalenz

Mithilfe der Semantik, also der Auswertung von Formeln, kann man nun die für die Logik zentralen Begriffe *logische Folgerung*, *logische Äquivalenz*, *Erfüllbarkeit* und *Tautologie* definieren:

Definition 1.3.1

(a) *Eine aussagenlogische Formel φ heißt*

- **Tautologie** (tautology), *falls $\beta(\varphi) = 1$ für alle Belegungen β. Dafür schreibe ich $\vDash \varphi$.*
- **erfüllbar** (satisfiable), *falls es eine Belegung β mit $\beta(\varphi) = 1$ gibt.*

(b) *Zwei aussagenlogische Formeln φ und ψ heißen* **logisch äquivalent** (logically equivalent) *zueinander, falls $\beta(\varphi) = \beta(\psi)$ für alle Belegungen β. Dafür schreibe ich $\varphi \sim \psi$.*

(c) *Eine aussagenlogische Formel ψ* **folgt logisch aus** *einer Menge $\{\varphi_i \mid i \in I\}$ von Formeln oder wird von dieser Menge* **impliziert** (is implied by), *falls $\beta(\psi) = 1$ für jede Belegung β, die für alle $i \in I$ die Bedingung $\beta(\varphi_i) = 1$ erfüllt.*
Anders ausgedrückt: Es gibt keine Belegung β mit $\beta(\varphi_i) = 1$ für alle $i \in I$ und $\beta(\psi) = 0$.
Dafür schreibt man $\{\varphi_i \mid i \in I\} \vDash \psi$; im Fall einer endlichen Indexmenge $I = \{1, \ldots, n\}$ auch $\varphi_1, \ldots, \varphi_n \vDash \psi$.

(d) *Eine Menge von aussagenlogischen Formeln $\{\varphi_i \mid i \in I\}$ heißt* **erfüllbar** (satisfiable) *oder* **konsistent** (consistent) *oder* **widerspruchsfrei**, *falls es eine Belegung β gibt mit $\beta(\varphi_i) = 1$ für alle $i \in I$, und andernfalls* **unerfüllbar** *oder* **widersprüchlich** (contradictory).

Anstelle des Zeichens $\vDash$ ist eigentlich das auf Frege zurückgehende Zeichen $\vdash$ die üblichere Variante. Insbesondere in der Prädikatenlogik wird häufig unterschieden zwischen *syntaktisch* definierten Folgerungsbegriffen, die also durch Ableitungs- und Umformungsregeln beschrieben sind und mit $\vdash$ notiert werden, und *semantisch* definierten Folgerungsbegriffen, die also durch Auswertungen von Formeln beschrieben sind und mit $\vDash$ notiert werden. Ziel ist dann in der Regel zu beweisen, dass beides übereinstimmt, sodass die unterschiedliche Notation nur vorübergehend gebraucht wird.

Ich habe mich entschieden, die hier semantisch definierten Begriffe konsequent mit $\vDash$ wiederzugeben und $\vdash$ für syntaktisch definierte Begriffe zu reservieren.

An dem Beispiel $\varphi = (\neg(A_0 \to \bot) \lor (A_2 \leftrightarrow A_0))$ mit dem Wahrheitswertverlauf

A_0	A_2	φ
0	0	1
0	1	0
1	0	1
1	1	1

sieht man:

- φ ist erfüllbar, aber keine Tautologie, da im Wahrheitswertverlauf der Wahrheitswert 0 vorkommt. Dagegen ist zum Beispiel $(A_2 \lor \varphi)$ eine Tautologie.
- φ ist logisch äquivalent zu $(A_2 \to A_0)$ und zu $(A_0 \lor \neg A_2)$.
- φ folgt logisch aus A_0, aber nicht aus A_2.

1.3 Tautologien, Erfüllbarkeit, logische Folgerung und logische Äquivalenz

Im nächsten Abschnitt folgen wichtige Beispiele für diese Begriffe. Zunächst zeige ich, dass sie sich mithilfe der Junktoren ineinander übersetzen lassen. Dazu ist es nützlich, die folgenden abkürzenden Schreibweisen einzuführen:

$$(\varphi_1 \wedge \varphi_2 \wedge \cdots \wedge \varphi_n) \quad \text{oder} \quad \bigwedge_{i=1}^{n} \varphi_i \quad \text{für die Formel } ((\cdots (\varphi_1 \wedge \varphi_2) \wedge \cdots) \wedge \varphi_n)$$

$$(\varphi_1 \vee \varphi_2 \vee \cdots \vee \varphi_n) \quad \text{oder} \quad \bigvee_{i=1}^{n} \varphi_i \quad \text{für die Formel } ((\cdots (\varphi_1 \vee \varphi_2) \vee \cdots) \vee \varphi_n)$$

Diese Schreibweisen bedeuten, dass sich für $n = 1$ in beiden Fällen die Formel φ_1 ergibt. Für den Extremfall $n = 0$ setzt man

$$\bigwedge_{i=1}^{0} \varphi_i = \top \quad \text{und} \quad \bigvee_{i=1}^{0} \varphi_i = \bot.$$

Diese Sonderfälle sind sinnvoll, weil nun z. B. für alle $l = 0, \ldots, n$ die Äquivalenz

$$\bigwedge_{i=1}^{n} \varphi_i \quad \sim \quad \left(\bigwedge_{i=1}^{l} \varphi_i \wedge \bigwedge_{i=l+1}^{n} \varphi_i \right)$$

gilt, analog für die Disjunktion.

Die Wahl der Linksklammerung ist reine Konvention; Rechtsklammerung würde ebenso gut funktionieren: Sie führt zu einer logisch äquivalenten Formel, und im Normalfall kommt es beim Gebrauch dieser abkürzenden Schreibweise nur auf die Formel bis auf logische Äquivalenz an.

Satz 1.3.2 *Es gelten die folgenden Äquivalenzen, mit denen man jedes der eben definierten Konzepte auf eines der anderen zurückführen kann:*

$$\begin{aligned}
\vDash \varphi \quad &\Longleftrightarrow \quad \emptyset \vDash \varphi \\
&\Longleftrightarrow \quad \top \vDash \varphi \\
&\Longleftrightarrow \quad \varphi \sim \top \\
&\Longleftrightarrow \quad \neg\varphi \text{ ist nicht erfüllbar.}
\end{aligned}$$

$$\begin{aligned}
\varphi \sim \psi \quad &\Longleftrightarrow \quad \vDash (\varphi \leftrightarrow \psi) \\
&\Longleftrightarrow \quad (\varphi \vDash \psi \text{ und } \psi \vDash \varphi)
\end{aligned}$$

$$\begin{aligned}
\varphi_1, \ldots, \varphi_n \vDash \psi \quad &\Longleftrightarrow \quad (\varphi_1 \wedge \cdots \wedge \varphi_n) \vDash \psi \\
&\Longleftrightarrow \quad \vDash ((\varphi_1 \wedge \cdots \wedge \varphi_n) \to \psi)
\end{aligned}$$

$$\{\varphi_1, \ldots, \varphi_n\} \text{ ist erfüllbar} \quad \Longleftrightarrow \quad (\varphi_1 \wedge \cdots \wedge \varphi_n) \text{ ist erfüllbar}$$

$$\begin{aligned}
\{\varphi_1, \ldots, \varphi_n\} \text{ ist nicht erfüllbar} \quad &\Longleftrightarrow \quad (\varphi_1 \wedge \cdots \wedge \varphi_n) \sim \bot \\
&\Longleftrightarrow \quad \varphi_1, \ldots, \varphi_n \vDash \bot
\end{aligned}$$

BEWEIS Dies folgt alles unmittelbar aus den Definitionen. Zum Beispiel bedeutet:

$\vDash \varphi$ Jede Belegung weist φ den Wahrheitswert 1 zu.

$\emptyset \vDash \varphi$ Jede Belegung, die allen Formeln in der leeren Menge an Formeln den Wahrheitswert 1 zuweist – also jede Belegung! – weist auch φ den Wahrheitswert 1 zu.

$\top \vDash \varphi$ Jede Belegung, die $\top$ den Wahrheitswert 1 zuweist – also jede Belegung! – weist auch φ den Wahrheitswert 1 zu.

$\varphi \sim \top$ Jede Belegung weist φ den gleichen Wahrheitswert wie $\top$ zu, also 1.

$\neg \varphi$ nicht erfüllbar   Es gibt keine Belegung, die φ den Wahrheitswert 0 zuweist.

Dies sind also alles äquivalente Bedingungen. Der Rest ist ähnlich einfach. □

Lediglich die logische Folgerung aus einer unendlichen Menge von Formeln lässt sich mit diesem Satz noch nicht auf eines der anderen Konzepte – Tautologie, Erfüllbarkeit oder logische Äquivalenz – zurückführen. Dies wird aber mit dem Kompaktheitssatz 3.1.1 möglich sein.

In dem Zusammenhang

$$\varphi \sim \psi \iff \vDash (\varphi \leftrightarrow \psi)$$

kommen drei verschiedene Äquivalenzzeichen vor, deren Gebrauch die verschiedenen Sprachebenen verdeutlicht:

- Die aussagenlogischen Formeln nennt man auch die *Objektsprache*, weil sie in der Aussagenlogik Objekte der Betrachtung bilden. Der Junktor $\leftrightarrow$ ist ein objektsprachliches Zeichen, dem lediglich eine Wahrheitswertfunktion zugewiesen ist und keine eigentliche Bedeutung. Das heißt, dass mit der Zeichenfolge $(\varphi \leftrightarrow \psi)$ keine Behauptung verbunden ist, von der man sinnvollerweise sagen könnte, dass sie stimmt oder nicht stimmt.
- Das Zeichen für die logische Äquivalenz $\sim$ steht dagegen für eine (in 1.3.1 definierte) Aussage über aussagenlogische Formeln, also über Elemente der Objektsprache, und befindet sich demgemäß auf der Ebene der *Metasprache*. Die Zeichenfolge „$\varphi \sim \psi$" stellt eine Behauptung auf, die im konkreten Fall entweder stimmt oder nicht stimmt.
- Schließlich macht das in der Mathematik gebräuchliche Äquivalenzzeichen $\iff$ hier eine *meta-metasprachliche* Aussage über die Gleichwertigkeit zweier metasprachlicher Aussagen.

Analog verhält es sich mit den drei Implikationszeichen $\rightarrow, \vDash, \Rightarrow$.

1.3 Tautologien, Erfüllbarkeit, logische Folgerung und logische Äquivalenz

Hier noch einige offensichtliche Eigenschaften der eingeführten Konzepte:

Satz 1.3.3 *Seien φ, χ und ψ aussagenlogische Formeln.*

- *Stets gilt $\varphi \models \varphi$, d. h., $\models$ ist eine reflexive Relation.*
  Aus $\varphi \models \chi$ und $\chi \models \psi$ folgt $\varphi \models \psi$, d. h., $\models$ ist auch eine transitive Relation.
  Somit definiert $\models$ eine Quasi- oder Prä-Ordnung auf der Menge der aussagenlogischen Formeln.
- *Stets gilt $\varphi \sim \varphi$, d. h., $\sim$ ist eine reflexive Relation.*
  Aus $\varphi \sim \psi$ folgt $\psi \sim \varphi$, d. h., $\sim$ ist eine symmetrische Relation.
  Aus $\varphi \sim \chi$ und $\chi \sim \psi$ folgt $\varphi \sim \psi$, d. h., $\sim$ ist auch eine transitive Relation.
  Somit definiert $\sim$ eine Äquivalenzrelation auf der Menge der aussagenlogischen Formeln. Es ist die von $\models$ induzierte Äquivalenzrelation, da $\varphi \sim \psi$ gleichbedeutend mit $\varphi \models \psi$ und $\psi \models \varphi$ ist.
- *Jede beliebige Formel φ folgt aus einer widersprüchlichen Formelmenge, insbesondere gilt $\bot \models \varphi$. Dieses Prinzip heißt traditionell „ex falso quodlibet".*
  Umgekehrt gilt das Prinzip „verum ex quolibet": $\varphi \models \top$
  $\bot$ und $\top$ sind also minimales bzw. maximales Element bzgl. der von $\models$ definierten Quasi-Ordnung.

Diese strukturellen Analysen werden im Abschn. 3.2 über Boole'sche Algebren aufgegriffen und systematisiert!

Ein Formalisierungsbeispiel

Die Regeln und der Ablauf des (in meiner Jugend sehr bekannten) Spiels *Mastermind*[1] können durch aussagenlogische Formeln beschrieben werden. Das Spiel geht so, dass ein Spieler eine Abfolge von vier Farben aus einer Auswahl von sechs festlegt und ein anderer Spieler sie erraten muss. Bei jedem Rateversuch bekommt er vom ersten Spieler mitgeteilt, an wie vielen Positionen er die richtige Farbe geraten hat und wie viele richtig geratene Farben sich an der falschen Position befinden.

Es gibt vier Positionen $1, 2, 3, 4$ und sechs Farben, die der Einfachheit halber $1, 2, 3, 4, 5, 6$ genannt werden. Die Aussagenvariable A_{ij} soll dafür stehen, dass an Position i die Farbe j gesetzt ist.

Durch das Spielbrett ergibt sich zunächst, dass alle Formeln der Form

$$\varphi_{ij} = (A_{ij} \to (\neg A_{i1} \wedge \cdots \wedge \neg A_{ij-1} \wedge \neg A_{ij+1} \wedge \cdots \wedge \neg A_{i6}))$$

wahr sind: An jeder Position befindet sich maximal eine Farbe. Wenn der erste Spieler eine Farbkombination gesteckt hat, bedeutet dies, dass die Formel

$$\psi_i = (A_{i1} \vee A_{i2} \vee A_{i3} \vee A_{i4} \vee A_{i5} \vee A_{i6})$$

für jedes i wahr wird: An jeder Position befindet sich nun eine Farbe.

Wenn der zweite Spieler nun eine Farbkombination mit der Farbe i_j an Position j rät und eine schwarze Markierung „richtiger Platz" bekommt, bedeutet dies, dass die Formel

$$(A_{1i_1} \vee A_{2i_2} \vee A_{3i_3} \vee A_{4i_4})$$

wahr sein muss. Eine weiße Markierung „richtige Farbe am falschen Platz" bedeutet, dass die Formel

$$(A_{2i_1} \vee A_{3i_1} \vee A_{4i_1} \vee A_{1i_2} \vee A_{3i_2} \vee A_{4i_2} \vee A_{1i_3} \vee A_{2i_3} \vee A_{4i_3} \vee A_{1i_4} \vee A_{2i_4} \vee A_{3i_4})$$

wahr sein muss. Eine Kombination aus mehreren weißen oder schwarzen Markierungen wird durch entsprechende komplexere Formeln ausgedrückt, etwa zwei schwarze durch die Formel

$$((A_{1i_1} \wedge A_{2i_2}) \vee (A_{1i_1} \wedge A_{3i_3}) \vee (A_{1i_1} \wedge A_{4i_4})$$
$$\vee (A_{2i_2} \wedge A_{3i_3}) \vee (A_{2i_2} \wedge A_{4i_4}) \vee (A_{3i_3} \wedge A_{4i_4})).$$

Gesucht wird eine konkrete Belegung, die der gesteckten Farbkombination entspricht. Diese Belegung muss zum einen alle Formeln φ_{ij} und ψ_i erfüllen, aber auch alle weiteren Formeln, die sich auf die angedeutete Weise aus den schwarzen und weißen Markierungen für die geratenen Lösungen ergeben.

Übungsaufgaben

Aufgabe 1.3.1 Zeigen Sie, dass $((\varphi \to \psi) \vee (\neg \varphi \to \chi))$ für beliebige Formeln φ, ψ, χ eine Tautologie ist.

Aufgabe 1.3.2 Zeigen Sie, dass die folgenden vier Formeln logisch äquivalent zueinander sind, und machen Sie sich anhand des Wahrheitswertverlaufs klar, dass sie alle das *ausschließende Oder* „entweder A_0 oder A_1" auszudrücken:

$$((A_0 \vee A_1) \wedge \neg(A_0 \wedge A_1)) \qquad \neg(A_0 \leftrightarrow A_1)$$
$$((A_0 \wedge \neg A_1) \vee (A_1 \wedge \neg A_0)) \qquad (\neg A_0 \leftrightarrow A_1)$$

---

[1] https://de.wikipedia.org/wiki/Mastermind_(Spiel)

Aufgabe 1.3.3 Zeigen Sie, dass für die Paritätsformel π_n aus Aufgabe 1.2.2 gilt:

$$\pi_n \sim (\ldots((A_0 \leftrightarrow A_1) \leftrightarrow A_2) \ldots \leftrightarrow A_n) \quad \text{falls } n \text{ gerade}$$
$$\pi_n \sim \neg(\ldots((A_0 \leftrightarrow A_1) \leftrightarrow A_2) \ldots \leftrightarrow A_n) \quad \text{falls } n \text{ ungerade}$$

Aufgabe 1.3.4 Beweisen Sie die noch nicht bewiesenen Teile von Satz 1.3.2.

1.4 Gesetze der Aussagenlogik

Logische Gesetze (laws of logic) besagen, dass gewisse Formeln logisch äquivalent zueinander sind, dass gewisse Formeln Tautologien sind oder dass zwischen gewissen Formeln eine Beziehung logischer Folgerung vorliegt. Logische Gesetze werden auch *logische Regeln* genannt und manche davon traditionell auch *logische Prinzipien*, weil sie grundlegend für die klassische Aussagenlogik sind.

Da es unendlich viele Formeln in n fest gewählten Aussagenvariablen gibt, dafür aber nur 2^n mögliche Wahrheitswertverläufe, gibt es unendlich viele logische Äquivalenzen, also auch unendlich viele logische Gesetze. Von besonderem Interesse sind elementare logische Gesetze, also möglichst einfache Gesetze, aus denen man dann komplexere ableiten kann. Solche elementaren logischen Gesetze kann man als Umformungs- oder Vereinfachungsregeln verstehen. Typischerweise gibt es die folgenden Arten:

- *Vereinfachungsregeln*, z. B. $(\varphi \wedge \top) \sim \varphi$ oder $\neg\neg\varphi \sim \varphi$
- *Kommutativgesetze*, z. B. $(\varphi \wedge \psi) \sim (\psi \wedge \varphi)$
- *Ersetzungsregeln für einzelne Junktoren*, z. B. $(\varphi \to \psi) \sim (\neg\varphi \vee \psi)$
- *Vertauschungsregeln für das Aufeinandertreffen von zwei Junktoren*,
  z. B. $\neg(\varphi \wedge \psi) \sim (\neg\varphi \vee \neg\psi)$ oder $((\varphi \wedge \chi) \wedge \psi) \sim (\varphi \wedge (\chi \wedge \psi))$

Es ist nicht genau definiert, wann ein logisches Gesetz elementar ist. Für dieses Buch soll die folgende Liste von Gesetzen als elementar gelten, weil sie im Sinne von Satz 2.2.1 ausreichen, um alle logischen Gesetze herzuleiten.

Satz 1.4.1 *Es gelten die folgenden* **elementaren logischen Gesetze** *für alle aussagenlogischen Formeln φ, χ und ψ:*

⊤-/⊥-**Gesetze:**

Verum-Falsum-Dualität	$\neg\top \sim \bot$	$\neg\bot \sim \top$
Neutrale Elemente	$(\varphi \wedge \top) \sim \varphi$	$(\varphi \vee \bot) \sim \varphi$
Absorbierende Elemente	$(\varphi \wedge \bot) \sim \bot$	$(\varphi \vee \top) \sim \top$

¬-**Gesetze:**

Doppelnegationsgesetz $\qquad\qquad\qquad\qquad\qquad\qquad \neg\neg\varphi \sim \varphi$
Prinzip des ausgeschlossenen Dritten (excluded middle) $\quad (\varphi \vee \neg\varphi) \sim \top$
Prinzip des ausgeschlossenen Widerspruchs $\qquad\quad\; (\varphi \wedge \neg\varphi) \sim \bot$

∧-/∨-**Gesetze:**

Idempotenz $\qquad\qquad\qquad (\varphi \wedge \varphi) \sim \varphi$
$\qquad\qquad\qquad\qquad\qquad\; (\varphi \vee \varphi) \sim \varphi$

Kommutativität $\qquad\qquad (\varphi \wedge \psi) \sim (\psi \wedge \varphi)$
$\qquad\qquad\qquad\qquad\qquad\; (\varphi \vee \psi) \sim (\psi \vee \varphi)$

Assoziativität $\qquad\qquad\; ((\varphi \wedge \psi) \wedge \chi) \sim (\varphi \wedge (\psi \wedge \chi))$
$\qquad\qquad\qquad\qquad\qquad\; ((\varphi \vee \psi) \vee \chi) \sim (\varphi \vee (\psi \vee \chi))$

Distributivität $\qquad\qquad ((\varphi \wedge \psi) \vee \chi) \sim ((\varphi \vee \chi) \wedge (\psi \vee \chi))$
$\qquad\qquad\qquad\qquad\qquad\; ((\varphi \vee \psi) \wedge \chi) \sim ((\varphi \wedge \chi) \vee (\psi \wedge \chi))$
$\qquad\qquad\qquad\qquad\qquad\; (\chi \vee (\varphi \wedge \psi)) \sim ((\chi \vee \varphi) \wedge (\chi \vee \psi))$
$\qquad\qquad\qquad\qquad\qquad\; (\chi \wedge (\varphi \vee \psi)) \sim ((\chi \wedge \varphi) \vee (\chi \wedge \psi))$

Gesetze von De Morgan: $\qquad \neg(\varphi \wedge \psi) \sim (\neg\varphi \vee \neg\psi)$
$\qquad\qquad\qquad\qquad\qquad\qquad\; \neg(\varphi \vee \psi) \sim (\neg\varphi \wedge \neg\psi)$

Gesetze für die weiteren Junktoren:

Definition von $\leftrightarrow$: $\qquad\qquad (\varphi \leftrightarrow \psi) \sim ((\varphi \rightarrow \psi) \wedge (\psi \rightarrow \varphi))$
Definition von $\rightarrow$: $\qquad\qquad\; (\varphi \rightarrow \psi) \sim (\neg\varphi \vee \psi)$

BEWEIS Nachprüfen durch Wahrheitstafeln! Zum Beispiel sieht man für das erste De Morgan'sche Gesetz:

φ	ψ	$(\varphi \wedge \psi)$	$\neg(\varphi \wedge \psi)$	$\neg\varphi$	$\neg\psi$	$(\neg\varphi \vee \neg\psi)$
0	0	0	**1**	1	1	**1**
0	1	0	**1**	1	0	**1**
1	0	0	**1**	0	1	**1**
1	1	1	**0**	0	0	**0**

und damit übereinstimmende Wahrheitswertverläufe in der vierten und siebten Spalte, was die logische Äquivalenz der entsprechenden Formeln beweist. □

Es folgt nun eine Liste weiterer logischer Gesetze, die ebenso gut als elementar gelten könnten und die man ebenfalls kennen sollte.

1.4 Gesetze der Aussagenlogik

Satz 1.4.2 *Es gelten für alle aussagenlogischen Formeln φ, χ und ψ:*

Definition von $\neg$	$\neg\varphi \sim (\varphi \to \bot)$
Absorptionsgesetze	$((\varphi \wedge \psi) \vee \varphi) \sim \varphi$
	$((\varphi \vee \psi) \wedge \varphi) \sim \varphi$
Kontraposition	$(\varphi \to \psi) \sim (\neg\psi \to \neg\varphi)$
	$(\varphi \leftrightarrow \psi) \sim (\neg\psi \leftrightarrow \neg\varphi)$
Monotonie	$(\varphi \wedge \psi) \vDash \varphi$
	$\varphi \vDash (\varphi \vee \chi)$
Currying	$((\varphi \wedge \chi) \to \psi) \sim (\varphi \to (\chi \to \psi))$
Transitivität von $\to$	$(\varphi \to \chi), (\chi \to \psi) \vDash (\varphi \to \psi)$
$\quad$ mit $\varphi = \top$: *modus ponens*	$\chi, (\chi \to \psi) \vDash \psi$
$\quad$ mit $\psi = \bot$: *modus tollens*	$(\varphi \to \chi), \neg\chi \vDash \neg\varphi$
Links-Distributivität von $\to$	$(\varphi \to (\chi \wedge \psi)) \sim ((\varphi \to \chi) \wedge (\varphi \to \psi))$
	$(\varphi \to (\chi \vee \psi)) \sim ((\varphi \to \chi) \vee (\varphi \to \psi))$
Rechts-Antidistributivität von $\to$	$((\varphi \wedge \chi) \to \psi) \sim ((\varphi \to \psi) \vee (\chi \to \psi))$
	$((\varphi \vee \chi) \to \psi) \sim ((\varphi \to \psi) \wedge (\chi \to \psi))$

BEWEIS Ebenfalls Nachprüfen mit Wahrheitstafeln! □

Um die logischen Gesetze anwenden zu können, braucht man noch das *Prinzip der äquivalenten Substitution*, das im Wesentlichen aussagt, dass man ein Gesetz wie $\neg\neg\varphi \sim \varphi$ auch innerhalb einer umfassenderen Formel anwenden kann. In diesen Zusammenhang ordnet sich auch das zweite Substitutionsprinzip ein, das *Prinzip der uniformen Substitution*, das im Wesentlichen aussagt, dass es ausreicht, ein Gesetz wie das Doppelnegationsgesetz für eine Aussagenvariable zu formulieren, also als $\neg\neg A_0 \sim A_0$.

Als Vorbereitung muss man sich die folgende Beobachtung klar machen:

Wenn man in einer aussagenlogischen Formel φ ein Vorkommen einer Teilformel φ' durch eine Formel ψ ersetzt (oder „substituiert"), bekommt man wieder eine aussagenlogische Formel.

Beim Ersetzen werden alle Knoten der Teilformel φ' aus φ entfernt und dafür alle Knoten von ψ hinzugenommen. Die neue Kantenrelation besteht aus allen Kanten von φ, in denen kein Knoten von φ' vorkommt, aus allen Kanten von ψ und aus einer Kante von der Wurzel von ψ zu dem Vorgänger der Wurzel von φ' (also zu dem Knoten in φ, deren Nachfolger die Wurzel von φ' ist). Am besten sieht man das wieder in einem Beispiel:

Beispiel
In der Formel links wird die Teilformel $(A_0 \to \bot)$ durch die Formel $(\neg A_3 \land A_0)$ ersetzt:

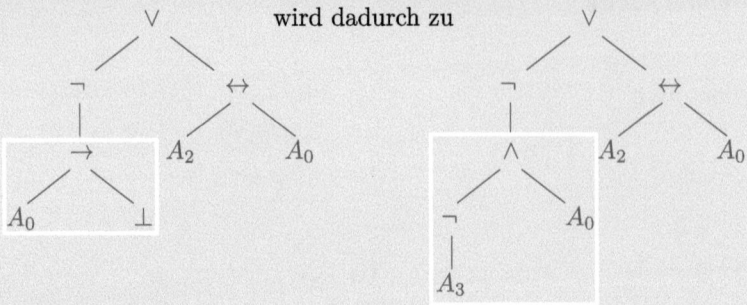

Oder in Infix-Notation: Aus

$$(\neg(A_0 \to \bot) \lor (A_2 \leftrightarrow A_0))$$

wird

$$(\neg(\neg A_3 \land A_0) \lor (A_2 \leftrightarrow A_0)).$$

Für das Ergebnis solch einer Substitution gibt es keine Notation, da man nicht ohne Weiteres auf ein spezielles Vorkommen einer Teilformel φ' Bezug nehmen kann, falls es mehrere davon gibt.

Beispiel
Zum Beispiel kann man in der Formel $(\neg(A_0 \to \bot) \lor (A_2 \leftrightarrow A_0))$ das linke Vorkommen der Teilformel A_0 durch $\neg A_3$ ersetzen, dann ergibt sich

$$(\neg(\neg A_3 \to \bot) \lor (A_2 \leftrightarrow A_0))$$

Ersetzt man dagegen das rechte Vorkommen, erhält man

$$(\neg(A_0 \to \bot) \lor (A_2 \leftrightarrow \neg A_3)).$$

Ein Spezialfall liegt vor, wenn *sämtliche* Vorkommen einer Teilformel φ' in φ durch ψ ersetzt werden: Dies nennt man eine *simultane Substitution* und schreibt dafür $\varphi[\frac{\varphi'}{\psi}]$.[2] Achtung:

---

[2] Es gibt verschiedene Schreibweisen für die Substitution. Ich kenne aus der Mathematischen Logik hauptsächlich die umgekehrte Reihenfolge, dass die ersetzende Formel oben steht, habe mich aber der zumindest in Freiburg in der Informatik häufigeren Variante angepasst.

1.4 Gesetze der Aussagenlogik

Die Formel ψ könnte selbst wieder φ' als Teilformel enthalten; diese neuen Vorkommen werden bei der simultanen Substitution nicht ersetzt!

Beispiel
In der linken Formel φ wird jedes Vorkommen der Teilformel A_0 durch die Formel $\neg A_0$ ersetzt, d. h. es wird $\varphi[\frac{A_0}{\neg A_0}]$ gebildet:

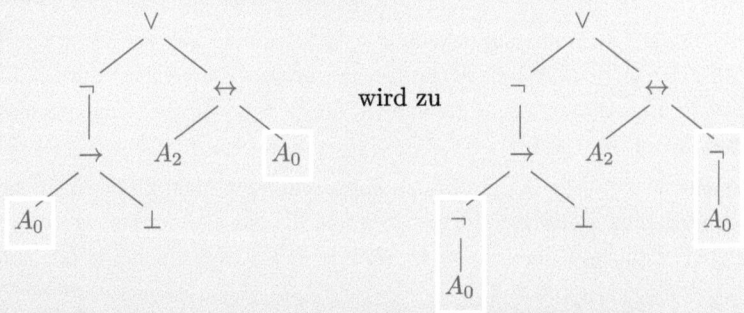

Oder in Infix-Notation: Aus

$$(\neg(\boldsymbol{A_0} \to \bot) \lor (A_2 \leftrightarrow \boldsymbol{A_0}))$$

wird

$$(\neg(\boldsymbol{\neg A_0} \to \bot) \lor (A_2 \leftrightarrow \boldsymbol{\neg A_0})).$$

Wird jedes Vorkommen von A_0 dagegen durch $(A_1 \to A_2)$ ersetzt, ergibt sich

$$(\neg((A_1 \to A_2) \to \bot) \lor (A_2 \leftrightarrow (A_1 \to A_2))).$$

Satz 1.4.3 (Aussagenlogische Substitutionsprinzipien)
Prinzip der äquivalenten Substitution:
Wenn φ' Teilformel einer aussagenlogischen Formel φ ist, φ' logisch äquivalent zu ψ' ist und ψ aus φ dadurch entsteht, dass ein Vorkommen von φ' in φ durch ψ' ersetzt wird, dann ist φ logisch äquivalent zu ψ.

Prinzip der uniformen Substitution:
Wenn φ und ψ zueinander logisch äquivalente Formeln sind, dann sind auch $\varphi[\frac{A_i}{\chi}]$ und $\psi[\frac{A_i}{\chi}]$ zueinander logisch äquivalent, d. h. die Formeln, die durch simultane Substitution aller Vorkommen einer Aussagenvariablen A_i durch eine Formel χ entstehen.

Insbesondere werden Tautologien durch äquivalente oder uniforme Substitution in Tautologien überführt. Das Prinzip der uniformen Substitution gilt auch für logische Folgerung, d. h., aus $\varphi \vDash \psi$ folgt $\varphi[\frac{A_i}{\chi}] \vDash \psi[\frac{A_i}{\chi}]$.

BEWEIS Beide Prinzipien folgen sofort aus der Kompositionalität, da es nur auf die Wahrheitswerte von A_i bzw. φ' und ψ' ankommt. □

> **Beispiele für die Substitutionsprinzipien**
> Aus $(A_0 \vee \neg A_0) \sim \top$ folgt mit $A_0 \sim \neg\neg A_0$ und äquivalenter Substitution des zweiten Vorkommens von A_0 die Äquivalenz $(A_0 \vee \neg\neg\neg A_0) \sim \top$, und mit uniformer Substitution von A_0 durch $(A_1 \to A_2)$ folgt $((A_1 \to A_2) \vee \neg(A_1 \to A_2)) \sim \top$.
>
> **Vorsicht:** Das Prinzip der uniformen Substitution gilt nicht für den Fall, dass statt Aussagenvariablen Teilformeln ersetzt werden, die nur einen Wahrheitswert annehmen. Zum Beispiel gilt $\top \sim (\top \to \top)$, aber $\top[\frac{\top}{A_0}] = A_0$ ist nicht logisch äquivalent zu $(\top \to \top)[\frac{\top}{A_0}] = (A_0 \to A_0)$.

Mit dem Prinzip der uniformen Substitution reicht es aus, logische Gesetze wie in den Sätzen 1.4.1 und 1.4.2 nur für Aussagenvariablen statt für beliebige aussagenlogische Formeln zu formulieren.

Übungsaufgaben

Aufgabe 1.4.1 Beweisen Sie Satz 1.4.2.

Aufgabe 1.4.2 Beweisen Sie: $\neg(\varphi \leftrightarrow \psi) \sim (\neg\varphi \leftrightarrow \psi) \sim (\varphi \leftrightarrow \neg\psi)$ durch Anwenden der elementaren logischen Gesetze. Folgern Sie daraus auch das Ergebnis von Aufgabe 1.3.3.

1.5 Disjunktive und konjunktive Normalform

Definition 1.5.1 *Ein* **Literal** *(literal) ist eine aussagenlogische Formel, die entweder eine Aussagenvariable A_i oder eine negierte Aussagenvariable $\neg A_i$ ist.*

Eine aussagenlogische Formel ist in **disjunktiver Normalform (DNF)** *(disjunctive normal form), wenn sie eine Disjunktion sogenannter* **Konjunktionsterme** *ist, d. h. von der Form*

1.5 Disjunktive und konjunktive Normalform

$$((L_{11} \wedge \cdots \wedge L_{1n_1}) \vee \cdots \vee (L_{k1} \wedge \cdots \wedge L_{kn_k})) \quad bzw. \quad \bigvee_{i=1}^{k} \bigwedge_{j=1}^{n_i} L_{ij}\,.$$

Dabei sind die L_{ij} jeweils Literale und $k, n_1, \ldots, n_k \in \mathbb{N}$.

Eine aussagenlogische Formel ist in **konjunktiver Normalform (KNF)** (conjunctive normal form, CNF), *wenn sie eine Konjunktion sogenannter* **Disjunktionsterme** *oder* **Klauseln** (clauses) *ist, d. h. von der Form*

$$((L_{11} \vee \cdots \vee L_{1n_1}) \wedge \cdots \wedge (L_{k1} \vee \cdots \vee L_{kn_k})) \quad bzw. \quad \bigwedge_{i=1}^{k} \bigvee_{j=1}^{n_i} L_{ij}\,.$$

Es lohnt sich wieder, einen Blick auf die Extremfälle zu werfen:

	DNF	KNF
$k = 0$	$\bot$	$\top$
$k = 1,\ n_1 = 0$	$\top$	$\bot$
$k = 1,\ n_1 = 1$	L_{11}	L_{11}
$k = 1,\ n_1$ beliebig	$(L_{11} \wedge \cdots \wedge L_{1n_1})$	$(L_{11} \vee \cdots \vee L_{1n_1})$
k beliebig, $n_1 = \cdots = n_k = 1$	$(L_{11} \vee \cdots \vee L_{k1})$	$(L_{11} \wedge \cdots \wedge L_{k1})$

Also sind $\top$ und $\bot$, einzelne Literale sowie reine Konjunktionen und reine Disjunktionen von Literalen aussagenlogische Formeln, die sowohl in DNF als auch in KNF sind.

Satz 1.5.2 *Jede aussagenlogische Formel ist logisch äquivalent zu einer Formel in disjunktiver Normalform und logisch äquivalent zu einer Formel in konjunktiver Normalform.*

Allgemeiner: Für jeden Wahrheitswertverlauf mit endlich vielen Aussagenvariablen gibt es eine aussagenlogische Formel in disjunktiver Normalform und eine aussagenlogische Formel in konjunktiver Normalform, die diesen Wahrheitswertverlauf haben.

Dieser Satz zeigt insbesondere, dass bei der Konstruktion der Aussagenlogik keine Junktoren „vergessen" wurden.

> **Veranschaulichung des Beweises**
>
> Den Beweis möchte ich zunächst an einem Beispiel veranschaulichen. Für eine Formel φ mit dem in der folgenden Tabelle vorgegebenen Wahrheitswertverlauf soll eine äquivalente Formel in DNF gefunden werden.
>
> Dazu kodiert man gewissermaßen die Wahrheitstafel: Zunächst wird für jeden Wahrheitswert 1 im Wahrheitswertverlauf von φ eine Formel konstruiert, die genau an dieser Stelle den Wahrheitswert 1 hat und sonst überall 0. Dazu modifiziert man die Konjunktion der vorkommenden Aussagenvariablen durch Negationen an den

notwendigen Stellen, nämlich bei den Aussagenvariablen, denen unter der betrachteten partiellen Belegung der Wahrheitswert 0 zugewiesen wird (in der Tabelle fett markiert).

A_0	A_1	A_2	φ	$(A_0 \wedge A_1 \wedge A_2)$	$(A_0 \wedge \neg A_1 \wedge A_2)$	$(\neg A_0 \wedge \neg A_1 \wedge A_2)$
0	0	0	0	0	0	0
0	**0**	1	$\boxed{1}$	0	0	$\boxed{1}$
0	1	0	0	0	0	0
0	1	1	0	0	0	0
1	0	0	0	0	0	0
1	**0**	1	$\boxed{1}$	0	$\boxed{1}$	0
1	1	0	0	0	0	0
1	1	1	$\boxed{1}$	$\boxed{1}$	0	0

Nun ist φ äquivalent zur Disjunktion dieser Formeln, also

$$\varphi \sim \big((A_0 \wedge A_1 \wedge A_2) \vee (A_0 \wedge \neg A_1 \wedge A_2) \vee (\neg A_0 \wedge \neg A_1 \wedge A_2)\big).$$

BEWEIS Ohne Einschränkung kann man annehmen, dass in φ genau die n Aussagenvariablen $A_0, \ldots, A_{n-1}$ vorkommen (sonst benennt man sie um). Für jede partielle Belegung der vorkommenden Aussagenvariablen β soll das Symbol $[\neg_\beta A_i]$ für folgende Formel stehen:

$$[\neg_\beta A_i] := \begin{cases} A_i & \text{falls } \beta(A_i) = 1 \\ \neg A_i & \text{falls } \beta(A_i) = 0 \end{cases}$$

Für eine Belegung β' gilt nun genau dann $\beta'\big(\bigwedge_{i=0}^{n-1}[\neg_\beta A_i]\big) = 1$, wenn β' und β auf $A_0, \ldots, A_{n-1}$ übereinstimmen. Es folgt:

$$\varphi \sim \bigvee_{\beta(\varphi)=1} \bigwedge_{i=0}^{n-1} [\neg_\beta A_i]$$

weil die rechte Seite von einer Belegung β' genau dann wahr gemacht wird, wenn sie eine der Teilformeln $\bigwedge_{i=0}^{n-1}[\neg_\beta A_i]$ wahr macht, also genau dann, wenn sie auf den vorkommenden Aussagenvariablen mit einem β übereinstimmt, das φ wahr macht.

Dadurch hat man eine zu φ logisch äquivalente Formel in DNF gefunden. Durch die „duale Konstruktion" bekommt man eine logisch äquivalente Formel in KNF:

$$\varphi \sim \bigwedge_{\beta(\varphi)=0} \bigvee_{i=0}^{n-1} \neg[\neg_\beta A_i]$$

$\square$

1.5 Disjunktive und konjunktive Normalform

Veranschaulichung des Beweises für die KNF
Für die KNF nutzt man also das gleiche Verfahren mit vertauschten Wahrheitswerten: Man geht die Wahrheitswerte 0 im vorgegebenen Wahrheitswertverlauf durch und modifiziert nun die Disjunktion der vorkommenden Aussagenvariablen durch Negationen bei den Aussagenvariablen, denen unter der betrachteten partiellen Belegung der Wahrheitswert 1 zugewiesen wird:

A_0	A_1	A_2	φ	$(A_0 \vee A_1 \vee A_2)$	$(A_0 \vee \neg A_1 \vee A_2)$	$(A_0 \vee \neg A_1 \vee \neg A_2)$	$(\neg A_0 \vee A_1 \vee A_2)$	$(\neg A_0 \vee \neg A_1 \vee A_2)$
0	0	0	0	0	1	1	1	1
0	0	1	1	1	1	1	1	1
0	1	0	0	1	0	1	1	1
0	1	1	0	1	1	0	1	1
1	0	0	0	1	1	1	0	1
1	0	1	1	1	1	1	1	1
1	1	0	0	1	1	1	1	0
1	1	1	1	1	1	1	1	1

und erhält eine zu φ logisch äquivalente Formel als Konjunktion der Disjunktionsterme:

$$\varphi \sim \bigl((A_0 \vee A_1 \vee A_2) \wedge (A_0 \vee \neg A_1 \vee A_2) \wedge \\ (A_0 \vee \neg A_1 \vee \neg A_2) \wedge (\neg A_0 \vee A_1 \vee A_2) \wedge (\neg A_0 \vee \neg A_1 \vee A_2)\bigr).$$

Die in diesem Beweis konstruierte disjunktive Normalform hat die Eigenschaft, dass in jedem Konjunktionsterm jede der in φ vorkommenden Aussagenvariablen genau einmal vorkommt. Eine DNF mit dieser Eigenschaft ist eindeutig festgelegt bis auf die Reihenfolge der Konjunktionsterme, die Reihenfolge der Literale innerhalb der Konjunktionsterme und die Klammerungsreihenfolge. Legt man dafür Konventionen fest (z. B. Linksklammerung, Aussagenvariable innerhalb der Konjunktionsterme nach Indizes aufsteigend geordnet und partielle Belegungen in der Ordnung als Binärzahlen), so erhält man eine *eindeutige* DNF, die **kanonische disjunktive Normalform** (canonical disjunctive normal form), analog für die KNF.

Beispiel 1
$(A_1 \to A_0)$ ist logisch äquivalent zu $(A_0 \vee \neg A_1)$, was bereits eine Formel in DNF und in kanonischer KNF ist.
Die kanonische DNF ist $((\neg A_0 \wedge \neg A_1) \vee (A_0 \wedge \neg A_1) \vee (A_0 \wedge A_1))$.

Beispiel 2
$(A_1 \leftrightarrow A_0)$ ist logisch äquivalent zu $((A_0 \to A_1) \wedge (A_1 \to A_0))$, also zu $((\neg A_0 \vee A_1) \wedge (A_0 \vee \neg A_1))$, was die kanonische KNF ist.
Die kanonische DNF ist $((\neg A_0 \wedge \neg A_1) \vee (A_0 \wedge A_1))$.

Beispiel 3
Die dreistellige Paritätsformel $\pi_3 = ((\neg A_0 \leftrightarrow \neg A_1) \leftrightarrow \neg A_2)$ wird genau unter den Belegungen wahr, die einer geraden Anzahl an vorkommenden Aussagenvariablen den Wahrheitswert 1 zuweist. Ihre Wahrheitstafel ist also

A_0	A_1	A_2	π_3
0	0	0	1
0	0	1	0
0	1	0	0
0	1	1	1
1	0	0	0
1	0	1	1
1	1	0	1
1	1	1	0

Die kanonische DNF hierfür ist

$((\neg A_0 \wedge \neg A_1 \wedge \neg A_2) \vee (\neg A_0 \wedge A_1 \wedge A_2) \vee (A_0 \wedge \neg A_1 \wedge A_2) \vee (A_0 \wedge A_1 \wedge \neg A_2))$

und die kanonische KNF

$((A_0 \vee A_1 \vee \neg A_2) \wedge (A_0 \vee \neg A_1 \vee A_2) \wedge (\neg A_0 \vee A_1 \vee A_2) \wedge (\neg A_0 \vee \neg A_1 \vee \neg A_2))$

Man muss ein bisschen vorsichtig mit der Eindeutigkeit der kanonischen DNF sein: So, wie es oben formuliert ist, bekommt man die Eindeutigkeit nur für eine vorgegebene Auswahl von Aussagenvariablen:

1.5 Disjunktive und konjunktive Normalform

> **Beispiel**
> Es ist
> $$A_1 \sim (A_1 \wedge \top) \sim (A_1 \wedge (A_2 \vee \neg A_2)) \sim (A_1 \wedge (A_3 \vee \neg A_3)).$$
> Die kanonische DNF von $(A_1 \wedge (A_2 \vee \neg A_2))$ ist nun $((A_1 \wedge A_2) \vee (A_1 \wedge \neg A_2))$, die kanonische DNF von $(A_1 \wedge (A_3 \vee \neg A_3))$ dagegen $((A_1 \wedge A_3) \vee (A_1 \wedge \neg A_3))$, und die kanonische DNF von $(A_1 \wedge \top)$ ist A_1.

Mit dem folgenden Interpolationssatz bekommt man aber eine echte Eindeutigkeit:

Satz 1.5.3 (Interpolationssatz der Aussagenlogik) *Wenn φ und ψ aussagenlogische Formeln sind mit $\varphi \vDash \psi$, dann gibt es eine aussagenlogische Formel χ mit den beiden Eigenschaften:*

- $\varphi \vDash \chi$ und $\chi \vDash \psi$
- *Alle in χ vorkommenden Aussagenvariablen kommen sowohl in φ als auch in ψ vor.*

BEWEIS Man nimmt die kanonische DNF von φ und entfernt daraus alle Aussagenvariablen, die nicht in ψ vorkommen: Dies ergibt die Formel χ. (Genauer formuliert entfernt man in jedem Konjunktionsterm der kanonischen DNF jede Konjunktion mit Literalen, die aus Aussagenvariablen gebildet sind, die in ψ nicht vorkommen.) Insbesondere ist χ in kanonischer DNF bezüglich der gemeinsamen Aussagenvariablen von φ und ψ.

Einfach zu sehen ist nun $\varphi \vDash \chi$: Wegen $(\varphi_1 \wedge \varphi_2) \vDash \varphi_1$ gilt die Implikation für jeden Konjunktionsterm, aus dem man Aussagenvariablen wie oben entfernt. Dies überträgt sich auf Disjunktionen, denn aus $\psi_1 \vDash \varphi_1$ und $\psi_2 \vDash \varphi_2$ folgt $(\psi_1 \vee \psi_2) \vDash (\varphi_1 \vee \varphi_2)$.

Wenn nun $\chi \vDash \psi$ nicht gelten würde, gäbe es eine partielle Belegung β der in ψ (und damit auch in χ) vorkommenden Aussagenvariablen mit $\beta(\chi) = 1$ und $\beta(\psi) = 0$. Es gibt dann einen Konjunktionsterm κ von χ, der unter β wahr wird, und κ ist durch Weglassen von Literalen aus einem Konjunktionsterm κ' der kanonischen DNF von φ entstanden. Setzt man die in κ' negiert auftretenden zusätzlichen Aussagenvariablen 0 und die nicht negiert auftretenden zusätzlichen Aussagenvariablen 1, erhält man eine Fortsetzung β' von β, die κ' wahr macht. Somit gilt $\beta'(\varphi) = 1$, aber $\beta'(\psi) = \beta(\psi) = 0$, was der Voraussetzung $\varphi \vDash \psi$ widerspricht. □

Folgerung 1.5.4 *Zu jeder aussagenlogische Formel φ gibt es eine eindeutige Menge M an Aussagenvariablen mit folgender Eigenschaft: Es gibt eine zu φ logisch äquivalente Formel, in der nur Aussagenvariablen aus M vorkommen, und alle Aussagenvariablen aus M kommen in jeder zu φ logisch äquivalenten Formel vor.*

BEWEIS Man wählt unter den zu φ logisch äquivalenten Formeln eine Formel φ' mit einer minimalen Anzahl an vorkommenden Aussagenvariablen. Diese bilden die Menge M. Wenn es nun eine zu φ logisch äquivalente Formel φ'' gäbe, in der nicht alle Aussagenvariablen aus M vorkommen, würde man mit dem Interpolationssatz angewandt auf $\varphi' \vDash \varphi''$ eine Formel finden, die zu φ logisch äquivalent ist und weniger Aussagenvariablen als M braucht. □

Für die folgende Definition ist es üblich, die Aussagenkonstanten $\top$ und $\bot$ als Junktoren aufzufassen:

Definition 1.5.5 *Eine Menge J von Junktoren (inkl. Aussagenkonstanten) heißt* **vollständiges Junktorensystem** *(complete system of connectives), falls es zu jeder aussagenlogischen Formel eine logisch äquivalente Formel gibt, in der nur Junktoren (inkl. Aussagenkonstanten) aus J vorkommen.*

Satz 1.5.6 $\{\neg, \wedge\}$ *und* $\{\neg, \vee\}$ *sind vollständige Junktorensysteme.*

BEWEIS Satz 1.5.2 zeigt, dass $\{\neg, \vee, \wedge, \top, \bot\}$ ein vollständiges Junktorensystem ist, da man nur diese Junktoren für die DNF braucht. Die Aussagenkonstanten kann man durch $\top \sim (A_i \vee \neg A_i)$ und $\bot \sim (A_i \wedge \neg A_i)$ ausdrücken. Mit Doppelnegation, den De Morgan'schen Gesetzen und äquivalenter Substitution erhält man

$$(\varphi \wedge \psi) \sim \neg\neg(\varphi \wedge \psi) \sim \neg(\neg\varphi \vee \neg\psi)$$
$$(\varphi \vee \psi) \sim \neg\neg(\varphi \vee \psi) \sim \neg(\neg\varphi \wedge \neg\psi)$$

und kann daher (erneut mit äquivalenter Substitution) bis auf logische Äquivalenz auch auf Konjunktionen oder auf Disjunktionen verzichten. □

Um $\top$ und $\bot$ mit den Junktorensystemen $\{\neg, \wedge\}$ und $\{\neg, \vee\}$ zu beschreiben, muss man eine Aussagenvariable A_i wählen. Wenn man Definition 1.5.5 so verschärft, dass jede aussagenlogische Formel logisch äquivalent zu einer Formel sein soll, die nur Junktoren aus J nutzt und keine neuen Aussagenvariablen, braucht man zusätzlich $\top$ oder $\bot$.

1.5 Disjunktive und konjunktive Normalform

Beispiel
$\{\to, \bot\}$ ist ein vollständiges Junktorensystem.
Denn über $\neg\varphi \sim (\varphi \to \bot)$ kann man die Negation ausdrücken, über $(\varphi \lor \psi) \sim (\neg\varphi \to \psi)$ die Disjunktion, und da $\{\neg, \lor\}$ ein vollständiges Junktorensystem ist, reicht dies aus. Schließlich kann man auch $\top \sim \neg\bot \sim (\bot \to \bot)$ eliminieren.

Die Formel $(A_0 \leftrightarrow A_1)$ lässt sich folgendermaßen in den verschiedenen vollständigen Junktorensystemen ausdrücken, ist also jeweils zu den angegebenen Formeln logisch äquivalent:

$$\neg(\neg(A_0 \land A_1) \land \neg(\neg A_0 \land \neg A_1))$$
$$\neg(\neg(A_0 \lor \neg A_1) \lor \neg(\neg A_0 \lor A_1))$$
$$(((A_0 \to A_1) \to ((A_1 \to A_0) \to \bot)) \to \bot)$$

Man kann das Konzept auch auf „neue" Junktoren ausdehnen, die man zur Sprache hinzunehmen könnte. Häufig betrachtet wird der *NOR-Junktor* $\downarrow$, für den $(\varphi \downarrow \psi) \sim \neg(\varphi \lor \psi)$ gilt, und der *NAND-Junktor* $\uparrow$, für den $(\varphi \uparrow \psi) \sim \neg(\varphi \land \psi)$ gilt. Der NOR-Junktor wird auch *Peirce-Funktion* oder *Peirce-Operator* genannt, der NAND-Junktor wird auch *Sheffer-Strich* genannt und | geschrieben. Alternativ könnte man solche neuen Junktoren auch als Abkürzungen einführen – hier für die jeweils in den Äquivalenzen rechts stehenden Formeln.

Man kann zeigen, dass $\{\downarrow\}$ und $\{\uparrow\}$ vollständige Junktorensysteme gemäß Definition 1.5.5 sind. Es sind die beiden einzigen vollständigen Junktorensysteme, die aus einem einzelnen Junktor der Stelligkeit höchstens 2 bestehen.

Mit den Junktoren $\uparrow$ und $\downarrow$ als vollständigen Junktorensystemen ist die Formel $(A_0 \leftrightarrow A_1)$ logisch äquivalent zu:

$$((A_0 \uparrow A_1) \uparrow ((A_0 \uparrow A_0) \uparrow (A_1 \uparrow A_1)))$$
$$((A_0 \downarrow (A_1 \downarrow A_1)) \downarrow (A_1 \downarrow (A_0 \downarrow A_0)))$$

Welche Junktoren man für die Konstruktion der Aussagenlogik auswählt, ist in gewisser Weise Geschmackssache. Man kann Satz 1.3.2 und einige der elementaren logische Gesetze aber so verstehen, dass die Junktoren $\neg, \land, \lor, \to, \leftrightarrow$ zusammen mit den Aussagenkonstanten $\top, \bot$ sich auf natürliche Weise aus den zentralen Konzepten Erfüllbarkeit, logische Äquivalenz und logische Folgerung ergeben. Sie finden sich demgemäß auch in mathematischen Beweisen wieder. Manche Junktoren haben auch Entsprechungen in natürlichen Sprachen wie Deutsch oder Englisch (vor allem $\neg$, $\land$ und $\lor$, teilweise auch $\to$) und kommen daher in naheliegender Weise zum Einsatz, wenn man

Beschreibungen aus einer natürlichen Sprache in formaler Sprache wiedergeben möchte (wie etwa das *Mastermind*-Beispiel zeigt).

Je nach Anwendung kann es allerdings sinnvoll sein, sich auf wenige Junktoren zu beschränken oder auch neue Junktoren hinzuzunehmen. Insbesondere reicht es bei Beweisen über den Aufbau der Formeln häufig, sich auf ein vollständiges Junktorensystem zu beschränken, nämlich immer dann, wenn für das, was zu beweisen ist, eine Formel auch durch eine logisch äquivalente Formel ersetzt werden kann und es auf die konkrete Gestalt der Formel nicht ankommt. Gerne nimmt man dann $\neg$ und $\wedge$.

Die Sätze 1.5.2 und 1.5.6 lassen sich in eine Aussage über Wahrheitswertfunktionen übersetzen. Dazu braucht es zwei hier speziell für Wahrheitswertfunktionen definierte Begriffe:

Eine *Projektion* ist eine Abbildung $\pi_i^n : \{0, 1\}^n \to \{0, 1\}$, $(x_1, \ldots, x_n) \mapsto x_i$. Eine *verallgemeinerte Komposition* von Abbildungen $g : \{0, 1\}^m \to \{0, 1\}$ und $h_1, \ldots, h_m : \{0, 1\}^n \to \{0, 1\}$ ist die Abbildung

$$g \circ (h_1, \ldots, h_m) : \{0, 1\}^n \to \{0, 1\}$$
$$(x_1, \ldots, x_n) \mapsto g\bigl(h_1(x_1, \ldots, x_n), \ldots, h_m(x_1, \ldots, x_n)\bigr)$$

Satz 1.5.7 *Man erhält jede Wahrheitswertfunktion* $\{0, 1\}^n \to \{0, 1\}$ *für* $n \geqslant 1$ *aus den beiden Funktionen* $x \mapsto 1 - x$ *und* $(x, y) \mapsto \min\{x, y\}$ *sowie allen Projektionen* π_i^n *durch iterierte verallgemeinerte Komposition.*

BEWEIS Identifiziert man die Argumente der Funktion $\{0, 1\}^n \to \{0, 1\}$ mit den Aussagenvariablen $A_1, \ldots, A_n$, so gibt die Funktion einen Wahrheitswertverlauf an. Dieser Wahrheitswertverlauf lässt sich nach den Sätzen 1.5.2 und 1.5.6 durch eine Formel beschreiben, in der neben den Aussagenvariablen nur die Junktoren $\neg$ und $\wedge$ vorkommen. Der Wahrheitswertverlauf ist nach Definition 1.2.2 eine iterierte Komposition der Funktionen $x \mapsto 1 - x$ und $(x, y) \mapsto \min\{x, y\}$, denen man mithilfe der Projektionen die richtigen Argumente zuweist. □

Entsprechende Aussagen gelten dann für die anderen vollständigen Junktorensysteme.

Übungsaufgaben

Aufgabe 1.5.1 Bringen Sie die Formel $((A_0 \to A_1) \to A_2)$ in kanonische DNF und in kanonische KNF. Können Sie logisch äquivalente Formeln in DNF bzw. KNF finden, in denen weniger Konjunktions- bzw. Disjunktionsterme vorkommen als in der kanonischen Form?

Aufgabe 1.5.2 Zeigen Sie, dass $\{\top, \bot, \wedge, \vee, \leftrightarrow\}$ kein vollständiges Junktorensystem ist.

Aufgabe 1.5.3 * Zeigen Sie, dass $\{\downarrow\}$ und $\{\uparrow\}$ die einzigen zweistelligen Junktoren sind, die jeweils alleine ein vollständiges Junktorensystem bilden.

1.5 Disjunktive und konjunktive Normalform

Aufgabe 1.5.4 Betrachten Sie die Formel $\varphi = ((\neg A_0 \vee \neg A_1) \wedge (A_0 \vee A_1 \vee A_2))$. Finden Sie unter allen disjunktiven Normalformen von φ zwei verschiedene von minimaler Länge.

Aufgabe 1.5.5 Zeigen Sie, dass die kanonische DNF und die kanonische KNF der Paritätsformal π_n aus Aufgabe 1.2.2 in Polnischer Notation mindestens die Länge $2^n(2n-1)$ haben.

Aufgabe 1.5.6 Eine Formel heißt *positiv*, wenn in ihr die Junktoren $\neg$, $\rightarrow$ und $\leftrightarrow$ nicht vorkommen. Insbesondere sind $\top$ und $\bot$ positive Formeln. Zeigen Sie, dass eine Formel genau dann positiv ist, wenn sie eine DNF hat, in der der Junktor $\neg$ nicht vorkommt.

Aufgabe 1.5.7 * Gilt der Interpolationssatz für positive Formeln: Kann für positive Formeln φ, ψ in Satz 1.5.3 eine positive Formel χ gefunden werden kann?

Aufgabe 1.5.8 ** Zeigen Sie: Jede aussagenlogische Formel ist logisch äquivalent zu einer Formel der Form
$$(\ldots((\varphi_0 \rightarrow \varphi_1) \rightarrow \varphi_2) \cdots \rightarrow \varphi_n)$$
mit positiven Formeln φ_i. (Für $n = 0$ ist die angegebene Formel einfach φ_0.)

Methoden und Verfahren   2

Typische aussagenlogische Fragestellungen sind:

- Ist eine Formel erfüllbar?
- Ist eine Formel eine Tautologie?
- Sind zwei Formeln logisch äquivalent zueinander?
- Folgt eine Formel logisch aus anderen gegebenen Formeln?

Dies sind alles *Entscheidungsprobleme* (decision problems), die mit „ja" oder „nein" beantwortet werden. Bei theoretischen Betrachtungen betrachtet man vorzugsweise das *Erfüllbarkeitsproblem* (satisfiability problem), also die Frage, ob eine Formel erfüllbar ist, da sich die vier Fragestellungen mithilfe von Satz 1.3.2 ineinander überführen lassen. Zur Erinnerung: Zum Beispiel sind φ und ψ genau dann logisch äquivalent zueinander, wenn $\neg(\varphi \leftrightarrow \psi)$ nicht erfüllbar ist. Das Erfüllbarkeitsproblem der Aussagenlogik spielt in der *Komplexitätstheorie*, die sich mit Fragen nach der Geschwindigkeit möglicher Algorithmen beschäftigt, eine bedeutende Rolle und wird dort meist mit dem Kürzel SAT bezeichnet.

Daneben gibt es als typische aussagenlogische Fragestellungen auch *Such- oder Konstruktionsprobleme* (function problems):

- Finde zu einer erfüllbaren Formel eine erfüllende Belegung!
- Was ist der Wahrheitswertverlauf einer Formel?
  Anders ausgedrückt: Was sind alle erfüllenden Belegungen einer Formel?

Auch diese Fragestellungen kann man – allerdings mit viel Aufwand – auf das Erfüllbarkeitsproblem zurückführen, indem man für eine Formel $\varphi(A_0, \ldots, A_n)$ nacheinander testet, ob die Formeln der Form $\bigl(\varphi(A_0, \ldots, A_n) \wedge (\neg)A_0 \wedge \cdots \wedge (\neg)A_n\bigr)$ erfüllbar sind oder nicht.

Das Symbol ($\neg$) bedeutet dabei, dass an dieser Stelle ein Negationsjunktor stehen kann, aber nicht muss. Um den Wahrheitswertverlauf zu bestimmen, muss man sämtliche Möglichkeiten durchgehen; um eine erfüllende Belegung zu finden, geht man die Möglichkeiten nur so lange durch, bis man eine erfüllbare Formel entdeckt hat.

Alle oben genannten Fragestellungen lassen sich durch Wahrheitstafeln beantworten. Allerdings wächst der Aufwand exponentiell mit der Anzahl der Aussagenvariablen: Bei n Aussagenvariablen muss man bis zu 2^n Belegungen ausrechnen, was bereits bei 100 Aussagenvariablen praktisch nicht mehr durchführbar ist. Es stellt sich daher die Frage, ob es bessere Algorithmen gibt als Wahrheitstafeln auszurechnen. In diesem Kapitel stelle ich einige andere Methoden vor: Einige funktionieren in vielen konkreten Situationen besser; einige sind für gewisse Fragestellungen besser geeignet oder auch einfach eleganter; einige sind eher von theoretischem Interesse.

Prinzipiell schneller als das Ausrechnen von Wahrheitstafeln ist allerdings keine davon: Das Erfüllbarkeitsproblem der Aussagenlogik ist nämlich ein sogenanntes *NP-vollständiges Problem* (NP-complete problem). Das bedeutet vereinfacht ausgedrückt, dass man einerseits bisher keinen schnellen Algorithmus kennt und andererseits auch nicht erwartet, dass es einen schnellen Algorithmus gibt, weil damit eine große offene Frage der theoretischen Informatik (nämlich ist P = NP?) so gelöst wäre, wie die meisten Experten es nicht für möglich halten. Mehr dazu im Abschn. 7.5 über den Satz von Cook.

Für die weitere Lektüre des Buches kann man die verschiedenen Methoden in diesem Kapitel auch überspringen und bei Bedarf darauf zurückkommen. Die Abschn. 2.2 und 2.3 können als Vorbereitung auf die Betrachtungen zur Prädikatenlogik dienen. Die Resolutionsmethode in Abschn. 2.4 ist sicher besonders interessant; die Abschn. 2.5 und 2.6 haben für mich dagegen eher den Charakter von *exercices de style*.

2.1 Wahrheitstafeln und Venn-Diagramme

Wahrheitstafeln sind aus Abschn. 1.2 bekannt. Implizit sind sie natürlich im Konzept der Aussagenlogik beinhaltet; explizit scheinen sie zum ersten Mal in Ludwig Wittgensteins *Tractatus Logico-Philosophicus* 1921 im Druck erschienen zu sein.

Hier kommt zunächst noch ein Beispiel, das ich zum Vergleich auch für alle folgenden Methoden betrachten werde, nämlich die „Rechts-Antidistributivität von $\to$ über $\wedge$", also

$$((\varphi \wedge \chi) \to \psi) \sim ((\varphi \to \psi) \vee (\chi \to \psi))$$

Man kann die Wahrheitstafeln dafür entweder für den Spezialfall $\varphi = A_0, \psi = A_1$ und $\chi = A_2$ aufstellen und den allgemeinen Fall daraus über das Prinzip der uniformen Substitution ableiten. Oder man betrachtet alle möglichen Verteilungen von Wahrheitswerten auf die Formeln φ, ψ, χ, wobei in konkreten Fällen nicht alle diese Möglichkeiten vorkommen müssen, zum Beispiel im Extremfall $\varphi = \psi = \chi$.

2.1 Wahrheitstafeln und Venn-Diagramme

((φ	$\wedge$	χ)	$\rightarrow$	ψ)
0	0	0	**1**	0
0	0	0	**1**	1
0	0	1	**1**	0
0	0	1	**1**	1
1	0	0	**1**	0
1	0	0	**1**	1
1	1	1	**0**	0
1	1	1	**1**	1

((φ	$\rightarrow$	ψ)	$\vee$	(χ	$\rightarrow$	ψ))
0	1	0	**1**	0	1	0
0	1	1	**1**	0	1	1
0	1	0	**1**	1	0	0
0	1	1	**1**	1	1	1
1	0	0	**1**	0	1	0
1	1	1	**1**	0	1	1
1	0	0	**0**	1	0	0
1	1	1	**1**	1	1	1

Für beide Formeln ergibt sich der gleiche Wahrheitswertverlauf, also sind sie logisch äquivalent zueinander.

Will man mit Wahrheitstafeln nicht den kompletten Wahrheitswertverlauf bestimmen, sondern eines der Entscheidungsprobleme lösen oder eine erfüllbare Belegung finden, ist es geschickter, die Tabellen „horizontal" statt „vertikal" auszufüllen, also jede partielle Belegung zunächst komplett durchzurechnen. Dann kann man aufhören, sobald eine Zeile schon die gestellte Frage beantwortet. Wären etwa die beiden Formeln im Beispiel nicht logisch äquivalent zueinander, könnte man aufhören, sobald man eine Zeile mit unterschiedlichem Wahrheitswert gefunden hätte.

Den Wahrheitswertverlauf einer Formel mit wenigen Aussagenvariablen kann man übersichtlich in einem *Venn-Diagramm* darstellen. Venn-Diagramme sind zwar algorithmisch nicht interessant, ich will sie dennoch kurz beschreiben, weil man sie häufig sieht. Benannt sind sie nach John Venn, der sie 1880 eingeführt hat.

In einem Venn-Diagramm ist für jede vorkommende Aussagenvariable ein Gebiet eingezeichnet, das den Belegungen entspricht, welche die Aussagenvariable wahr macht. Die Gebiete müssen so gezeichnet sein, dass alle Kombinationen vorkommen:

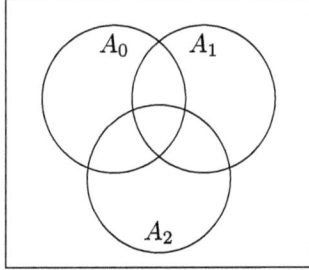

Den Wahrheitswertverlauf einer Formel stellt man nun dadurch dar, dass man die Gebiete schraffiert oder einfärbt, die den partiellen Belegungen entsprechen, welche die Formel wahr machen. Man sieht dabei, dass die Wahrheitswertfunktionen der Junktoren mengentheoretischen Operationen entsprechen. In Abschn. 3.2 wird der mathematische Hintergrund für diese Entsprechungen beschrieben.

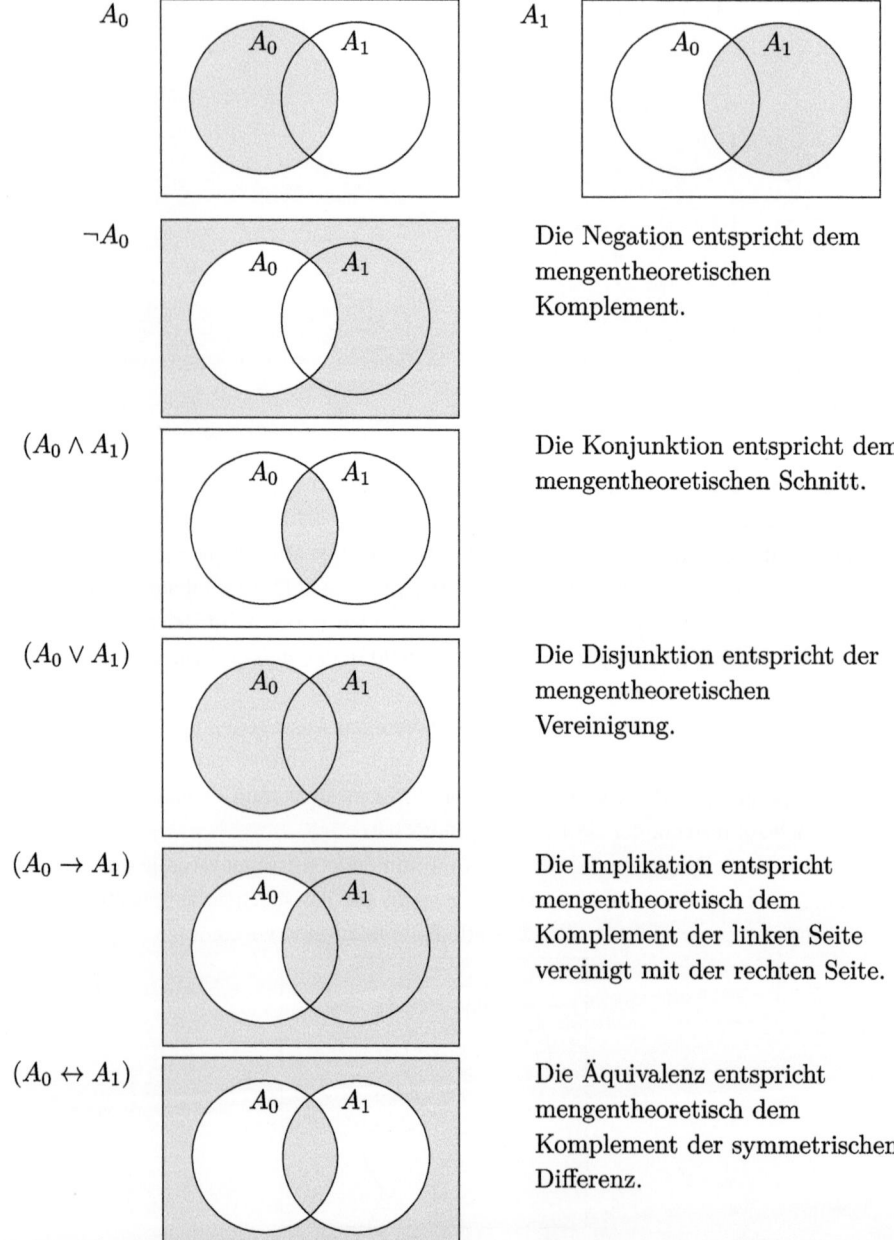

2.1 Wahrheitstafeln und Venn-Diagramme

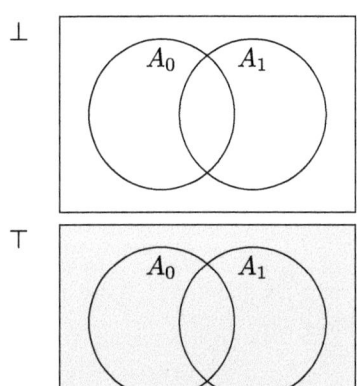

Das Falsum entspricht der leeren Menge.

Das Verum entspricht dem vollständigen Gebiet.

Die Äquivalenz $((A_0 \wedge A_1) \to A_2) \sim ((A_0 \to A_2) \vee (A_1 \to A_2))$ kann man nun mithilfe von Venn-Diagrammen graphisch nachweisen. Dazu zeigt man, dass sich auf beiden Seiten durch die entsprechenden mengentheoretischen Operationen das gleiche Gebiet ergibt:

Linke Formel:

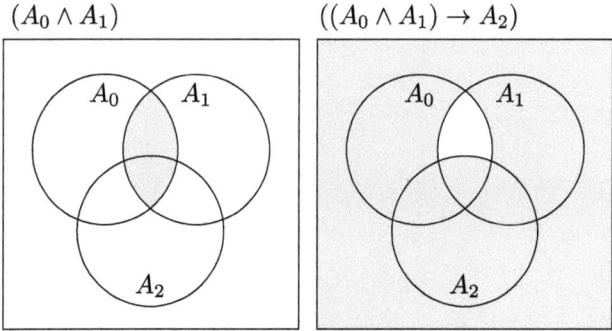

Rechte Formel:

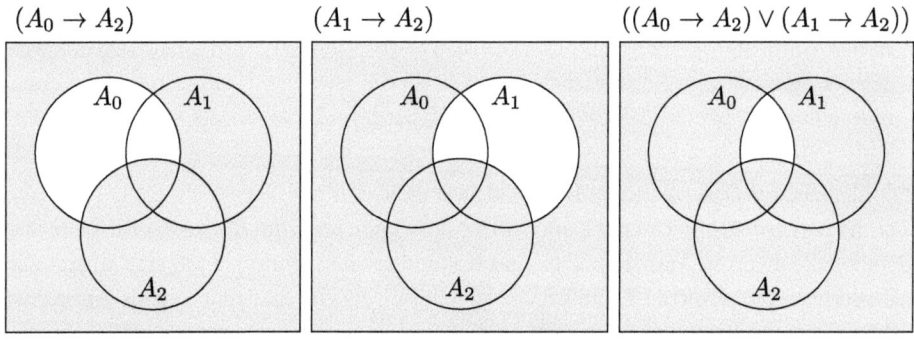

Für mehr als drei Aussagenvariablen werden Venn-Diagramme schnell unübersichtlich, obwohl es geschickte Darstellungsmöglichkeiten gibt – für fünf und für sieben Aussagenvariablen sogar rotationssymmetrische.

Übungsaufgaben

Aufgabe 2.1.1 Überprüfen Sie mithilfe von Venn-Diagrammen, ob die aussagenlogische Formel $(\neg(A_1 \rightarrow A_0) \land \neg(A_2 \rightarrow \neg A_0))$ erfüllbar ist.

Aufgabe 2.1.2 Zeichnen Sie ein Venn-Diagramm für vier Aussagenvariablen.

2.2 Logische Umformungen und Formeln in DNF

Logische Äquivalenzen lassen sich auch durch sukzessives Anwenden elementarer Umformungen nachweisen, z. B. mit den Gesetzen aus aus Satz 1.4.1:

(1)	$((\varphi \land \chi) \rightarrow \psi)$	$\sim (\neg(\varphi \land \chi) \lor \psi)$	Definition von $\rightarrow$
(2)		$\sim ((\neg\varphi \lor \neg\chi) \lor \psi)$	Gesetz von De Morgan
(3)		$\sim ((\neg\varphi \lor \neg\chi) \lor (\psi \lor \psi))$	Idempotenz von $\lor$
(4)		$\sim (\neg\varphi \lor (\neg\chi \lor (\psi \lor \psi)))$	Assoziativität von $\lor$
(5)		$\sim (\neg\varphi \lor ((\neg\chi \lor \psi) \lor \psi))$	Assoziativität von $\lor$
(6) „Umsortieren von $\lor$"		$\sim (\neg\varphi \lor ((\psi \lor \neg\chi) \lor \psi))$	Kommutativität von $\lor$
(7)		$\sim (\neg\varphi \lor (\psi \lor (\neg\chi \lor \psi)))$	Assoziativität von $\lor$
(8)		$\sim ((\neg\varphi \lor \psi) \lor (\neg\chi \lor \psi))$	Assoziativität von $\lor$
(9)		$\sim ((\varphi \rightarrow \psi) \lor (\neg\chi \lor \psi))$	Definition von $\rightarrow$
(10)		$\sim ((\varphi \rightarrow \psi) \lor (\chi \rightarrow \psi))$	Definition von $\rightarrow$

In den Umformungsschritten (1)–(3), (5)–(7) und (9)–(10) wird außerdem das Prinzip der äquivalenten Substitution benutzt, da die jeweilige Umformungsregel innerhalb einer komplexeren Formel angewandt wird.

Die elementaren Gesetze in Satz 1.4.1 sind zwar nicht minimal, aber doch sehr kurz gehalten. Für die praktische Anwendung kann man sie ausweiten und zum Beispiel – wie oben angedeutet – die diversen Assoziativitäts- und Kommutativitätsschritte durch eine allgemeinere „Umsortierregel" ersetzen. Dann kann solch ein Beweis viel schneller sein als Wahrheitstafeln.

Eine Menge von Regeln zum Herleiten logischer Gesetze wird *Kalkül*[1] genannt. Diese „syntaktische" Herangehensweise an die Logik ist die historisch ursprüngliche, wie sie sich im Prinzip bei Aristoteles und Chrysippos schon findet. Ein Kalkül heißt *korrekt* (sound), wenn seine Regeln ausschließlich gültige logische Gesetze erzeugen. Ein Kalkül heißt *vollständig* (complete), wenn sich damit sämtliche logischen Gesetze herleiten lassen: etwa sämtliche logischen Äquivalenzen, oder sämtliche Tautologien, oder sämtliche logische Folgerungen aus endlichen Formelmengen. (Jeden Kalkül für eine dieser Varianten kann man mit den Übersetzungen aus Satz 1.3.2 in einen Kalkül für eine der anderen Varianten umbauen.)

Für kompliziertere Logiken sind Kalküle oft die einzige Herangehensweise, um sich z. B. davon zu überzeugen, dass eine Formel eine Tautologie ist oder dass logische Äquivalenzen oder Folgerungen vorliegen: Entweder weil es gar keine Möglichkeit gibt, Formeln (wie z. B. in Wahrheitstafeln) auszuwerten, oder weil man keinen systematischen Überblick über alle möglichen Auswertungen haben kann. Außerdem lassen sich Kalküle typischerweise gut programmieren.

Die elementaren Umformungen aus Satz 1.4.1 ergeben in der folgenden Weise einen korrekten und vollständigen Kalkül für die Aussagenlogik:

Satz 2.2.1 *Alle logischen Äquivalenzen (und nur logische Äquivalenzen) lassen sich durch sukzessive Anwendung der elementaren Gesetze aus Satz 1.4.1 und des Prinzips der äquivalenten Substitution herleiten.*

Dieser Satz (bzw. allgemeiner die Existenz eines vollständigen Kalküls) sagt nur aus, dass es für jede logischen Äquivalenz eine Herleitung durch elementare Umformungen (bzw. die Kalkülregeln) gibt, nicht aber, wie man diese findet. Der Beweis des Satzes liefert in diesem Fall aber zusätzlich auch eine Strategie, wie man diese Umformungen findet. Daher kann man mithilfe dieses Kalküls auch das Erfüllbarkeitsproblem lösen: Gegeben eine unerfüllbare Formel φ, kann man im Kalkül $\varphi \sim \bot$ herleiten; gegeben eine erfüllbare Formel φ, kann man zeigen, dass die Strategie, um $\varphi \sim \bot$ herzuleiten, nicht erfolgreich ist.

BEWEIS VON SATZ 2.2.1 Dass der Kalkül korrekt ist, also sich nur logische Äquivalenzen herleiten lassen, folgt aus den Sätzen 1.4.1 und 1.4.3.

Seien nun zwei Formeln $\varphi \sim \psi$ gegeben. Falls in beiden Formeln die gleichen Aussagenvariablen vorkommen, haben φ und ψ die gleiche kanonische disjunktive Normalform. Es reicht also zu zeigen, dass man mit den im Satz beschriebenen Regeln jede Formel in ihre

---

[1] In dieser Verwendungsweise üblicherweise als Maskulinum: *der Kalkül*.

kanonische DNF umwandeln kann. Wenn in den Formeln nicht die gleichen Aussagenvariablen vorkommen, muss man noch zeigen, dass man fehlende Aussagenvariablen mithilfe der Regeln ergänzen kann.

Die kanonische DNF in eventuell zusätzlichen Aussagenvariablen wird mit folgendem Verfahren erreicht:

(1) Ersetze jeden Junktor $\leftrightarrow$ durch das Gesetz „Definition von $\leftrightarrow$".
(2) Ersetze jeden Junktor $\rightarrow$ durch das Gesetz „Definition von $\rightarrow$".
(3) Vereinfache alle Vorkommen von $\top$ und $\bot$ mithilfe der $\top$-/$\bot$-Gesetze, bis kein $\top$ oder $\bot$ mehr vorkommt oder bis nur noch die Formel $\top$ oder die Formel $\bot$ übrig bleibt.
(4) Ziehe mit den De Morgan'schen Gesetzen jeden Negationsjunktor „nach innen", bis alle Negationsjunktoren entweder unmittelbar vor einem anderen Negationsjunktor oder unmittelbar vor einer Aussagenvariable stehen.
(5) Eliminiere ggf. vorkommende Doppelnegationen durch das Doppelnegationsgesetz.
(6) Wende solange das Distributivgesetz von $\wedge$ über $\vee$ an, bis die Formel in DNF ist.
(7) Falls eine der in einer der beiden Formeln vorkommenden Aussagenvariablen A_i in einem Konjunktionsterm K nicht vorkommt,
ersetze K durch $(K \wedge \top)$, forme dies in
$(K \wedge (A_i \vee \neg A_i))$ und dann in $((K \wedge A_i) \vee (K \wedge \neg A_i))$ um.
(8) Ersetze doppelte Vorkommen von Literalen in einem Konjunktionsterm durch Anwenden des Idempotenzgesetzes für $\wedge$.
(9) Falls in einem Konjunktionsterm sowohl das Literal A_i als auch $\neg A_i$ vorkommt, sortiere sie durch Kommutativität und Assoziativität nebeneinander,
ersetze dann $(A_i \wedge \neg A_i)$ durch $\bot$ (Prinzip des ausgeschlossenen Widerspruchs) und springe zu Schritt 3 zurück.
(10) Sortiere durch Kommutativität und Assoziativität von $\wedge$ die Literale in den Konjunktionstermen wie in der kanonischen DNF gefordert.
(11) Eliminiere ggf. doppelt vorkommende Konjunktionsterme durch Anwenden des Idempotenzgesetzes für $\vee$.
(12) Sortiere durch Kommutativität und Assoziativität von $\vee$ die Konjunktionsterme wie in der kanonischen DNF gefordert.

Man kann sich leicht davon überzeugen, dass das Verfahren nach endlich vielen Schritten stoppt und das gewünschte Ergebnis liefert. □

Beweis von $(A_0 \wedge (A_1 \vee A_0)) \sim A_0$, einem der Absorptionsgesetze, durch Umformung in kanonische DNF in den Aussagenvariablen A_0 und A_1 mithilfe der elementaren Umformungen und des Prinzips der äquivalenten Substitution:

$A_0 \land (A_1 \lor A_0))$
$\sim ((A_0 \land A_1) \lor (A_0 \land A_0))$ Distributivität von $\land$ über $\lor$
$\sim ((A_0 \land A_1) \lor A_0)$ Idempotenz von $\land$
$\sim ((A_0 \land A_1) \lor (A_0 \land \top))$ Gesetz für $\top$
$\sim ((A_0 \land A_1) \lor (A_0 \land (A_1 \lor \neg A_1)))$ ausgeschlossenes Drittes
$\sim ((A_0 \land A_1) \lor ((A_0 \land A_1) \lor (A_0 \land \neg A_1)))$ Distributivität von $\land$ über $\lor$
$\sim (((A_0 \land A_1) \lor (A_0 \land A_1)) \lor (A_0 \land \neg A_1))$ Assoziativität von $\lor$
$\sim ((A_0 \land A_1) \lor (A_0 \land \neg A_1))$ Idempotenz von $\lor$
$\sim \underbrace{((A_0 \land \neg A_1) \lor (A_0 \land A_1))}_{\text{kanonische DNF in } A_0 \text{ und } A_1}$ Kommutativität von $\lor$

A_0
$\sim (A_0 \land \top)$ Gesetz für $\top$
$\sim (A_0 \land (A_1 \lor \neg A_1))$ ausgeschlossenes Drittes
$\sim ((A_0 \land A_1) \lor (A_0 \land \neg A_1))$ Distributivität von $\land$ über $\lor$
$\sim \underbrace{((A_0 \land \neg A_1) \lor (A_0 \land A_1))}_{\text{kanonische DNF in } A_0 \text{ und } A_1}$ Kommutativität von $\lor$

Für Formeln in DNF ist das Erfüllbarkeitsproblem leicht zu lösen: Eine Formel φ in DNF ist genau dann erfüllbar, wenn entweder $\varphi = \top$ oder wenn ein Konjunktionsterm $K = (L_1 \land \cdots \land L_m)$ existiert, der nicht $\bot$ ist und zu keinem Literal $L_j = A_k$ auch das Literal $\neg A_k$ enthält. Eine erfüllende Belegung erhält man dann z.B. durch $\beta(A_i) = 0$, wenn $\neg A_i$ ein Literal in K ist, und $\beta(A_i) = 1$ sonst.

Eine gegebene Formel zunächst in DNF umzuformen, ist allerdings im Allgemeinen zeitaufwendig, da die DNF exponentiell größere Länge als die Ausgangsformel haben kann.

Übungsaufgaben

Aufgabe 2.2.1 Zeigen Sie mithilfe elementarer logischer Umformungen, dass $((\varphi \to \psi) \lor (\neg \varphi \to \chi))$ stets eine Tautologie ist.

Aufgabe 2.2.2 Formen Sie $\neg(A_0 \leftrightarrow A_1)$ durch elementare Umformungen in kanonische DNF und in kanonische KNF um.

2.3 Tableau-Methode (Baumkalkül)

In Wahrheitstafeln wird der Wahrheitswertverlauf einer Formel „von unten nach oben" ausgerechnet: ausgehend von den Aussagenvariablen, also den Blättern des Baumes, entlang des induktiven Aufbaus der Formel zu immer komplexeren Teilformeln bis schließlich zur Wurzel. Alternativ kann man den Wahrheitswertverlauf auch „von oben nach unten" bestimmen: Man untersucht, wie die Gesamtformel einen bestimmten Wahrheitswert bekommen kann. Abhängig vom *führenden Junktor* (das ist das Etikett der Wurzel) bekommt man Bedingungen an die Wahrheitswerte der unter der Wurzel hängenden Teilformeln und arbeitet sich dann sukzessive zu immer einfacheren Teilformeln durch.

Es gibt verschiedene Varianten dieser Methode, die unter den Namen **Tableau-Methode** oder **Baumkalkül**[2] (tableau calculus/truth tree calculus) laufen. Vorteil der Methode ist, dass man häufig auch Formeln mit vielen Aussagenvariablen gut behandeln kann, wo Wahrheitstafeln bereits unübersehbar groß werden. Der Grundgedanke der Tableau-Methode ist naheliegend, historisch erstmals erscheint er wohl in dem allerdings erst posthum veröffentlichen 2. Teil des Buchs *Symbolic Logic* von Charles Dodgson alias Lewis Carroll (dem Autor von *Alice in Wonderland*). Die erste publizierte Ausarbeitung stammt von Evert Beth (1955), der auch den Namen „Tableau" eingeführt hat.

Am Beispiel der Konjunktion sei die Grundidee aufgezeigt: Eine Formel der Form $(\varphi \wedge \psi)$ wird unter einer Belegung genau dann wahr, wenn φ wahr *und* ψ wahr ist und somit genau dann falsch, wenn φ falsch *oder* ψ falsch ist. Schematisch stellt man dies so dar:

$$(\varphi \wedge \psi) : 1 \checkmark \qquad\qquad (\varphi \wedge \psi) : 0 \checkmark$$
$$\varphi : 1 \qquad\qquad \swarrow \qquad \searrow$$
$$\psi : 1 \qquad \varphi : 0 \qquad\qquad \psi : 0$$

Auf der linken Seite bedeutet „$(\varphi \wedge \psi) : 1$", dass man den Fall betrachtet, dass $(\varphi \wedge \psi)$ wahr wird. Diese Bedingung wird ersetzt durch die beiden Bedingungen $\varphi : 1$ und $\psi : 1$, die gleichzeitig gelten müssen. Daher stehen diese beiden Zeilen untereinander, wobei die Reihenfolge gleichgültig ist.

Auf der rechten Seite bedeutet „$(\varphi \wedge \psi) : 0$", dass man den Fall betrachtet, dass $(\varphi \wedge \psi)$ falsch wird. Diese Bedingung wird ersetzt durch die beiden Bedingungen $\varphi : 0$ und $\psi : 0$, von denen eine gelten muss. Die Pfeile kennzeichnen, dass hier Alternativen vorliegen (deren Reihenfolge ebenfalls gleichgültig ist). Im ersten Fall kann ψ und im zweiten Fall kann φ wahr oder falsch sein. Die drei Fälle in der Wahrheitstafel, die für die Konjunktion den

---

[2] *Tableau* (Plural: *tableaux*) ist das französische Wort für Tabelle.
Die Methode konstruiert aus einer Formel φ einen Baum, der manchmal „Wahrheitsbaum" von φ genannt wird. Daher der alternative Name „Baumkalkül". Der Wahrheitsbaum von φ hat mit dem „Formelbaum", den φ per Definition darstellt, nichts zu tun.

2.3 Tableau-Methode (Baumkalkül)

Wahrheitswert 0 liefern, sind also hier in zwei nicht ausschließenden Fällen zusammengefasst.

Das Zeichen ✓ markiert, dass die Bedingung ersetzt wurde. Es ist beim schrittweisen Abarbeiten der Methode für die Buchführung nützlich, aber nicht essenziell. Ich lasse es bis auf die anfänglichen Beispiele daher weg.

Man kann sich nun leicht davon überzeugen, dass man jeden Junktor analog auflösen kann in entweder einen oder zwei Fälle:

$$
\begin{array}{cc}
\neg \varphi : 1 \; \checkmark & \neg \varphi : 0 \; \checkmark \\
\varphi : 0 & \varphi : 1
\end{array}
$$

$$
\begin{array}{cccc}
(\varphi \wedge \psi) : 1 \; \checkmark & (\varphi \wedge \psi) : 0 \; \checkmark & (\varphi \vee \psi) : 1 \; \checkmark & (\varphi \vee \psi) : 0 \; \checkmark \\
\varphi : 1 & \swarrow \quad \searrow & \swarrow \quad \searrow & \varphi : 0 \\
\psi : 1 & \varphi : 0 \quad \psi : 0 & \varphi : 1 \quad \psi : 1 & \psi : 0
\end{array}
$$

$$
\begin{array}{cccc}
(\varphi \to \psi) : 1 \; \checkmark & (\varphi \to \psi) : 0 \; \checkmark & (\varphi \leftrightarrow \psi) : 1 \; \checkmark & (\varphi \leftrightarrow \psi) : 0 \; \checkmark \\
\swarrow \quad \searrow & \varphi : 1 & \swarrow \quad \searrow & \swarrow \quad \searrow \\
\varphi : 0 \quad \psi : 1 & \psi : 0 & \varphi : 1 \quad \varphi : 0 & \varphi : 1 \quad \varphi : 0 \\
 & & \psi : 1 \quad \psi : 0 & \psi : 0 \quad \psi : 1
\end{array}
$$

Man startet nun mit einer der Bedingungen $\varphi : 1$ oder $\varphi : 0$ und löst sukzessive alle Junktoren der Formeln nach den angegebenen Regeln auf. Dadurch erhält man einen (binären) *Wahrheitsbaum* (**truth tree**) von φ mit der Ausgangsbedingung als Wurzel und Wahrheitswertbedingungen an Aussagenvariablen oder Verum/Falsum als Blättern. Achtung: Dieser Wahrheitsbaum ist im Allgemeinen nicht eindeutig bestimmt!

Tableau bzw. Wahrheitsbaum für $(\neg(A_0 \to A_2) \vee (\bot \leftrightarrow A_0)) : 1$:

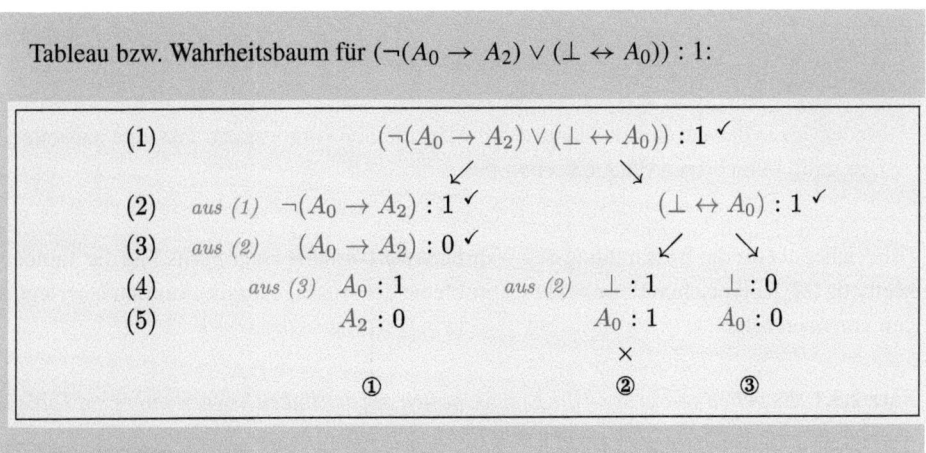

Man betrachtet nun in diesem Wahrheitsbaum die *Pfade* (paths) von der Wurzel zu den Blättern (die auch *Zweige* (branches) heißen). Im Beispiel sind es drei solche Pfade, die mit ①, ②, ③ markiert sind. Jede Wahrheitswertanforderung an eine zusammengesetzte Formel wurde in dem Baum durch äquivalente Anforderungen an die jeweiligen Teilformeln ersetzt. Dadurch weiß man, dass die Wahrheitswerte für die nicht abgehakten Formeln in einem Pfad eine Möglichkeit liefern, wie der Ausgangswahrheitswert in der ersten Zeile zustande kommt, und dass alle Möglichkeiten vorkommen. Manche Pfade enthalten allerdings widersprüchliche Informationen und liefern daher keine Möglichkeit. Dies ist der Fall, wenn im Pfad für eine Aussagenvariable A_i sowohl $A_i : 1$ als auch $A_i : 0$ vorkommt, oder wenn (wie im Beispiel im Pfad ②) $\bot : 1$ oder wenn $\top : 0$ vorkommt. In solch einem Fall sagt man, dass **der Pfad schließt** (the branch closes), und kennzeichnet dies durch das Symbol × unter dem Pfad. Die nichtschließenden Pfade liefern dann genau die Belegungen, welche die Ausgangsbedingung $\varphi : 1$ oder $\varphi : 0$ erfüllen.

> Zurück zum Beispiel oben mit $\varphi = (\neg(A_0 \to A_2) \lor (\bot \leftrightarrow A_0))$:
> - Pfad ① liefert die partielle Belegung $\beta(A_0) = 1, \beta(A_2) = 0$, welche $\beta(\varphi) = 1$ ergibt.
> - Pfad ② schließt und gibt damit keine Information über den Wahrheitswert von φ unter irgendwelchen Belegungen.
> - Pfad ③ sagt aus, dass jede Belegung β' mit $\beta'(A_0) = 0$ ebenfalls $\beta'(\varphi) = 1$ ergibt.
>
> Alle partiellen Belegungen β'', die nicht vorkommen, ergeben automatisch $\beta''(\varphi) = 0$. Insgesamt kann man aus dem Tableau also diesen Wahrheitswertverlauf ablesen:
>
> | A_0 | A_2 | φ |
> |---|---|---|
> | 0 | 0 | 1 |
> | 0 | 1 | 1 |
> | 1 | 0 | 1 |
> | 1 | 1 | 0 |
>
> Anders als in diesem Beispiel kann es im Allgemeinen vorkommen, dass eine partielle Belegung in mehreren Pfaden vorkommt.

Hilfreicher als für die Bestimmung des Wahrheitswertverlaufs einer Formel ist die Tableau-Methode für die typischen Entscheidungsprobleme der Aussagenlogik. Aus den Überlegungen von oben folgt:

Satz 2.3.1 *Es gelten genau dann die Eigenschaften auf der linken Seite, wenn es ein Tableau wie auf der rechten Seite gibt, in dem alle Pfade schließen:*

2.3 Tableau-Methode (Baumkalkül)

φ ist eine Tautologie	$\varphi : 0$
φ und ψ sind logisch äquivalent zueinander	$(\varphi \leftrightarrow \psi) : 0$
ψ folgt logisch aus $\varphi_1, \ldots, \varphi_n$	$\varphi_1 : 1$ $\vdots$ $\varphi_n : 1$ $\psi : 0$

Ferner: φ genau dann erfüllbar, wenn es ein Tableau $\varphi : 1$ mit einem vollständig abgearbeiteten Pfad gibt, der nicht schließt.

Auch mit dem Ansatz $\varphi : 1$ kann man herausfinden, ob φ eine Tautologie ist. Dazu muss man allerdings den kompletten Wahrheitswertverlauf von φ bestimmen, was mit der Tableau-Methode mühsam ist. Achtung:

- Wenn in einem Tableau für $\varphi : 1$ kein Pfad schließt, bedeutet dies nicht, dass φ eine Tautologie ist. (Beispiel $\varphi = A_0$)
- Umgekehrt: Wenn in einem Tableau für $\varphi : 1$ ein Pfad schließt, bedeutet dies nicht, dass φ keine Tautologie ist. (Beispiel $\varphi = (\top \vee \bot)$)

Ist die Formel $(((A_0 \wedge A_1) \to A_2) \leftrightarrow ((A_0 \to A_2) \vee (A_1 \to A_2)))$ eine Tautologie?

(1)	$(((A_0 \wedge A_1) \to A_2) \leftrightarrow ((A_0 \to A_2) \vee (A_1 \to A_2))) : 0$
(2)	aus (1) $((A_0 \wedge A_1) \to A_2) : 1$ $\quad\quad$ $((A_0 \wedge A_1) \to A_2) : 0$
(3)	$((A_0 \to A_2) \vee (A_1 \to A_2)) : 0$ $\quad\quad$ $((A_0 \to A_2) \vee (A_1 \to A_2)) : 1$
(4)	aus (3) $(A_0 \to A_2) : 0$ $\quad\quad\quad\quad$ aus (2) $(A_0 \wedge A_1) : 1$
(5)	$(A_1 \to A_2) : 0$ $\quad\quad\quad\quad\quad\quad\quad$ $A_2 : 0$
(6)	aus (4) $A_0 : 1$ $\quad\quad\quad\quad\quad\quad$ aus (4) $A_0 : 1$
(7)	$A_2 : 0$ $\quad\quad\quad\quad\quad\quad\quad\quad\quad$ $A_1 : 1$
(8)	aus (5) $A_1 : 1$
(9)	$A_2 : 0$ $\quad\quad\quad\quad$ aus (3) $(A_0 \to A_2) : 1$ $\quad\quad$ $(A_1 \to A_2) : 1$
(10)	aus (2) $(A_0 \wedge A_1) : 0$ $\quad\quad$ $A_2 : 1$ $\quad\quad$ $A_0 : 0$ $\quad$ $A_2 : 1$ $\quad\quad$ $A_1 : 0$ $\quad$ $A_2 : 1$
	$\quad\quad\quad\quad\quad\quad\quad\quad\quad\quad\quad\quad$ × $\quad\quad\quad\quad$ × $\quad\quad\quad$ × $\quad\quad\quad\quad$ × $\quad\quad\quad$ ×
(11)	$A_0 : 0$ $\quad$ $A_1 : 0$
	× $\quad\quad\quad$ ×

> Die Antwort ist „ja": Alle Pfade schließen im Tableau; die Formel kann also nicht falsch werden!

Die Tableaux zu einer Startfrage $\varphi : 1$ oder $\varphi : 0$ sind in der Regel nicht eindeutig, da man die Wahl hat, in welcher Reihenfolge man die Formeln abarbeitet. Geschickt ist es, zunächst die nicht verzweigenden Fälle zu behandeln, um einen möglichst schmalen Baum zu bekommen. Bei den typischen Fragestellungen aus dem ersten Teil von Satz 2.3.1 kann man zudem aufhören, sobald man einen nicht schließenden Pfad gefunden hat, und muss dann nicht noch das komplette Tableau ausrechnen.

Kompaktvariante für das Erfüllbarkeitsproblem
In der Regel benutzt man kompaktere Darstellungen, bei denen man mit nur einem Wahrheitswert arbeitet und dadurch Schreibarbeit spart. In der Variante für das Erfüllbarkeitsproblem arbeitet man mit dem Wahrheitswert 1 und schreibt kurz φ für $\varphi : 1$. Die Bedingung $\varphi : 0$ wird dann durch $\neg\varphi$ ersetzt, und die Regeln sehen so aus:

$$
\begin{array}{cccc}
\neg\neg\varphi\ \checkmark & (\varphi \wedge \psi)\ \checkmark & \neg(\varphi \wedge \psi)\ \checkmark & (\varphi \vee \psi)\ \checkmark & \neg(\varphi \vee \psi)\ \checkmark \\
\varphi & \varphi & \swarrow\ \searrow & \swarrow\ \searrow & \neg\varphi \\
 & \psi & \neg\varphi\quad \neg\psi & \varphi\quad \psi & \neg\psi
\end{array}
$$

$$
\begin{array}{cccc}
(\varphi \to \psi)\ \checkmark & \neg(\varphi \to \psi)\ \checkmark & (\varphi \leftrightarrow \psi)\ \checkmark & \neg(\varphi \leftrightarrow \psi)\ \checkmark \\
\swarrow\ \searrow & \varphi & \swarrow\ \searrow & \swarrow\ \searrow \\
\neg\varphi\quad \psi & \neg\psi & \varphi\quad \neg\varphi & \varphi\quad \neg\varphi \\
 & & \psi\quad \neg\psi & \neg\psi\quad \psi
\end{array}
$$

In dieser Variante schließt ein Pfad, wenn er $\bot$ oder $\neg\top$ oder für eine Aussagenvariable A_i die beiden Formeln A_i und $\neg A_i$ enthält. Aus einem nichtschließenden Pfad erhält man eine erfüllende partielle Belegung, indem man eine Aussagenvariable A_i mit dem Wahrheitswert 1 belegt, wenn die Formel A_i im Pfad vorkommt, und mit dem Wahrheitswert 0, wenn die Formel $\neg A_i$ im Pfad vorkommt.

Ist $(\neg(A_0 \to A_2) \vee (\bot \leftrightarrow A_0))$ erfüllbar?

$$
\begin{array}{ll}
(1) & (\neg(A_0 \to A_2) \vee (\bot \leftrightarrow A_0)) \\
 & \swarrow\qquad\qquad\searrow \\
(2) & \text{aus (1)}\ \neg(A_0 \to A_2)\qquad\qquad (\bot \leftrightarrow A_0) \\
(3) & \text{aus (3)}\ A_0 \qquad\qquad\qquad \swarrow\quad\searrow \\
(4) & \neg A_2 \qquad \text{aus (2)}\ \bot\quad \neg\bot \\
(5) & \qquad\qquad\qquad\qquad A_0\quad \neg A_0 \\
 & \qquad\qquad\qquad\qquad \times
\end{array}
$$

2.3 Tableau-Methode (Baumkalkül)

Ja, denn es gibt nichtschließende Pfade!

Kompaktvariante für das Tautologieproblem

Entsprechend gibt es die für die Fragestellung nach einer Tautologie optimierte Variante, die mit dem impliziten Wahrheitswert 0 arbeitet. Hier steht φ kurz für $\varphi : 0$, die Bedingung $\varphi : 1$ wird durch $\neg\varphi$ ersetzt und die Regeln sehen so aus:

$$
\begin{array}{ccccc}
\neg\neg\varphi\ \checkmark & (\varphi \wedge \psi)\ \checkmark & \neg(\varphi \wedge \psi)\ \checkmark & (\varphi \vee \psi)\ \checkmark & \neg(\varphi \vee \psi)\ \checkmark \\
\varphi & \swarrow\ \searrow & \neg\varphi & \varphi & \swarrow\ \searrow \\
 & \varphi\quad \psi & \neg\psi & \psi & \neg\varphi\quad \neg\psi \\
\end{array}
$$

$$
\begin{array}{cccc}
(\varphi \to \psi)\ \checkmark & \neg(\varphi \to \psi)\ \checkmark & (\varphi \leftrightarrow \psi)\ \checkmark & \neg(\varphi \leftrightarrow \psi)\ \checkmark \\
\swarrow\ \searrow & \varphi & \swarrow\ \searrow & \swarrow\ \searrow \\
\neg\varphi\quad \psi & \neg\psi & \neg\varphi\quad \varphi & \varphi\quad \neg\varphi \\
 & & \psi\quad \neg\psi & \psi\quad \neg\psi \\
\end{array}
$$

In dieser Variante schließt ein Pfad, wenn er $\top$ oder $\neg\bot$ oder für eine Aussagenvariable A_i die beiden Formeln A_i und $\neg A_i$ enthält.

Ist die Formel $(((A_0 \wedge A_1) \to A_2) \leftrightarrow ((A_0 \to A_2) \vee (A_1 \to A_2)))$ eine Tautologie?

(1)	$(((A_0 \wedge A_1) \to A_2) \leftrightarrow ((A_0 \to A_2) \vee (A_1 \to A_2)))$
	$\swarrow \qquad\qquad\qquad \searrow$
(2)	*aus (1)* $\neg((A_0 \wedge A_1) \to A_2)$ $\qquad\qquad$ $((A_0 \wedge A_1) \to A_2)$
(3)	$((A_0 \to A_2) \vee (A_1 \to A_2))$ $\qquad\qquad$ $\neg((A_0 \to A_2) \vee (A_1 \to A_2))$
(4)	*aus (3)* $(A_0 \to A_2)$ $\qquad\qquad\qquad\qquad$ *aus (2)* $\neg(A_0 \wedge A_1)$
(5)	$(A_1 \to A_2)$ $\qquad\qquad\qquad\qquad\qquad\qquad$ A_2
(6)	*aus (4)* $\neg A_0$ $\qquad\qquad\qquad\qquad\qquad$ *aus (4)* $\neg A_0$
(7)	A_2 $\qquad\qquad\qquad\qquad\qquad\qquad\qquad$ $\neg A_1$
(8)	*aus (5)* $\neg A_1$ $\qquad\qquad\qquad\qquad\qquad\quad$ $\swarrow \quad \searrow$
(9)	A_2 $\qquad\qquad$ *aus (3)* $\neg(A_0 \to A_2)\qquad \neg(A_1 \to A_2)$
	$\swarrow\ \searrow\qquad\qquad\qquad \swarrow\ \searrow\qquad\qquad \swarrow\ \searrow$
(10)	*aus (2)* $(A_0 \wedge A_1)\quad \neg A_2\qquad A_0\quad \neg A_2\qquad A_1\quad \neg A_2$
	$\qquad\qquad \swarrow\ \searrow\quad\ \times\qquad \times\quad\ \times\qquad \times\quad\ \times$
(11)	$\qquad\qquad A_0\quad A_1$
	$\qquad\qquad \times\quad\ \times$

Ja, denn alle Pfade schließen!

Übungsaufgaben

Aufgabe 2.3.1 Zeigen Sie mit der Tableau-Methode, dass die aussagenlogische Formel $((A_0 \to A_1) \vee (\neg A_0 \to A_2))$ eine Tautologie ist.

Aufgabe 2.3.2 Prüfen Sie mit der Tableau-Methode, ob die aussagenlogische Formel $(A_0 \to (A_1 \to (A_2 \to \neg A_0)))$ erfüllbar ist. Falls ja, geben Sie eine erfüllende Belegung an!

Aufgabe 2.3.3 Bestimmen Sie den Wahrheitswertverlauf der Paritätsformeln π_3 und π_4 aus Aufgabe 1.2.2 mit der Tableau-Methode.

Aufgabe 2.3.4 Prüfen Sie mit der Tableau-Methode, ob die Formeln

$$(A_0 \to (A_1 \to \cdots \to (A_{n-1} \to (A_n \to A_0))\ldots))$$

Tautologien sind.

2.4 Resolution und Formeln in KNF

Einer Formel in konjunktiver Normalform sieht man die Erfüllbarkeit nicht so leicht an wie einer Formel in DNF. Für Formeln in KNF gibt es dennoch eine spezielle und häufig schnelle Methode, Erfüllbarkeit zu testen, die weiter unten erläuterte *Resolutionsmethode*.

Die Umwandlung einer Formel in KNF ist, wie die Umwandlung einer Formel in DNF, im Allgemeinen aber aufwendig, u. a. weil die KNF exponentiell größere Länge als die Ausgangsformel haben kann. Für das Erfüllbarkeitsproblem gibt es aber einen Trick, mit dem man Formeln schnell in eine erfüllbarkeitsäquivalente KNF verwandeln kann:

Lemma 2.4.1 *Es gibt ein Verfahren, das zu jeder aussagenlogischen Formel φ eine Formel φ^+ in KNF konstruiert und das in linearer Zeit abhängig von der Länge von φ läuft, also $\leqslant$ Konstante $\cdot \lg_p(\varphi)$ Schritte braucht. Die Formel φ^+ hat die folgenden Eigenschaften:*

- φ und φ^+ sind erfüllbarkeitsäquivalent, d. h., φ^+ ist genau dann erfüllbar, wenn φ es ist,
- φ^+ ist in KNF, wobei jede Klausel aus maximal drei Literalen besteht und
- $\lg_p(\varphi^+) \leqslant C \cdot \lg_p(\varphi)$, wobei $C \in \mathbb{N}$ eine von φ unabhängige Konstante ist.

Man kann auch die Länge $\lg_i$ in Infix-Notation betrachten mit leicht größeren Konstanten als für $\lg_p$.

Ohne Laufzeitbeschränkung ist das Lemma übrigens trivial: Man nutzt eines der bisherigen Verfahren, um herauszubekommen, ob φ erfüllbar ist. Falls ja, nimmt man $\varphi^+ = \top$, andernfalls $\varphi^+ = \bot$.

BEWEIS Teilformeln von φ, die nicht nur aus einer Aussagenvariablen bestehen, nenne ich in diesem Beweis „nichttriviale Teilformeln". Für jede nichttriviale Teilformel φ' von φ wählt man jeweils eine „neue" Aussagenvariable $A_{\varphi'}$, also ein A_i, das in φ nicht vorkommt und das verschieden ist von allen $A_{\varphi''}$ für $\varphi'' \neq \varphi'$.

Wenn (in Polnischer Notation) $\varphi' = *\psi_1 \ldots \psi_n$ für einen n-stelligen Junktor $*$, definiert man eine Formel

$$\eta_{\varphi'} := \leftrightarrow A_{\varphi'} * A_{\psi_1} \ldots A_{\psi_n}.$$

In Infix-Notation sieht das in Beispielen so aus: Für $\varphi' = (\psi \wedge \chi)$ ist $\eta_{\varphi'} = (A_{\varphi'} \leftrightarrow (A_\psi \wedge A_\chi))$; für $\varphi' = \neg \psi$ ist $\eta_{\varphi'} = (A_{\varphi'} \leftrightarrow \neg A_\psi)$ und für $\varphi' = \bot$ ist $\eta_{\varphi'} = (A_{\varphi'} \leftrightarrow \bot)$.

Per Konstruktion macht eine Belegung β genau dann die Formel $\eta_{\varphi'}$ wahr, wenn $\beta(A_{\varphi'}) = \beta(\varphi')$. Daraus folgt, dass sich jede partielle Belegung β der in φ vorkommenden Aussagenvariablen auf eindeutige Weise auf die neuen Aussagenvariablen so fortsetzt, dass alle Äquivalenzen $\eta_{\varphi'}$ wahr werden, und dass β genau dann φ erfüllt, wenn mit dieser Fortsetzung $\beta(A_\varphi) = 1$. Also ist φ genau dann erfüllbar, wenn die Menge

$$\{A_\varphi\} \cup \{\eta_{\varphi'} \mid \varphi' \text{ ist nichttriviale Teilformel von } \varphi\}$$

erfüllbar ist, d. h. die Konjunktion aller Formeln in dieser Menge.

Jetzt reicht es, jede Formel $\eta_{\varphi'}$ noch in KNF zu bringen. Da $\eta_{\varphi'}$ höchstens drei Aussagenvariablen enthält, es also maximal 8 verschiedene Klauseln gibt, ist einerseits die Länge beschränkt und andererseits auch die Anzahl der Schritte des Verfahrens. Die Anzahl der nichttrivialen Teilformeln von φ ist genau die Anzahl von Vorkommen von Junktoren und Aussagenkonstante in φ, also durch die Länge $\lg_p \varphi$ beschränkt. Damit ergibt sich insgesamt, dass φ^+ gegenüber φ in der Länge maximal um einen konstanten Faktor zunimmt.[3] Das Verfahren ist rein syntaktisch; es ersetzt gewissermaßen jeden Junktor in φ durch die entsprechende Formel $\eta_{\varphi'}$ und ist daher linear in der Länge von φ. □

Beispiel für die „schnelle Umformung in KNF"

Die Formel $\varphi = (A_0 \vee \neg(\neg A_1 \to A_0))$ hat die nichttrivialen Teilformeln $\varphi' = \neg(\neg A_1 \to A_0)$ und $\varphi'' = (\neg A_1 \to A_0)$ und $\varphi''' = \neg A_1$.

Im ersten Schritt findet man also die erfüllbarkeitsäquivalente Formel

---

[3] Eine genauere Betrachtung zeigt, dass für Polnische Notation $C = 20$ funktioniert.

$$\tilde{\varphi} := (A_\varphi \wedge \eta_\varphi \wedge \eta_{\varphi'} \wedge \eta_{\varphi''} \wedge \eta_{\varphi'''})$$
$$= (A_\varphi \wedge (A_\varphi \leftrightarrow (A_0 \vee A_{\varphi'})) \wedge (A_{\varphi'} \leftrightarrow \neg A_{\varphi''})$$
$$\wedge (A_{\varphi''} \leftrightarrow (A_{\varphi'''} \to A_0)) \wedge (A_{\varphi'''} \leftrightarrow \neg A_1))$$

Wenn φ in Polnischer Notation $\vee A_0 \neg \to \neg A_1 A_0$ vorliegt, reicht es φ einmal von links nach rechts durchzugehen, um $\tilde{\varphi}$ angeben zu können.

Nun muss $\tilde{\varphi}$ noch in KNF gebracht werden. Beispielhaft für die Teilformel $\eta_{\varphi''}$:

$$\eta_{\varphi''} = (A_{\varphi''} \leftrightarrow (A_{\varphi'''} \to A_0))$$
$$\sim ((A_{\varphi''} \to (A_{\varphi'''} \to A_0)) \wedge ((A_{\varphi'''} \to A_0) \to A_{\varphi''}))$$
$$\sim ((\neg A_{\varphi''} \vee \neg A_{\varphi'''} \vee A_0) \wedge (\neg(\neg A_{\varphi'''} \vee A_0) \vee A_{\varphi''}))$$
$$\sim ((\neg A_{\varphi''} \vee \neg A_{\varphi'''} \vee A_0) \wedge (A_{\varphi''} \vee A_{\varphi'''}) \wedge (A_{\varphi''} \vee \neg A_0))$$

Da es nur so viele Formeln $\eta_{\varphi'}$ wie Junktoren gibt, braucht man sich die Umformungen in KNF pro Junktor nur einmal zu überlegen und kann sie in einem Verfahren fest einprogrammieren. Man sieht auch, dass man sich bei der Konstruktion der erfüllbarkeitsäquivalenten Formel zum einen die Einführung einer eigenen Aussagenvariablen für die gesamte Formel und zum anderen die Einführung eigener Aussagenvariablen für negierte Aussagenvariablen bzw. die Aussagenkonstanten ersparen kann.

Fortsetzung des Beispiels
Im Beispiel kann man zum einen $(A_\varphi \wedge (A_\varphi \leftrightarrow (A_0 \vee A_{\varphi'})))$ zu $(A_0 \vee A_{\varphi'})$ verkürzen und auf A_φ verzichten.

Zum anderen kann man statt $A_{\varphi'''}$ direkt $\neg A_1$ in den vorletzten Term der Konjunktion einsetzen und auf $A_{\varphi'''}$ verzichten.

Insgesamt erhält man so die zu φ erfüllbarkeitsäquivalente Formel

$$((A_0 \vee A_{\varphi'}) \wedge (A_{\varphi'} \leftrightarrow \neg A_{\varphi''}) \wedge (A_{\varphi''} \leftrightarrow (\neg A_1 \to A_0)))$$

die sich ebenso leicht in KNF umformen lässt wie die ursprüngliche Formel.

Wenn Aussagenkonstanten vorkommen, kann man wegen $(A_i \leftrightarrow \bot) \sim \neg A_i$ und $(A_i \leftrightarrow \top) \sim A_i$ auf neue Aussagenvariablen für Teilformeln $\bot$ bzw. $\top$ verzichten.

Nun zur Resolutionsmethode!

Für eine Formel in KNF identifiziere ich im Folgenden – der besseren Übersichtlichkeit halber und um Schreibarbeit zu sparen – die Konjunktion $(C_1 \wedge \cdots \wedge C_n)$ mit der Menge $\{C_1, \ldots, C_n\}$ der Klauseln C_i, und weiter jede Klausel $(L_1 \vee \cdots \vee L_k)$ mit der Menge

2.4 Resolution und Formeln in KNF

ihrer Literale. Daraus kann man die Formel bis auf logische Äquivalenz zurückgewinnen – Reihenfolgen und ggf. doppelte Vorkommen von Literalen bzw. Klauseln gehen verloren.

Um Missverständnissen und Unklarheiten vorzubeugen schreibe ich die Menge der Literale bei dieser Identifikation mit „eingestülpten Mengenklammern":

$$\{L_1, \ldots, L_k\}$$

Eine Belegung erfüllt nämlich eine Klausel $\{L_1, \ldots, L_k\}$, wenn sie *mindestens eines* der Literale wahr macht; dagegen erfüllt eine Belegung gemäß Definition 1.3.1 (d) eine Menge von Klauseln $\{C_1, \ldots, C_n\}$, wenn sie *alle* diese Formeln wahr macht.

Die Formel $((\neg A_2 \vee \neg A_1 \vee A_0) \wedge (A_2 \vee A_1) \wedge (A_2 \vee \neg A_0))$ in KNF wird identifiziert mit der Klauselmenge

$$\{\{\neg A_2, \neg A_1, A_0\}, \{A_2, A_1\}, \{A_2, \neg A_0\}\}$$

Die *leere Klausel* (empty clause) $\{\}$ enthält kein Literal, entspricht also der leeren Disjunktion im Sinne der vor Satz 1.3.2 eingeführten Notation, d. h. der Formel $\bot$, und ist somit nicht erfüllbar. Eine Menge an Klauseln, die die leere Klausel enthält, ist also ebenfalls nicht erfüllbar. Insbesondere gilt dies für *die Menge, die nur die leere Klausel enthält*, also $\{\{\}\}$. Dagegen entspricht die *leere Menge an Klauseln* $\{\}$ der leeren Konjunktion, d. h. der Formel $\top$, und ist erfüllbar.

Definition 2.4.2 *Für Klauseln $C_1 = \{L_1, \ldots, L_k, A_i\}$ und $C_2 = \{L'_1, \ldots, L'_l, \neg A_i\}$ heißt die Klausel*

$$R = \{L_1, \ldots, L_k, L'_1, \ldots, L'_l\}$$

eine **Resolvente** *(resolvent) von C_1 und C_2, und man sagt, dass R* **durch Resolution** *(by resolution) aus C_1 und C_2 entsteht.*

Beispiele für Resolutionen

(a) Die Klauseln $C_1 = \{\neg A_2, A_0, \neg A_1\}$ und $C_2 = \{A_0, A_1, A_2, A_3\}$ haben zwei Resolventen: zum einen $\{\neg A_2, A_0, A_2, A_3\}$ und zum anderen $\{A_0, \neg A_1, A_1, A_3\}$.

$$\{\neg A_2, A_0, \cancel{\neg A_1}\} \quad \{A_0, \cancel{A_1}, A_2, A_3\} \qquad \{\cancel{\neg A_2}, A_0, \neg A_1\} \quad \{A_0, A_1, \cancel{A_2}, A_3\}$$
$$\searrow \swarrow \qquad\qquad\qquad\qquad \searrow \swarrow$$
$$\{\neg A_2, A_0, A_2, A_3\} \qquad\qquad\qquad \{A_0, \neg A_1, A_1, A_3\}$$

Dagegen ist $\{A_0, A_3\}$ keine Resolvente von C_1 und C_2, da immer nur eine Aussagenvariable gleichzeitig resolviert werden darf.

(b) Die Klauseln $C_3 = \{\neg A_2, A_1, A_0\}$ und $C_4 = \{A_3, \neg A_2\}$ haben keine Resolvente miteinander.

(c) Die Klausel $C_5 = \{\neg A_2, \neg A_1, A_1\}$ bildet mit sich selbst eine Resolvente, die aber nichts Neues ergibt, weswegen dieser Fall nicht betrachtet werden muss:

$$\{\neg A_2, \not{\neg A_1}, A_1\} \quad \{\neg A_2, \neg A_1, \not{A_1}\}$$
$$\searrow \swarrow$$
$$\{\neg A_2, \neg A_1, A_1\}$$

Eine Klausel wie z. B. $\{\neg A_0, \neg A_1, A_2, A_3\}$ entspricht bis auf logische Äquivalenz der Formel $((A_0 \wedge A_1) \to (A_2 \vee A_3))$, die man als Beschreibung einer Regel verstehen kann: „Wenn die Bedingungen A_0 und A_1 erfüllt sind, gilt A_2 oder A_3." Die Resolvente mit z. B. der Klausel $\{\neg A_3, \neg A_4, A_5, A_6\}$ bzw. $((A_3 \wedge A_4) \to (A_5 \vee A_6))$ ist eine Art Transitivität von $\to$ und beschreibt gewissermaßen das Hintereinanderausführen der beiden Regeln: $((A_0 \wedge A_1 \wedge A_4) \to (A_2 \vee A_5 \vee A_6))$.

Eine endliche Klauselmenge enthält nur endlich viele Aussagenvariablen, und aus diesen kann man (bis auf logische Äquivalenz) nur endlich viele Klauseln konstruieren. Daher kann man eine endliche Klauselmenge in endlich vielen Schritten unter Resolution abschließen, d. h. die kleinste Oberklauselmenge finden, die keine neuen Resolventen mehr erlaubt.

Satz 2.4.3 *(Resolutionsmethode) Eine endliche Klauselmenge ist genau dann nicht erfüllbar, wenn sich durch sukzessive Resolution die leere Klausel ergibt.*

Aus dem Kompaktheitssatz 3.1.1 folgt, dass der Satz ebenso für unendliche Klauselmengen gilt. Der Abschluss unter Resolution lässt sich dann aber i. Allg. nicht mehr in endlich vielen Schritten erreichen.

BEWEIS „$\Leftarrow$": Eine Belegung β erfüllt mit Klauseln $C_1 = \{L_1, \ldots, L_k, A_i\}$ und $C_2 = \{L'_1, \ldots, L'_l, \neg A_i\}$ auch jede Resolvente $R = \{L_1, \ldots, L_k, L'_1, \ldots, L'_l\}$. Denn entweder $\beta(A_i) = 1$ und β muss eines der Literale $L'_1, \ldots, L'_l$ wahr machen, um C_2 zu erfüllen, oder $\beta(A_i) = 0$ und β muss eines der Literale $L_1, \ldots, L_k$ wahr machen, um C_1 zu erfüllen. In jedem Fall ist R erfüllt.

Der Abschluss unter Resolution einer erfüllbaren Klauselmenge ist also immer noch erfüllbar und kann somit nicht die leere Klausel enthalten.

„$\Rightarrow$": Angenommen $\mathcal{C}$ ist eine unter Resolution abgeschlossene Klauselmenge, die nicht die leere Klausel enthält. Die in $\mathcal{C}$ vorkommenden Aussagenvariablen seien ohne Einschränkung $A_0, \ldots, A_{n-1}$. Dass $\mathcal{C}$ erfüllbar ist, zeigt man per Induktion über n:

Für $n = 0$ gibt es nur die beiden Möglichkeiten $\mathcal{C} = \{\}$ und $\mathcal{C} = \{\{\}\}$. Weil $\mathcal{C}$ nicht die leere Klausel enthält, bleibt nur $\mathcal{C} = \{\}$, also die erfüllbare Formel $\top$.

2.4 Resolution und Formeln in KNF

Im Induktionsschritt $n \to n+1$ betrachtet man die Aussagenvariable A_n. Es können nicht beide Klauseln $\{A_n\}$ und $\{\neg A_n\}$ in $\mathcal{C}$ vorkommen, denn sonst bekäme man die leere Klausel als Resolvente. Angenommen es ist $\{\neg A_n\} \notin \mathcal{C}$ – der Fall $\{A_n\} \notin \mathcal{C}$ funktioniert analog. Man verändert $\mathcal{C}$ folgendermaßen zu einer Klauselmenge $\mathcal{C}'$ in den Aussagenvariablen $A_0, \ldots, A_{n-1}$:

(1) Wenn die Klausel $C \in \mathcal{C}$ das Literal A_n enthält, entfällt C ganz.
(2) Wenn die Klausel $C \in \mathcal{C}$ das Literal $\neg A_n$ enthält, wird $\neg A_n$ aus C entfernt und $C' := C \setminus \{\neg A_n\}$ zu einer Klausel in $\mathcal{C}'$.
(3) Alle anderen Klauseln werden unverändert von $\mathcal{C}$ nach $\mathcal{C}'$ übernommen.

$\mathcal{C}'$ ist nun ebenfalls eine unter Resolution abgeschlossene Klauselmenge: Wenn $C_1', C_2' \in \mathcal{C}'$ durch Resolution von A_i eine Resolvente R' bilden, dann bilden die Klauseln $C_1, C_2 \in \mathcal{C}$, von denen C_1', C_2' herkommen, ebenfalls durch Resolution von A_i eine Resolvente R, aus der sich R' ergibt, ggf. durch Entfernen von $\neg A_n$.

Außerdem enthält $\mathcal{C}'$ nicht die leere Klausel, denn diese könnte nur nach Regel (2) aus $\{\neg A_n\}$ oder nach Regel (3) aus der leeren Klausel entstehen, die beide nicht in $\mathcal{C}$ sind.

Per Induktion ist $\mathcal{C}'$ erfüllbar durch eine partielle Belegung β', die durch $A_n \mapsto 1$ zu einer Belegung β fortgesetzt werden soll. Dann wird $\mathcal{C}$ durch β erfüllt: Denn wegen $\beta(A_n) = 1$ erfüllt β alle nach Regel (1) aus $\mathcal{C}$ weggelassenen Klauseln, und weil β eine Fortsetzung von β' ist, erfüllt β alle nach Regel (2) oder (3) gebildeten bzw. übernommenen Klauseln. □

Der Beweis des Satzes für die „⇒"-Richtung ist konstruktiv: Er konstruiert induktiv eine erfüllende Belegung.

Das Resolutionsverfahren liefert häufig gute Ergebnisse und wird in der Praxis auch benutzt. Der Abschluss unter Resolution kann aber auch zu exponentiell vielen Resolventen führen.

Beispiel für die Resolutionsmethode
Die Menge folgender Klauseln soll auf Erfüllbarkeit getestet werden:

$$C_1 = \qquad C_2 = \qquad C_3 = \qquad C_4 = \qquad\qquad C_5 =$$
$$\{\neg A_0, A_1\},\ \{A_1, A_2\},\ \{A_0, \neg A_2\},\ \{\neg A_0, \neg A_1, \neg A_2\},\ \{\neg A_0, A_3\}$$

Im ersten Schritt testet alle Paare von zweien der Klauseln, ob sich daraus Resolventen ergeben: Durch Resolution von C_1 und C_3 erhält die neue Klausel $C_6 = \{A_1, \neg A_2\}$ und durch Resolution von C_1 und C_4 die neue Klausel $C_7 = \{\neg A_0, \neg A_2\}$. Die Klauseln C_1 und C_2 bzw. C_5 lassen keine Resolution zu. Aus C_2 und C_3 erhält man $C_8 = \{A_0, A_1\}$; aus C_2 und C_4 die beiden Klauseln $C_9 = \{\neg A_0, A_2, \neg A_2\}$ und $C_{10} =$

$\{\neg A_0, A_1, \neg A_1\}$. Aus C_3 und C_4 bekommt man die Klausel $C_{11} = \{\neg A_1, \neg A_2\}$ und aus C_3 und C_5 die Klausel $C_{12} = \{\neg A_2, A_3\}$; C_2 bzw. C_4 und C_5 lassen wieder keine Resolution zu.

Klauseln wie C_9 und C_{10}, die eine Aussagenvariable und ihr Negat erhalten, sind immer erfüllbar und können nie dazu beitragen, dass die leere Klausel entsteht. Man kann sie daher in der Betrachtung weglassen.

Im zweiten Schritt testet man nun alle Paare aus einer alten und einer neuen oder aus zwei neuen Klauseln: Aus C_1 und C_8 oder auch aus C_2 und C_6 erhält man $C_{13} = \{A_1\}$. C_1 und C_{11} lassen ebenfalls eine Resolution zu, diese ergibt aber wieder C_7. An neuen, relevanten Klauseln ergibt sich noch $\{A_1, A_3\}$ und $\{\neg A_2\}$.

Im dritten Schritt findet man als neue relevante Klausel $\{\neg A_0, \neg A_2, A_3\}$ und im vierten Schritt $\{A_1, \neg A_2, A_3\}$. Danach erhält man durch Resolution keine neuen Klauseln mehr, die nicht eine Aussagenvariable und ihr Negat erhalten. Im Wesentlichen hat man damit also den Abschluss der Klauselmenge unter Resolution gefunden (bis auf für Erfüllbarkeit irrelevante Klauseln). Da die leere Klausel nicht dabei ist, ist die ursprüngliche Klauselmenge erfüllbar.

Man kann auch alle erfüllenden Belegungen gewinnen: Aus der Einerklausel $\{A_1\}$ sieht man, dass A_1 wahr sein muss. Löscht man alle Klauseln mit einem positiven Vorkommen von A_1 und löscht alle Vorkommen von $\neg A_1$ aus den verbleibenden Klauseln, erhält man:

$$\{A_0, \neg A_2\}, \{\neg A_0, \neg A_2\}, \{\neg A_0, A_3\}, \{\neg A_2\}, \{\neg A_2, A_3\}, \{\neg A_0, \neg A_2, A_3\}$$

Man sieht erneut an der Einerklausel $\{\neg A_2\}$, dass A_2 falsch sein muss. Löscht man alle Klauseln mit einem Vorkommen von $\neg A_2$ und löscht alle Vorkommen von A_2 aus den verbleibenden Klauseln, erhält man:

$$\{\neg A_0, A_3\}$$

A_0 kann nun sowohl wahr als auch falsch sein. Setzt man A_0 wahr, bleibt nach dem Reduktionsverfahren die Klausel $\{A_3\}$ und A_3 muss ebenfalls wahr sein. Setzt man A_0 falsch, bleibt nach dem Reduktionsverfahren keine Klausel übrig und A_3 kann einen beliebigen Wahrheitswert annehmen.

Aus der Menge der Klauseln

$$\{\neg A_0, A_1\}, \{\neg A_0, A_2\}, \{A_0, A_3\}, \{A_0, A_1\}, \{\neg A_1, \neg A_2\}, \{\neg A_1, \neg A_3\}$$

bekommt man durch Resolution aus der 1. und 4. Klausel $\{A_1\}$, aus der 3. und 6. $\{A_0, \neg A_1\}$ und aus der 2. und 5. $\{\neg A_0, \neg A_1\}$. Diese beiden letzten lassen sich zu $\{\neg A_1\}$ resolvieren; mit $\{A_1\}$ ergibt sich dann die leere Klausel. Also ist die Klauselmenge nicht erfüllbar.

Die Resolutionsmethode geht auf Davis und Putnam (1960) und J. A. Robinson (1965) zurück. Es gibt viele Varianten und Verfeinerungen. Man kann zum Beispiel zunächst unter Resolution mit allen einelementigen Klauseln abschließen (was von der Komplexität her überschaubar bleibt) und dann die Größe steigern.

Einen Spezialfall stellen **Horn-Formeln** (Horn formulae) dar: Eine Horn-Formel ist eine Formel in KNF in der jede Klausel eine **Horn-Klausel** (Horn clause) ist, was bedeutet, dass sie maximal ein positives Literal enthält. Eine Horn-Klausel wie etwa $\{\neg A_0, \ldots, \neg A_{n-1}, A_n\}$ entspricht einer Formel $((A_0 \wedge \cdots \wedge A_{n-1}) \to A_n)$. Solche Formeln kommen in Anwendungen häufig vor. Für Horn-Formeln gibt es lineare Algorithmen zum Testen von Erfüllbarkeit und zur Konstruktion von erfüllenden Belegungen, z. B. Varianten der Resolutionsmethode oder den Markierungsalgorithmus.

Vollständiges Beispiel für Umformung in KNF und Resolution
Mit der Resolutionsmethode will ich nun das Standardbeispiel

$$((A_0 \wedge A_1) \to A_2) \sim ((A_0 \to A_2) \vee (A_1 \to A_2))$$

zeigen. Da Resolution Erfüllbarkeit testet, muss ich also zeigen, dass

$$\varphi := \neg(((A_0 \wedge A_1) \to A_2) \leftrightarrow ((A_0 \to A_2) \vee (A_1 \to A_2)))$$

nicht erfüllbar ist.

1. Schritt φ wird in erfüllbarkeitsäquivalente „schnelle KNF" gebracht:

$$\neg(\,(\,\underbrace{\underbrace{(A_0 \wedge A_1)}_{A_6} \to A_2)}_{A_4} \leftrightarrow \underbrace{(\underbrace{(A_0 \to A_2)}_{A_7} \vee \underbrace{(A_1 \to A_2)}_{A_8})}_{A_5}\,)\,)$$
$$\underbrace{}_{A_3}$$

Nach dem Verfahren aus Lemma 2.4.1 ist φ erfüllbarkeitsäquivalent zu der Formel

$$(\neg A_3 \wedge (A_3 \leftrightarrow (A_4 \leftrightarrow A_5)) \wedge (A_4 \leftrightarrow (A_6 \to A_2))$$
$$\wedge (A_6 \leftrightarrow (A_0 \wedge A_1)) \wedge (A_5 \leftrightarrow (A_7 \vee A_8))$$
$$\wedge (A_7 \leftrightarrow (A_0 \to A_2)) \wedge (A_8 \leftrightarrow (A_1 \to A_2)))$$

die noch in KNF gebracht werden muss:

$$\varphi^+ = \big(\neg A_3 \wedge (A_3 \vee A_4 \vee A_5) \wedge (A_3 \vee \neg A_4 \vee \neg A_5) \wedge (\neg A_3 \vee \neg A_4 \vee A_5)$$
$$\wedge\, (\neg A_3 \vee A_4 \vee \neg A_5) \wedge\, \ldots\big)$$

2. Schritt φ^+ wird als Menge der folgenden Klauseln aufgefasst:

$\{\neg A_3\}$, $\{A_3, A_4, A_5\}$, $\{A_3, \neg A_4, \neg A_5\}$, $\{\neg A_3, \neg A_4, A_5\}$, $\{\neg A_3, A_4, \neg A_5\}$, $\{A_4, A_6\}$, $\{A_4, \neg A_2\}$, $\{\neg A_4, \neg A_6, A_2\}$, $\{\neg A_6, A_0\}$, $\{\neg A_6, A_1\}$, $\{A_6, \neg A_0, \neg A_1\}$, $\{A_5, \neg A_7\}$, $\{A_5, \neg A_8\}$, $\{\neg A_5, A_7, A_8\}$, $\{A_7, A_0\}$, $\{A_7, \neg A_2\}$, $\{\neg A_7, \neg A_0, A_2\}$, $\{A_8, A_1\}$, $\{A_8, \neg A_2\}$, $\{\neg A_8, \neg A_1, A_2\}$

3. Schritt Es werden Resolventen gebildet. Dazu geht man systematisch alle Möglichkeiten durch. Ich zeige hier nur eine zielführende Auswahl (von mehreren möglichen) und nummeriere dazu die Klauseln oben von (1) an durch:

(1) $\{\neg A_3\}$	und (2) $\{A_3, A_4, A_5\}$	führt zu	(21) $\{A_4, A_5\}$
(1) $\{\neg A_3\}$	und (3) $\{A_3, \neg A_4, \neg A_5\}$	zu	(22) $\{\neg A_4, \neg A_5\}$
(22) $\{\neg A_4, \neg A_5\}$	und (6) $\{A_4, A_6\}$	zu	(23) $\{\neg A_5, A_6\}$
(22) $\{\neg A_4, \neg A_5\}$	und (7) $\{A_4, \neg A_2\}$	zu	(24) $\{\neg A_5, \neg A_2\}$
(21) $\{A_4, A_5\}$	und (8) $\{\neg A_4, \neg A_6, A_2\}$	zu	(25) $\{A_5, \neg A_6, A_2\}$
(23) $\{\neg A_5, A_6\}$	und (9) $\{\neg A_6, A_0\}$	zu	(26) $\{\neg A_5, A_0\}$
(23) $\{\neg A_5, A_6\}$	und (10) $\{\neg A_6, A_1\}$	zu	(27) $\{\neg A_5, A_1\}$
(25) $\{A_5, \neg A_6, A_2\}$	und (11) $\{A_6, \neg A_0, \neg A_1\}$	zu	(28) $\{A_5, A_2, \neg A_0, \neg A_1\}$
(26) $\{\neg A_5, A_0\}$	und (12) $\{A_5, \neg A_7\}$	zu	(29) $\{A_0, \neg A_7\}$
(27) $\{\neg A_5, A_1\}$	und (13) $\{A_5, \neg A_8\}$	zu	(30) $\{A_1, \neg A_8\}$
(29) $\{A_0, \neg A_7\}$	und (15) $\{A_7, A_0\}$	zu	(31) $\{A_0\}$
(30) $\{A_1, \neg A_8\}$	und (18) $\{A_8, A_1\}$	zu	(32) $\{A_1\}$
(28) $\{A_5, A_2, \neg A_0, \neg A_1\}$	und (31) $\{A_0\}$	zu	(33) $\{A_5, A_2, \neg A_1\}$
(33) $\{A_5, A_2, \neg A_1\}$	und (32) $\{A_1\}$	zu	(34) $\{A_5, A_2\}$
(34) $\{A_5, A_2\}$	und (14) $\{\neg A_5, A_7, A_8\}$	zu	(35) $\{A_2, A_7, A_8\}$
(17) $\{\neg A_7, \neg A_0, A_2\}$	und (35) $\{A_2, A_7, A_8\}$	zu	(36) $\{\neg A_0, A_2, A_8\}$
(36) $\{\neg A_0, A_2, A_8\}$	und (31) $\{A_0\}$	zu	(37) $\{A_2, A_8\}$
(24) $\{\neg A_5, \neg A_2\}$	und (13) $\{A_5, \neg A_8\}$	zu	(38) $\{\neg A_2, \neg A_8\}$
(38) $\{\neg A_2, \neg A_8\}$	und (19) $\{A_8, \neg A_2\}$	zu	(39) $\{\neg A_2\}$
(37) $\{A_2, A_8\}$	und (39) $\{\neg A_2\}$	zu	(40) $\{A_8\}$
(40) $\{A_8\}$	und (20) $\{\neg A_8, \neg A_1, A_2\}$	zu	(41) $\{\neg A_1, A_2\}$
(41) $\{\neg A_1, A_2\}$	und (32) $\{A_1\}$	zu	(42) $\{A_2\}$
(42) $\{A_2\}$	und (39) $\{\neg A_2\}$	zu	$\{\,\}$

Es ergibt sich also die leere Klausel; somit ist φ nicht erfüllbar!

Übungsaufgaben

Aufgabe 2.4.1 Untersuchen Sie mit der Resolutionsmethode die folgenden Formeln auf Erfüllbarkeit:

$$((A_0 \vee A_2) \wedge (A_1 \vee \neg A_2) \wedge \neg A_1 \wedge (\neg A_0 \vee A_3) \wedge \neg A_4 \wedge (\neg A_3 \vee A_4))$$

$$((A_0 \vee \neg A_1 \vee \neg A_2) \wedge (A_1 \vee A_2) \wedge (\neg A_0 \vee A_2) \wedge (A_1 \vee \neg A_2) \wedge \neg A_0)$$

Aufgabe 2.4.2 Bestimmen Sie für alle zweistelligen Junktoren $*$ zum einen die kanonische KNF für die zugehörige Äquivalenzformel $(A_0 \leftrightarrow (A_1 * A_2))$ und zum anderen eine möglichst kurze KNF.

Aufgabe 2.4.3 Zeigen Sie, dass man aus den $n+1$ Klauseln

$$\{\neg A_1\}, \{\neg A_2\} \ldots \{\neg A_n\}, \{A_1, \ldots, A_n\}$$

durch Resolution mindestens 2^n Klauseln erhält.

Aufgabe 2.4.4 * Zeigen Sie:

(a) Eine Resolvente von Horn-Klauseln ist wieder eine Horn-Klausel.
(b) Eine Menge von Horn-Klauseln, die nicht die leere Klausel enthält, ist erfüllbar, wenn eine der folgenden Bedingungen erfüllt ist: Es kommen keine positiven Literale vor, oder es kommen keine negativen Literale vor, oder es kommen keine einelementigen Klauseln vor.
(c) Eine Menge von Horn-Formeln ist genau dann erfüllbar, wenn man durch sukzessive *Unit-Resolution* nicht die leere Klausel enthält. Dabei heißt *Unit-Resolution*, dass nur Resolventen einer einelementigen Klausel mit einer anderen Klausel betrachtet werden.

2.5 Die Methode von Quine

Die Methode von Quine (Quine's method), die man in Quines Buch „Methods of Logic" findet, ist eine weitere Möglichkeit, den Wahrheitsverlauf einer Formel φ zu bestimmen bzw. das Erfüllbarkeitsproblem zu lösen: Man legt für eine in φ vorkommende Aussagenvariable A_i die Wahrheitswerte 1 und 0 fest, indem man A_i durch $\top$ bzw. $\bot$ substituiert. Die beiden dadurch entstehenden neuen Formeln vereinfacht man dann durch Anwendung von $\top$-/$\bot$-Gesetzen. Sukzessive eliminiert man nun auf diese Weise alle Aussagenvariablen und erhält einen binären Baum, dessen Zweige den partiellen Belegungen entsprechen und an deren Blättern die Formel $\top$ steht, falls die Formel φ unter der entsprechenden partiellen Belegung wahr wird, bzw. $\bot$, wenn sie falsch wird.

Die Verkürzungen der Formeln nach den Einsetzungen von $\top$ bzw. $\bot$ sind nur am Anfang ausführlich angegeben, danach nur noch das Endergebnis.

$$\varphi = (((\neg A_0 \wedge A_1) \to A_2) \leftrightarrow (A_2 \to (\neg A_0 \vee A_1)))$$

$\swarrow \qquad\qquad\qquad\qquad\qquad\qquad\qquad \searrow$

$\boxed{\varphi_0 := \varphi[\frac{A_2}{\bot}]} \qquad\qquad\qquad\qquad \boxed{\varphi_1 := \varphi[\frac{A_2}{\top}]}$

$= (((\neg A_0 \wedge A_1) \to \bot) \leftrightarrow (\bot \to (\neg A_0 \vee A_1))) \qquad = (((\neg A_0 \wedge A_1) \to \top) \leftrightarrow (\top \to (\neg A_0 \vee A_1)))$
$\sim (\neg(\neg A_0 \wedge A_1) \leftrightarrow \top) \sim \neg(\neg A_0 \wedge A_1) \qquad \sim (\top \leftrightarrow (\neg A_0 \vee A_1)) \sim (\neg A_0 \vee A_1)$

$\swarrow \quad\searrow \qquad\qquad \swarrow \quad\searrow \qquad\qquad \swarrow \quad\searrow \qquad\qquad \swarrow \quad\searrow$

$\boxed{\varphi_{00} := \varphi_0[\frac{A_0}{\bot}]} \quad \boxed{\varphi_{01} := \varphi_0[\frac{A_0}{\top}]} \quad \boxed{\varphi_{10} := \varphi_1[\frac{A_0}{\bot}]} \quad \boxed{\varphi_{11} := \varphi_1[\frac{A_0}{\top}]}$

$= \neg(\neg\bot \wedge A_1) \qquad = \neg(\neg\top \wedge A_1) \qquad = (\neg\bot \vee A_1) \qquad = (\neg\top \vee A_1)$
$\sim \neg A_1 \qquad\qquad \sim \top \qquad\qquad\qquad \sim \top \qquad\qquad\qquad \sim A_1$

$\swarrow \searrow \quad \swarrow \searrow \quad \swarrow \searrow \quad \swarrow \searrow \quad \swarrow \searrow \quad \swarrow \searrow \quad \swarrow \searrow \quad \swarrow \searrow$

$\boxed{\varphi_{00}[\frac{A_1}{\bot}]} \;\; \boxed{\varphi_{00}[\frac{A_1}{\top}]} \;\; \boxed{\varphi_{01}[\frac{A_1}{\bot}]} \;\; \boxed{\varphi_{01}[\frac{A_1}{\top}]} \;\; \boxed{\varphi_{10}[\frac{A_1}{\bot}]} \;\; \boxed{\varphi_{10}[\frac{A_1}{\top}]} \;\; \boxed{\varphi_{11}[\frac{A_1}{\bot}]} \;\; \boxed{\varphi_{11}[\frac{A_1}{\top}]}$

$= \neg\bot \quad\;\; = \neg\top \quad\;\; = \top \quad\quad\; = \top \quad\quad\; = \top \quad\quad\; = \top \quad\quad\; = \bot \quad\quad\; = \top$
$\sim \top \quad\;\;\; \sim \bot$

Somit ergibt sich der Wahrheitswertverlauf
$\quad\;\; 1 \qquad\quad 0 \qquad\quad 1 \qquad\quad 1 \qquad\quad 1 \qquad\quad 1 \qquad\quad 0 \qquad\quad 1$

Um die Methode gut anwenden zu können, ergänzt man die $\top$-/$\bot$-Gesetze aus Satz 1.4.1 um die fehlenden Junktoren:

$$\begin{array}{llllll}
\neg\top \sim \bot & (A \wedge \top) \sim A & (A \vee \top) \sim \top & (A \to \top) \sim \top & (A \leftrightarrow \top) \sim A \\
& (\top \wedge A) \sim A & (\top \vee A) \sim \top & (\top \to A) \sim A & (\top \leftrightarrow A) \sim A \\
\neg\bot \sim \top & (A \wedge \bot) \sim \bot & (A \vee \bot) \sim A & (A \to \bot) \sim \neg A & (A \leftrightarrow \bot) \sim \neg A \\
& (\bot \wedge A) \sim \bot & (\bot \vee A) \sim A & (\bot \to A) \sim \top & (\bot \leftrightarrow A) \sim \neg A
\end{array}$$

Zum Vergleich mit den anderen Methoden will ich nun auch

$$((A_0 \wedge A_1) \to A_2) \sim ((A_0 \to A_2) \vee (A_1 \to A_2))$$

mit der Quine'schen Methode beweisen, indem ich zeige, dass die entsprechende Äquivalenzformel eine Tautologie ist:

2.6 Ein Sequenzenkalkül

$$\varphi = (((A_0 \wedge A_1) \to A_2) \leftrightarrow ((A_0 \to A_2) \vee (A_1 \to A_2)))$$

$\varphi_0 := \varphi[\frac{A_0}{\bot}]$

$(((\bot \wedge A_1) \to A_2) \leftrightarrow ((\bot \to A_2) \vee (A_1 \to A_2)))$
$\sim ((\bot \to A_2) \leftrightarrow (\top \vee (A_1 \to A_2))) \sim (\top \leftrightarrow \top)$
$\sim \top$

$\varphi_1 := \varphi[\frac{A_0}{\top}]$

$(((\top \wedge A_1) \to A_2) \leftrightarrow ((\top \to A_2) \vee (A_1 \to A_2)))$
$\sim ((A_1 \to A_2) \leftrightarrow (A_2 \vee (A_1 \to A_2)))$

$\varphi_{10} := \varphi_1[\frac{A_1}{\bot}]$

$((\bot \to A_2) \leftrightarrow (A_2 \vee (\bot \to A_2)))$
$\sim (\top \leftrightarrow (A_2 \vee \top)) \sim (\top \leftrightarrow \top)$
$\sim \top$

$\varphi_{11} := \varphi_1[\frac{A_1}{\top}]$

$((\top \to A_2) \leftrightarrow (A_2 \vee (\top \to A_2)))$
$\sim (A_2 \leftrightarrow (A_2 \vee A_2))$

$\varphi_{110} = \varphi_{11}[\frac{A_2}{\bot}]$

$(\bot \leftrightarrow (\bot \vee \bot))$
$\sim (\bot \leftrightarrow \bot) \sim \top$

$\varphi_{111} = \varphi_{11}[\frac{A_2}{\top}]$

$(\top \leftrightarrow (\top \vee \top))$
$\sim (\top \leftrightarrow \top) \sim \top$

Wenn es um das Erfüllbarkeitsproblem geht, kann man natürlich auch bei dieser Methode aufhören, sobald man eine erfüllende partielle Belegung gefunden hat.

Übungsaufgaben

Aufgabe 2.5.1 Zeigen Sie mit der Methode von Quine, dass die aussagenlogische Formel $((A_0 \to A_1) \vee (\neg A_0 \to A_2))$ eine Tautologie ist.

Aufgabe 2.5.2 Prüfen Sie mit der Methode von Quine, ob die aussagenlogische Formel $(A_0 \to (A_1 \to (A_2 \to \neg A_0)))$ erfüllbar ist. Falls ja, geben Sie eine erfüllende Belegung an!

Aufgabe 2.5.3 Bestimmen Sie den Wahrheitswertverlauf der Paritätsformeln π_3 und π_4 aus Aufgabe 1.2.2 mit der Methode von Quine.

2.6 Ein Sequenzenkalkül

Als letzte Methode stelle ich eine Variante des von Gerhard Gentzen eingeführten *Sequenzenkalküls* (sequent calculus) für die Aussagenlogik vor. In ihm kann man logische Folgerungen in einer Art kombinatorischem Spiel erzeugen.

Definition 2.6.1 *Eine* **Sequenz** *(sequent) besteht aus zwei Listen von je endlich vielen Formeln, die man links bzw. rechts von einem Trennzeichen schreibt:*

$$\varphi_1\ \varphi_2\ \ldots\ \varphi_m \vdash_{\text{seq}} \psi_1\ \psi_2\ \ldots\ \psi_n$$

Die Sequenz ist **korrekt** *(sound), wenn*

$$(\varphi_1 \wedge \varphi_2 \wedge \cdots \wedge \varphi_m) \vDash (\psi_1 \vee \psi_2 \vee \cdots \vee \psi_n)$$

Leere Listen (also $m = 0$ bzw. $n = 0$) sind sowohl links als auch rechts erlaubt.

Der **Sequenzenkalkül** besteht aus Regeln, gemäß derer man Sequenzen konstruieren darf. Man sagt dazu, dass die Sequenzen im Kalkül *abgeleitet* werden bzw. *ableitbar* sind.

Als Startpunkt gibt es die *Identitätsregel*, die axiomatisch festsetzt, dass jede Sequenz, in der eine Formel sowohl links wie rechts auftaucht, ableitbar ist.

Schematisch stelle ich diese Regel wie in dem folgenden Kasten dar. Dabei steht φ für eine beliebige Formel und Φ und Ψ für beliebige Auflistungen von je endlich vielen Formeln.

$$[\text{Id}] \qquad \Phi\ \varphi \vdash_{\text{seq}} \Psi\ \varphi$$

Hier wie im Folgenden schreibe ich Φ und Ψ als Abkürzung für die Auflistung endlicher vieler Formeln.

Dann gibt es für jeden Junktor *Ableitungsregeln*, mit denen sich aus bereits konstruierten Sequenzen weitere Sequenzen ergeben. Diese im Anschluss schematisch dargestellten Regeln sind folgendermaßen zu lesen: Wenn die eine oder die beiden Sequenzen oberhalb der waagrechten Linie ableitbar sind, dann ist auch die Sequenz unterhalb der Linie ableitbar („*Einführungsregel* des Junktors", links oder rechts). Umgekehrt: Wenn die Sequenz unterhalb der Linie ableitbar ist, dann ist auch jede Sequenz oberhalb der Linie ableitbar („*Eliminationsregel* des Junktors", links oder rechts). Für Verum gibt es allerdings nur eine Regel für die linke Seite und für Falsum nur für die rechte Seite.

2.6 Ein Sequenzenkalkül

$[\top_{\text{links}}]$	$\dfrac{\Phi \vdash_{\text{seq}} \Psi}{\Phi \top \vdash_{\text{seq}} \Psi}$	$\dfrac{\Phi \vdash_{\text{seq}} \Psi}{\Phi \vdash_{\text{seq}} \Psi \bot}$	$[\bot_{\text{rechts}}]$
$[\neg_{\text{links}}]$	$\dfrac{\Phi \vdash_{\text{seq}} \Psi\, \varphi}{\Phi\, \neg\varphi \vdash_{\text{seq}} \Psi}$	$\dfrac{\Phi\, \psi \vdash_{\text{seq}} \Psi}{\Phi \vdash_{\text{seq}} \Psi\, \neg\psi}$	$[\neg_{\text{rechts}}]$
$[\wedge_{\text{links}}]$	$\dfrac{\Phi\, \varphi\, \psi \vdash_{\text{seq}} \Psi}{\Phi\, (\varphi \wedge \psi) \vdash_{\text{seq}} \Psi}$	$\dfrac{\Phi \vdash_{\text{seq}} \Psi\, \varphi\, \psi}{\Phi \vdash_{\text{seq}} \Psi\, (\varphi \vee \psi)}$	$[\vee_{\text{rechts}}]$
$[\vee_{\text{links}}]$	$\dfrac{\Phi\, \varphi \vdash_{\text{seq}} \Psi \quad \Phi\, \psi \vdash_{\text{seq}} \Psi}{\Phi\, (\varphi \vee \psi) \vdash_{\text{seq}} \Psi}$	$\dfrac{\Phi \vdash_{\text{seq}} \Psi\, \varphi \quad \Phi \vdash_{\text{seq}} \Psi\, \psi}{\Phi \vdash_{\text{seq}} \Psi\, (\varphi \wedge \psi)}$	$[\wedge_{\text{rechts}}]$
$[\to_{\text{links}}]$	$\dfrac{\Phi \vdash_{\text{seq}} \Psi\, \varphi \quad \Phi\, \psi \vdash_{\text{seq}} \Psi}{\Phi\, (\varphi \to \psi) \vdash_{\text{seq}} \Psi}$	$\dfrac{\Phi\, \varphi \vdash_{\text{seq}} \Psi\, \psi}{\Phi \vdash_{\text{seq}} \Psi\, (\varphi \to \psi)}$	$[\to_{\text{rechts}}]$
$[\leftrightarrow_{\text{links}}]$	$\dfrac{\Phi \vdash_{\text{seq}} \Psi\, \varphi\, \psi \quad \Phi\, \varphi\, \psi \vdash_{\text{seq}} \Psi}{\Phi\, (\varphi \leftrightarrow \psi) \vdash_{\text{seq}} \Psi}$	$\dfrac{\Phi\, \varphi \vdash_{\text{seq}} \Psi\, \psi \quad \Phi\, \psi \vdash_{\text{seq}} \Psi\, \varphi}{\Phi \vdash_{\text{seq}} \Psi\, (\varphi \leftrightarrow \psi)}$	$[\leftrightarrow_{\text{rechts}}]$

Schließlich gibt es strukturelle Ableitungsregeln: Die Formeln können auf jeder Seite beliebig umsortiert und verdoppelt werden und umgekehrt Dopplungen gelöscht werden. Schematisch:

$\dfrac{\Phi\, \varphi_1\, \varphi_2\, \Phi' \vdash_{\text{seq}} \Psi}{\Phi\, \varphi_2\, \varphi_1\, \Phi' \vdash_{\text{seq}} \Psi}$	$\dfrac{\Phi \vdash_{\text{seq}} \Psi\, \psi_1\, \psi_2 \vdash_{\text{seq}} \Psi'}{\Phi \vdash_{\text{seq}} \Psi\, \psi_2\, \psi_1\, \Psi'}$	$\dfrac{\varphi\, \Phi \vdash_{\text{seq}} \Psi}{\varphi\, \varphi\, \Phi \vdash_{\text{seq}} \Psi}$	$\dfrac{\Phi \vdash_{\text{seq}} \psi\, \Psi}{\Phi \vdash_{\text{seq}} \psi\, \psi\, \Psi}$

Das *Ex-falso-quodlibet*-Gesetz ist ableitbar:

(1) $\bot \vdash_{\text{seq}} \varphi \bot$ [Id]
(2) $\bot \vdash_{\text{seq}} \varphi$ aus (1) mit [$\bot_{\text{rechts}}$]

Das Prinzip des ausgeschlossenen Dritten ist ableitbar:

(1) $\varphi \vdash_{\text{seq}} \varphi$ [Id]
(2) $\vdash_{\text{seq}} \varphi\, \neg\varphi$ aus (1) mit [$\neg_{\text{rechts}}$]
(3) $\vdash_{\text{seq}} (\varphi \vee \neg\varphi)$ aus (2) mit [$\vee_{\text{rechts}}$]

Beide Seiten der Äquivalenz $((\varphi \wedge \psi) \to \chi) \sim ((\varphi \to \chi) \vee (\psi \to \chi))$ sind ableitbar (die strukturellen Regeln benutze ich nun ohne explizite Angabe):

(1)	$\varphi \, \psi \vdash_{seq} \varphi \, \chi \, \chi$	[Id]
(2)	$\varphi \, \psi \vdash_{seq} \psi \, \chi \, \chi$	[Id]
(3)	$\varphi \, \psi \vdash_{seq} (\varphi \wedge \psi) \, \chi \, \chi$	aus (1) und (2) mit [$\wedge_{rechts}$]
(4)	$\chi \, \varphi \, \psi \vdash_{seq} \chi \, \chi$	[Id]
(5)	$((\varphi \wedge \psi) \to \chi) \, \varphi \, \psi \vdash_{seq} \chi \, \chi$	aus (3) und (4) mit [$\to_{links}$]
(6)	$((\varphi \wedge \psi) \to \chi) \, \varphi \vdash_{seq} \chi \, (\psi \to \chi)$	aus (5) mit [$\to_{rechts}$]
(7)	$((\varphi \wedge \psi) \to \chi) \vdash_{seq} (\varphi \to \chi) \, (\psi \to \chi)$	aus (6) mit [$\to_{rechts}$]
(8)	$((\varphi \wedge \psi) \to \chi) \vdash_{seq} ((\varphi \to \chi) \vee (\psi \to \chi))$	aus (7) mit [$\vee_{rechts}$]
(1)	$\varphi \, \psi \, \chi \vdash_{seq} \chi \, \varphi$	[Id]
(2)	$\varphi \, \psi \, \chi \vdash_{seq} \chi \, \psi$	[Id]
(3)	$\varphi \, \psi \, (\varphi \to \chi) \vdash_{seq} \chi$	aus (1) mit [$\to_{links}$]
(4)	$\varphi \, \psi \, (\psi \to \chi) \vdash_{seq} \chi$	aus (2) mit [$\to_{links}$]
(5)	$\varphi \, \psi \, ((\varphi \to \chi) \vee (\psi \to \chi)) \vdash_{seq} \chi$	aus (3),(4) mit [$\vee_{links}$]
(6)	$(\varphi \wedge \psi) \, ((\varphi \to \chi) \vee (\psi \to \chi)) \vdash_{seq} \chi$	aus (5) mit [$\wedge_{links}$]
(7)	$((\varphi \to \chi) \vee (\psi \to \chi)) \vdash_{seq} ((\varphi \wedge \psi) \to \chi)$	aus (6) mit [$\to_{rechts}$]

Satz 2.6.2 *Der Sequenzenkalkül ist korrekt und vollständig, d. h., jede ableitbare Sequenz ist korrekt und jede korrekte Sequenz ist ableitbar.*

Insbesondere ist also für jede Tautologie φ die Sequenz $\vdash_{seq} \varphi$ ableitbar und für jede logische Äquivalenz $\varphi \sim \psi$ sind die beiden Sequenzen $\varphi \vdash_{seq} \psi$ und $\psi \vdash_{seq} \varphi$ ableitbar. Die leere Sequenz „ $\vdash_{seq}$ " ist dagegen nicht ableitbar.

BEWEIS Ich schreibe der Einfachheit halber $\bigwedge \Phi$ für die Konjunktion der Formeln einer Auflistung Φ (z. B. von links geklammert, aber es kommt hier nur auf logische Äquivalenz an), und entsprechend $\bigvee \Phi$ für die Disjunktion.

Die Regeln des Sequenzenkalküls sind alle korrekt: Dies bedeutet, dass einerseits die Identitätsregel ausschließlich korrekte Sequenzen produziert (dies folgt aus der Monotonieregel in Satz 1.4.2) und dass andererseits alle Ableitungsregeln aus korrekten Sequenzen wiederum korrekte Sequenzen erzeugen.

Dies muss man beweisen, ist aber nicht schwer: Für die strukturellen Regeln folgt es aus der Kommutativität und Idempotenz von $\wedge$ und $\vee$. Für [$\top_{links}$] und [$\bot_{rechts}$] folgt es daraus, dass $\bigwedge \Phi \sim (\bigwedge \Phi \wedge \top)$ und $\bigvee \Psi \sim (\bigvee \Psi \vee \bot)$. Die Korrektheit von [$\wedge_{links}$] und [$\vee_{rechts}$] ist trivial nach Definition der Korrektheit einer Sequenz. Die Korrektheit der Negationsregeln, beispielsweise [$\neg_{links}$] sieht man so:

2.6 Ein Sequenzenkalkül

$$(\varphi_1 \wedge \cdots \wedge \varphi_m) \vDash \left(\bigvee \Psi \vee \varphi\right) \iff \vDash \left((\varphi_1 \wedge \cdots \wedge \varphi_m) \to \left(\bigvee \Psi \vee \varphi\right)\right)$$
$$\iff \vDash \left(\neg(\varphi_1 \wedge \cdots \wedge \varphi_m) \vee \varphi \vee \bigvee \Psi\right)$$
$$\iff \vDash \left(\neg\varphi_1 \vee \cdots \vee \neg\varphi_m \vee \neg\neg\varphi \vee \bigvee \Psi\right)$$
$$\iff \cdots$$
$$\iff (\varphi_1 \wedge \cdots \wedge \varphi_m \wedge \neg\varphi) \vDash \bigvee \Psi$$

Mit den Negationsregeln kann man alle Formeln auf eine Seite bringen; die Korrektheit von [$\wedge_{\text{rechts}}$] reduziert sich dadurch auf

$$\vDash \left(\bigwedge \Phi \to (\varphi \wedge \psi)\right) \iff \vDash \left(\bigwedge \Phi \to \varphi\right) \text{ und } \vDash \left(\bigwedge \Phi \to \psi\right)$$

was die Distributivität von $\to$ aus Satz 1.4.2 ist. [$\vee_{\text{links}}$] lässt sich durch Kontraposition darauf zurückführen. Die Korrektheit der Regeln für $\leftrightarrow$ und $\to$ kann man auf die der anderen Regeln zurückführen, indem man die Definition von $\leftrightarrow$ bzw. $\to$ aus Satz 1.4.1 anwendet.

Nun ist die Vollständigkeit des Kalküls zu zeigen:

Sei $\Phi \vdash_{\text{seq}} \Psi$ eine korrekte Sequenz, die eine Formel mit einem führenden Junktor $*$ enthält, in Polnischer Notation etwa $\chi = *\chi_1 \ldots \chi_k$. Dann kann man diese Sequenz mithilfe der (korrekten!) Eliminationsregel für $*$ aus einer oder zwei korrekten Sequenzen ableiten, in denen statt χ nur noch die Teilformeln χ_i vorkommen und die anderen Formeln unberührt sind. So kann man sukzessive alle Junktoren und Aussagenkonstanten eliminieren, bis auf $\top$ rechts oder $\bot$ links.

Sequenzen, in denen $\top$ rechts oder $\bot$ links vorkommt, sind aber stets ableitbar: Eine Sequenz $\Phi \vdash_{\text{seq}} \Psi \top$ mit [$\top_{\text{links}}$] aus [Id]$\Phi \top \vdash_{\text{seq}} \Psi \top$ und eine Sequenz $\Phi \bot \vdash_{\text{seq}} \Psi$ mit [$\bot_{\text{rechts}}$] aus [Id]$\Phi \bot \vdash_{\text{seq}} \Psi \bot$.

Es bleibt somit noch zu zeigen, dass eine korrekte Sequenz, in der keine Junktoren und Aussagenkonstanten vorkommen, ableitbar ist. Eine solche Sequenz ist von der Form $A_{i_1} \ldots A_{i_m} \vdash_{\text{seq}} A_{j_1} \ldots A_{j_n}$, und sie ist genau dann korrekt, wenn

$$\vDash (\neg A_{i_1} \vee \cdots \vee \neg A_{i_m} \vee A_{j_1} \vee \cdots \vee A_{j_m})$$

Dies ist aber genau dann der Fall, wenn eine Aussagenvariable A_{i_k} aus der linken Seite der Sequenz auch als A_{j_i} auf der rechten Seite vorkommt. Damit ist die Sequenz aber als Instanz der Identitätsregel ableitbar! □

Nachdem der Satz bewiesen ist, könnte man in Sequenzen statt $\vdash_{\text{seq}}$ auch $\vDash$ schreiben. Dieser Beweis ist übrigens konstruktiv, d. h., er zeigt nicht nur, dass jede korrekte Sequenz ableitbar ist, sondern er liefert auch eine Anleitung, wie man eine korrekte Sequenz mithilfe der Regeln ableitet. Ein wesentliches Merkmal dieser Ableitungen ist, dass die Formeln sukzessive komplexer werden. Daher kann man den Sequenzenkalkül der Aussagenlogik auch als Entscheidungsverfahren benutzen: Wenn eine Sequenz nicht mittels des Verfahrens aus dem Beweis ableitbar ist, ist sie generell nicht ableitbar. Für Erweiterungen des Sequenzenkalküls auf die Prädikatenlogik gilt dies nicht mehr, da die Prädikatenlogik nicht entscheidbar ist.

Übungsaufgaben

Aufgabe 2.6.1 Leiten Sie die Gesetze von De Morgan im Sequenzenkalkül ab.

Aufgabe 2.6.2 * Überlegen Sie sich, wie Einführungs- und Eliminationsregeln für den NAND- und den NOR-Junktor aussehen müssten.

Die mathematische Struktur der Aussagenlogik 3

3.1 Der Kompaktheitssatz der Aussagenlogik

Für eine endliche Formelmenge $\{\varphi_1, \ldots, \varphi_n\}$ gilt, dass sie genau dann erfüllbar ist, wenn die Formel $(\varphi_1 \wedge \cdots \wedge \varphi_n)$ erfüllbar ist. Unendliche Formelmengen lassen sich dagegen nicht in einer einzelnen Formel zusammenfassen. Dennoch kann man die Erfüllbarkeit unendlicher Formelmengen mit dem folgenden *Kompaktheitssatz* (compactness theorem) letztendlich auf die Erfüllbarkeit einzelner Formeln zurückführen:

Satz 3.1.1 (Kompaktheitssatz)
Eine unendliche[1] Menge Φ von aussagenlogischen Formeln ist genau dann erfüllbar, wenn Φ **endlich erfüllbar** *(finitely satisfiable) ist, d. h., wenn jede endliche Teilmenge von Φ erfüllbar ist.*

BEWEIS Es ist offensichtlich, dass aus Erfüllbarkeit endliche Erfüllbarkeit folgt. Sei also Φ endlich erfüllbar. Per Induktion konstruiert man endlich erfüllbare Formelmengen

$$\Phi_0 \subseteq \Phi_1 \subseteq \cdots \subseteq \Phi_n \subseteq \Phi_{n+1} \subseteq \cdots$$

die sukzessive Literale zu allen Aussagenvariablen enthalten:

---

[1] In der Definition der aussagenlogischen Sprache wurden nur abzählbar unendlich viele Aussagenvariablen zugelassen; daher können Formelmengen bestenfalls abzählbar unendlich werden (siehe Lemma 10.2.2 im Anhang). Man kann die Aussagenlogik problemlos mit einer größeren Anzahl an Aussagenvariablen gestalten. Der Kompaktheitssatz gilt dann auch für überabzählbare Mengen – im Wesentlichen mit dem gleichen Beweis: Man braucht dazu allerdings ein wenig Handwerkszeug aus der Mengenlehre zum transfiniten Aufzählen überabzählbarer Mengen.

$$\Phi_0 := \Phi \quad \text{und} \quad \Phi_{n+1} := \begin{cases} \Phi_n \cup \{A_n\} & \text{falls endlich erfüllbar,} \\ \Phi_n \cup \{\neg A_n\} & \text{sonst.} \end{cases}$$

Behauptung Φ_{n+1} ist stets endlich erfüllbar.

Wenn $\Phi_n \cup \{A_n\}$ endlich erfüllbar ist, ist dies nach Definition gerade Φ_{n+1}. Wenn $\Phi_n \cup \{A_n\}$ nicht endlich erfüllbar ist, ist $\Phi_{n+1} = \Phi_n \cup \{\neg A_n\}$. Also muss man den Fall betrachten, dass sowohl $\Phi_n \cup \{A_n\}$ als auch $\Phi_n \cup \{\neg A_n\}$ nicht endlich erfüllbar sind. Das bedeutet, dass es endliche Teilmengen Ψ^+ und Ψ^- von Φ_n gibt, sodass $\Psi^+ \cup \{A_n\}$ und $\Psi^- \cup \{\neg A_n\}$ nicht erfüllbar sind. Nun ist aber Φ_n endlich erfüllbar, also gibt es eine Belegung β, die $\Psi^+ \cup \Psi^-$ erfüllt. Wenn nun $\beta(A_n) = 1$, so erfüllt β die Menge $\Psi^+ \cup \Psi^- \cup \{A_n\}$ und damit auch $\Psi^+ \cup \{A_n\}$. Wenn dagegen $\beta(A_n) = 0$, erfüllt β entsprechend die Menge $\Psi^- \cup \{\neg A_n\}$: Das ist ein Widerspruch.

Es folgt daraus, dass auch $\Phi_\infty := \bigcup_{n \in \mathbb{N}} \Phi_n$ endlich erfüllbar ist, da jede endliche Teilmenge von Φ_∞ bereits in einem Φ_n liegt.

Nun definiert man eine Belegung β durch

$$\beta(A_i) := \begin{cases} 1, \text{ falls} & A_i \in \Phi_\infty \\ 0, \text{ falls} & \neg A_i \in \Phi_\infty \end{cases}$$

und setzt $L_i := A_i$ im ersten und $L_i := \neg A_i$ im zweiten Fall. Dadurch gilt stets $\beta(L_i) = 1$.

Behauptung β erfüllt Φ_∞, d.h $\beta(\varphi) = 1$ für jede Formel $\varphi = \varphi(A_0, \ldots, A_m) \in \Phi_\infty$.

Da Φ_∞ endlich erfüllbar ist, gibt es eine Belegung β', die die Formelmenge

$$\{L_0, \ldots, L_m, \varphi\} \subseteq \Phi_\infty$$

erfüllt. Insbesondere gilt $\beta'(L_i) = 1$ für $i = 0, \ldots, m$ und damit

$$\beta'(A_i) = 1 \iff A_i = L_i \iff \beta(A_i) = 1$$

Da β' also auf den in φ vorkommenden Aussagenvariablen mit β übereinstimmt und $\beta'(\varphi) = 1$, gilt auch $\beta(\varphi) = 1$. □

Eine Anwendung des Kompaktheitssatzes

Ein Graph heißt 3-*färbbar*, wenn man die Knoten des Graphen so mit drei Farben einfärben kann, dass jeder Knoten genau eine Farbe hat und benachbarte Knoten verschiedene Farben. Mit dem Kompaktheitssatz kann man nun zeigen, dass ein (abzählbar) unendlicher Graph G genau dann 3-färbbar ist, wenn jeder endliche Teilgraph von G 3-färbbar ist.

Klar ist, dass die 3-Färbung eines Graphen auch eine 3-Färbung jedes Teilgraphen ist. Wenn man aber 3-Färbungen von allen möglichen Teilgraphen hat, müssen diese nicht unbedingt zusammenpassen, um eine Färbung des Gesamtgraphen zu ergeben.

Für die Anwendung des Kompaktheitssatzes identifiziert man die Knotenmenge des Graphen mit $\mathbb{N}$. Für jeden Knoten $n \in \mathbb{N}$ wählt man drei Aussagenvariablen B_n, G_n und R_n dafür, dass der Knoten n die Farbe blau, grün bzw. rot hat. Der Graph G ist nun genau dann 3-färbbar, wenn folgende Formelmenge erfüllbar ist:

$$\Phi = \big\{((B_n \vee G_n \vee R_n) \wedge \neg(B_n \wedge G_n) \wedge \neg(B_n \wedge R_n) \wedge \neg(G_n \wedge R_n)) \mid n \in \mathbb{N}\big\}$$
$$\cup \big\{(\neg(B_n \wedge B_m) \wedge \neg(G_n \wedge G_m) \wedge \neg(R_n \wedge R_m)) \mid (n,m) \text{ ist Kante in } G\big\}$$

Eine erfüllende Belegung β von Φ entspricht nämlich genau einer 3-Färbung des Graphen, wenn man den Knoten n blau/grün/rot färbt, falls $\beta(B_n) = 1$ bzw. $\beta(G_n) = 1$ bzw. $\beta(R_n) = 1$.

Nach dem Kompaktheitssatz ist Φ nun genau dann erfüllbar, wenn jede endliche Teilmenge erfüllbar ist. In einer endlichen Teilmenge Φ_0 kommen aber nur Variablen für endlich viele Knoten vor. Wenn der von diesen Knoten aufgespannte Teilgraph G_0 3-färbbar ist, dann ist Φ_0 erfüllbar, weil man – umgekehrt wie oben – aus der 3-Färbung von G_0 eine erfüllende Belegung für Φ_0 erhält.

Übungsaufgaben

Aufgabe 3.1.1 Sei Φ eine (abzählbar) unendliche Menge aussagenlogischer Formeln und φ eine einzelne aussagenlogische Formel. Zeigen Sie mit dem Kompaktheitssatz: $\Phi \vDash \varphi$ gilt genau dann, wenn es eine endliche Formelmenge $\Phi_0 \subseteq \Phi$ gibt mit $\Phi_0 \vDash \varphi$.

Aufgabe 3.1.2 Man sieht recht einfach ein, dass sich eine endliche partielle Ordnung zu einer totalen Ordnung erweitern lässt: Man ordnet die minimalen Elemente der partiellen Ordnung beliebig an, danach die minimalen Elemente des Restes etc. Zeigen Sie mit diesem Ergebnis und dem Kompaktheitssatz, dass sich jede abzählbar unendliche partielle Ordnung zu einer totalen Ordnung erweitern lässt.

Hinweis: Wenn $\{m_i \mid i \in \mathbb{N}\}$ die Grundmenge der partiellen Ordnung ist, betrachtet man für jedes Paar verschiedener Elemente m_i, m_j eine Aussagenvariable A_{ij}.

3.2 Boole'sche Algebren

Wenn man etwa mit ganzen Zahlen rechnet, gelten gewisse Rechenregeln wie zum Beispiel die Kommutativität der Addition: $n + m = m + n$. Gerne würde man logische Gesetze wie z. B. die Kommutativität der Konjunktion $(\varphi \wedge \psi) \sim (\psi \wedge \varphi)$ auch als eine solche Rechenregel auffassen und in diesem Sinne mit Formeln einfach „rechnen". Nun ist $(\varphi \wedge \psi)$ als Formel – also als orientierter Baum oder auch als eine diesen Baum darstellende Zeichenfolge – nicht das gleiche wie die Formel $(\psi \wedge \varphi)$, sondern eben nur logisch äquivalent dazu.

Um dieses Problem zu umgehen, arbeitet man mit *Äquivalenzklassen* logischer Formeln bezüglich logischer Äquivalenz. Die Äquivalenzklasse einer Formel φ bezüglich logischer Äquivalenz bezeichne ich mit $\varphi/\sim$ und die Menge der Äquivalenzklassen aussagenlogischer Formeln mit $\mathscr{F}_\infty$.

Ähnlich ist es übrigens bei den arithmetischen Ausdrücken bzw. Gleichungen dazwischen. Die Kommutativität „$2+3 = 3+2$" bedeutet nicht, dass die Ausdrücke „$2+3$" und „$3+2$" gleich wären (sie sind verschieden!), sondern nur, dass die Auswertungen der Ausdrücke, also die Ergebnisse der Berechnungen, gleich sind. Auch hier arbeitet man mit Äquivalenzklassen von Ausdrücken bezüglich einer „Auswertungsgleichheit".

Wenn $\varphi \sim \varphi'$ und $\psi \sim \psi'$, folgt aus dem Prinzip der äquivalenten Substitution, dass $(\varphi \wedge \psi) \sim (\varphi' \wedge \psi')$. Also kann man auf $\mathscr{F}_\infty$ durch

$$\varphi/\sim \wedge\ \psi/\sim\ := (\varphi \wedge \psi)/\sim$$

eine Operation definieren, die der Einfachheit halber ebenfalls $\wedge$ geschrieben wird. Entsprechendes gilt für die anderen Junktoren, wobei in diesem Zusammenhang $\rightarrow$ und $\leftrightarrow$ typischerweise nicht betrachtet werden.

Für die drei Operationen zu $\wedge$, $\vee$ und $\neg$ und für die Äquivalenzklassen von $\top$ und $\bot$ als besonderen Elementen gelten nun Rechenregeln, die die folgende Definition motivieren.

Definition 3.2.1 *Eine* **Boole'sche Algebra** (Boolean algebra)

$$\mathscr{B} = (B\ ;\ \sqcap, \sqcup, {}^c, 1, 0)$$

ist eine Struktur auf einer Menge B mit zwei zweistelligen Verknüpfungen $\sqcap$ *(„Schnitt") und* $\sqcup$ *(„Vereinigung"), einer einstelligen Verknüpfung* ^{c} *(„Komplement") und zwei Konstanten* 1 *und* 0*, sodass für alle* $a, b, c \in B$ *gilt:*

Idempotenz	$a \sqcap a = a$	$a \sqcup a = a$
Kommutativität	$a \sqcap b = b \sqcap a$	$a \sqcup b = b \sqcup a$
Assoziativität	$a \sqcap (b \sqcap c) = (a \sqcap b) \sqcap c$	$a \sqcup (b \sqcup c) = (a \sqcup b) \sqcup c$
Distributivität	$a \sqcup (b \sqcap c) = (a \sqcup b) \sqcap (a \sqcup c)$	$a \sqcap (b \sqcup c) = (a \sqcap b) \sqcup (a \sqcap c)$
Absorption	$a \sqcup (a \sqcap b) = a$	$a \sqcap (a \sqcup b) = a$
De Morgan	$(a \sqcap b)^c = a^c \sqcup b^c$	$(a \sqcup b)^c = a^c \sqcap b^c$
Doppelnegation	$a^{cc} = a$	
Extremalaxiome	$a \sqcap 1 = a$	$a \sqcup 0 = a$
	$a \sqcap 0 = 0$	$a \sqcup 1 = 1$
Komplementaxiome	$a \sqcap a^c = 0$	$a \sqcup a^c = 1$

3.2 Boole'sche Algebren

Aus den Komplement- und Extremalaxiomen zusammen mit der Kommutativität von $\sqcap$ folgt $1^c = 1^c \sqcap 1 = 1 \sqcap 1^c = 0$; analog $0^c = 1$.

Die Definition gibt eine traditionelle Liste von Axiomen wieder, die aber nicht minimal ist. Zum Beispiel kann man die De Morgan'schen Regeln und die Absorptionsregeln aus den restlichen Axiomen herleiten.

> Herleitung des ersten Absorptionsaxioms aus den anderen Axiomen:
> $a \sqcup (a \sqcap b) = (a \sqcap 1) \sqcup (a \sqcap b)$ Extremalaxiom
> $= (a \sqcap (b \sqcup b^c)) \sqcup (a \sqcap b)$ Komplementaxiom
> $= ((a \sqcap b) \sqcup (a \sqcap b^c)) \sqcup (a \sqcap b)$ Distributivität
> $= ((a \sqcap b) \sqcup (a \sqcap b)) \sqcup (a \sqcap b^c)$ Kommutativität und Assoziativität
> $= (a \sqcap b) \sqcup (a \sqcap b^c)$ Idempotenz
> $= a \sqcap (b \sqcup b^c)$ Distributivität
> $= a \sqcap 1$ Komplementaxiom
> $= a$ Extremalaxiom

Die Symbole $\sqcap$ und $\sqcup$ sind so gewählt, dass sie sowohl an die mengentheoretischen Operationen $\cap$ und $\cup$ erinnern als auch an die Junktoren $\wedge$ und $\vee$. Dies ist kein Zufall, sondern entspricht den beiden wichtigsten Beispielen für Boole'sche Algebren:

> Die Menge $\mathscr{F}_\infty$ der Äquivalenzklassen aussagenlogischer Formeln zusammen mit den von den Junktoren $\wedge$, $\vee$ und $\neg$ kommenden Operationen sowie den Äquivalenzklassen von $\top$ und $\bot$
> $$(\mathscr{F}_\infty; \wedge, \vee, \neg, \top/\sim, \bot/\sim)$$
> ist nach den Sätzen 1.4.1 und 1.4.2 eine Boole'sche Algebra, die **Lindenbaum-Algebra** (Lindenbaum algebra) oder **Tarski-Lindenbaum-Algebra**. Genauer handelt es sich um die *Lindenbaum-Algebra der klassischen zweiwertigen Aussagenlogik*.

Auch für andere Aussagenlogiken als die klassische zweiwertige kann man die Äquivalenzklassen von Formeln als mathematische Struktur auffassen. Dies ist dann im Allgemeinen keine Boole'sche Algebra mehr. Zum Beispiel ergibt sich für die intuitionistische Aussagenlogik eine sogenannte *Heyting-Algebra*, siehe siehe Abschn. 9.3.

> Für jede Menge M bildet die Potenzmenge $\mathrm{Pot}(M)$ von M, also die Menge aller Teilmengen von M, eine Boole'sche Algebra, die **Potenzmengenalgebra** (power set algebra) über M:
> $$(\mathrm{Pot}(M); \cap, \cup, {}^c, M, \emptyset)$$

Hier ist $X^c := M \setminus X$ das mengentheoretische Komplement in M.
Wenn M eine endliche Menge ist, ist auch $\text{Pot}(M)$ endlich mit $|\text{Pot}(M)| = 2^{|M|}$.

Die Menge der Wahrheitswerte $\{0, 1\}$ mit den $\wedge, \vee, \neg, \top$ und $\bot$ entsprechenden Wahrheitswertfunktionen als Operationen ist eine Boole'sche Algebra $\mathscr{W}$, die isomorph zu $\mathscr{F}_0 = \{\bot/\sim, \top/\sim\}$ und zu $\text{Pot}(\emptyset) = \{\emptyset, \{\emptyset\}\}$ ist.

Ich will Definition 3.2.1 noch kurz in eine umfassendere mathematische Terminologie einordnen: Eine Struktur mit zwei idempotenten, kommutativen und assoziativen Verknüpfungen $\sqcap$ und $\sqcup$, für die die Absorptionsaxiome gelten, heißt **Verband** (lattice). Verbände kann man durch sogenannte *Hasse-Diagramme* (Hasse diagrams) darstellen, wie z. B. auf S. 77. Gelten die Distributivaxiome, heißt der Verband *distributiver Verband* (distributive lattice). Ein Verband mit Elementen 0 und 1, sodass die Extremalaxiome erfüllt sind, heißt *beschränkter Verband* (bounded lattice). Gibt es in einem beschränkten Verband zu jedem Element a ein *Komplement* (complement) a^c, für das die Komplementaxiome gelten, so nennt man den Verband *komplementären Verband* (complemented lattice). Daher kann man Boole'sche Algebren auch als distributive komplementäre Verbände einführen.

Die natürlichen Zahlen $\mathbb{N}$ mit dem *kleinsten gemeinsamen Vielfachen* kgV als $\sqcup$ und dem *größten gemeinsamen Teiler* ggT als $\sqcap$ bilden einen distributiven beschränkten Verband, der aber nicht komplementär ist, also keine Boole'sche Algebra. Minimales Element ist hierbei die 1 (da 1 jede Zahl teilt, aber nur von sich selbst geteilt wird), und maximales Element ist die 0 (da 0 wegen $n \cdot 0 = 0$ von jeder Zahl n geteilt wird). Es gibt nun viele Zahlen n mit $\text{ggT}(2, n) = 1$ (alle ungeraden Zahlen), aber keine darunter mit $\text{kgV}(2, n) = 0$ (die einzige Zahl n mit $\text{kgV}(2, n) = 0$ ist $n = 0$). Daher hat 2 kein Komplement.

Man kann auch kgV als $\sqcap$ und ggT als $\sqcup$ nehmen, dann vertauschen sich die Rollen von 0 und 1.

Definition 3.2.2 *Eine* **Unteralgebra** (subalgebra) *einer Boole'schen Algebra ist eine Teilmenge U, die 0 und 1 enthält und unter den Operationen $\sqcap$, $\sqcup$ und ^{c} abgeschlossen ist. U ist dann mit den eingeschränkten Operationen selbst eine Boole'sche Algebra.*

Wenn M eine unendliche Menge ist, bilden die endlichen Teilmengen von M und deren Komplemente eine Unteralgebra von $\text{Pot}(M)$, die selbst keine Potenzmengenalgebra ist.

3.2 Boole'sche Algebren

Schränkt man im Beispiel der Tarski-Lindenbaum-Algebra $\mathscr{F}_\infty$ die Grundmenge ein auf die Äquivalenzklassen von Formeln, in denen nur die Aussagenvariablen $A_0, \ldots, A_{n-1}$ vorkommen, erhält man als Unteralgebra von $\mathscr{F}_\infty$ die Tarski-Lindenbaum-Algebra $\mathscr{F}_n$.

Es gilt $|\mathscr{F}_n| = 2^{2^n}$, denn für die n Aussagenvariablen gibt es 2^n partielle Belegungen, also 2^{2^n} mögliche Wahrheitswertverläufe, von denen jeder genau einer Äquivalenzklasse entspricht. Eine Illustration der Tarski-Lindenbaum-Algebren $\mathscr{F}_0$, $\mathscr{F}_1$ und $\mathscr{F}_2$ folgt in Abschn. 3.3.

Definition 3.2.3 *Ein* **Homomorphismus** *(homomorphism) zwischen Boole'schen Algebren $\mathscr{B}_1$ und $\mathscr{B}_2$ ist eine Abbildung $h : B_1 \to B_2$, die mit allen Konstanten und Operationen verträglich ist, für die also gilt:*

$$\begin{aligned} h(a \sqcap^{\mathscr{B}_1} b) &= h(a) \sqcap^{\mathscr{B}_2} h(b) \\ h(a \sqcup^{\mathscr{B}_1} b) &= h(a) \sqcup^{\mathscr{B}_2} h(b) \\ h(a^{c^{\mathscr{B}_1}}) &= h(a)^{c^{\mathscr{B}_2}} \\ h(0^{\mathscr{B}_1}) &= 0^{\mathscr{B}_2} \\ h(1^{\mathscr{B}_1}) &= 1^{\mathscr{B}_2} \end{aligned}$$

Der hochgestellte Index an den Operationen zeigt jeweils an, in welcher Struktur sie berechnet wird.

Ein **Isomorphismus** *(isomorphism) zwischen Boole'schen Algebren ist ein bijektiver Homomorphismus (dessen Umkehrabbildung ebenfalls ein Homomorphismus ist, aber dies ist automatisch der Fall). Wenn es einen Isomorphismus zwischen zwei Boole'schen Algebren gibt, heißen sie zueinander* isomorph *(isomorphic).*

Homomorphismen und Belegungen

Zwei Formeln sind gerade dann logisch äquivalent zueinander, wenn sie unter jeder Belegung den gleichen Wahrheitswert haben. Man kann daher die Auswertung von Formeln unter einer Belegung β auf den Äquivalenzklassen definieren und erhält so eine Abbildung $\tilde{\beta} : \mathscr{F}_\infty \to \{0, 1\}$, $\varphi/\sim \mapsto \beta(\varphi)$. Die Auswertung von Formeln ist nun gerade so definiert, dass die Abbildung $\tilde{\beta}$ ein Homomorphismus Boole'scher Algebren $\mathscr{F}_\infty \to \mathscr{W}$ ist ($\mathscr{W}$ ist die Boole'sche Algebra der Wahrheitswerte). Zum Beispiel gilt

$$\tilde{\beta}((\varphi \wedge \psi)/\sim) = \beta((\varphi \wedge \psi)) = \tilde{\wedge}\big(\beta(\varphi), \beta(\psi)\big)$$
$$= \tilde{\wedge}\big(\tilde{\beta}(\varphi/\sim), \tilde{\beta}(\psi/\sim)\big)$$
$$= \tilde{\beta}(\varphi/\sim) \sqcap \tilde{\beta}(\psi/\sim) \quad \text{in } \mathscr{W}$$

(dabei ist $\tilde{*}$ die dem Junktor $*$ zugewiesene Wahrheitswertfunktion, vgl. Def. 1.2.2).

Umgekehrt kommt jeder Homomorphismus $h : \mathscr{F}_\infty \to \mathscr{W} = \{0, 1\}$ auf diese Weise von einer Belegung: Denn h weist insbesondere jeder Aussagenvariablen einen Wahrheitswert zu, definiert also eine Belegung β, und da h ein Homomorphismus ist, muss $h = \tilde{\beta}$ gelten.

Man kann also Homomorphismen $\mathscr{F}_\infty \to \{0, 1\}$ mit Belegungen gleichsetzen.

Da eine Formel φ bis auf logische Äquivalenz durch ihren Wahrheitswertverlauf bestimmt ist, kann man die Äquivalenzklasse $\varphi/\sim$ mit der Menge der Belegungen, die φ wahr machen, identifizieren. Dies funktioniert sehr viel allgemeiner:

Satz 3.2.4 (**Darstellungssatz** (representation theorem) **von Stone, 1936**)
Jede Boole'sche Algebra ist isomorph zu einer Unteralgebra einer Potenzmengenalgebra.

BEWEISSKIZZE Sei $\mathscr{B}$ eine beliebige Boole'sche Algebra. Man betrachtet

$$M := \big\{h : B \to \{0, 1\} \,\big|\, h \text{ ist Homomorphismus Boole'scher Algebren}\big\}.$$

Ein Element von B wird nun mit der Menge der Homomorphismen identifiziert, die das Element auf 1 abbilden:

$$S : B \to \text{Pot}(M), \; b \mapsto \big\{h : B \to \{0, 1\} \,\big|\, h \text{ Homomorphismus}, h(b) = 1\big\}$$

Die so definierte Abbildung S ist ein injektiver Homomorphismus Boole'scher Algebren und identifiziert damit $\mathscr{B}$ mit einer Unteralgebra von $\text{Pot}(M)$, nämlich dem Bild von S:

Die Homomorphieeigenschaften sind einfach nachzuweisen. Man sieht sofort, dass $S(0) = \emptyset$ und $S(1) = M$. Wegen $b \sqcup b^c = 1$ muss ein Homomorphismus eines von b, b^c auf 1 abbilden und wegen $b \sqcap b^c = 0$ nicht beide. Also folgt $S(b^c) = M \setminus S(b)$. Die Eigenschaft $S(b \sqcap b') = S(b) \cap S(b')$ folgt daraus, dass

$$h(b \sqcap b') = \tilde{\wedge}(h(b), h(b')) = \min\{h(b), h(b')\}$$

genau dann 1 ist, wenn $h(b) = 1$ und $h(b') = 1$. Für $\sqcup$ argumentiert man analog. Die Injektivität erfordert für den allgemeinen Fall etwas Mathematik; für die Tarski-Lindenbaum-Algebren folgt sie dagegen sofort aus der Definition der logischen Äquivalenz, da sich zwei nicht äquivalente Formeln in mindestens einer Belegung unterscheiden müssen. □

3.2 Boole'sche Algebren

Die endlichen Tarski-Lindenbaum-Algebren $\mathscr{F}_n$ sind sogar isomorph zu Potenzmengenalgebren: Die Homomorphismen h im Beweis entsprechen in diesem Fall Belegungen der vorkommenden Aussagenvariablen $A_0,\ldots,A_{n-1}$; eine Äquivalenzklasse $\varphi/{\sim}$ wird unter S abgebildet auf die Menge dieser partiellen Belegungen, die φ wahr machen. In Satz 1.5.2 über die disjunktive Normalform wurde gezeigt, dass diese Abbildung surjektiv ist, da jede Teilmenge (d. h. jeder Wahrheitswertverlauf) vorkommt. Der injektive Homomorphismus S aus dem Beweis ist also bijektiv.

Aus dem Stone'schen Satz ergibt sich somit die Möglichkeit, die Gültigkeit logischer Gesetze durch Mengendiagramme zu veranschaulichen und auch nachzuweisen. Für Formeln mit n Aussagenvariablen braucht man dafür eine Menge mit 2^n Elementen, die man geeignet mit den Belegungen der vorkommenden Aussagenvariablen identifiziert. Eine spezielle Art hiervon sind die *Karnaugh-Veitch-Diagramme* (Karnaugh maps), auf die ich aber nicht näher eingehen werde. Häufig nimmt man für eine geometrische Darstellung nicht den Homomorphismus $S : \mathscr{B} \to \text{Pot}(M)$ aus dem Beweis, sondern einen injektiven Homomorphismus $\mathscr{B} \to \text{Pot}(\mathbb{R}^2)$, bei dem die Bilder der Aussagenvariablen idealerweise beschränkte, einfach zusammenhängende Teile der Ebene sind, z. B. Kreise oder Ellipsen. So erhält man die in Abschn. 2.1 beschriebenen Venn-Diagramme.

Übungsaufgaben

Aufgabe 3.2.1 * Zeigen Sie, dass Komplemente in einer Boole'schen Algebra eindeutig bestimmt sind, d. h. dass aus $a \sqcup b = 1$ und $a \sqcap b = 0$ bereits $b = a^c$ folgt.

Aufgabe 3.2.2 Auf einer Boole'schen Algebra $\mathscr{B}$ kann man die drei folgenden Operationen definieren:

$$a \leftrightarrow b := (a \sqcap b) \sqcup (a^c \sqcap b^c)$$
$$a \mathbin{\dot{\sqcup}} b := (a \sqcap b^c) \sqcup (a^c \sqcap b)$$
$$a \mid b := (a^c \sqcap b^c)$$

Welche dieser Operationen sind assoziativ?

Aufgabe 3.2.3 Zeigen Sie: Wenn $h : \mathscr{B}_1 \to \mathscr{B}_2$ ein Homomorphismus Boole'scher Algebren ist, dann gilt $h(a) = h(b) \iff h(a \leftrightarrow b) = 1$ für alle $a, b \in B_1$. (Dabei ist $\leftrightarrow$ die in der vorherigen Aufgabe definierte Operation).

Aufgabe 3.2.4 Ein Element $a \in B$ heißt *Atom* (atom) der Boole'schen Algebra $\mathscr{B}$, falls $a \neq 0$ und für jedes $b \in B$ entweder $a \sqcap b = a$ oder $a \sqcap b = 0$.

(a) Bestimmen Sie alle Atome der Tarski-Lindenbaum-Algebra $\mathscr{F}_2$ und allgemeiner der Tarski-Lindenbaum-Algebren $\mathscr{F}_n$.
(b) Zeigen Sie, dass es in der Tarski-Lindenbaum-Algebra $\mathscr{F}_\infty$ keine Atome gibt.

Aufgabe 3.2.5 Elemente $b_1, \ldots, b_n$ einer Boole'schen Algebra $\mathscr{B}$ heißen *Erzeuger* (generators) dieser Algebra, wenn es keine echte Unteralgebra von $\mathscr{B}$ gibt, die alle diese Elemente $b_1, \ldots, b_n$ enthält.

(a) Bestimmen Sie alle Unteralgebren der Tarski-Lindenbaum-Algebra $\mathscr{F}_2$.
(b) Zeigen Sie, dass $\mathscr{F}_2$ nicht von einem einzigen Element erzeugt wird, und finden Sie ein Kriterium, wann zwei Elemente $\mathscr{F}_2$ erzeugen.

3.3 Boole'sche Algebren als partielle Ordnungen

Einen anderen Zugang zur Tarski-Lindenbaum-Algebra und allgemein zu Boole'schen Algebren erhält man, wenn die Folgerungsbeziehung $\vDash$ als grundlegende Relation betrachtet wird. Sie ist fast eine Ordnungsrelation auf der Menge der aussagenlogischen Formeln, denn sie ist *reflexiv* (reflexive) und *transitiv* (transitive) und damit eine sogenannte *Prä-* oder *Quasiordnung* (preorder/quasiorder), aber nicht *antisymmetrisch* (antisymmetric), d. h. aus $\varphi \vDash \psi$ und $\psi \vDash \varphi$ folgt nicht die Gleichheit $\varphi = \psi$. Es folgt aber, dass φ und ψ logisch äquivalent zueinander sind.

Für jede Quasiordnung $(M, \sqsubseteq)$ definiert „$x \sqsubseteq y$ und $y \sqsubseteq x$" eine Äquivalenzrelation auf M, und die Quasiordnung induziert eine **partielle Ordnung** (partial ordering) auf der Menge der Äquivalenzklassen, also eine reflexive, transitive und antisymmetrische Relation. Insbesondere bekommt man also aus der logischen Folgerung $\vDash$ eine partielle Ordnung auf der Tarski-Lindenbaum-Algebra.

Allgemeiner ist jeder Verband und damit jede Boole'sche Algebra auf natürliche Weise partiell geordnet; die Ordnung erhält man durch

$$a \sqsubseteq b :\iff a \sqcup b = b \iff a \sqcap b = a$$

(für die Äquivalenz braucht man die Absorptionsaxiome!).

In Potenzmengenalgebren ist diese partielle Ordnung gerade die Teilmengenbeziehung $\subseteq$ und in der Tarski-Lindenbaum-Algebra die Folgerungsbeziehung $\vDash$, denn für aussagenlogische Formeln gelten die bisher noch nicht explizit als logische Gesetze formulierten Äquivalenzen

$$\varphi \vDash \psi \iff (\varphi \wedge \psi) \sim \varphi \iff (\varphi \vee \psi) \sim \psi$$

In den Hasse-Diagrammen stellt man die partielle Ordnung durch Verbindungslinien dar: $a \sqsubseteq b$ gilt genau dann, wenn man von a aus über nach oben führende Verbindungslinien zu b kommt.

3.3 Boole'sche Algebren als partielle Ordnungen

Zur Illustration folgen die Hasse-Diagramme der Tarski-Lindenbaum-Algebren $\mathscr{F}_0$, $\mathscr{F}_1$ und $\mathscr{F}_2$ mit $2^{2^0} = 2$ bzw. $2^{2^1} = 4$ bzw. $2^{2^2} = 16$ Elementen. Für die Elemente, also die Äquivalenzklassen von Formeln, steht im Diagramm jeweils ein möglichst einfacher Repräsentant.

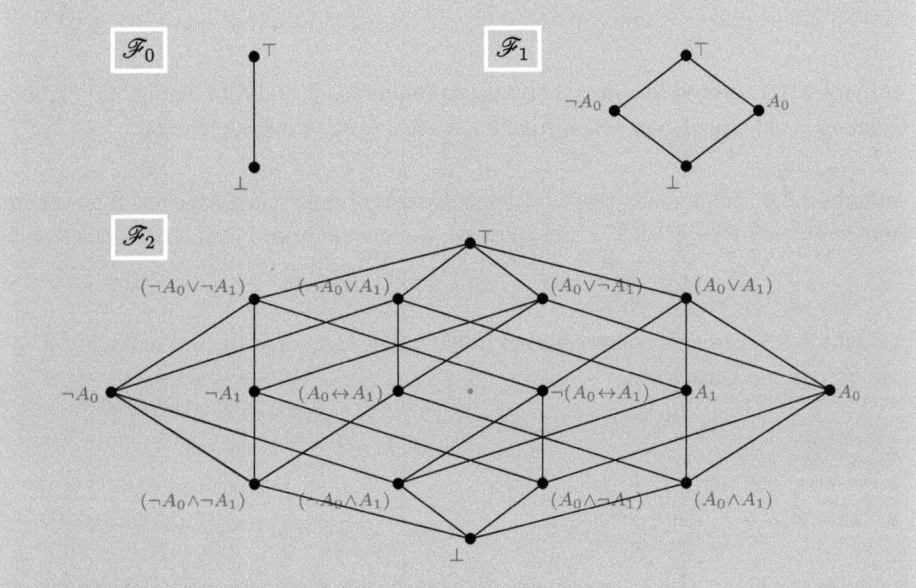

Umgekehrt findet man in der partiellen Ordnung die Verbandsoperationen auf die folgende Weise: $a \sqcap b$ ist das *Infimum* (infimum) der beiden Elemente a und b, d. h. das größte Element x, für das $x \sqsubseteq a$ und $x \sqsubseteq b$ gilt, und $a \sqcup b$ ist das *Supremum* (supremum) der beiden Elemente a und b, d. h. das kleinste Element x, für das $a \sqsubseteq x$ und $b \sqsubseteq x$ gilt. Man kann zeigen, dass jede partielle Ordnung, in der für je zwei Elemente Infimum und Supremum existieren, schon ein Verband ist. Die Elemente 1 und 0 eines beschränkten Verbandes findet man in der partiellen Ordnung wieder als das *größte Element* (greatest element/top) bzw. *kleinste Element* (least element/bottom). Für die Tarski-Lindenbaum-Algebra entsprechen diese Eigenschaften den Gesetzen *verum ex quolibet* und *ex falso quodlibet*, also $\varphi \models \top$ bzw. $\bot \models \varphi$ für beliebiges φ.

Übungsaufgaben

Aufgabe 3.3.1 Zeigen Sie für beliebige aussagenlogische Formeln φ und ψ:

$$\varphi \models \psi \iff (\varphi \wedge \psi) \sim \varphi \iff (\varphi \vee \psi) \sim \psi$$

Aufgabe 3.3.2 Sei $\mathscr{B}$ eine Boole'sche Algebra. Zeigen Sie, dass

$$a \sqcup b = b \iff a \sqcap b = a$$

für alle Elemente a, b in $\mathscr{B}$ gilt und dass dadurch eine partielle Ordnung $\sqsubseteq$ auf $\mathscr{B}$ definiert wird (also eine reflexive, antisymmetrische und transitive Relation, vgl. Anhang 10.1).

Aufgabe 3.3.3 Zeigen Sie, dass $a \sqcap b$ ein Infimum von a und b bezüglich der partiellen Ordnung $\sqsubseteq$ auf einer Boole'schen Algebra $\mathscr{B}$ ist, und $a \sqcup b$ ein Supremum.

Aufgabe 3.3.4 Zeigen Sie, dass ein Element a einer Boole'schen Algebra $\mathscr{B}$ genau dann ein Atom (wie in Aufgabe 3.2.4 definiert) ist, wenn a ein bzgl. $\sqsubseteq$ minimales Element $\neq 0$ ist.

Aufgabe 3.3.5 Ein *Filter* (filter) in einer Boole'schen Algebra $\mathscr{B}$ ist eine Teilmenge $F \subseteq B$ mit folgenden Eigenschaften:

- $1 \in F$;
- wenn $a \in F$ und $a \sqsubseteq b$, dann $b \in F$;
- wenn $a, b \in F$, dann $a \sqcap b \in F$.

Zeigen Sie: Wenn $h : \mathscr{B}_1 \to \mathscr{B}_2$ ein Homomorphismus Boole'scher Algebren ist, dann ist $\{a \in B_1 \mid h(a) = 1\}$ ein Filter in $\mathscr{B}_2$.

3.4 Dualität

Definition 3.4.1 *Zu einer Boole'schen Algebra* $\mathscr{B} = (B; \sqcap, \sqcup, {}^c, 1, 0)$ *ist die* **duale Algebra** (dual algebra) *definiert als* $\mathscr{B}^* = (B; \sqcup, \sqcap, {}^c, 0, 1)$. *Man vertauscht also die Rollen von* $\sqcup$ *und* $\sqcap$ *und von* 0 *und* 1.

In der Betrachtungsweise als partielle Ordnung ist $\mathscr{B}^* = (B; \sqsupseteq)$ *die umgekehrte Ordnung zu* $\mathscr{B} = (B; \sqsubseteq)$, *also* $x \sqsubseteq_{\mathscr{B}^*} y \iff y \sqsubseteq_{\mathscr{B}} x$.

Satz 3.4.2 $\mathscr{B}$ *und* $\mathscr{B}^*$ *sind isomorph zueinander via* $b \mapsto b^c$.

BEWEIS Wegen des Doppelnegationsaxioms $b^{cc} = b$ ist die Abbildung $i : b \mapsto b^c$ selbstinvers und somit eine Bijektion. Die Homomorphieeigenschaft für $\sqcap, \sqcup$ findet sich in den De Morgan'schen Regeln $(a \sqcap b)^c = a^c \sqcup b^c$ und $(a \sqcup b)^c = a^c \sqcap b^c$, für die Konstanten $0, 1$ in der Berechnung $0^c = 1$ und $1^c = 0$, und für das Komplement ist sie trivialerweise gültig, da $i(b^c) = b^{cc} = i(b)^c$. □

3.4 Dualität

Für die Tarski-Lindenbaum-Algebra in der Sichtweise partieller Ordnungen ist dieser Satz nichts anderes als das Kontrapositionsgesetz:

$$\varphi \vDash \psi \iff \vDash (\varphi \to \psi) \iff \vDash (\neg\psi \to \neg\varphi) \iff \neg\psi \vDash \neg\varphi$$

Die Dualität kann man bereits den Axiomen der Boole'schen Algebren ansehen, da sie (abgesehen von der Doppelnegation) aus Paaren von zueinander dualen Axiomen bestehen: Zu jedem Axiom gibt es ein anderes, das durch die Vertauschung von $\sqcap$ und $\sqcup$ bzw. 1 und 0 entsteht. Dies kann man zu einem umfassenderen *Dualitätsprinzip* (duality principle) verallgemeinern:

Definition 3.4.3 *Sei φ eine Formel, in der die Junktoren $\to$ und $\leftrightarrow$ nicht vorkommen. Die* **duale Formel** (dual formula) *φ^* entsteht aus φ, indem simultan alle Vorkommen von $\wedge$ durch $\vee$, von $\vee$ durch $\wedge$, von $\top$ durch $\bot$ und von $\bot$ durch $\top$ ersetzt werden.*

> Die duale Formel zu $(\neg(A_0 \wedge \bot) \vee (\neg A_2 \vee A_0))$ ist $(\neg(A_0 \vee \top) \wedge (\neg A_2 \wedge A_0))$.

Satz 3.4.4 (**Dualitätsprinzip**) $\varphi \vDash \psi \iff \psi^* \vDash \varphi^*$ *und* $\varphi \sim \psi \iff \varphi^* \sim \psi^*$.

BEWEIS Falls $\varphi \vDash \psi$, so folgt mit dem Kontrapositionsgesetz $\neg\psi \vDash \neg\varphi$. Kommen $\to$ und $\leftrightarrow$ nicht vor, kann man mittels der De Morgan'schen Gesetze die Negation sukzessive nach innen ziehen; dabei wird φ fast zu φ^*, nur dass zusätzlich vor jeder Aussagenvariable ein Negationsjunktor steht. Also hat man, wenn $A_1, \ldots, A_n$ die vorkommenden Aussagenvariablen sind,

$$\neg\psi \sim \psi^* \begin{bmatrix} A_0 & \ldots & A_n \\ \neg A_0 & & \neg A_n \end{bmatrix} \vDash \varphi^* \begin{bmatrix} A_0 & \ldots & A_n \\ \neg A_0 & & \neg A_n \end{bmatrix} \sim \neg\varphi$$

wobei diese Verallgemeinerung der Schreibweise aus Satz 1.4.3 für eine *simultane* uniforme Substitution der Aussagenvariablen durch ihre Negationen steht. Jetzt kann man $\neg A_i$ durch A_i substituieren, indem man A_i durch $\neg A_i$ substituiert und das Doppelnegationsgesetz anwendet. Dadurch erhält man $\psi^* \vDash \varphi^*$.

Die zweite Aussage über logische Äquivalenz folgt unmittelbar daraus. $\square$

Das Hasse-Diagramm von $\mathscr{F}_2$ in Abschn. 3.3 ist speziell so eingerichtet, dass viele Symmetrien sichtbar sind:

- Die Dualität, also die Isomorphie zwischen $\mathscr{F}_2$ und $\mathscr{F}_2^*$, kann man durch die Punktsymmetrie am Mittelpunkt sehen.

- Die Substitution von Aussagenvariablen durch ihre Negationen ist fast eine Spiegelung an der Mittelsenkrechte: lediglich $(A_0 \leftrightarrow A_1)$ und $\neg(A_0 \leftrightarrow A_1)$ bleiben invariant.
- Den Übergang zur dualen Formel wie in Satz 3.4.4 sieht man daher als Spiegelung an der horizontalen Gerade durch den Mittelpunkt, wieder bis auf $(A_0 \leftrightarrow A_1)$ und $\neg(A_0 \leftrightarrow A_1)$, die vertauscht werden.

Übungsaufgaben

Aufgabe 3.4.1 Bestimmen Sie für die folgenden drei Formeln, die alle das ausschließende Oder ausdrücken, jeweils die duale Formel und verifizieren Sie dann an diesem Beispiel Satz 3.4.4:

$$((A_0 \vee A_1) \wedge \neg(A_0 \wedge A_1))$$
$$((A_0 \vee A_1) \wedge (\neg A_0 \vee \neg A_1))$$
$$((A_0 \wedge \neg A_1) \vee (A_1 \wedge \neg A_0))$$

Aufgabe 3.4.2 Aus Satz 3.4.4 folgt insbesondere, dass auch aussagenlogische Formeln, in denen $\rightarrow$ und $\leftrightarrow$ vorkommen, eine bis auf logische Äquivalenz eindeutige duale Formel besitzen. Bestimmen Sie die in diesem Sinne dualen Formeln von $(A_0 \rightarrow A_1)$ und $(A_0 \leftrightarrow A_1)$.

Aufgabe 3.4.3 Zeigen Sie: Wenn ψ eine DNF von φ ist, dann ist ψ^* eine KNF von φ^*.

Aufgabe 3.4.4 Bestimmen Sie alle selbstdualen Elemente von $\mathscr{F}_2$, also bis auf logische Äquivalenz alle aussagenlogischen Formeln $\varphi(A_0, A_1)$ mit $\varphi \sim \varphi^*$.

Teil II
Prädikatenlogik

Grundlegende Konzepte 4

Die *Prädikatenlogik* (predicate calculus/predicate logic) ist eine Erweiterung der Aussagenlogik, in der es zum einen möglich ist, Aussagenvariablen durch genaue Aussagen über eine gegebene Struktur zu ersetzen, und in der man zum anderen durch Quantifikationen eine zusätzliche Ausdrucksstärke erhält. Quantifikationen werden durch *Quantoren* (quantifiers) ausgedrückt und sagen etwas über die Anzahl der Elemente aus, auf die eine Formel zutrifft. Manche nennen die Prädikatenlogik daher auch *Quantorenlogik* (quantificational logic). Bei der hier beschriebenen Logik handelt es sich genauer um die *Prädikatenlogik erster Stufe* (first-order logic/first-order predicate calculus), die nur Quantifikationen über Elemente zulässt. In der *Prädikatenlogik zweiter Stufe* (second-order logic/second-order predicate calculus) kann man auch über Teilmengen quantifizieren, in der dritten Stufe über Mengen von Teilmengen etc.

Die Prädikatenlogik erster Stufe ist einerseits eine sehr ausdrucksstarke Logik – man kann die gesamte Mathematik darin formalisieren. Andererseits hat sie viele schöne Eigenschaften und ist daher, im Gegensatz zur höheren Stufe, noch einigermaßen „beherrschbar". Dadurch ist sie unzweifelhaft für die Mathematik und die theoretische Informatik die wichtigste Logik. Präzisiert werden die „schönen Eigenschaften" bzw. die „Beherrschbarkeit" in Kap. 5 durch den Gödel'schen Vollständigkeitssatz, der die in Abschn. 7.4 beschriebene Semi-Entscheidbarkeit bewirkt. Ebenfalls in Abschn. 7.4 werden aber auch mit der Unentscheidbarkeit ihre Grenzen aufgezeigt.

Bereits die Aristotelische Syllogistik behandelt Begriffe oder Prädikate. Im Rahmen seines Versuchs, eine präzise Grundlage für die Mathematik zu schaffen, konstruiert Gottlob Frege in seiner *Begriffsschrift* von 1879 erstmals eine formalisierte Sprache mit der vollen Ausdrucksstärke der heutigen Prädikatenlogik. Sein Formalismus besteht aus zweidimensional geschriebenen Bäumen und hat sich vermutlich unter anderem deshalb nicht durchgesetzt. Als besonders einflussreiches Werk für die Entwicklung der modernen Logik ist die

Principia Mathematica von Whitehead und Russell (1910) zu nennen, auf die sich Gödel in seinem Unvollständigkeitssatz bezieht. Für einen knappen Überblick über die Einflüsse, die zur Entwicklung der Prädikatenlogik geführt haben, lohnt der Beitrag von Wilfrid Hodges im *Handbook of Philosophical Logic* (Referenz siehe Literaturverzeichnis).

4.1 Prädikatenlogische Formeln

Prädikatenlogische Sprachen

Im Gegensatz zur Aussagenlogik ist die Prädikatenlogik hier so angelegt, dass es je nach ins Auge gefasster Anwendung verschiedene sogenannte **Sprachen** (languages) gibt. Die Formeln solch einer prädikatenlogischen Sprache benutzen ein Alphabet, das einen allen Sprachen gemeinsamen „festen" Anteil hat und einen variablen Anteil. Der variable Anteil besteht aus Funktions- und Relationszeichen und wird häufig **Signatur** (signature/similarity type) der Sprache genannt. Ihn bezeichne ich typischerweise mit $\mathscr{L}$ oder Varianten davon, und bisweilen spreche ich verkürzend „von der Sprache $\mathscr{L}$" statt „von der Signatur $\mathscr{L}$ der Sprache".

Der feste, von der gewählten Sprache und ihrer Signatur $\mathscr{L}$ unabhängige Anteil des Alphabets besteht aus folgenden Zeichen:

Junktoren (connectives)	$\neg \;\wedge\; \vee \rightarrow \leftrightarrow$
Aussagenkonstanten (propositional constants)	$\bot \;\top$
Quantoren (quantifiers)	$\forall \;\exists$
Individuenvariablen (individual variables)	$v_0\; v_1\; v_2\; v_3\; \ldots$
Gleichheitszeichen (equality sign)	$\doteq$

Das Zeichen $\forall$ heißt **Allquantor** (universal quantifier) und das Zeichen $\exists$ **Existenzquantor** (existential quantifier). Das Gleichheitszeichen $\doteq$ notiere ich mit einem Punkt *(Ziegler'sche Konvention)*, um es von der metasprachlichen Verwendung des Gleichheitszeichen zu unterscheiden.

Auch in der Prädikatenlogik definiere ich Formeln als Bäume, schreibe sie aber üblicherweise als Zeichenketten (Symbolfolgen). Dafür braucht man wieder zusätzlich die Klammern (und). Da dies wie in der Aussagenlogik funktioniert, führe ich es hier nicht nochmals aus.

Die Signatur $\mathscr{L}$ der Sprache, also der variable Anteil des Alphabets, besteht aus:

4.1 Prädikatenlogische Formeln

> **Funktionszeichen** (function symbols) f_i für $i \in I$
> **Relationszeichen** (relation symbols) R_j für $j \in J$
> Jedem dieser Zeichen ist in $\mathscr{L}$ eine natürliche Zahl fest zugeordnet,
> die sogenannte Stelligkeit des Zeichens.

Genauer ist damit gemeint, dass es zwei Indexmengen I und J gibt (die endlich oder unendlich sein können, insbesondere aber auch die leere Menge sein können) und dass es für jedes $i \in I$ ein Funktionszeichen f_i und für jedes $j \in J$ ein Relationszeichen R_j in der Sprache $\mathscr{L}$ gibt. Falls z. B. $I = \{0, 13, 35\}$ und $J = \emptyset$, soll $\mathscr{L}$ also genau die Funktionszeichen f_0, f_{13} und f_{35} enthalten und keine Relationszeichen.

Um Indizes zu reduzieren, benutze ich häufig f und R als Variablen für beliebige Funktions- bzw. Relationszeichen in $\mathscr{L}$. In Anwendungen werde ich auch andere, kürzere oder traditionelle Namen für Funktions- und Relationszeichen wählen, etwa g, h oder auch $+$, $\circ$, $^{-1}$ für Funktionszeichen, P, Q, S oder auch $\leqslant$, $\subseteq$ für Relationszeichen.

Die **Stelligkeit** (arity) ist eine Funktion $s : \mathscr{L} \to \mathbb{N}$, die jedem Funktionszeichen f und jedem Relationszeichen R eine natürliche Zahl zuordnet. Die Stelligkeit ist aus dem Zeichen heraus nicht erkennbar, sondern nur aus seiner Verwendung, und muss bei der Angabe einer Sprache bzw. ihrer Signatur festgelegt werden. Man spricht kurz von „n-stelligen Funktionszeichen" bzw. „n-stelligen Relationszeichen".[1]

Nullstellige Funktionszeichen können mit **Konstantenzeichen** oder kurz **Konstanten** (constants) identifiziert werden und werden dann gerne c_0, c_1, ... geschrieben, in konkreten Beispielen auch 0, 1 oder Ähnliches. Nullstellige Relationszeichen können mit **Aussagenvariablen** identifiziert werden und werden dann, wie in der Aussagenlogik, auch A_0, A_1, ... geschrieben. (Erläuterungen zu diesen Identifikationen folgen nach Def. 4.2.1). Relationszeichen werden auch **Prädikate** (predicates) genannt, woher die Prädikatenlogik ihren Namen hat. Ich nutze „Prädikat" allerdings nur für einstellige Relationszeichen.

Genauer müsste es *Prädikatszeichen* heißen. „Prädikat" ist nicht in der aus der heutigen Grammatik vertrauten Bedeutung wie in *Subjekt, Prädikat, Objekt* gemeint, sondern als „Eigenschaft". Dies kommt aus der klassischen Grammatik, in der „Prädikat" die *Satzaussage* bezeichnet, die eine Eigenschaft des Subjekts ausdrückt. Die meisten Autoren führen prädikatenlogische Sprachen ohne nullstellige Relationszeichen ein, was aber den Nachteil hat, dass die Prädikatenlogik dann keine Erweiterung der Aussagenlogik sein kann.

Der Gebrauch des Begriffs „Sprache" ist in der Literatur nicht ganz einheitlich: Manche Autoren benutzen ihn für die Menge aller $\mathscr{L}$-Formeln einer gegebene Signatur $\mathscr{L}$, andere für das Alphabet dieser Formeln, wieder andere sogar nur für die Signatur $\mathscr{L}$. Ich lasse es etwas im Vagen, meine aber die gesamte Gegebenheit von Signatur, Alphabet und den noch zu definierenden Termen und Formeln.

Ähnlich wie in der Aussagenlogik könnte man eine „universelle" Signatur mit (abzählbar) unendlich vielen Funktions- und Relationszeichen jeder Stelligkeit betrachten. Unter anderem für die Über-

---

[1] Sauberer wäre „Zeichen für eine n-stellige Funktion / Relation".

legungen in Teil III zur Entscheidbarkeit und Berechenbarkeit ist aber die konkrete Signatur von Bedeutung.

> **Beispiele für Signaturen**
>
> Signaturen und damit Sprachen kann man ganz beliebig definieren, etwa ist $\mathscr{L} = \{R_0, R_3, f_3, f_4, f_{17}\}$ mit zwei 5-stelligen Relationszeichen R_0 und R_3, einem 423-stelligen Funktionszeichen f_3, einem 0-stelligen Funktionszeichen f_4 und einem 19-stelligen Funktionszeichen f_{17} eine mögliche Signatur.
>
> Zur prädikatenlogischen Beschreibung von Graphen und verwandten Strukturen (vgl. im Anhang Abschn. 10.1) ist die Signatur $\mathscr{L}_{Gr} = \{R_0\}$ mit einem zweistelligen Relationszeichen R_0 geeignet. Ich spreche dann von der *Graphensprache*.
>
> Der besseren Lesbarkeit halber benutzt man insbesondere für konkrete Anwendungen lieber vertrautere Funktions- und Relationszeichen als die abstrakten f_i und R_i. Zum Beispiel nimmt man für die Beschreibung der algebraischen Struktur von Zahlbereichen wie den ganzen Zahlen $\mathbb{Z}$ häufig die Signatur $\mathscr{L}_{Rg} = \{+, \cdot, -, 0, 1\}$ der *Ringsprache*, wobei $+$ und $\cdot$ zweistellige Funktionszeichen, $-$ ein einstelliges und 0 und 1 nullstellige Funktionszeichen (also Konstanten) sind. Wenn man der abstrakten Definition folgt, müsste man für diese Sprache zum Beispiel $\{f_0, f_1, f_2, f_3, f_4\}$ schreiben mit zwei zweistelligen Funktionszeichen f_0 und f_1, einem einstelligen Funktionszeichen f_2 und zwei nullstelligen Funktionszeichen f_3 und f_4.
>
> Diese Sprache kann man erweitern zur Signatur $\mathscr{L}_{aRg} = \mathscr{L}_{Rg} \cup \{<\}$ der *Sprache für angeordnete Ringe*, wobei $<$ natürlich ein zweistelliges Relationszeichen ist.
>
> Ein Extrembeispiel ist die *leere Signatur* $\mathscr{L}_\emptyset = \emptyset$, die keinerlei Funktions- und Relationszeichen enthält.
>
> Die Signatur $\mathscr{L}_{AL}$ der *Sprache der Aussagenlogik* besteht aus den unendlich vielen nullstelligen Relationszeichen $A_0, A_1, A_2, \ldots$. Jede aussagenlogische Formel kann dann als prädikatenlogische $\mathscr{L}_{AL}$-Formel (gemäß Definition 4.1.3) aufgefasst werden.

$\mathscr{L}$-Terme

Die Konstruktion der prädikatenlogischen Formeln ist um einiges komplizierter als die der aussagenlogischen Formeln: Für eine gegebene prädikatenlogischen Sprache mit Signatur $\mathscr{L}$ definiert man zunächst $\mathscr{L}$-*Terme*, dann *atomare* $\mathscr{L}$-*Formeln*, dann beliebige $\mathscr{L}$-*Formeln*. Komplett verständlich wird die gesamte Konstruktion erst in Zusammenhang mit der Auswertung von $\mathscr{L}$-Formeln, die in Abschn. 4.2 beschrieben wird.

4.1 Prädikatenlogische Formeln

Sowohl $\mathscr{L}$-Terme als auch $\mathscr{L}$-Formeln führe ich – so wie schon die aussagenlogischen Formeln – als induktiv definierte Bäume ein. Ebenfalls wie in der Aussagenlogik schreibe ich sie aber als Zeichenketten, aus denen man ihren Aufbau, also den Term bzw. die Formel als Baum, rekonstruieren kann. Definitionen und Beweise werden daher in der Regel wieder induktiv *über den Aufbau der Terme* bzw. *über den Aufbau der Formeln* erfolgen. Da dies in Abschn. 1.1 ausführlich beschrieben ist, werde ich hier nicht mehr näher darauf eingehen.

Im Folgenden ist $\mathscr{L}$ stets die Signatur einer festen prädikatenlogischen Sprache. Terme sind im Wesentlichen geschachtelte Funktionsausdrücke, die später einzelne Objekte bezeichnen werden.

Definition 4.1.1 *Ein $\mathscr{L}$**-Term** ($\mathscr{L}$-term) ist ein endlicher, etikettierter, orientierter Wurzelbaum, der induktiv nach folgenden Regeln gebildet werden kann:*

- *Jede Individuenvariable ist ein $\mathscr{L}$-Term v_i (d. h. der einelementige Baum mit Etikett v_i).*
- *Wenn f ein Funktionszeichen in $\mathscr{L}$ ist und $\tau_1,\ldots,\tau_{s(f)}$ $\mathscr{L}$-Terme sind, ist auch*

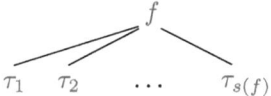

ein $\mathscr{L}$-Term.[2]

Ich stelle $\mathscr{L}$-Terme in der Regel als Zeichenketten in Polnischer Notation
$$f\tau_1\ldots\tau_{s(f)}$$
dar und verwende als Variablen für Terme üblicherweise die kleinen griechischen Buchstaben τ, σ und ρ und Varianten davon.

Beispiele für Terme

In rein relationalen Sprachen wie der Graphensprache oder der Sprache der Aussagenlogik (vgl. S. 90) sind die einzigen Terme die Individuenvariablen v_i.

Für die Ringsprache $\mathscr{L}_{Rg} = \{+, \cdot, -, 0, 1\}$ bzw. $\{f_0, f_1, f_2, f_3, f_4\}$ sieht ein typischer Term so aus:

---

[2] Erinnerung: $s(f)$ ist die Stelligkeit von f.

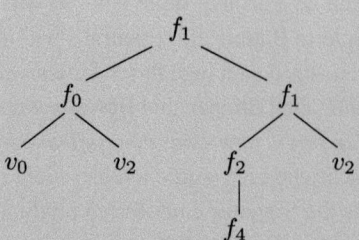

In Polnischer Notation ergibt dies $f_1 f_0 v_0 v_2 f_1 f_2 f_4 v_2$ oder in traditioneller Schreibweise $(v_0 + v_2) \cdot (-1 \cdot v_2)$.

Wie für aussagenlogische Formeln gilt auch für die Darstellung von $\mathscr{L}$-Termen in Polnischer Notation die *eindeutige Lesbarkeit*: Wenn $f\tau_1 \ldots \tau_n$ und $f\tau_1' \ldots \tau_n'$ $\mathscr{L}$-Terme sind, die als Zeichenketten gleich sind, dann gilt $\tau_1 = \tau_1', \ldots, \tau_n = \tau_n'$ (analog zum Beweis in Abschn. 10.3).

In Anwendungen mit traditionellen Funktionszeichen wie $+, \circ, ^{-1}$ ist die vertraute Schreibweise von Termen üblich statt der Polnischen Notation, also zum Beispiel die Infix-Notation $v_0 + v_1$ statt $+ v_0 v_1$ oder die Exponentenschreibweise v_0^{-1} statt $^{-1}v_0$. Bei geschachtelten Termen braucht man dann Klammern, um die eindeutige Lesbarkeit sicherzustellen: $v_0 + v_1 + v_0$ etwa ist kein Term, da sich kein Baum daraus rekonstruieren lässt, aber $(v_0 + v_1) + v_0$ und $v_0 + (v_1 + v_0)$ sind Terme.

Atomare und beliebige $\mathscr{L}$-Formeln

Definition 4.1.2 *Die folgenden endlichen, etikettierten, orientierten Wurzelbäume sind* **atomare $\mathscr{L}$-Formeln** (atomic $\mathscr{L}$-formulae):

- *Verum* $\top$ *und Falsum* $\bot$ *(als einelementige Bäume mit dem jeweiligen Etikett).*
- *Für alle $\mathscr{L}$-Terme τ_1 und τ_2 der Baum*

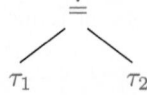

Als Zeichenkette schreibe ich ihn in Infix-Notation, also $\tau_1 \doteq \tau_2$.
- *Für alle Relationszeichen R in $\mathscr{L}$ und alle $\mathscr{L}$-Terme $\tau_1, \ldots, \tau_{s(R)}$ der Baum*

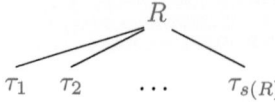

Als Zeichenkette schreibe ich ihn in Polnischer Notation, also $R\tau_1 \ldots \tau_{s(R)}$.[3]

---

[3] Erinnerung: $s(R)$ ist die Stelligkeit von R.

4.1 Prädikatenlogische Formeln

Analog zu Termen verwende ich in Anwendungen mit traditionellen Relationszeichen wie $\leqslant$ die Infix-Notation $v_0 \leqslant v_1$ statt $\leqslant v_0 v_1$.

Man kann das Gleichheitszeichen $\doteq$ als ein „festes" zweistelliges Relationszeichen auffassen (das im Unterschied zu den Relationszeichen der Signatur in jeder Struktur eine feste Interpretation hat, nämlich die Identität), und man kann Verum und Falsum als „feste" nullstellige Relationszeichen auffassen (die ebenfalls in jeder Struktur eine feste Interpretation haben, nämlich im Wesentlichen die Wahrheitswerte „wahr" und „falsch" – für mehr Details siehe die Ausführungen nach Def. 4.2.1).
In diesem Sinne sind alle atomaren $\mathscr{L}$-Formeln von der Gestalt $R\tau_1 \ldots \tau_n$ für ein Relationszeichen R, das entweder aus $\mathscr{L}$ kommt oder eines der Zeichen $\top, \bot, \doteq$ ist, und mit Termen $\tau_1, \ldots, \tau_n$ für $n = s(R)$.

Definition 4.1.3 *Eine $\mathscr{L}$-Formel ($\mathscr{L}$-formula) ist ein endlicher, etikettierter, orientierter Wurzelbaum, der induktiv nach folgenden Regeln gebildet werden kann:*

- *Jede atomare $\mathscr{L}$-Formel ist eine $\mathscr{L}$-Formel.*
- *Wenn φ_1 und φ_2 $\mathscr{L}$-Formeln sind und $*$ ein zweistelliger Junktor ist, sind auch*

$\mathscr{L}$-Formeln.

- *Wenn φ eine $\mathscr{L}$-Formel ist, sind für jede Variable v_i*

$\mathscr{L}$-Formeln.

In der Darstellung als Zeichenkette nutze ich für die zweistelligen Junktoren die Infix-Notation mit Klammern, also $(\varphi_1 * \varphi_2)$, und ansonsten die Präfix-Stellung, also $\neg \varphi_1$, $\forall v_i \, \varphi$ und $\exists v_i \, \varphi$.

Als Variablen für $\mathscr{L}$-Formeln nehme ich üblicherweise wieder kleine griechische Buchstaben vom Ende des Alphabets wie φ, χ, ψ.

> **Beispiel**
> Sei c_0 ein nullstelliges und f_1 ein zweistelliges Funktionszeichen und R_0 ein dreistelliges Relationszeichen in $\mathscr{L}$. Dann ist folgender Baum eine $\mathscr{L}$-Formel (Terme sind eingekästelt):

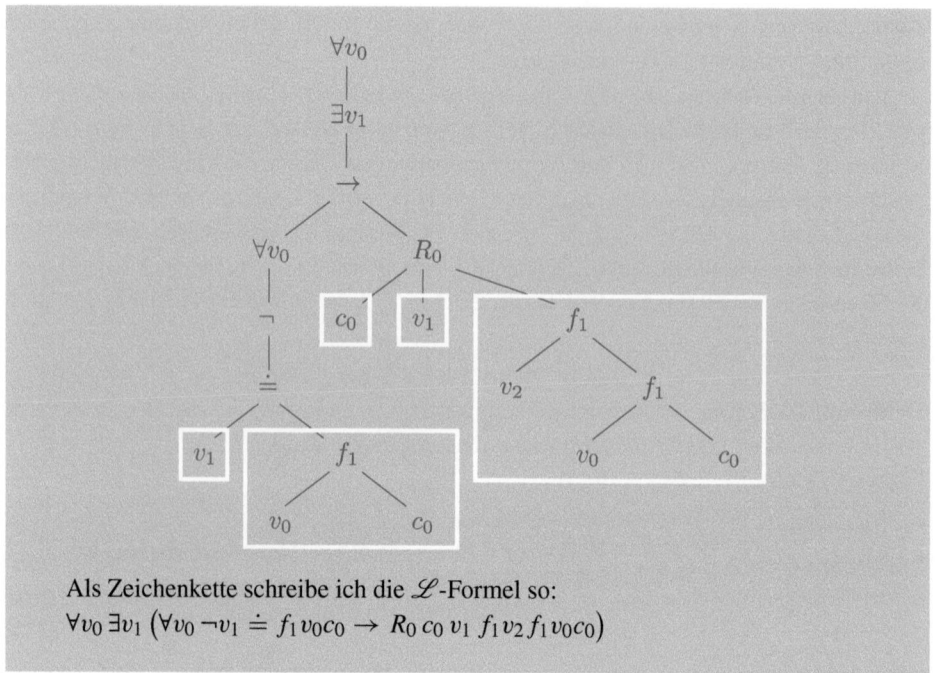

Als Zeichenkette schreibe ich die $\mathscr{L}$-Formel so:
$$\forall v_0 \exists v_1 \left(\forall v_0 \neg v_1 \doteq f_1 v_0 c_0 \rightarrow R_0 c_0 v_1 f_1 v_2 f_1 v_0 c_0 \right)$$

$\mathscr{L}$-Formeln sind in dieser Darstellung als Zeichenkette eindeutig lesbar. (Den Beweis lasse ich weg; er kombiniert die Überlegungen zur eindeutigen Lesbarkeit der Polnischen Notation mit der eindeutigen Lesbarkeit der Infix-Notation der Aussagenlogik, vgl. Satz 10.3.1).

Die hier angegebene Schreibweise von $\mathscr{L}$-Formeln in einer Mischung von Polnischer und Infix-Notation ist verbreitet, da sie mit etwas Erfahrung auch für Menschen einigermaßen gut lesbar ist. Auch eine reine Polnische oder Umgekehrt Polnische Notation ist möglich und für maschinelle Zwecke gut geeignet. Eine reine Infix-Notation ist dagegen nicht möglich, da Stelligkeiten größer als 2 vorkommen können.

Es gibt in der Literatur viele Varianten für die Syntax der Prädikatenlogik, insbesondere was Klammersetzung anbelangt; ich habe eine klammersparende Version ausgewählt. Sowohl Funktions- als auch Relationszeichen werden häufig mit Klammern und Kommata verwendet: $f_i(\tau_1, \ldots, \tau_n)$ bzw. $R_i(\tau_1, \ldots, \tau_n)$. Manchmal werden Quantoren eingeklammert und manchmal die Formel hinter dem Quantor: $(\forall v_i)\varphi$ oder $\forall v_i(\varphi)$. Im alltäglichen Gebrauch werden Klammern oft nach Gutdünken hinzugefügt oder weggelassen. Aus Schreibmaschinenzeiten stammt die Variante $(Ev_i)\varphi$ für $\exists v_i \varphi$ und $(v_i)\varphi$ für $\forall v_i \varphi$, die man in alten Texten manchmal sieht.

Wirkungsbereiche von Quantoren und freie Variable

Die Quantorenzeichen $\forall$ und $\exists$ kommen in einer $\mathscr{L}$-Formel nur in Verbindung mit einer Individuenvariablen v_i vor; man benennt mit dem Wort „Quantor" daher oft die Zeichenverbindung $\forall v_i$ bzw. $\exists v_i$. Außerdem kürze ich „Individuenvariable" oft zu „Variable" ab, wenn keine Verwechselungsgefahr mit anderen Variablen wie etwa Aussagenvariablen besteht.

4.1 Prädikatenlogische Formeln

Definition 4.1.4 *Eine* **Teilformel** *(subformula) einer $\mathscr{L}$-Formel φ ist eine $\mathscr{L}$-Formel, die im induktiven Aufbauprozess von φ vorkommt (analog zur Aussagenlogik).*

Der **Wirkungsbereich** *(scope) von einem Vorkommen eines Quantors $\forall v_i$ bzw. $\exists v_i$ in einer $\mathscr{L}$-Formel φ ist diejenige Teilformel φ', zu der im induktiven Aufbauprozess von φ das Vorkommen des Quantors als neue Wurzel hinzugefügt wird.*

Anders ausgedrückt: Um φ' zu erhalten, nimmt man zunächst die Teilformel ψ, deren Wurzel das infrage stehende Vorkommen des Quantors ist, und entfernt diese Wurzel.

Achtung: Wenn ein Quantor wie $\forall v_0$ mehrfach in einer $\mathscr{L}$-Formel vorkommt, haben die verschiedenen Vorkommen verschiedene Wirkungsbereiche!

Beispiele für Wirkungsbereiche von Quantoren

Der Wirkungsbereich des „obersten" Vorkommens von $\forall v_0$ in dem Beispiel einer $\mathscr{L}$-Formel auf S. 93 ist die Teilformel mit Wurzel $\exists v_1$, also die Formel

$$\exists v_1 \left(\forall v_0 \, \neg v_1 \doteq f_1 v_0 c_0 \rightarrow R_0 c_0 v_1 f_1 v_2 f_1 v_0 c_0 \right)$$

Der Wirkungsbereich des anderen Vorkommens von $\forall v_0$ ist die Teilformel mit Wurzel $\neg$, also $\neg v_1 \doteq f_1 v_0 c_0$.

Der Wirkungsbereich des Quantor $\exists v_1$ ist die Teilformel mit Wurzel $\rightarrow$, also

$$\left(\forall v_0 \, \neg v_1 \doteq f_1 v_0 c_0 \rightarrow R_0 c_0 v_1 f_1 v_2 f_1 v_0 c_0 \right)$$

Die Variable v_i in einem Quantor $\forall v_i$ oder $\exists v_i$ sollte man am besten als eine Art Zeiger verstehen, der angibt, auf welche Individuenvariablen in seinem Wirkungsbereich sich der Quantor bezieht. Vorkommen von Individuenvariablen, auf die ein Quantor „zeigt", heißen *gebunden*, andere *frei*:

Definition 4.1.5 *Das Vorkommen einer Individuenvariablen v_i in einem $\mathscr{L}$-Term in einer $\mathscr{L}$-Formel φ heißt* **frei** *(free), wenn es sich nicht im Wirkungsbereich eines Quantors $\exists v_i$ bzw. $\forall v_i$ befindet, und* **gebunden** *(bounded) durch das Vorkommen eines Quantors $\exists v_i$ bzw. $\forall v_i$, wenn es sich im Wirkungsbereich φ' dieses Quantors befindet, aber in φ' frei ist.*

Die **freien Variablen** *(free variables) einer Formel φ sind diejenigen Individuenvariablen, die ein freies Vorkommen in φ haben.*

Ein $\mathscr{L}$-Term ohne Individuenvariablen heißt **geschlossener $\mathscr{L}$-Term** *(closed $\mathscr{L}$-term), eine $\mathscr{L}$-Formel ohne freie Variablen heißt $\mathscr{L}$-**Aussage**, $\mathscr{L}$-Satz oder geschlossene $\mathscr{L}$-Formel ($\mathscr{L}$-sentence / closed $\mathscr{L}$-formula).*

Ein Beispiel
Sei R_0 einstelliges und R_1 zweistelliges Relationszeichen. In der Formel

$$(R_0 v_0 \rightarrow \exists v_1 \, (\forall v_2 \forall v_1 \exists v_1 \, (R_0 v_1 \vee R_1 v_2 v_1) \rightarrow \neg R_1 v_2 v_1))$$

ist das einzige Vorkommen von v_0 klarerweise frei, da es in der Formel überhaupt keine Quantoren $\forall v_0$ oder $\exists v_0$ gibt. Zudem liegt das Vorkommen in keinem Wirkungsbereich irgendeines Quantors in der Formel.

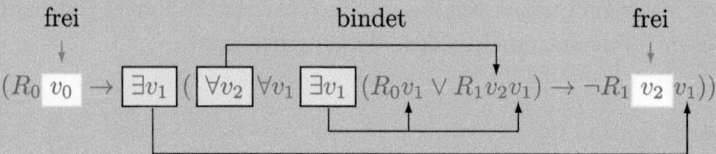

Das hintere Vorkommen von v_2 ist frei, da es nicht im Wirkungsbereich des Quantors $\forall v_2$ liegt, der aber das vordere Vorkommen von v_2 bindet.

Von den drei Vorkommen von v_1 wird das dritte von dem vorderen Vorkommen von $\exists v_1$ gebunden, die beiden anderen vom hinteren Vorkommen von $\exists v_1$. Sie befinden sich zwar auch im Wirkungsbereich des vorderen Vorkommens des Quantors, sind darin aber nicht mehr frei, da sie bereits vom hinteren Vorkommen gebunden sind, bevor der vordere Quantor $\exists v_1$ im Aufbauprozess der Formel hinzukommt. Daher bindet auch das Vorkommen des Quantors $\forall v_1$ nichts, weil alle Vorkommen von v_1 in seinem Wirkungsbereich bereits gebunden sind; es ist ein „unnötiger Quantor".

Als Baum:

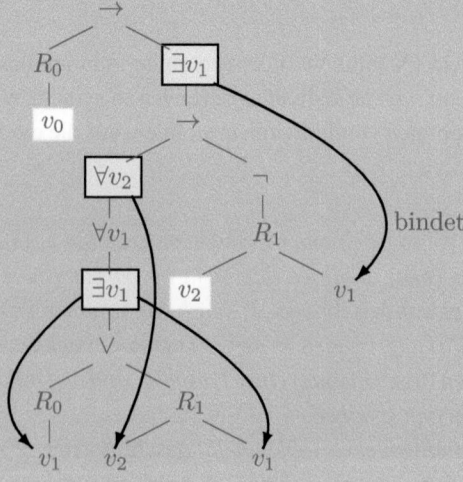

4.1 Prädikatenlogische Formeln

In Anwendungen sollte man „unnötige Quantoren", die keine Variablen binden, vermeiden und Variablen so benennen, dass jedes Vorkommen einer Variablen v_i im Wirkungsbereich eines Quantors $\forall v_i$ oder $\exists v_i$ auch von diesem Quantor gebunden wird. Dies kann man bis auf logische Äquivalenz stets erreichen und erhöht die Lesbarkeit deutlich!

Notation: Für $n \geq 1$ und einen $\mathscr{L}$-Term τ bzw. eine $\mathscr{L}$-Formel φ bedeuten die Schreibweisen

$$\tau(v_{i_1}, \ldots, v_{i_n}) \quad \text{und} \quad \varphi(v_{i_1}, \ldots, v_{i_n})$$

dass mit $v_{i_1}, \ldots, v_{i_n}$ paarweise verschiedene Individuenvariablen benannt sind und dass alle in τ vorkommenden Individuenvariablen bzw. alle in φ *frei* vorkommenden Individuenvariablen in der Menge $\{v_{i_1}, \ldots, v_{i_n}\}$ enthalten sind – ohne dass alle diese Variablen tatsächlich vorkommen müssen. Dafür, dass ein $\mathscr{L}$-Term geschlossen ist oder eine $\mathscr{L}$-Formel eine $\mathscr{L}$-Aussage ist, gibt es keine spezielle Notation.

Übungsaufgaben

Aufgabe 4.1.1 Sei $\mathscr{L} = \{R_0, R_1, f_0, f_1, c_0, c_1\}$, wobei R_0 ein ein- und R_1 ein zweistelliges Relationszeichen ist, f_0 ein ein- und f_1 ein zweistelliges Funktionszeichen und c_0 und c_1 Konstantenzeichen, also nullstellige Funktionszeichen sind. Welche der folgende Zeichenfolgen sind $\mathscr{L}$-Terme?

$$f_0 f_0 f_1 c_0 c_1 \qquad f_0 f_1 f_0 c_0 c_1$$
$$v_0 v_2 \qquad f_1 f_0 f_1 c_1 c_0$$
$$f_1 v_0 R_0 c_0 \qquad f_1 v_2 f_0 f_1 c_0 v_2$$
$$f_1 f_0 c_0 f_0 f_0 f_0 \qquad f_1 v_0 f_1 f_1 c_0 f_1 c_0 f_0 c_1 f_1 f_0 c_0 v_3$$

Aufgabe 4.1.2 Sei $\mathscr{L}$ wie in der vorherigen Aufgabe. Welche der folgenden Zeichenfolgen sind $\mathscr{L}$-Formeln, welche atomare $\mathscr{L}$-Formeln, welche $\mathscr{L}$-Aussagen?

$$\exists v_1 \exists v_1 R_0 v_1 \qquad \neg f_1 v_0 \doteq c$$
$$\exists c_1 R_1 c_1 c_1 \qquad \exists v_1 (R_1 v_2 v_0 \wedge R_0 v_0)$$
$$(\exists v_0 f c_0 v_0 \vee R_0 c_1) \qquad R_0 v_0 v_2$$
$$v_2 \doteq \neg v_1 \qquad \forall v_0 \exists v_2 (R_1 v_0 v_2)$$

Aufgabe 4.1.3 Sei $\mathscr{L} = \{R_0, R_1, c_0, c_1\}$, wobei c_0 und c_1 Konstantenzeichen sind und R_0 ein einstelliges und R_1 ein zweistelliges Relationszeichen. Bestimmen Sie für die folgenden Formeln jeweils die Bereiche der Quantoren. Welche Individuenvariablen werden durch welche Quantoren gebunden, welche Individuenvariablen sind frei?

$(\exists v_0 \exists v_1 ((R_0 v_2 \wedge R_0 v_1) \vee \exists v_2 (v_0 \doteq v_2 \wedge R_1 v_2 v_1)) \to v_1 \doteq v_0)$
$(\forall v_0 ((R_0 c_0 \to \exists v_0 v_0 \doteq v_1) \wedge \neg v_0 \doteq c_1) \wedge (\neg v_0 \doteq v_0 \to \exists v_0 R_0 v_0))$

4.2 Auswertung in Strukturen

$\mathscr{L}$-Strukturen

In der Aussagenlogik war das Ergebnis der Auswertung einer Formel ein Wahrheitswert. Dazu mussten aber zunächst den in der Formel vorkommenden Aussagenvariablen Wahrheitswerte zugeordnet wurden. In der Prädikatenlogik sind die Aussagenvariablen durch die Signatur ersetzt bzw. dazu ausgeweitet. Um analog eine $\mathscr{L}$-Formel auswerten zu können, muss zunächst den Zeichen der Signatur eine Bedeutung zugewiesen werden. Dies geschieht in den passenden $\mathscr{L}$-Strukturen.

Definition 4.2.1 *Eine $\mathscr{L}$-Struktur ($\mathscr{L}$-structure) $\mathscr{M}$ besteht aus*

- *einer nichtleeren Menge M, dem* **Universum** *(universe) der Struktur – auch* Grundmenge *oder* Träger *der Struktur genannt;*
- *einer $s(f)$-stelligen Funktion $f^{\mathscr{M}} : M^{s(f)} \to M$ für jedes Funktionszeichen $f \in \mathscr{L}$;*
- *einer $s(R)$-stelligen Relation $R^{\mathscr{M}}$ über M, d. h. einer Teilmenge $R^{\mathscr{M}} \subseteq M^{s(R)}$ für jedes Relationszeichen $R \in \mathscr{L}$.*

Ich schreibe solch eine Struktur

$$\mathscr{M} = (M; f_{i_0}^{\mathscr{M}}, f_{i_1}^{\mathscr{M}}, \ldots, R_{j_0}^{\mathscr{M}}, R_{j_1}^{\mathscr{M}}, \ldots)$$

wenn $\mathscr{L} = \{f_{i_0}, f_{i_1}, \ldots, R_{j_0}, R_{j_1}, \ldots\}$ die Signatur mit aufsteigend geordneten Indizes $i_0 < i_1 < \cdots, j_0 < j_1 < \cdots$ ist.

Man sagt, dass ein n-stelliges Funktionszeichen f durch die n-stellige Funktion $f^{\mathscr{M}}$ **interpretiert** (interpreted) wird bzw. dass die Funktion $f^{\mathscr{M}}$ **Interpretation** des Funktionszeichens f ist. Analog für Relationszeichen und Relationen.

Ein Relationszeichen soll natürlich durch eine Relation interpretiert werden. Eine n-stellige Relation beschreibt eine Eigenschaft von n-Tupeln: Sie trifft auf ein n-Tupel zu oder nicht. In der Mathematik werden Relationen in der Regel mit ihren Graphen identifiziert:

$$R^{\mathscr{M}} = \{(m_1, \ldots, m_n) \in M^n \mid R^{\mathscr{M}} \text{ trifft auf } m_1 \ldots m_n \text{ zu}\}$$

was zu der Identifikation einer n-stelligen Relation auf M mit einer Teilmenge von M^n in Definition 4.2.1 führt. Die übliche Schreibweise für das Zutreffen einer Relation auf ein Tupel ist $R^{\mathscr{M}} m_1 \ldots m_n$. Ich bevorzuge in diesem Kontext aber die Mengenschreibweise $(m_1, \ldots, m_n) \in R^{\mathscr{M}}$, weil damit optisch klarer zwischen der $\mathscr{L}$-Formel $R v_1 \ldots v_n$ für ein n-stelliges Relationszeichen R und der Auswertung dieser Formel unterschieden ist.

4.2 Auswertung in Strukturen

Für jede Menge M ist $M^0 = \{\emptyset\}$, also eine einelementige Menge. Eine 0-stellige Funktion $f^{\mathcal{M}} : M^0 \to M$ ist also eine konstante Funktion und kann mit ihrem Bild $f^{\mathcal{M}}(\emptyset) \in M$ identifiziert werden. Daher werden 0-stellige Funktionszeichen als *Konstantenzeichen* oder kurz *Konstanten* aufgefasst. Eine 0-stellige Relation $R^{\mathcal{M}}$ trifft entweder auf das einzige 0-Tupel $\emptyset$ zu oder nicht, je nachdem ob der Graph von $R^{\mathcal{M}}$ die einelementige Menge $\{\emptyset\}$ oder die leere Menge $\emptyset$ ist. Daher werden 0-stellige Relationszeichen mit *Aussagenvariablen* gleichgesetzt: Trifft die interpretierende 0-stellige Relation auf das einzige 0-Tupel $\emptyset$ zu, entspricht dies der Zuordnung des Wahrheitswerts 1 oder *wahr*, andernfalls der Zuordnung des Wahrheitswerts 0 oder *falsch*.

Beispiele für $\mathcal{L}$-Strukturen

Für die prädikatenlogische Beschreibung von Graphen nutzt man die Graphensprache, deren Signatur $\mathcal{L}_{\text{Gr}} = \{R_0\}$ aus einem 2-stelligem Relationszeichen R_0 besteht: Der Graph wird zu einer $\mathcal{L}_{\text{Gr}}$-Struktur $\mathcal{G}$, indem man als Universum G die Menge der Knoten nimmt und das Relationszeichen durch die Kantenrelation interpretiert, d.h., zwei Knoten stehen genau dann in Relation $R_0^{\mathcal{G}}$, wenn sie durch eine Kante miteinander verbunden sind.

Sei $\mathcal{L}_{\text{aRg}} = \{f_0, f_1, f_2, f_3, f_4, R_0\}$ die Signatur der Sprache für die angeordneten Ringe (vgl. S. 90), also mit 2-stelligen Funktionszeichen f_0, f_1, 1-stelligem f_2, 0-stelligen f_3, f_4 und einem 2-stelligen Relationszeichen R_0.

Dann wird die Menge $\mathbb{Z}$ der ganzen Zahlen zu einer $\mathcal{L}_{\text{aRg}}$-Struktur

$$\mathcal{Z} = (\mathbb{Z}; f_0^{\mathbb{Z}}, f_1^{\mathbb{Z}}, f_2^{\mathbb{Z}}, f_3^{\mathbb{Z}}, f_4^{\mathbb{Z}}, R_0^{\mathbb{Z}})$$

dem angeordneten Ring der ganzen Zahlen, indem f_0 durch die Addition, f_1 durch die Multiplikation, f_2 durch die additive Inversenabbildung $z \mapsto -z$, f_3 durch die Zahl 0 und f_4 durch die Zahl 1 interpretiert wird und das Relationszeichen R_0 durch die Kleiner-Gleich-Relation.

Bei solch einem „klassischen" Beispiel ist diese Darstellung gegenüber der Standardnotation extrem umständlich. Statt $f_0, f_1, f_2, \ldots$ schreibt man daher üblicherweise $+, \cdot, -, \ldots$ Um dennoch zwischen Zeichen und Interpretation zu unterscheiden, schreibe ich die Interpretationen in solchen Fällen $+^{\mathbb{Z}}, \cdot^{\mathbb{Z}}, -^{\mathbb{Z}}, \ldots$, also

$$\mathcal{Z} = (\mathbb{Z}; +^{\mathbb{Z}}, \cdot^{\mathbb{Z}}, -^{\mathbb{Z}}, 0^{\mathbb{Z}}, 1^{\mathbb{Z}}, \leqslant^{\mathbb{Z}})$$

Dies ist insbesondere bei den Konstantenzeichen etwas eigenartig, weil nun 0 das Zeichen ist und $0^{\mathbb{Z}}$ die konkrete Zahl Null. In der „normalen Mathematik" unterscheidet man nicht zwischen Zeichen und Interpretation: $+$ steht zum Beispiel mal für das Additionszeichen, mal für die Additionsfunktion.

Man kann das Universum $\mathbb{Z}$ aber auch auf ganz andere Weise zu einer $\mathcal{L}_{\text{aRg}}$-Struktur $\mathcal{Z}'$ machen, indem man beispielsweise f_0 durch die Multiplikation und

f_1 durch die Addition interpretiert und R_0 durch die Echt-Kleiner-Relation und die anderen Symbole wie oben: Die Zeichen geben ihre Interpretation nicht vor.

Auch eine Boole'sche Algebra B ist auf natürliche Weise eine $\mathscr{L}_{\text{aRg}}$-Struktur

$$\mathscr{B} = (B;\ \sqcap^{\mathscr{B}},\ \sqcup^{\mathscr{B}},\ c^{\mathscr{B}},\ 1^{\mathscr{B}},\ 0^{\mathscr{B}},\ \sqsubseteq^{\mathscr{B}}),$$

indem man also R_0 durch die partielle Ordnung der Boole'schen Algebra interpretiert, f_0 und f_1 durch Infimum bzw. Supremum, f_2 durch die Komplementfunktion und f_3, f_4 durch größtes bzw. kleinstes Element.

Vertauscht man hier die Interpretationen von f_0 und f_1 und von f_3 und f_4 und interpretiert R_0 durch die umgekehrte partielle Ordnung, erhält man gerade die zu $\mathscr{B}$ duale Boole'sche Algebra $\mathscr{B}^*$.

Jede Menge $M \neq \emptyset$ kann für jede Signatur $\mathscr{L}'$ zu einer $\mathscr{L}'$-Struktur gemacht werden, indem man die Funktions- und Relationszeichen irgendwie interpretiert. Zum Beispiel können alle interpretierenden Funktionen konstant sein und alle interpretierenden Relationen die leere Menge.

Die Auswertung von $\mathscr{L}$-Formeln in $\mathscr{L}$-Strukturen

Für die Auswertung einer Formel müssen nicht nur die Funktions- und Relationszeichen der Sprache interpretiert werden, sondern auch den Individuenvariablen ein Wert zugewiesen werden.

Definition 4.2.2 *Eine* **Belegung der Individuenvariablen mit Elementen einer** $\mathscr{L}$-**Struktur** $\mathscr{M}$ – *kurz:* **Belegung** (assignment) *in* $\mathscr{M}$ – *ist eine Abbildung* $\beta : \{v_i \mid i \in \mathbb{N}\} \to M$.

Aus dem Kontext sollte immer klar sein, ob es sich bei einer Belegung um eine Belegung von Aussagenvariablen mit Wahrheitswerten oder um eine Belegung von Individuenvariablen mit Elementen einer Struktur handelt.

Es sieht zunächst so aus, als wäre die Belegung der Individuenvariablen das Analogon zur Belegung der Aussagenvariablen. Konzeptionell entspricht der Belegung der Aussagenvariablen aber die Wahl einer $\mathscr{L}$-Struktur: Beides legt den Kontext fest, in dem die Auswertung stattfindet. Die Belegung der Individuenvariablen ist dagegen auch bei der Auswertung einer Formel in einer $\mathscr{L}$-Struktur variabel.

Definition 4.2.3 *Jede Belegung* β *in einer* $\mathscr{L}$-*Struktur* $\mathscr{M}$ *lässt sich durch*

$$\beta(f\tau_1 \ldots \tau_{s(f)}) := f^{\mathscr{M}}\big(\beta(\tau_1), \ldots, \beta(\tau_{s(f)})\big)$$

4.2 Auswertung in Strukturen

induktiv zu einer Abbildung fortsetzen, die jedem $\mathscr{L}$-Term τ ein Element $\beta(\tau) \in M$ zuordnet. Dieses Element heißt Auswertung *oder* **Interpretation des $\mathscr{L}$-Terms τ in $\mathscr{M}$ unter β** (interpretation of τ under β).[4]

> **Beispiele für die Interpretation von $\mathscr{L}$-Termen**
> In der $\mathscr{L}$-Struktur $\mathscr{Z}$ von S. 99 – das war der angeordnete Ring der ganzen Zahlen $\mathbb{Z}$ – kann man beispielsweise den $\mathscr{L}$-Term $\tau = f_1 f_0 v_0 v_2 f_1 f_2 f_4 v_2$ betrachten, der sich in klassischer Schreibweise $(v_0 + v_2) \cdot (-1 \cdot v_2)$ schreibt. Dann ist
>
> $$\beta(\tau) = f_1^{\mathscr{Z}}(f_0^{\mathscr{Z}}(\beta(v_0), \beta(v_2)), f_1^{\mathscr{Z}}(f_2^{\mathscr{Z}}(f_4^{\mathscr{Z}}), \beta(v_2)))$$
> $$= (\beta(v_0) +^{\mathbb{Z}} \beta(v_2)) \cdot^{\mathbb{Z}} (-^{\mathbb{Z}} 1^{\mathbb{Z}} \cdot^{\mathbb{Z}} \beta(v_2))$$
>
> Lässt man der Lesbarkeit halber die hochgestellten Indizes weg, die die Interpretation bezeichnen, ergibt sich $(\beta(v_0) + \beta(v_2)) \cdot (-1 \cdot \beta(v_2))$. Es passiert also nichts anderes, als dass die Werte der Variablen, die durch die Belegung gegeben sind, in den Term eingesetzt werden.
>
> Für eine Belegung β mit beispielsweise $\beta(v_0) = -5$ und $\beta(v_2) = 2$ ergibt sich daraus $\beta(\tau) = (-5+2) \cdot (-1 \cdot 2) = 6$; für eine Belegung β' mit $\beta'(v_0) = \beta'(v_2) = -3$ ergibt sich $\beta'(\tau) = (-3 + (-3)) \cdot (-1 \cdot -3) = -18$.

In diesem Beispiel wurde benutzt, dass die Auswertung eines Terms τ offenbar nur von der Werten der Belegung auf den in τ vorkommenden Variablen abhängt:

Lemma 4.2.4 *Falls zwei Belegungen β und β' auf allen in einem $\mathscr{L}$-Term τ vorkommenden Variablen übereinstimmen, so ist $\beta(\tau) = \beta'(\tau)$.*

BEWEIS Dies ist offensichtlich nach der Definition, aber ich gebe dennoch der Übung halber einen Beweis per Induktion über den Aufbau der $\mathscr{L}$-Terme:

Wenn $\tau = v_i$ eine Individuenvariable ist, gilt $\beta(v_i) = \beta'(v_i)$ nach Voraussetzung. Wenn $\tau = f\tau_1 \ldots \tau_n$, dann kommen alle in einem der Terme τ_i vorkommenden Variablen auch in τ vor. Nach Voraussetzung und Induktion gilt also $\beta(\tau_i) = \beta'(\tau_i)$ und somit $\beta(\tau) = f^{\mathscr{M}}(\beta(\tau_1), \ldots, \beta(\tau_{s(f)})) = f^{\mathscr{M}}(\beta'(\tau_1), \ldots, \beta'(\tau_{s(f)})) = \beta'(\tau)$. □

---

[4] Statt $\beta(\tau)$ ist auch $\tau^{\mathscr{M}}[\beta]$ eine übliche Schreibweise.

Definition 4.2.5 *Eine $\mathscr{L}$-Formel φ* **gilt in einer** *$\mathscr{L}$-Struktur $\mathscr{M}$ unter der Belegung β (φ holds in $\mathscr{M}$ under β), dafür schreibt man $(\mathscr{M}, \beta) \vDash \varphi$, bzw.* **gilt nicht in** *$\mathscr{M}$ unter β, dafür schreibt man $(\mathscr{M}, \beta) \nvDash \varphi$, wenn es sich gemäß folgender induktiver Regeln ergibt:*[5]

> atomare $\mathscr{L}$-Formeln:
> $(\mathscr{M}, \beta) \vDash \top$
> $(\mathscr{M}, \beta) \nvDash \bot$
> $(\mathscr{M}, \beta) \vDash \tau_1 \doteq \tau_2$ $\quad :\Longleftrightarrow\quad \beta(\tau_1) = \beta(\tau_2)$
> $(\mathscr{M}, \beta) \vDash R\tau_1 \ldots \tau_{s(R)}$ $\quad :\Longleftrightarrow\quad \bigl(\beta(\tau_1), \ldots, \beta(\tau_{s(R)})\bigr) \in R^{\mathscr{M}}$
> $\hspace{7cm}$ für Relationszeichen R in $\mathscr{L}$
>
> Junktorenschritte:
> $(\mathscr{M}, \beta) \vDash \neg \varphi$ $\quad :\Longleftrightarrow\quad (\mathscr{M}, \beta) \nvDash \varphi$
> $(\mathscr{M}, \beta) \vDash (\varphi_1 \wedge \varphi_2)$ $\quad :\Longleftrightarrow\quad \bigl[(\mathscr{M}, \beta) \vDash \varphi_1 \text{ und } (\mathscr{M}, \beta) \vDash \varphi_2\bigr]$
> $(\mathscr{M}, \beta) \vDash (\varphi_1 \vee \varphi_2)$ $\quad :\Longleftrightarrow\quad \bigl[(\mathscr{M}, \beta) \vDash \varphi_1 \text{ oder } (\mathscr{M}, \beta) \vDash \varphi_2\bigr]$
> $(\mathscr{M}, \beta) \vDash (\varphi_1 \to \varphi_2)$ $\quad :\Longleftrightarrow\quad \bigl[(\mathscr{M}, \beta) \vDash \varphi_1 \Rightarrow (\mathscr{M}, \beta) \vDash \varphi_2\bigr]$
> $(\mathscr{M}, \beta) \vDash (\varphi_1 \leftrightarrow \varphi_2)$ $\quad :\Longleftrightarrow\quad \bigl[(\mathscr{M}, \beta) \vDash \varphi_1 \Leftrightarrow (\mathscr{M}, \beta) \vDash \varphi_2\bigr]$
>
> Quantorenschritte:
> $(\mathscr{M}, \beta) \vDash \exists v_i \, \varphi$ $\quad :\Longleftrightarrow\quad$ es gibt ein $m \in M$ mit $(\mathscr{M}, \beta\tfrac{v_i}{m}) \vDash \varphi$
> $(\mathscr{M}, \beta) \vDash \forall v_i \, \varphi$ $\quad :\Longleftrightarrow\quad$ für alle $m \in M$ gilt $(\mathscr{M}, \beta\tfrac{v_i}{m}) \vDash \varphi$
>
> wobei $\beta\tfrac{v_i}{m}$ die Belegung β' ist mit $\beta'(v_j) := \begin{cases} m & \text{falls } i = j \\ \beta(v_j) & \text{falls } i \neq j \end{cases}$

Analog zur Aussagenlogik nenne ich **Auswertung** von φ (evaluation) sowohl den Wahrheitswert der Aussage „$(\mathscr{M}, \beta) \vDash \varphi$" als auch den Auswertungsprozess, der zu diesem Ergebnis führt.

Definition 4.2.5 sieht abschreckender aus, als sie ist. Sie sagt eigentlich nur aus, dass allen Zeichen die intendierte Bedeutung zugewiesen wird.

Man kann die ersten drei Punkte der Definition als Spezialfälle des vierten auffassen, wenn man $\doteq$ durch die Identität auf M interpretiert, also $\doteq^{\mathscr{M}} = \{(m,m) \mid m \in M\}$ setzt, und den Überlegungen nach Def. 4.2.1 entsprechend $\top^{\mathscr{M}} = M^0 = \{\emptyset\}$ und $\bot^{\mathscr{M}} = \emptyset$.
Denn da es nur ein 0-Tupel über M gibt, nämlich $\emptyset$, ist dann

$(\mathscr{M}, \beta) \vDash \bot \quad\Longleftrightarrow\quad \emptyset \in \bot^{\mathscr{M}} \;=\; \emptyset \qquad$ (was nie der Fall ist)
$(\mathscr{M}, \beta) \vDash \top \quad\Longleftrightarrow\quad \emptyset \in \top^{\mathscr{M}} \;=\; \{\emptyset\} \qquad$ (was stets der Fall ist)

---

[5] Statt $(\mathscr{M}, \beta) \vDash \varphi$ ist auch $\mathscr{M} \vDash \varphi[\beta]$ eine übliche Schreibweise.

4.2 Auswertung in Strukturen

Beispiele für die Auswertung von $\mathscr{L}$-Formeln

Sei $\mathscr{L} = \{f, R\}$ mit 2-stelligem Funktionszeichen f und 2-stelligem Relationszeichen R, und sei $\mathscr{N}$ die $\mathscr{L}$-Struktur $(\mathbb{N}; +^\mathbb{N}, \leqslant^\mathbb{N})$, also die natürlichen Zahlen mit ihrer Addition und ihrer Ordnung. Schließlich soll $\varphi(v_0, v_1)$ die $\mathscr{L}$-Formel Rv_0v_1 sein, also $v_0 \leqslant v_1$, wenn man $\leqslant$ statt R schreiben würde.

Ich betrachte zunächst die $\mathscr{L}$-Formel $\psi_1 = \exists v_1 \varphi$. Für welche β gilt $(\mathscr{N}, \beta) \vDash \psi_1$? Dazu muss es nach Definition ein $n \in \mathbb{N}$ geben mit $(\mathscr{N}, \beta \frac{v_1}{n}) \vDash \varphi$, also so, dass $\beta(v_0) \leqslant^\mathbb{N} n$. Dies ist z. B. für $n = \beta(v_0)$ der Fall, also gilt $(\mathscr{N}, \beta) \vDash \exists v_1 \varphi$ für jede Belegung β.

Daraus folgt, dass auch $(\mathscr{N}, \beta') \vDash \forall v_0 \exists v_1 \varphi$ für jedes β', denn dafür muss man für beliebiges $n \in \mathbb{N}$ für die Belegung $\beta'' = \beta' \frac{v_0}{n}$ zeigen, dass $(\mathscr{N}, \beta'') \vDash \exists v_1 \varphi$.

Sei nun $\psi_2 = \forall v_0 \varphi$. Für welche β gilt $(\mathscr{N}, \beta) \vDash \psi_2$? Dazu muss nach Definition für jedes $n \in \mathbb{N}$ gelten, dass $(\mathscr{N}, \beta \frac{v_0}{n}) \vDash \varphi$, also $n \leqslant^\mathbb{N} \beta(v_1)$. Dies geht aber nicht, da $\beta(v_1)$ dann eine größte natürliche Zahl wäre. Also gilt $(\mathscr{N}, \beta) \nvDash \psi_2$ für jede Belegung β.

Ähnlich wie oben folgt daraus $(\mathscr{N}, \beta) \nvDash \exists v_1 \forall v_0 \varphi$ für jede Belegung β.

Die Reihenfolge der Quantoren spielt also eine entscheidende Rolle: Während bei $\forall v_0 \exists v_1 \varphi$ für jede Einsetzung für v_0 die passende Einsetzung für v_1 gewählt werden kann, müsste bei $\exists v_1 \forall v_0 \varphi$ eine Einsetzung für v_1 gefunden werden, die für alle Einsetzungen für v_0 passt. Die Lesereihenfolge von links nach rechts (bzw. im Baum von oben nach unten) gibt also die Abhängigkeit der Quantoren wieder.

Auch die Benennung der Variablen ist wichtig, da man wissen muss, welcher Quantor sich auf welches Vorkommen von Variablen bezieht:

Sei $\psi_3 = \forall v_1 \varphi$. Damit $(\mathscr{N}, \beta) \vDash \psi_3$, muss nach Definition für jedes $n \in \mathbb{N}$ gelten, dass $(\mathscr{N}, \beta \frac{v_1}{n}) \vDash \varphi$, also $\beta(v_0) \leqslant^\mathbb{N} n$. Dies ist nur für $\beta(v_0) = 0$ der Fall. Für Belegungen β mit $\beta(v_0) = 0$ gilt also $(\mathscr{N}, \beta) \vDash \psi_2$, für alle anderen Belegungen dagegen $(\mathscr{N}, \beta) \nvDash \psi_2$. Es folgt daraus einerseits $(\mathscr{N}, \beta) \nvDash \forall v_0 \forall v_1 \varphi$ und andererseits $(\mathscr{N}, \beta) \vDash \exists v_0 \forall v_1 \varphi$, jeweils für beliebiges β. Gerade eben war dagegen $(\mathscr{N}, \beta) \nvDash \exists v_1 \forall v_0 \varphi$ gezeigt worden.

Als letztes Beispiel betrachte ich die Formel $\psi_4 = \forall v_0 \exists v_0 \, f v_0 v_0 \doteq v_0$, alternativ geschrieben als $\forall v_0 \exists v_0 \, v_0 + v_0 \doteq v_0$.

Um zu überprüfen, ob $(\mathscr{N}, \beta) \vDash \psi_4$, muss man für jede natürliche Zahl n testen, ob $(\mathscr{N}, \beta') \vDash \exists v_0 \, v_0 + v_0 \doteq v_0$ für $\beta' = \beta \frac{v_0}{n}$ gilt. Dies ist genau dann der Fall, wenn es ein $n' \in \mathbb{N}$ mit $(\mathscr{N}, \beta'') \vDash v_0 + v_0 \doteq v_0$ gibt, wobei $\beta'' = \beta' \frac{v_0}{n'} = \beta \frac{v_0}{n} \frac{v_0}{n'}$.

Nun ist diese Abfolge von Ersetzungen von links nach rechts zu lesen; die zweite Ersetzung hebt also die erste auf und es ist $\beta'' = \beta \frac{v_0}{n'}$. Mit $n' = 0$ funktioniert es, also gilt $(\mathscr{N}, \beta) \vDash \psi_4$ für jedes β.

> Man sieht, dass im Auswertungsprozess zwar zunächst der Quantor $\forall v_0$ betrachtet wird, seine Wirkung aber durch die nachfolgende Betrachtung des „inneren" Quantors $\exists v_0$ aufgehoben wird. Der Quantor $\exists v_0$, der die Vorkommen der Variablen bindet, ist also der entscheidende Quantor.

Auch in diesem Beispiel wurde vorausgesetzt, dass es bei der Auswertung einer Formel nur auf diejenigen Variablen ankommt, die in der Formel vorkommen. Man sieht aber sogar, dass in diesen Beispielen immer nur die *freien* Variablen eine Rolle spielen. Dies gilt allgemein:

Satz 4.2.6 *Falls zwei Belegungen β und β' auf allen in einer $\mathscr{L}$-Formel φ vorkommenden freien Variablen übereinstimmen, so gilt $(\mathscr{M}, \beta) \vDash \varphi \iff (\mathscr{M}, \beta') \vDash \varphi$.*

BEWEIS Gezeigt wird dies per Induktion über den Aufbau der Formeln, und zwar gleichzeitig für alle möglichen Belegungen (und nicht nur für β, β'):

Für $\top$ und $\bot$ ist die Aussage trivial. Für andere atomare $\mathscr{L}$-Formeln gilt sie nach Lemma 4.2.4, da alle in einer atomaren Formel vorkommenden Variablen frei sind.

Für die Junktorenschritte behandele ich beispielhaft den Fall $\varphi = (\psi_1 \wedge \psi_2)$. Die freien Variablen von ψ_1 und ψ_2 sind jeweils in den freien Variablen von φ enthalten. Also haben per Induktion die Formeln ψ_1 und ψ_2 die gleiche Auswertung in $\mathscr{M}$ unter β wie unter β' und somit nach Definition 4.2.5 auch φ.

Sei nun $\varphi = \exists v_i \, \psi$. Falls $(\mathscr{M}, \beta) \vDash \varphi$, dann gibt es ein $m \in M$ mit $(\mathscr{M}, \beta \frac{v_i}{m}) \vDash \psi$. Die freien Variablen von ψ sind die freien Variablen von φ und eventuell v_i. Darauf stimmen $\beta \frac{v_i}{m}$ und $\beta' \frac{v_i}{m}$ überein: auf den freien Variablen von φ nach Voraussetzung und auf v_i nach Konstruktion. Per Induktion gilt also $(\mathscr{M}, \beta' \frac{v_i}{m}) \vDash \psi$ und somit nach Definition 4.2.5 $(\mathscr{M}, \beta') \vDash \varphi$. Mit vertauschten Rollen von β und β' sieht man die umgekehrte Implikation. Für $\forall v_i \, \psi$ argumentiert man analog. □

Folgerung 4.2.7 *Falls φ eine $\mathscr{L}$-Aussage ist, gilt $(\mathscr{M}, \beta) \vDash \varphi$ entweder für alle β oder für kein β.*

Im ersten Fall schreibt man $\mathscr{M} \vDash \varphi$ und sagt: „φ **gilt in** $\mathscr{M}$" oder „φ **trifft in** $\mathscr{M}$ **zu**" oder „φ **ist wahr in** $\mathscr{M}$" (holds in / is true in) oder „$\mathscr{M}$ **ist Modell von** φ" oder „$\mathscr{M}$ **erfüllt** φ" (is a model of / satisfies).

Andernfalls schreibt man $\mathscr{M} \nvDash \varphi$ und benutzt die verneinten Sprechweisen.

4.2 Auswertung in Strukturen

> **Beispiel**
> In den Beispielen für die Auswertung von $\mathscr{L}$-Formeln wurde gezeigt, dass $(\mathscr{N}, \beta') \models \forall v_0 \exists v_1 \varphi$ für jedes β'. Da es sich hierbei um eine $\mathscr{L}$-Aussage handelt, gilt also $\mathscr{N} \models \forall v_0 \exists v_1 \varphi$.
> Ebenso hat man in dem Beispiel $\mathscr{N} \not\models \exists v_1 \forall v_0 \varphi$.

> **Die Aussagenlogik als Teil der Prädikatenlogik**
> Zur Erinnerung: Die Signatur $\mathscr{L}_{AL}$ der *Sprache der Aussagenlogik* besteht aus allen Aussagenvariablen als nullstelligen Relationszeichen. Jede aussagenlogische Formel φ kann damit als $\mathscr{L}_{AL}$-Aussage aufgefasst werden.
> Wenn nun β eine Belegung der Aussagenvariablen mit Wahrheitswerten ist, kann man jede beliebige nichtleere Menge M folgendermaßen zu einer $\mathscr{L}$-Struktur $\mathscr{M}_\beta$ machen: Als Interpretation der Aussagenvariable A_i setzt man
>
> $$A_i^{\mathscr{M}_\beta} := \{\emptyset\} = \mathscr{M}_\beta^0 \text{ falls } \beta(A_i) = 1$$
> $$A_i^{\mathscr{M}_\beta} := \emptyset \subset \mathscr{M}_\beta^0 \text{ falls } \beta(A_i) = 0$$
>
> Man überzeugt sich schnell davon, dass nun $\beta(\varphi) = 1 \iff \mathscr{M}_\beta \models \varphi$ gilt.

Terme und Formeln definieren Funktionen und Relationen

Ein $\mathscr{L}$-Term ist ein geschachtelter Funktionsausdruck und definiert daher in einer $\mathscr{L}$-Struktur eine Funktion, und zwar in den Variablen, die in ihm vorkommen. In ähnlicher Weise lässt sich jede $\mathscr{L}$-Formel in einer $\mathscr{L}$-Struktur als Relation auffassen. Das kann man im prädikatenlogischen Formalismus präzise machen.

Dazu sollen in der folgenden Definition $v_{i_1}, \ldots, v_{i_n}$ nach Indizes geordnete Variablen sein, es soll also $i_1 < \cdots < i_n$ gelten. Außerdem soll für Elemente $m_1, \ldots, m_n$ einer $\mathscr{L}$-Struktur $\mathscr{M}$ eine beliebige Belegung $\beta_{m_1\ldots m_n}$ mit $\beta_{m_1\ldots m_n}(v_{i_j}) = m_j$ für $j = 1, \ldots, n$ ausgewählt sein.

Definition 4.2.8 *Sei* $\tau(v_{i_1}, \ldots, v_{i_n})$ *ein $\mathscr{L}$-Term, in dem sämtliche der Variablen* $v_{i_1}, \ldots, v_{i_n}$ *vorkommen. Dann setzt man*

$$\tau^{\mathscr{M}}(m_1, \ldots, m_n) := \beta_{m_1\ldots m_n}(\tau)$$

Sei $\varphi(v_{i_1}, \ldots, v_{i_n})$ *eine $\mathscr{L}$-Formel, in der sämtliche der Variablen* $v_{i_1}, \ldots, v_{i_n}$ *frei vorkommen. Dann setzt man*

$$\mathcal{M} \models \varphi(m_1 \ldots, m_n) :\iff (\mathcal{M}, \beta_{m_1 \ldots m_n}) \models \varphi$$

Nach Lemma 4.2.4 bzw. Satz 4.2.6 ist dies wohldefiniert, hängt also nicht von der gewählten Belegung $\beta_{m_1 \ldots m_n}$ ab.

Der $\mathcal{L}$-Term τ definiert in der $\mathcal{L}$-Struktur $\mathcal{M}$ somit eine n-stellige Funktion $\tau^{\mathcal{M}}$:

$$\tau^{\mathcal{M}} : M^n \to M, \; (m_1, \ldots, m_n) \mapsto \tau^{\mathcal{M}}(m_1, \ldots, m_n)$$

und die $\mathcal{L}$-Formel φ definiert eine n-stellige Relation $\varphi^{\mathcal{M}}$:

$$\varphi^{\mathcal{M}} := \{(m_1, \ldots, m_n) \in M^n \mid \mathcal{M} \models \varphi(m_1, \ldots, m_n)\} \subseteq M^n$$

Eine Funktion der Form $\tau^{\mathcal{M}}$ nennt man eine *in $\mathcal{M}$ termdefinierbare Funktion* (term definable function) und eine Relation der Form $\varphi^{\mathcal{M}}$ nennt man eine *in $\mathcal{M}$ definierbare Relation* (definable relation). Es gilt nun insbesondere für beliebige Belegungen β:

$$\beta(\tau(v_1, \ldots, v_n)) = \tau^{\mathcal{M}}(\beta(v_1), \ldots, \beta(v_n))$$
$$(\mathcal{M}, \beta) \models \varphi(v_1, \ldots, v_n) \iff \mathcal{M} \models \varphi(\beta(v_1), \ldots, \beta(v_n))$$

Terme verhalten sich also wie Funktionszeichen, Formeln wie Relationszeichen. Die Ausdrücke $\tau^{\mathcal{M}}(m_1, \ldots, m_n)$ und $\varphi(m_1, \ldots, m_n)$ kann man als Einsetzung der Elemente m_i in die Variablen von τ bzw. in die freien Variablen von φ ansehen. Dies geschieht aber nicht rein syntaktisch: $\tau^{\mathcal{M}}(m_1, \ldots, m_n)$ ist kein Term und $\varphi(m_1, \ldots, m_n)$ keine $\mathcal{L}$-Formel.

Übungsaufgaben

Aufgabe 4.2.1 Sei $\mathcal{L} = \{f, g, c\}$ eine Signatur, die aus den 2-stelligen Funktionszeichen f und g und dem Konstantenzeichen c besteht. Betrachten Sie die $\mathcal{L}$-Terme $\tau_1 := fcgv_1fcv_1$, $\tau_2 := gfccv_2$, $\tau_3 := gv_3v_1$ und die $\mathcal{L}$-Struktur $(\mathbb{N}; +^{\mathbb{N}}, \cdot^{\mathbb{N}}, 1^{\mathbb{N}})$, d.h. die Struktur mit Universum $\mathbb{N}$, in der f durch die Addition, $\cdot$ durch die Multiplikation und c durch die Zahl 1 interpretiert werden. Schließlich sei β die Belegung in dieser Struktur mit $\beta(v_i) = i$. Bestimmen Sie $\beta(\tau_1)$, $\beta(\tau_2)$ und $\beta(\tau_3)$.

Aufgabe 4.2.2 Sei $\mathcal{L} = \{P_0, P_1\}$ die Signatur mit zwei einstelligen Relationszeichen. Finden Sie für jede der folgenden $\mathcal{L}$-Aussagen eine $\mathcal{L}$-Struktur, in der die Aussage falsch ist, und eine, in der sie richtig ist, sofern es eine solche Struktur gibt.

$$(\exists v_0 P_0(v_0) \wedge \exists v_0 P_1(v_0)) \to \exists v_0 (P_0(v_0) \wedge P_1(v_0))$$
$$\exists v_0 (P_0(v_0) \wedge P_1(v_0)) \to (\exists v_0 P_0(v_0) \wedge \exists v_0 P_1(v_0))$$
$$\forall v_0 (P_0(v_0) \vee P_1(v_0)) \to (\forall v_0 P_0(v_0) \vee \forall v_0 P_1(v_0))$$

Aufgabe 4.2.3 Beweisen Sie die Aussage $\beta(\varphi) = 1 \iff \mathcal{M}_\beta \vDash \varphi$ in dem Beispiel der Aussagenlogik als Teil der Prädiaktenlogik.

Aufgabe 4.2.4 Seien $\mathcal{M}$ und $\mathcal{N}$ zwei $\mathscr{L}$-Strukturen für beliebige Signatur $\mathscr{L}$. Auf $M \times N$ definiert man folgendermaßen die *Produktstruktur* $\mathcal{M} \times \mathcal{N}$:

$$f^{\mathcal{M} \times \mathcal{N}}((m_1, n_1), \ldots, (m_{s(f)}, n_{s(f)})) := (f^{\mathcal{M}}(m_1, \ldots, m_{s(f)}), f^{\mathcal{N}}(n_1, \ldots, n_{s(f)}))$$
$$R^{\mathcal{M} \times \mathcal{N}} := \{((m_1, n_1), \ldots, (m_{s(R)}, n_{s(R)})) \in (M \times N)^{s(R)} \mid$$
$$(m_1, \ldots, m_{s(R)}) \in M^{s(R)}, (n_1, \ldots, n_{s(R)}) \in N^{s(R)}\}$$

Für Belegungen β in $\mathcal{M}$ und β' in $\mathcal{N}$ ist $\beta \times \beta'(v_i) := (\beta(v_i), \beta'(v_i))$ eine Belegung in $\mathcal{M} \times \mathcal{N}$. Zeigen Sie für alle atomaren $\mathscr{L}$-Formeln φ:
$$(\mathcal{M} \times \mathcal{N}, \beta \times \beta') \vDash \varphi \iff [(\mathcal{M}, \beta) \vDash \varphi \text{ und } (\mathcal{N}, \beta') \vDash \varphi]$$
Zeigen Sie an einem Beispiel, dass dies für beliebige $\mathscr{L}$-Formeln φ nicht gilt!

Aufgabe 4.2.5 Sei $\mathcal{M}$ eine $\mathscr{L}$-Struktur für beliebige Signatur $\mathscr{L}$. Betrachten Sie $\mathscr{L}$-Formeln $\varphi(v_1, \ldots, v_n)$, in denen alle Variablen $v_1, \ldots, v_n$ tatsächlich vorkommen. Zeigen Sie, dass die durch solche Formeln definierbaren Relationen $\varphi^{\mathcal{M}}$ eine Boole'sche Unteralgebra der Potenzmengenalgebra $\text{Pot}(M^n)$ bilden.

4.3 Allgemeingültigkeit, Erfüllbarkeit, logische Folgerung und logische Äquivalenz

Mithilfe der Auswertung von Formeln kann man nun zentrale Begriffe wie logische Äquivalenz oder logische Folgerung auf die Prädikatenlogik übertragen. Allerdings spricht man hier üblicherweise von *allgemeingültigen Formeln* statt von *Tautologien*. Nur spezielle allgemeingültige Formeln werden Tautologien heißen.

Definition 4.3.1
(a) *Eine $\mathscr{L}$-Formel φ heißt* **allgemeingültig** (universally valid), *falls sie in allen $\mathscr{L}$-Strukturen und unter allen Belegungen gilt. Dafür schreibt man wieder $\vDash \varphi$.*
  Eine $\mathscr{L}$-Formel φ heißt **erfüllbar** (satisfiable), *wenn es eine $\mathscr{L}$-Struktur $\mathcal{M}$ und eine Belegung β mit $(\mathcal{M}, \beta) \vDash \varphi$ gibt.*
(b) *Zwei $\mathscr{L}$-Formeln φ und ψ heißen* **logisch äquivalent** (logically equivalent) *zueinander, falls sie in allen $\mathscr{L}$-Strukturen und unter allen Belegungen gleichermaßen gelten, d. h. falls*

$$(\mathcal{M}, \beta) \vDash \varphi \iff (\mathcal{M}, \beta) \vDash \psi$$

für alle $\mathcal{M}$ und β. Dafür schreibe ich wieder $\varphi \sim \psi$.

(c) *Eine $\mathcal{L}$-Formel ψ* **folgt logisch aus** (follows from) *einer Menge $\{\varphi_i \mid i \in I\}$ von $\mathcal{L}$-Formeln oder wird von dieser Menge* **impliziert** (is implied by), *falls ψ in allen $\mathcal{L}$-Strukturen unter allen Belegungen gilt, in denen alle φ_i gelten, d. h. falls*

$$(\mathcal{M}, \beta) \vDash \varphi_i \text{ für alle } i \in I \implies (\mathcal{M}, \beta) \vDash \psi$$

Man schreibt dafür wieder $\{\varphi_i \mid i \in I\} \vDash \psi$ und im Fall einer endlichen Menge auch $\varphi_1, \ldots, \varphi_n \vDash \psi$.

(d) *Eine Menge Φ von $\mathcal{L}$-Formeln ist* **erfüllbar** (satisfiable) *oder* **konsistent** (consistent), *falls es eine $\mathcal{L}$-Struktur $\mathcal{M}$ und eine Belegung β gibt, die alle $\mathcal{L}$-Formeln in Φ erfüllen, wofür man $(\mathcal{M}, \beta) \vDash \Phi$ schreibt.*

*Eine Menge T von $\mathcal{L}$-Aussagen wird auch $\mathcal{L}$-***Theorie*** ($\mathcal{L}$-theory) genannt. Die Erfüllbarkeit einer $\mathcal{L}$-Theorie ist unabhängig von einer Belegung; man schreibt $\mathcal{M} \vDash T$ und nennt $\mathcal{M}$ ein* **Modell** *von T (model of T), falls alle $\mathcal{L}$-Aussagen in T in $\mathcal{M}$ gelten.*

Satz 1.3.2 (siehe S. 19) gilt nun auch für die Prädikatenlogik, d. h., diese Konzepte lassen sich wie in der Aussagenlogik ineinander übersetzen. Eine Besonderheit ist allerdings für Formeln mit freien Variablen zu beachten: Eine $\mathcal{L}$-Formel $\varphi(v_1, \ldots, v_n)$ ist nach Definition genau dann allgemeingültig, wenn die *universell abquantifizierte* (universally quantified) Formel $\forall v_1 \ldots \forall v_n \, \varphi(v_1, \ldots, v_n)$ allgemeingültig ist. Es gilt also

$$\vDash \varphi(v_1, \ldots, v_n) \iff \vDash \forall v_1 \ldots \forall v_n \, \varphi(v_1, \ldots, v_n)$$

Daraus folgt

$$\varphi(v_1, \ldots, v_n) \sim \psi(v_1, \ldots, v_n) \iff \vDash (\varphi \leftrightarrow \psi)$$
$$\iff \vDash \forall v_1 \ldots \forall v_n \, (\varphi \leftrightarrow \psi).$$

Im Allgemeinen ist das etwas anderes als $\forall v_1 \ldots \forall v_n \, \varphi \sim \forall v_1 \ldots \forall v_n \, \psi$. Zum Beispiel ist $\forall v_1 \, P v_1 \sim \forall v_2 \, P v_2$, aber $P v_1$ und $P v_2$ sind nicht logisch äquivalent zueinander.

Man sieht hier die Nützlichkeit der Schreibweise $\varphi(v_1, \ldots, v_n)$: Weil nicht alle Variablen tatsächlich als freie Variablen vorkommen müssen, findet man zu je zwei $\mathcal{L}$-Formeln φ und ψ immer ein n, sodass $\varphi = \varphi(v_1, \ldots, v_n)$ und $\psi = \psi(v_1, \ldots, v_n)$.

Die gerade für die Prädikatenlogik eingeführten Begriffe hängen gemäß Definition von der Signatur $\mathcal{L}$ und damit von der Sprache ab: Wenn $\mathcal{L}' \supseteq \mathcal{L}$, kann man jede $\mathcal{L}$-Formel φ auch als $\mathcal{L}'$-Formel auffassen. Es ist dann denkbar, dass φ als $\mathcal{L}$-Formel eine Eigenschaft hat, die sie als $\mathcal{L}'$-Formel nicht hat.

Man kann sich aber einigermaßen leicht überlegen, dass φ genau dann als $\mathcal{L}$-Formel allgemeingültig ist, wenn φ als $\mathcal{L}'$-Formel allgemeingültig ist: Denn in die eine Richtung wird jede $\mathcal{L}'$-Struktur $\mathcal{M}'$ zu einer $\mathcal{L}$-Struktur, indem man die Interpretationen der zusätzlichen Zeichen weglässt, und in die andere Richtung kann man jede $\mathcal{L}$-Struktur $\mathcal{M}$ zu einer $\mathcal{L}'$-Struktur machen, indem man die zusätzlichen Zeichen beliebig interpretiert. Da in φ als $\mathscr{L}$-Formel die zusätzlichen Zeichen gar nicht vorkommen, hängt die Auswertung von φ nicht von den Interpretationen der zusätzlichen Zeichen ab (was man streng genommen erst noch beweisen müsste). Für Erfüllbarkeit, logische Äquivalenz und logische Folgerung folgt die Unabhängigkeit von der Sprache dann daraus, dass man diese Konzepte alle durch Allgemeingültigkeit ausdrücken kann.

Übungsaufgaben

Aufgabe 4.3.1 Seien P, Q und R drei einstellige Relationszeichen Zeigen Sie:
$\neg \forall v_0 Q v_0, \forall v_0 (\neg Q v_0 \rightarrow P v_0), \forall v_0 (Q v_0 \leftrightarrow \neg R v_0) \vDash \exists v_0 (R v_0 \wedge P v_0)$

Aufgabe 4.3.2 Zeigen Sie: Eine $\mathscr{L}$-Formel $\varphi(v_1 \ldots, v_n)$ ist genau dann erfüllbar, wenn $\exists v_1 \ldots \exists v_n \varphi(v_1 \ldots, v_n)$ erfüllbar ist.

Aufgabe 4.3.3 Sei $\mathscr{L}_{\text{AL}}$ wieder die aus allen Aussagenvariablen als nullstelligen Relationszeichen bestehende Sprache der Aussagenlogik. Zeigen Sie, dass eine aussagenlogische Formel φ genau dann im aussagenlogischen Sinn eine Tautologie ist, wenn sie als $\mathscr{L}_{\text{AL}}$-Formel aufgefasst allgemeingültig ist.

4.4 Formalisierungen

Mithilfe der Prädikatenlogik kann man viele Eigenschaften mathematischer Strukturen unmittelbar beschreiben. Dazu braucht man allerdings etwas Übung. Einige Aspekte, die sich aus Definition 4.2.5 ergeben, aber erfahrungsgemäß am Anfang Schwierigkeiten bereiten, seien hier aufgeführt. Für die Beispiele benutze ich die Graphensprache $\mathscr{L}_{\text{Gr}} = \{R\}$ mit einem zweistelligen Relationszeichen. Eine $\mathscr{L}_{\text{Gr}}$-Struktur $\mathscr{G}$ ist nichts anderes als ein *gerichteter Graph* (directed graph / digraph) mit einer gerichteten Kante zwischen Knoten a und b genau dann, wenn $(a, b) \in R^{\mathscr{G}}$, bei dem auch *Schleifen* (loops) erlaubt sind, also Kanten von einem Knoten zu sich selbst (vgl. Anhang Abschn. 10.1).

(1) Es gibt kein Ungleichheitszeichen, sondern Ungleichheit wird durch $\neg$ und $\doteq$ ausgedrückt. Der Negationsjunktor kann sich aber nur auf $\mathscr{L}$-Formeln beziehen, nicht auf Relationszeichen oder Terme.

> **Beispiel**
> In einer $\mathscr{L}$-Struktur $\mathscr{M}$ gilt genau dann $(\mathscr{M}, \beta) \vDash \neg v_0 \doteq v_1$, wenn $\beta(v_0) \neq \beta(v_1)$. In der $\mathscr{L}$-Formel $\neg v_0 \doteq v_1$ wird die Teilformel $v_0 \doteq v_1$ negiert und nicht die Variable v_0.

Die Zeichenketten $v_0 \neg \doteq v_1$ und $v_0 \neq v_1$ sind in der in diesem Buch eingeführten Prädikatenlogik keine zulässigen Formeln: Die erste Folge von Zeichen lässt sich aus den Regeln zur Erzeugung von $\mathscr{L}$-Formeln nicht herleiten, die zweite benutzt das Zeichen $\neq$, das nicht zum Alphabet der Prädikatenlogik gehört.

(2) Verschiedene Variablen bezeichnen in einer $\mathscr{L}$-Struktur nicht notwendigerweise verschiedene Objekte.

Beispiel
Für einen Graphen $\mathscr{G}$ gilt genau dann $(\mathscr{G}, \beta) \models \exists v_1 \exists v_2 \, (Rv_0v_1 \wedge Rv_0v_2)$, wenn $\beta(v_0)$ ein Knoten ist, der mindestens einen Nachbarn hat, nicht unbedingt zwei. Denn bei der Auswertung der Existenzquantoren dürfen v_1 und v_2 durch das gleiche Element belegt werden.

Wenn man ausdrücken möchte, dass ein Knoten mindestens zwei Nachbarn hat, muss man die $\mathscr{L}_{\text{Gr}}$-Formel[6] $\exists v_1 \exists v_2 \, (Rv_0v_1 \wedge Rv_0v_2 \wedge \neg v_1 \doteq v_2)$ oder eine dazu logisch äquivalente $\mathscr{L}_{\text{Gr}}$-Formel nehmen.

(3) Der Quantor $\exists$ bedeutet „*es gibt mindestens ein ...*".

Beispiel
In einen Graphen $\mathscr{G}$ gilt $\exists v_0 Rv_0v_0$ genau dann, wenn es mindestens eine Schleife gibt. Dass es höchstens eine Schleife gibt, wird ausgedrückt durch die $\mathscr{L}_{\text{Gr}}$-Aussage $\forall v_0 \forall v_1 ((Rv_0v_0 \wedge Rv_1v_1) \to v_0 \doteq v_1)$.

Dass es genau eine Schleife gibt, kann dann durch die Konjunktion der beiden $\mathscr{L}_{\text{Gr}}$-Aussagen ausgedrückt werden, oder etwas kürzer durch die zur Konjunktion logisch äquivalente $\mathscr{L}_{\text{Gr}}$-Aussage $\exists v_0(Rv_0v_0 \wedge \forall v_1(Rv_1v_1 \to v_0 \doteq v_1))$. In der Mathematik findet man dafür häufig die abkürzende Schreibweise $\exists! v_0 \, Rv_0v_0$.

(4) Man kann in der Prädikatenlogik zählen, es ist aber mühsam.

---

[6] Ich übernehme die Konvention aus der Aussagenlogik, dass bei iterierten Konjunktionen oder Disjunktionen die inneren Klammern entfallen dürfen.

4.4 Formalisierungen

Beispiel
Die folgenden $\mathscr{L}$-Aussagen gelten in einer $\mathscr{L}$-Struktur genau dann, wenn diese mindestens bzw. höchstens bzw. genau drei Elemente hat:

$\exists v_0 \exists v_1 \exists v_2 \, (\neg v_0 \doteq v_1 \wedge \neg v_0 \doteq v_2 \wedge \neg v_1 \doteq v_2)$

$\forall v_0 \forall v_1 \forall v_2 \forall v_3 \, (v_0 \doteq v_1 \vee v_0 \doteq v_2 \vee v_0 \doteq v_3 \vee v_1 \doteq v_2 \vee v_1 \doteq v_3 \vee v_2 \doteq v_3)$

$\exists v_0 \exists v_1 \exists v_2 \, (\neg v_0 \doteq v_1 \wedge \neg v_0 \doteq v_2 \wedge \neg v_1 \doteq v_2 \wedge \forall v_3 (v_0 \doteq v_3 \vee v_1 \doteq v_3 \vee v_2 \doteq v_3))$

Um sich Schreibarbeit zu sparen, gibt es auch hierfür gebräuchliche Abkürzungen:

$\exists^{\geq 3} v_i \; v_i \doteq v_i$ bzw. $\exists^{\leq 3} v_i \; v_i \doteq v_i$ bzw. $\exists^{=3} v_i \; v_i \doteq v_i$.

Man sieht an dem Beispiel, wie man es auf beliebige natürliche Zahlen anstelle von 3 ausdehnen kann. Man kann auch Elemente mit gewissen Eigenschaften zählen: Beispielsweise steht die Abkürzung $\exists^{\geq 2} v_i \, R v_i v_i$ für die $\mathscr{L}_{\text{Gr}}$-Aussage $\exists v_0 \exists v_1 (\neg v_0 \doteq v_1 \wedge R v_0 v_0 \wedge R v_1 v_1)$ und gilt in einem Graphen genau dann, wenn dieser mindestens zwei Schleifen enthält.

(5) Die Reihenfolge zwischen Existenzquantoren und Allquantoren ist wichtig (vgl. Satz 4.5.6) und ebenso die Reihenfolge der Variablen in einem Relationszeichen.

Beispiele
Dies wurde schon im Auswertungsbeispiel thematisiert. Hier noch ein Graphenbeispiel: In einem gerichteten Graphen $\mathscr{G}$ gilt $\varphi_1 = \forall v_0 \exists v_1 R v_0 v_1$, wenn *von jedem* Knoten eine Kante *irgendwohin* führt („*für alle ...es gibt ...*") – möglicherweise zu sich selbst. Will man ausdrücken, dass *von jedem* Knoten eine Kante *irgendwohin anders* führt, ist die $\mathscr{L}_{\text{Gr}}$-Aussage $\varphi_1' = \forall v_0 \exists v_1 (\neg v_0 \doteq v_1 \wedge R v_0 v_1)$ die richtige, oder eine dazu logisch äquivalente. Es gilt dann $\varphi_1' \models \varphi_1$.

Dagegen ist $\mathscr{G} \models \varphi_2 = \exists v_0 \forall v_1 R v_0 v_1$, wenn es *einen* Knoten *gibt*, von dem aus Kanten zu *jedem* Knoten führen („*es gibt ...für alle ...*") – einschließlich sich selbst! Will man nur ausdrücken, dass es *einen* Knoten *gibt*, von dem aus Kanten zu *jedem anderen* Knoten führen („*es gibt ...für alle anderen ...*"), ist die $\mathscr{L}_{\text{Gr}}$-Aussage $\varphi_2' = \exists v_0 \forall v_1 (\neg v_0 \doteq v_1 \rightarrow R v_0 v_1)$ die richtige, oder eine dazu logisch äquivalente. Es gilt dann $\varphi_2 \models \varphi_2'$.

Wichtig ist auch, welche Variable sich auf welche Stelle im Relationszeichen bezieht: In $\mathscr{G}$ gilt $\varphi_3 = \forall v_1 \exists v_0 R v_0 v_1$, wenn *zu jedem* Knoten eine Kante *irgendwoher* führt, und in $\mathscr{G}$ gilt $\varphi_4 = \exists v_1 \forall v_0 R v_0 v_1$, wenn es *einen* Knoten *gibt*, zu dem eine Kanten von *jedem* Knoten führt – einschließlich sich selbst.

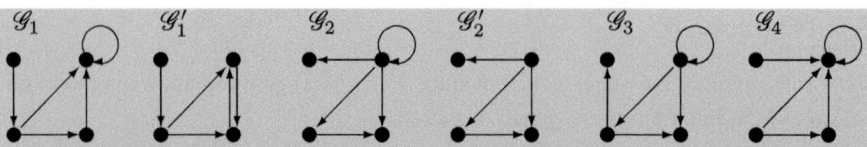

In jedem der Graphen $\mathscr{G}_i$ bzw. $\mathscr{G}'_i$ gilt die $\mathscr{L}_{\text{Gr}}$-Aussage φ_i bzw. φ'_i und keine der anderen, abgesehen von: $\mathscr{G}'_1 \vDash \varphi_1$, da $\varphi'_1 \vDash \varphi_1$, und $\mathscr{G}_2 \vDash \varphi'_2$, da $\varphi_2 \vDash \varphi'_2$. Außerdem $\mathscr{G}_2 \vDash \varphi_3$, da $\varphi_2 \vDash \varphi_3$, und $\mathscr{G}_4 \vDash \varphi_1$, da $\varphi_4 \vDash \varphi_1$ (das kommt in Satz 4.5.6).

(6) Relativierte Quantoren werden durch $\exists v_i(\varphi \wedge \ldots)$ bzw. $\forall v_i(\varphi \rightarrow \ldots)$ ausgedrückt.

Beispiel
Ein relativierter Existenz- oder Allquantor besagt, dass es ein Element mit einer gewissen Eigenschaft gibt bzw. dass für alle Elemente mit einer gewissen Eigenschaft etwas gilt. Im einfachsten Fall hat man ein Prädikat P in der Sprache und die Eigenschaft ist, die Interpretation des Prädikats zu erfüllen; im Allgemeinen wird die Eigenschaft selbst durch eine $\mathscr{L}$-Formel φ beschrieben (vgl. (7)).

Sei beispielsweise $\mathscr{L} = \mathscr{L}_{\text{Gr}} \cup \{P\}$. Eine $\mathscr{L}$-Struktur $\mathscr{G}$ ist ein gerichteter Graph, in dem gewisse Knoten die „Farbe" $P^{\mathscr{M}}$ tragen, sagen wir Purpur. Die $\mathscr{L}$-Aussage $\exists v_0(Pv_0 \wedge Rv_0v_0)$ drückt nun aus, dass sich an mindestens einem purpurnen Knoten eine Schleife befindet, und die $\mathscr{L}$-Aussage $\forall v_0(Pv_0 \rightarrow Rv_0v_0)$, dass alle purpurnen Knoten Schleifen haben. Gängige Abkürzungen für die relativierten Quantoren sind $\exists v_i \in P$ bzw. $\forall v_i \in P$; die Formeln lauten damit also $\exists v_0 \in P \; Rv_0v_0$ bzw. $\forall v_0 \in P \; Rv_0v_0$.

(7) Manches kann nur durch eine unendliche $\mathscr{L}$-Theorie beschrieben werden, nicht durch eine einzige $\mathscr{L}$-Formel. Manches kann indirekt ausgedrückt werden und manches gar nicht.

Beispiele
Für beliebiges $\mathscr{L}$ beschreibt die $\mathscr{L}$-Theorie $T_\infty := \{\exists^{\geq n} v_0 \; v_0 \doteq v_0 \mid n \in \mathbb{N}\}$ Unendlichkeit: Eine $\mathscr{L}$-Struktur $\mathscr{M}$ ist genau dann unendlich, wenn $\mathscr{M} \vDash T_\infty$. Man kann T_∞ aber nicht durch eine einzige $\mathscr{L}$-Aussage ersetzen (dies folgt aus dem Kompaktheitssatz, Beweis siehe Abschn. 5.3).

Dennoch kann man in der Signatur $\mathscr{L} = \{+, \cdot, 1, <\}$ durch eine $\mathscr{L}$-Aussage beschreiben, dass es in der $\mathscr{L}$-Struktur $\mathscr{N} = (\mathbb{N}, +^{\mathbb{N}}, \cdot^{\mathbb{N}}, 1^{\mathbb{N}}, <^{\mathbb{N}})$ unendlich viele Primzahlen gibt:
$$\forall v_0 \exists v_1 \, (v_0 < v_1 \wedge \forall v_2 \forall v_3 \, (v_2 \cdot v_3 \doteq v_1 \rightarrow (v_2 \doteq 1 \vee v_3 \doteq 1)))$$

4.4 Formalisierungen

Die Unendlichkeit ist hier aber indirekt beschrieben, indem man sagt, dass es zu jeder Zahl eine größere Primzahl gibt. Dies funktioniert nur deshalb, weil $<^\mathbb{N}$ eine Ordnungsrelation ist.

Eine Formel $\varphi' = \forall v_0 \exists v_1 (v_0 < v_1 \wedge \varphi(v_1))$ drückt also für sich genommen noch nicht aus, dass es unendlich viele Elemente gibt, die φ erfüllen, sondern erst in der Konjunktion $(\varphi' \wedge \psi \wedge \chi)$ mit der Irreflexivität $\psi = \forall v_3 \neg v_3 < v_3$ und der Transitivität $\chi = \forall v_2 \forall v_3 \forall v_4 ((v_2 < v_3 \wedge v_3 < v_4) \rightarrow v_2 < v_4)$ für $<$.

(In der Formel φ' ist $\exists v_1 (v_0 < v_1 \wedge \ldots)$ übrigens ein relativierter Quantor, der „*es gibt ein Größeres als v_0, sodass* …" besagt, wobei die relativierende Eigenschaft hier von v_0 abhängt.)

Manche Eigenschaften lassen sich auch durch eine Theorie nicht beschreiben. Zum Beispiel gibt es keine $\mathscr{L}_{\text{Gr}}$-Theorie, deren Modelle genau die zusammenhängenden Graphen sind (dies folgt ebenfalls aus dem Kompaktheitssatz, Beweis siehe Abschn. 5.3). Die Eigenschaft zusammenhängend zu sein kann man nur entweder in einer ausdrucksstärkeren Logik beschreiben (z. B. Prädikatenlogik zweiter Stufe) oder indem man – ähnlich wie gerade mit der Ordnung – Graphen in einem umfassenderen Beschreibungskontext betrachtet (z. B. indem man Graphen mengentheoretisch beschreibt und die Sprache der Mengenlehre zur Verfügung hat).

Beispiele für Formalisierungen wird es im Rest des Buches noch einige geben!

Übungsaufgaben

Aufgabe 4.4.1 Sei $\mathscr{L} = \{R\}$ die Graphensprache, also mit einem zweistelligen Relationszeichen R. Formalisieren Sie die folgenden Eigenschaften von Graphen, d. h., finden Sie jeweils eine $\mathscr{L}$-Formel φ, die in einem Graph genau dann gilt, wenn er die betreffende Eigenschaft hat:

- Jeder Knoten hat mindestens zwei Nachbarn.
- Es gibt einen Knoten mit genau drei Nachbarn.
- Nicht alle Knoten sind benachbart.
- Es gibt eine 3-Clique, d. h. drei untereinander verbundene Knoten.
- Es gibt einen Pfad der Länge 4.
- Der Graph sieht aus wie das Haus vom Nikolaus.

Aufgabe 4.4.2 Sei $\mathscr{L}$ wie in der vorigen Aufgabe. Finden Sie eine $\mathscr{L}$-Theorie, deren Modelle genau die zykelfreien Graphen sind.

4.5 Gesetze der Prädikatenlogik

Substitutionsregeln

Substitutionsregeln sind typischerweise von der folgenden Art: Wenn eine Formel ψ aus einer Formel φ dadurch entsteht, dass ein Teil von φ durch χ ersetzt wird, dann lässt sich die Auswertung von ψ direkt aus den Auswertungen von φ und χ berechnen. Man kann dies als eine Art „Assoziativität der Auswertung von Formeln" auffassen, da die Auswertung von ψ dann nicht mehr schrittweise von unten nach oben im Baum erfolgt, sondern Teile zusammengefasst sind, oder auch als eine Art Ausweitung des Kompositionalitätsprinzips.

Als Erstes kann man die beiden Substitutionsprinzipien der Aussagenlogik auf die Prädikatenlogik übertragen. Dazu muss man sich zunächst davon überzeugen, dass man aus einer $\mathscr{L}$-Formel wieder eine $\mathscr{L}$-Formel erhält, wenn man eine Teilformel durch eine andere $\mathscr{L}$-Formel ersetzt. Eine Spezialfall hiervon ist es, Aussagenvariablen durch $\mathscr{L}$-Formeln zu ersetzen. Für Substitutionen benutze ich die in der Aussagenlogik eingeführten Schreibweisen.

Satz 4.5.1
(a) Äquivalente Substitution
Wenn ψ aus der $\mathscr{L}$-Formel φ dadurch entsteht, dass eine Teilformel durch eine zu ihr logisch äquivalente Formel ersetzt wird, dann ist ψ logisch äquivalent zu φ.
(b) Uniforme Substitution
Wenn eine aussagenlogische Formel $\varphi(A_1, \ldots, A_n)$, $\mathscr{L}$-Formeln $\chi_1, \ldots, \chi_n$ und eine $\mathscr{L}$-Struktur $\mathscr{M}$ mit Belegung β gegeben sind, dann gilt

$$(\mathscr{M}, \beta) \vDash \varphi \left[\frac{A_1}{\chi_1} \ldots \frac{A_n}{\chi_n} \right] \iff \beta_{AL}(\varphi) = 1$$

Dabei ist β_{AL} eine Belegung der Aussagenvariablen $A_1, \ldots, A_n$, mit

$$\beta_{AL}(A_i) = 1 \iff (\mathscr{M}, \beta) \vDash \chi_i$$

und $\psi := \varphi \left[\frac{A_1}{\chi_1} \ldots \frac{A_n}{\chi_n} \right]$ ist die $\mathscr{L}$-Formel, die aus φ durch simultanes Ersetzen aller Vorkommen von A_i durch χ_i entsteht.

BEWEIS (a) ist klar nach der Definition der logischen Äquivalenz in 4.3.1 und Definition 4.2.5.

Für (b) überlegt man sich, dass bei der Auswertung von ψ in $\mathscr{M}$ unter β die Wahrheitswerte von „$(\mathscr{M}, \beta) \vDash \chi_i$" bestimmt werden, denn φ enthält als aussagenlogische Formel keine Quantoren, d. h., die Belegung β ändert sich im Auswertungsprozess bis dahin nicht.

4.5 Gesetze der Prädikatenlogik

Diese Wahrheitswerte werden dann gemäß der Junktoren in φ verrechnet, um die Auswertung von ψ zu erhalten. □

> **Beispiel**
> Aus den beiden Substitutionsprinzipien folgt, dass man aussagenlogische Umformungsschritte auch innerhalb der Prädikatenlogik vornehmen kann. Beispielsweise für die folgende Äquivalenz wird die Regel von De Morgan auf prädikatenlogische Formeln angewandt (gemäß uniformer Substitution) und zudem innerhalb einer prädikatenlogischen Formel (gemäß äquivalenter Substitution):
> $$\forall v_0 \neg (\exists v_1\, R_1 v_0 v_1 \wedge \forall v_2\, P v_2) \;\sim\; \forall v_0\, (\neg \exists v_1\, R_1 v_0 v_1 \vee \neg \forall v_2\, P v_2)$$

Aus der Gültigkeit der Substitutionsprinzipien folgt insbesondere, dass man sich auch in der Prädikatenlogik auf ein vollständiges Junktorensystem zurückziehen kann. Häufig wird $\{\neg, \wedge\}$ benutzt. Zur Erinnerung: Dies bedeutet, dass jede $\mathscr{L}$-Formel logisch äquivalent zu einer $\mathscr{L}$-Formel ist, in der keine Junktoren außer $\neg$ und $\wedge$ vorkommen und auch die Aussagenkonstanten $\top$ und $\bot$ nicht.

> **Beispiel**
> Eine $\mathscr{L}$-Formel, die aus einer aussagenlogischen Tautologie durch uniforme Substitution entsteht, ist allgemeingültig. Solche Formeln heißen $\mathscr{L}$-*Tautologien*.
> Zum Beispiel ist $(\exists v_1\, R v_0 v_1 \vee \neg \exists v_1\, R v_0 v_1)$ eine $\{R\}$-Tautologie, die aus der Tautologie $(A_0 \vee \neg A_0)$ entstanden ist. Nicht alle allgemeingültigen $\mathscr{L}$-Formeln sind $\mathscr{L}$-Tautologien, wie als einfachstes Beispiel die Formel $v_0 \doteq v_0$ zeigt.

In der Prädikatenlogik ergeben sich durch die Terme zusätzliche Substitutionsmöglichkeiten. Hier überzeugt man sich zunächst davon, dass die Ersetzung von Termen durch Terme mit der Syntax vereinbar ist, d. h.:

- Aus einem $\mathscr{L}$-Term entsteht wieder ein $\mathscr{L}$-Term, wenn man einen Teilterm durch einen $\mathscr{L}$-Term ersetzt.
- Aus einer $\mathscr{L}$-Formel entsteht wieder eine $\mathscr{L}$-Formel, wenn man einen in der Formel vorkommenden $\mathscr{L}$-Term durch einen $\mathscr{L}$-Term ersetzt.

Ein Spezialfall ist die simultane Ersetzung aller Vorkommen einer Individuenvariable v_i in einem $\mathscr{L}$-Term τ durch einen $\mathscr{L}$-Term σ. Hierfür schreibe ich $\tau[\frac{v_i}{\sigma}]$.

Für den $\mathscr{L}_{\text{Rg}}$-Term $\tau = f_1 f_0 v_0 \, v_2 \, f_1 f_2 f_4 \, v_2$ von S. 91 und $\sigma = f_0 v_2 f_4$ ergibt sich

$$\tau[\tfrac{v_2}{\sigma}] = f_1 f_0 v_0 \, \boldsymbol{f_0 v_2 f_4} \, f_1 f_2 f_4 \, \boldsymbol{f_0 v_2 f_4}$$

Als Baum: 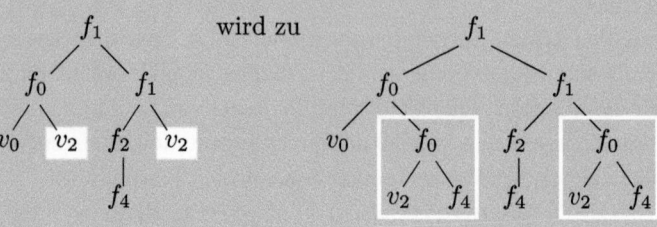 wird zu

Lemma 4.5.2 (Substitutionslemma für Terme)

Seien σ und τ $\mathscr{L}$-Terme und β eine Belegung in einer $\mathscr{L}$-Struktur $\mathscr{M}$. Dann gilt

$$\beta\bigl(\tau[\tfrac{v_i}{\sigma}]\bigr) = \beta_{\tfrac{v_i}{\beta(\sigma)}}(\tau)$$

BEWEIS Klar, weil die Auswertung von Termen durch sukzessive Anwendung von Funktionen geschieht und die Verknüpfung von Funktionen assoziativ ist. □

Mit der Funktionsschreibweise aus Definition 4.2.8 bedeutet das Lemma für einen Term $\tau(v_1)$ so viel wie $\tau[\tfrac{v_1}{\sigma}]^{\mathscr{M}} = \tau^{\mathscr{M}} \circ \sigma^{\mathscr{M}}$ und allgemeiner für Terme $\tau(v_1, \ldots, v_n)$ und $\sigma(v_1, \ldots, v_n)$:

$$\bigl(\tau[\tfrac{v_i}{\sigma}]\bigr)^{\mathscr{M}}(m_1, \ldots, m_n) = \tau^{\mathscr{M}}\bigl(m_1, \ldots, m_{i-1}, \sigma^{\mathscr{M}}(m_1, \ldots, m_n), m_{i+1}, \ldots, m_n\bigr).$$

Man sieht hieran deutlich, wie die Auswertung des Terms $\tau[\tfrac{v_i}{\sigma}]$ „zerlegt" wird in die Auswertung der Terme τ und σ.

Notation: Für eine $\mathscr{L}$-Formel φ und einen $\mathscr{L}$-Term σ sei $\varphi[\tfrac{v_i}{\sigma}]$ die $\mathscr{L}$-Formel, die man erhält, wenn man jedes *freie* Vorkommen von v_i in φ durch σ ersetzt.

Sei R ein zweistelliges Relations- und f ein einstelliges Funktionszeichen, und sei

$$\varphi = (\forall v_0 \, R v_0 v_1 \wedge \exists v_1 \, R \, \boldsymbol{v_0} \, v_1).$$

Dann ist $\varphi\left[\tfrac{v_0}{f v_2}\right] = (\forall v_0 \, R v_0 v_1 \wedge \exists v_1 \, R \, \boldsymbol{f v_2} \, v_1)$

4.5 Gesetze der Prädikatenlogik

> Bei unkontrollierten Substitutionen können neue Bindungen durch Quantoren entstehen:
>
> $$\varphi[\tfrac{v_0}{v_1}] = (\forall v_0 R v_0 v_1 \wedge \exists v_1 R f\, v_1\, v_1)$$

Um das Substitutionslemma für Formeln analog zum Substitutionslemma für Terme formulieren zu können, muss man ausschließen, dass bei der Substitution ungewollte Quantifizierungen eintreten. Dazu benötigt man die folgende Definition.

Definition 4.5.3 *Die Variable v_i ist* **frei für einen $\mathscr{L}$-Term σ in einer $\mathscr{L}$-Formel** *φ (free for), wenn bei der Ersetzung $\varphi[\tfrac{v_i}{\sigma}]$ kein Vorkommen einer Individuenvariablen v_j in σ durch einen Quantor von φ gebunden wird.*

Dies kann man auch folgendermaßen über den Aufbau der Formeln definieren:
Die Variable v_i ist frei für σ in φ, falls (a) v_i nicht frei in φ ist oder falls (b) v_i frei in φ ist und einer der folgenden Fälle gilt:

- *φ ist atomar,*
- *$\varphi = \neg\psi$ und v_i ist frei für σ in ψ,*
- *$\varphi = (\psi * \psi')$ mit beliebigem zweistelligen Junktor $*$ und v_i ist frei für σ in ψ und in ψ',*
- *$\varphi = \exists v_j\, \psi$ oder $\varphi = \forall v_j\, \psi$, v_i ist frei für σ in ψ und v_j kommt in σ nicht vor.*

Lemma 4.5.4 (**Substitutionslemma für Formeln**)
Sei φ eine $\mathscr{L}$-Formel, σ ein $\mathscr{L}$-Term und β eine Belegung in der $\mathscr{L}$-Struktur $\mathscr{M}$. Dann gilt für jede Variable v_i, die frei für σ in φ ist:

$$(\mathscr{M}, \beta) \vDash \varphi[\tfrac{v_i}{\sigma}] \iff (\mathscr{M}, \beta\tfrac{v_i}{\beta(\sigma)}) \vDash \varphi$$

BEWEIS Beweis per Induktion über den Aufbau der Formeln. Für atomare $\mathscr{L}$-Formeln $\varphi = R_j \tau_1 \ldots \tau_n$ (inklusive $\top$, $\bot$ und $\tau_1 \doteq \tau_2$) gilt nach dem Substitutionslemma für Terme:

$$\begin{aligned}
(\mathscr{M}, \beta) \vDash R_j \tau_1 \ldots \tau_n [\tfrac{v_i}{\sigma}] &\iff (\mathscr{M}, \beta) \vDash R_j\, \tau_1[\tfrac{v_i}{\sigma}] \ldots \tau_n[\tfrac{v_i}{\sigma}] \\
&\iff \bigl(\beta(\tau_1[\tfrac{v_i}{\sigma}]), \ldots, \beta(\tau_n[\tfrac{v_i}{\sigma}])\bigr) \in R_j^{\mathscr{M}} \\
&\iff \bigl(\beta\tfrac{v_i}{\beta(\sigma)}(\tau_1), \ldots, \beta\tfrac{v_i}{\beta(\sigma)}(\tau_n)\bigr) \in R_j^{\mathscr{M}} \\
&\iff (\mathscr{M}, \beta\tfrac{v_i}{\beta(\sigma)}) \vDash R_j \tau_1 \ldots \tau_n
\end{aligned}$$

Die Junktorenschritte sind unproblematisch, da die Junktoren mit den Substitutionen vertauschen, also $(\varphi \wedge \psi)[\tfrac{v_i}{\sigma}] = (\varphi[\tfrac{v_i}{\sigma}] \wedge \psi[\tfrac{v_i}{\sigma}])$ etc. gilt.

Sei nun also $\varphi = \exists v_j\, \psi$ (für den Allquantor funktioniert die gleiche Argumentation). Wegen der Annahme, dass v_i frei für σ in φ ist, kommt v_j in σ nicht vor. Wenn v_i nicht frei in φ ist, ist das Substitutionslemma trivial. Sei also v_i frei in φ. Dann muss $i \neq j$ sein. Nun gilt:

$$
\begin{array}{rcccl}
(\mathscr{M}, \beta) \models \exists v_j\, \psi[\tfrac{v_i}{\sigma}] & \iff & \text{es gibt ein } m \in M & \text{mit } (\mathscr{M}, \beta\tfrac{v_j}{m}) & \models \psi[\tfrac{v_i}{\sigma}] \\
\text{nach Induktionsvoraussetzung} & \iff & -\,"\,- & (\mathscr{M}, \beta\tfrac{v_j}{m}\tfrac{v_i}{\beta\tfrac{v_j}{m}(\sigma)}) & \models \psi \\
\text{da } v_j \text{ in } \sigma \text{ nicht vorkommt} & \iff & -\,"\,- & (\mathscr{M}, \beta\tfrac{v_j}{m}\tfrac{v_i}{\beta(\sigma)}) & \models \psi \\
\text{da } i \neq j & \iff & -\,"\,- & (\mathscr{M}, \beta\tfrac{v_i}{\beta(\sigma)}\tfrac{v_j}{m}) & \models \psi \\
& \iff & & (\mathscr{M}, \beta\tfrac{v_i}{\beta(\sigma)}) & \models \exists v_j\, \psi \quad \square
\end{array}
$$

Am Beispiel $\mathscr{N} = (\mathbb{N}; +^{\mathbb{N}}, 1^{\mathbb{N}})$ sieht man die Notwendigkeit der Bedingung im Substitutionslemma: Es gilt genau dann $(\mathscr{N}, \beta) \models \varphi = \exists v_1\, v_0 + v_1 \doteq 1$, wenn $\beta(v_0) \in \{0, 1\}$. Ersetzt man in φ die freie Variable v_0 durch den Term v_1, ergibt sich die in $\mathscr{N}$ nicht mehr erfüllbare $\{+, 1\}$-Formel $\exists v_1\, v_1 + v_1 \doteq 1$. Das Substitutionslemma ist nicht anwendbar, da v_0 nicht frei für v_1 in φ ist.

Gleichheitsgesetze und Quantorengesetze

Satz 4.5.5 ($\mathscr{L}$-Gleichheitsgesetze)
Die folgenden $\mathscr{L}$-Aussagen sind allgemeingültig, wobei f ein beliebiges Funktionszeichen in $\mathscr{L}$ mit $n = s(f)$ bzw. R ein beliebiges Relationszeichen in $\mathscr{L}$ mit $n = s(R)$ ist.

Reflexivität:	$\forall v_i\; v_i \doteq v_i$
Symmetrie:	$\forall v_i \forall v_j\, (v_i \doteq v_j \rightarrow v_j \doteq v_i)$
Transitivität:	$\forall v_i \forall v_j \forall v_k ((v_i \doteq v_j \wedge v_j \doteq v_k) \rightarrow v_i \doteq v_k)$
Kongruenz:	
$\forall v_{i_1} \cdots \forall v_{i_{2n}}\bigl((v_{i_1} \doteq v_{i_{n+1}} \wedge \cdots \wedge v_{i_n} \doteq v_{i_{2n}}) \rightarrow f v_{i_1} \ldots v_{i_n} \doteq f v_{i_{n+1}} \ldots v_{i_{2n}}\bigr)$	
$\forall v_{i_1} \cdots \forall v_{i_{2n}}\bigl((v_{i_1} \doteq v_{i_{n+1}} \wedge \cdots \wedge v_{i_n} \doteq v_{i_{2n}}) \rightarrow (R v_{i_1} \ldots v_{i_n} \leftrightarrow R v_{i_{n+1}} \ldots v_{i_{2n}})\bigr)$	

Satz 4.5.6 (**Logische Gesetze für Quantoren**)
Es gelten die folgenden logischen Äquivalenzen und logischen Folgerungen.

4.5 Gesetze der Prädikatenlogik

„Unnötige Quantoren":
  Wenn v_i nicht frei in φ ist, dann $\quad\exists v_i\, \varphi \sim \forall v_i\, \varphi \sim \varphi$

Umbenennung gebundener Variablen:
  Wenn v_i frei für v_j in φ ist und v_j nicht frei in φ ist, dann
  $$\exists v_i\, \varphi \sim \exists v_j\, \varphi[\tfrac{v_i}{v_j}] \qquad \forall v_i\, \varphi \sim \forall v_j\, \varphi[\tfrac{v_i}{v_j}]$$

Verhältnis von Quantoren untereinander:
$$\forall v_i\, \varphi \vDash \exists v_i\, \varphi \qquad \exists v_i \forall v_j\, \varphi \vDash \forall v_j \exists v_i\, \varphi$$
$$\exists v_i \exists v_j\, \varphi \sim \exists v_j \exists v_i\, \varphi \qquad \forall v_i \forall v_j\, \varphi \sim \forall v_j \forall v_i\, \varphi$$

Dualität der Quantoren *oder* verallgemeinerte Regeln von De Morgan:
$$\exists v_i\, \neg\varphi \sim \neg \forall v_i\, \varphi \qquad \forall v_i\, \neg\varphi \sim \neg \exists v_i\, \varphi$$

Vertauschungen von Quantoren mit Junktoren:
$$\exists v_i\, (\varphi \vee \psi) \sim (\exists v_i\, \varphi \vee \exists v_i\, \psi) \qquad \forall v_i\, (\varphi \wedge \psi) \sim (\forall v_i\, \varphi \wedge \forall v_i\, \psi)$$
$$\exists v_i\, (\varphi \wedge \psi) \vDash (\exists v_i\, \varphi \wedge \exists v_i\, \psi) \qquad (\forall v_i\, \varphi \vee \forall v_i\, \psi) \vDash \forall v_i\, (\varphi \vee \psi)$$

Falls v_i nicht frei in φ ist, dann $\qquad$ *Falls v_i nicht frei in φ ist, dann*
$$\exists v_i\, (\varphi \wedge \psi) \sim (\varphi \wedge \exists v_i\, \psi) \qquad \forall v_i\, (\varphi \vee \psi) \sim (\varphi \vee \forall v_i\, \psi)$$
$$\exists v_i\, (\varphi \vee \psi) \sim (\varphi \vee \exists v_i\, \psi) \qquad \forall v_i\, (\varphi \wedge \psi) \sim (\varphi \wedge \forall v_i\, \psi)$$

„Definition der Quantoren": *Falls v_i frei für τ in φ ist, dann*
$$\varphi[\tfrac{v_i}{\tau}] \vDash \exists v_i\, \varphi \qquad \forall v_i\, \varphi \vDash \varphi[\tfrac{v_i}{\tau}]$$

Die Umkehrungen der sechs Implikationen $\vDash$ gelten im Allgemeinen nicht!

Beispiele für die Notwendigkeit der Bedingungen

Bei der Umbenennung gebundener Variablen muss man ähnlich wie beim Substitutionslemma aufpassen, dass Variablen nicht irrtümlich in den Wirkungsbereich von Quantoren gelangen. Dies wird durch die beiden Bedingungen verhindert.

In folgenden Beispielen darf v_0 nicht durch v_1 ersetzt werden:
$\varphi = \forall v_0\, v_0 \doteq v_1$ ist nicht äquivalent zu $\forall v_1\, v_1 \doteq v_1$ (hier ist v_1 frei in $v_0 \doteq v_1$).
$\psi = \forall v_0 \forall v_1\, v_0 \doteq v_1$ ist nicht äquivalent zu $\forall v_1 \forall v_1\, v_1 \doteq v_1$ (hier ist v_0 nicht frei für v_1 in $\forall v_1\, v_1 \doteq v_1$).

Auch bei den „Quantorendefinitionen" ist die Bedingung notwendig, denn beispielsweise kann man nicht aus $(\forall v_1\, v_0 \doteq v_1)[\tfrac{v_0}{v_1}] = \forall v_1\, v_1 \doteq v_1$ auf $\exists v_0 \forall v_1\, v_0 \doteq v_1$ schließen.

Beispiele für die Anwendung der Quantorengesetze findet man im Abschn. 4.6 über die pränexe Normalform!

Wenn $\mathscr{M}$ eine $\mathscr{L}$-Struktur ist, dann kann man die Signatur $\mathscr{L}$ um Konstanten für Elemente aus M erweitern: $\mathscr{L}_M$ besteht aus $\mathscr{L}$ zusammen mit *neuen* Konstanten c_m für jedes Element $m \in M$ („neu" heißt $c_m \notin \mathscr{L}$). Nun kann man $\mathscr{M}$ zu einer $\mathscr{L}_M$-Struktur $\mathscr{M}_M$ expandieren (expand) durch die naheliegende Interpretation $c_m^{\mathscr{M}_M} = m$.

Ist $M = \{m_1, \ldots, m_n\}$ endlich, dann gilt nun für $\mathscr{L}$-Formeln $\varphi(v_0)$:

$$\mathscr{M} \vDash \forall v_0\, \varphi \iff \mathscr{M}_M \vDash \left(\varphi[\tfrac{v_0}{c_{m_1}}] \wedge \cdots \wedge \varphi[\tfrac{v_0}{c_{m_n}}]\right)$$

$$\text{und} \quad \mathscr{M} \vDash \exists v_0\, \varphi \iff \mathscr{M}_M \vDash \left(\varphi[\tfrac{v_0}{c_{m_1}}] \vee \cdots \vee \varphi[\tfrac{v_0}{c_{m_n}}]\right)$$

In diesem Sinne ist also der Allquantor eine Art verallgemeinerte Konjunktion und der Existenzquantor eine Art verallgemeinerte Disjunktion. Zeitweise hat man daher auch $\bigwedge$ für $\forall$ und $\bigvee$ für $\exists$ geschrieben. Dies erklärt die Gültigkeit der verallgemeinerten De Morgan'schen Regeln und die Vertauschbarkeit des Allquantors mit der Konjunktion und des Existenzquantors mit der Disjunktion.

BEWEIS DER SÄTZE 4.5.5 UND 4.5.6:

Die Gleichheitsgesetze gelten, da die Identität bekanntermaßen die ausgedrückten Eigenschaften besitzt.

Das Gesetz für „unnötige Quantoren" folgt unmittelbar aus Satz 4.2.6.

Umbenennung gebundener Variablen:

$$(\mathscr{M}, \beta) \vDash \exists v_j\, \varphi[\tfrac{v_i}{v_j}] \overset{(Def.)}{\iff} \text{ es gibt ein } m \in M \text{ mit } (\mathscr{M}, \beta\tfrac{v_j}{m}) \vDash \varphi[\tfrac{v_i}{v_j}]$$

$$\begin{array}{c}(v_i \text{ frei für } v_j \text{ in } \varphi + \\ \text{Substitutionslemma})\end{array} \iff \text{ es gibt ein } m \in M \text{ mit } (\mathscr{M}, \beta\tfrac{v_j}{m}\,\overline{\tfrac{v_i}{\beta\tfrac{v_j}{m}(v_j) = m}}) \vDash \varphi$$

$$(v_j \text{ nicht frei in } \varphi) \iff \text{ es gibt ein } m \in M \text{ mit } (\mathscr{M}, \beta\tfrac{v_i}{m}) \vDash \varphi$$

$$(\textit{Definition}) \iff (\mathscr{M}, \beta) \vDash \exists v_i\, \varphi$$

Die Regeln für die Vertauschungen der Quantoren bzw. der Quantoren mit den Junktoren sieht man unmittelbar durch die Anwendung der Definitionen, weil die entsprechenden Gesetze auf der Metaebene gelten. Ein Beispiel für den Fall, dass v_i nicht frei in φ ist:

$$(\mathscr{M}, \beta) \vDash \exists v_i\, (\varphi \wedge \psi) \overset{(Def.)}{\iff} \text{ es gibt } m \in M \text{ mit } (\mathscr{M}, \beta\tfrac{v_i}{m}) \vDash (\varphi \wedge \psi)$$

$$(\textit{Definition}) \iff \text{ es gibt } m \in M \text{ mit } (\mathscr{M}, \beta\tfrac{v_i}{m}) \vDash \varphi \text{ und } (\mathscr{M}, \beta\tfrac{v_i}{m}) \vDash \psi$$

$$(\textit{Voraussetzung}) \iff \text{ es gibt } m \in M \text{ mit } (\mathscr{M}, \beta) \vDash \varphi \text{ und } (\mathscr{M}, \beta\tfrac{v_i}{m}) \vDash \psi$$

$$(\textit{Metagesetz}) \iff (\mathscr{M}, \beta) \vDash \varphi \text{ und es gibt } m \in M \text{ mit } (\mathscr{M}, \beta\tfrac{v_i}{m}) \vDash \psi$$

$$(\textit{Definition}) \iff (\mathscr{M}, \beta) \vDash \varphi \text{ und } (\mathscr{M}) \vDash \exists v_i\, \psi$$

$$(\textit{Definition}) \iff (\mathscr{M}, \beta) \vDash (\varphi \wedge \exists v_i\, \psi)$$

Ein weiteres Beispiel ist auf S. 150 in Abschn. 6.1 ausgeführt. Bei $\forall v_0\, \varphi \vDash \exists v_0\, \varphi$ ist die Konvention, dass Strukturen nicht leer sein dürfen, entscheidend.

Dualität der Quantoren:

4.5 Gesetze der Prädikatenlogik

$(\mathcal{M}, \beta) \vDash \neg \exists v_0 \varphi \iff (\mathcal{M}, \beta) \nvDash \exists v_0 \varphi$

(Definition) $\iff$ es gibt kein $m \in M$ mit $(\mathcal{M}, \beta \frac{v_0}{m}) \vDash \varphi$

(Metagesetz) $\iff$ für alle $m \in M$ gilt $(\mathcal{M}, \beta \frac{v_0}{m}) \nvDash \varphi$

(Definition) $\iff$ für alle $m \in M$ gilt $(\mathcal{M}, \beta \frac{v_0}{m}) \vDash \neg\varphi$

(Definition) $\iff (\mathcal{M}, \beta) \vDash \forall v_0 \neg \varphi$

Das andere Dualitätsgesetz folgt daraus mit den Substitutionsprinzipien:

$$\neg \forall v_0 \varphi \sim \neg \forall v_0 \neg\neg \varphi \sim \neg\neg \exists v_0 \neg \varphi \sim \exists v_0 \neg \varphi$$

„$\exists$-Definition": Angenommen $(\mathcal{M}, \beta) \vDash \varphi[\frac{v_i}{\tau}]$. Wegen der Freiheitsannahme folgt mit dem Substitutionslemma $(\mathcal{M}, \beta \frac{v_i}{\beta(\tau)}) \vDash \varphi$. Also gibt es ein m, nämlich $m = \beta(\tau)$, mit $(\mathcal{M}, \beta \frac{v_i}{m}) \vDash \varphi$. Somit gilt $(\mathcal{M}, \beta) \vDash \exists v_i \varphi$.

„$\forall$-Definition" lässt sich mit Dualität und den Substitutionsprinzipien daraus ableiten (wie generell die $\forall$-Version eines Gesetzes aus der $\exists$-Version und umgekehrt): Kontraposition der $\exists$-Definition für $\neg\varphi$ ergibt $\forall v_i \varphi \sim \neg \exists v_i \neg\varphi \vDash \neg\neg\varphi[\frac{v_i}{\tau}] \sim \varphi[\frac{v_i}{\tau}]$.

Gegenbeispiele zu den fehlenden Umkehrungen findet man in $\mathscr{Z} = (\mathbb{Z}; 0^{\mathbb{Z}}, <^{\mathbb{Z}})$:

$\mathscr{Z} \vDash \exists v_0 \, v_0 \doteq 0$ \qquad aber \qquad $\mathscr{Z} \nvDash \forall v_0 \, v_0 \doteq 0$

$\mathscr{Z} \vDash \forall v_1 \exists v_0 \, v_0 < v_1$ \qquad aber \qquad $\mathscr{Z} \nvDash \exists v_0 \forall v_1 \, v_0 < v_1$

$\mathscr{Z} \vDash \forall v_0 \, (v_0 \doteq 0 \vee \neg v_0 \doteq 0)$ \qquad aber \qquad $\mathscr{Z} \nvDash (\forall v_0 \, v_0 \doteq 0 \vee \forall v_0 \, \neg v_0 \doteq 0)$

$\mathscr{Z} \vDash (\exists v_0 \, v_0 < 0 \wedge \exists v_0 \, 0 < v_0)$ \qquad aber \qquad $\mathscr{Z} \nvDash \exists v_0 \, (v_0 < 0 \wedge 0 < v_0)$

$\mathscr{Z} \vDash \exists v_0 \, \neg v_0 + v_0 \doteq v_0$ \qquad aber \qquad $\mathscr{Z} \nvDash \neg 0 + 0 \doteq 0$

$\mathscr{Z} \vDash 0 + 0 \doteq 0$ \qquad aber \qquad $\mathscr{Z} \nvDash \forall v_0 \, v_0 + v_0 \doteq v_0$ \qquad □

Die bisherigen Gesetze bestanden aus allgemeingültigen $\mathscr{L}$-Formeln, aus logischen Äquivalenzen und logischen Folgerungen. Nun beschreibe ich noch drei **Ableitungsregeln** (deduction rules), die für Kap. 5 wichtig sind.

Ableitungsregeln sind von der Form: Wenn eine $\mathscr{L}$-Formel allgemeingültig ist (bzw. eine logische Äquivalenz oder eine logische Folgerung vorliegt), dann ist etwas, was man daraus durch eine gewisse Umformung erhält, ebenfalls eine allgemeingültige $\mathscr{L}$-Formel (bzw. eine logische Äquivalenz oder eine logische Folgerung). Das Prinzip der äquivalenten Substitution kann man als eine solche Ableitungsregel auffassen.

Satz 4.5.7 *Angenommen $(\varphi \to \psi)$ ist eine allgemeingültige $\mathscr{L}$-Formel.*

Modus Ponens:
Wenn φ ebenfalls allgemeingültig ist, dann ist auch ψ allgemeingültig.

$\exists$-Einführungsregel:
Wenn v_i nicht frei in ψ ist, dann ist auch $(\exists v_i \varphi \to \psi)$ allgemeingültig.

$\forall$-Einführungsregel:
Wenn v_i nicht frei in φ ist, dann ist auch $(\varphi \to \forall v_i \psi)$ allgemeingültig.

∃- und ∀-Einführungsregel sind hier etwas allgemeiner formuliert, als ich sie im nächsten Abschnitt brauche. Wichtig ist dort der Spezialfall $\varphi = \top$ mit $(\varphi \to \psi) \sim \psi$ und $(\varphi \to \forall v_i\, \psi) \sim \forall v_i\, \psi$.

BEWEIS Die Korrektheit der Modus-Ponens-Regel ist klar durch den aussagenlogischen *modus ponens*. Die Korrektheit der ∀-Einführungsregel folgt mit Dualität aus der Korrektheit der ∃-Einführungsregel. Um diese zu zeigen, nehmen wir an, dass $(\varphi \to \psi)$ allgemeingültig ist und dass $(\mathcal{M}, \beta) \vDash \exists v_i\, \varphi$ gilt. Zu zeigen ist $(\mathcal{M}, \beta) \vDash \psi$:

Nach Definition existiert ein $m \in M$ mit $(\mathcal{M}, \beta\frac{v_i}{m}) \vDash \varphi$. Aus $(\mathcal{M}, \beta\frac{v_i}{m}) \vDash (\varphi \to \psi)$ ergibt sich mit dem aussagenlogischen *modus ponens* $(\mathcal{M}, \beta\frac{v_i}{m}) \vDash \psi$. Da v_i nicht frei in ψ ist, folgt mit Satz 4.2.6 $(\mathcal{M}, \beta) \vDash \psi$. □

Wie ist nun der Zusammenhang zwischen logischen Gesetzen und Ableitungsregeln? Aus einer Implikation wie $\forall v_i \varphi \vDash \exists v_i \varphi$ bzw. $\vDash (\forall v_i \varphi \to \exists v_i \varphi)$ ergibt sich mit *modus ponens* eine Ableitungsregel: Wenn $\forall v_i \varphi$ allgemeingültig ist, dann auch $\exists v_i \varphi$. Die Umkehrung gilt aber im Allgemeinen nicht! Beispielsweise besagt die ∀-Einführungsregel *nicht*, dass $((\varphi \to \psi) \to (\varphi \to \forall v_i\, \psi))$ allgemeingültig ist, wenn v_i nicht frei in φ ist. Man kann den *modus ponens* also nicht umkehren: Wenn aus der Allgemeingültigkeit von φ die Allgemeingültigkeit von ψ folgt, impliziert dies nicht die Allgemeingültigkeit von $(\varphi \to \psi)$.

Beispiele

Dass $((\varphi \to \psi) \to (\varphi \to \forall v_0\, \psi))$ im Allgemeinen nicht allgemeingültig ist, sieht man am besten am Beispiel $\varphi = \top$ und $\psi = Pv_0$.

Denn $((\top \to Pv_0) \to (\top \to \forall v_0\, Pv_0)) \sim (Pv_0 \to \forall v_0\, Pv_0)$ und diese Formel ist nicht allgemeingültig, weil $\forall v_0 (Pv_0 \to \forall v_0\, Pv_0) \sim (\forall v_0 \neg Pv_0 \vee \forall v_0\, Pv_0)$ es offenbar nicht ist.

Dagegen ist $\exists v_0 (Pv_0 \to \forall v_0\, Pv_0) \sim (\neg \forall v_0\, Pv_0 \vee \forall v_0\, Pv_0)$ allgemeingültig, was etwa in Krivines „Hut-Beispiel" kontraintuitiv wirken kann: *In jeder nicht leeren Menschenmenge gibt es einen Menschen mit der Eigenschaft: Wenn dieser Mensch einen Hut trägt, dann tragen alle in der Menge einen Hut.* (Wenn alle einen Hut tragen, kann jeder diese Rolle einnehmen; wenn nicht alle einen Hut tragen, wählt man jemanden, der keinen Hut trägt. – Man darf die logische Implikation nicht mit einer kausalen Beziehung verwechseln.)

Übungsaufgaben

Aufgabe 4.5.1 Zeigen Sie, dass sowohl $\forall v_0\, (\varphi \to \psi) \not\sim (\forall v_0\, \varphi \to \forall v_0\, \psi)$ als auch $\exists v_0\, (\varphi \to \psi) \not\sim (\exists v_0\, \varphi \to \exists v_0\, \psi)$.

Aufgabe 4.5.2 Seien P, Q und R drei einstellige Relationszeichen. Zeigen Sie durch Anwenden von Quantorengesetzen und Substitutionsregeln:

$\neg \forall v_0 Q v_0, \forall v_0 (\neg Q v_0 \to P v_0), \forall v_0 (Q v_0 \leftrightarrow \neg R v_0) \models \exists v_0 (R v_0 \land P v_0)$

$\exists v_0 (P v_0 \to Q v_0) \sim (\forall v_0 P v_0 \to \exists v_0 Q v_0)$

$\forall v_0 \forall v_1 \neg (P v_0 \leftrightarrow P v_1) \sim (\neg \forall v_0 \forall v_1 (P v_0 \lor P v_1) \to \exists v_0 \exists v_1 (P v_0 \land P v_1))$

Aufgabe 4.5.3 Zeigen Sie, dass die „frei für"-Bedingung in der $\exists$-Einführungsregel notwendig ist.

4.6 Normalformen

In diesem Abschnitt geht es darum, $\mathscr{L}$-Formeln bis auf logische Äquivalenz in eine besondere Form zu bringen, so wie DNF und KNF in der Aussagenlogik. Zunächst sieht man als direkte Folgerung aus Satz 4.5.6, den Substitutionsprinzipien und Satz 1.5.6 sowie dem Beispiel nach Satz 1.5.6:

Folgerung 4.6.1 *$\{\exists\}$ und $\{\forall\}$ sind vollständige Quantorensysteme, d. h., jede $\mathscr{L}$-Formel ist logisch äquivalent zu einer $\mathscr{L}$-Formel, in der der jeweils andere Quantor nicht vorkommt.*

$\{\neg, \land, \exists\}$ und $\{\neg, \land, \forall\}$ sind Beispiele vollständiger Junktoren-Quantoren-Systeme, d. h., jede $\mathscr{L}$-Formel ist logisch äquivalent zu einer $\mathscr{L}$-Formel, in der jeweils keine anderen Junktoren und Quantoren vorkommen und auch nicht die Aussagenkonstanten $\top$ und $\bot$.

In der Anwesenheit von $\bot$ als atomarer $\mathscr{L}$-Formel ist auch $\{\to, \forall\}$ ein vollständiges Junktoren-Quantoren-System.

Pränexe Normalformen

Definition 4.6.2 *Eine $\mathscr{L}$-Formel ist in **pränexer Normalform** (prenex normal form) oder kurz: pränex, falls sie die Form*

$$Q_1 v_{i_1} \ldots Q_n v_{i_n} \psi$$

hat, wobei die $Q_i \in \{\exists, \forall\}$ für Quantorensymbole stehen, $n \in \mathbb{N}$ und ψ eine quantorenfreie (quantifier-free) $\mathscr{L}$-Formel ist, d. h., ψ enthält keine Quantoren.

Satz 4.6.3 *Jede $\mathscr{L}$-Formel $\varphi(v_{i_1}, \ldots, v_{i_n})$ ist logisch äquivalent zu einer $\mathscr{L}$-Formel $\varphi'(v_{i_1}, \ldots, v_{i_n})$ in pränexer Normalform.*

BEWEIS Für den Beweis über den Aufbau der Formeln reicht es, mit dem vollständigen Junktoren-Quantoren-System $\{\neg, \wedge, \vee, \exists, \forall\}$ zu arbeiten.

- Atomare $\mathscr{L}$-Formeln sind quantorenfrei und damit pränex mit $n = 0$.
- Wenn $\varphi = Q_1 v_{i_1} \ldots Q_n v_{i_n} \psi$ pränex ist, dann sind zum einen $\exists v_i \varphi$ und $\forall v_i \varphi$ automatisch auch pränex und zum anderen ist $\neg\varphi \sim Q'_1 v_{i_1} \ldots Q'_n v_{i_n} \neg\psi$ mit $\exists' = \forall$ und $\forall' = \exists$.
- Seien nun φ und φ' in pränexer Normalform. Wenn beide quantorenfrei sind, sind $(\varphi \wedge \varphi')$ und $(\varphi \vee \varphi')$ schon pränex. Daher kann man annehmen, dass z. B. $\varphi' = Q v_j \psi$ mit einem Quantor $Q \in \{\exists, \forall\}$. Wenn v_j frei in φ ist (oder am besten wenn v_j in φ vorkommt), wählt man eine neue Variable v_k, die in φ und ψ nicht vorkommt; sonst sei $k = j$. Dann gilt

$$(\varphi \wedge Q v_j \psi) \sim (\varphi \wedge Q v_k \psi[\tfrac{v_j}{v_k}]) \sim Q v_k (\varphi \wedge \psi[\tfrac{v_j}{v_k}])$$
$$(\varphi \vee Q v_j \psi) \sim (\varphi \vee Q v_k \psi[\tfrac{v_j}{v_k}]) \sim Q v_k (\varphi \vee \psi[\tfrac{v_j}{v_k}])$$

Mit vertauschten Seiten funktioniert dies ebenso für Quantoren in φ. Sukzessive kann man nun alle Quantoren vor die Klammer ziehen und erhält so eine pränexe Normalform für $(\varphi \wedge \varphi')$ bzw. $(\varphi \vee \varphi')$.

Man sieht außerdem, dass sich die freien Variablen in keinem der Induktionsschritte ändern! □

Der Beweis von Satz 4.6.3 liefert den folgenden Algorithmus, um eine $\mathscr{L}$-Formel φ in pränexe Normalform zu bringen:

- Ersetze in φ alle Junktoren $\leftrightarrow$ und $\to$ (mit der Regel „Definition von $\leftrightarrow$" bzw. „Definition von $\to$" aus Satz 1.4.1).
- Ziehe alle Negationszeichen nach innen (mit den Regeln von De Morgan bzw. der Dualität der Quantoren).
- Benenne gebundene Variablen so um, dass sich jeder Quantor auf eine eigene Variable bezieht (und insbesondere auch freie und gebundene Variable verschieden sind).
- Ziehe sukzessive (von außen nach innen) alle Quantoren nach vorne.

4.6 Normalformen

Beispiel für die Umformung in pränexe Normalform

$(\exists v_0 \forall v_1\, Rv_0v_1 \rightarrow \forall v_1 \exists v_0\, Rv_0v_1)$ (*Ersetzen von* $\rightarrow$)

$\sim (\neg \exists v_0 \forall v_1\, Rv_0v_1 \vee \forall v_1 \exists v_0\, Rv_0v_1)$ ($\neg$-*Schritt*)

$\sim (\forall v_0 \exists v_1\, \neg Rv_0v_1 \vee \forall \mathbf{v_1} \exists v_0\, Rv_0\mathbf{v_1})$ (*Umbenennen der Variablen*)

$\sim (\forall v_0 \exists v_1\, \neg Rv_0v_1 \vee \forall v_2 \exists \mathbf{v_0}\, Rv_0v_2)$

$\sim (\forall v_0 \exists v_1\, \neg Rv_0v_1 \vee \mathbf{\forall v_1} \exists v_3\, Rv_3v_2)$ (*Herausziehen der Quantoren*)

$\sim \forall v_2\, (\forall v_0 \exists v_1\, \neg Rv_0v_1 \vee \mathbf{\exists v_3} Rv_3v_2)$

$\sim \forall v_2 \exists v_3\, (\mathbf{\forall v_0} \exists v_1\, \neg Rv_0v_1 \vee Rv_3v_2)$

$\sim \forall v_2 \exists v_3 \forall v_0\, (\mathbf{\exists v_1} \neg Rv_0v_1 \vee Rv_3v_2)$

$\sim \forall v_2 \exists v_3 \forall v_0 \exists v_1\, (\neg Rv_0v_1 \vee Rv_3v_2)$

Die Quantoren können aber auch in einer anderen Reihenfolge herausgezogen werden. Man erhält zum Beispiel ebenfalls

$(\exists v_0 \forall v_1\, Rv_0v_1 \rightarrow \forall v_1 \exists v_0\, Rv_0v_1) \sim \forall v_0 \forall v_2 \exists v_1 \exists v_3\, (\neg Rv_0v_1 \vee Rv_3v_2)$

Die pränexe Normalform ist also nicht eindeutig und kann auch nicht durch einfache Konventionen eindeutig gemacht werden. Insbesondere kann die Reihenfolge mancher (aber nicht aller) Quantoren vertauscht werden und es können gebundene Variable umbenannt sein.

Daraus können sich logische Äquivalenzen ergeben, die auf den ersten Blick falsch aussehen:

$$\exists v_0 \forall v_1\, (Pv_0 \wedge Pv_1) \sim \forall v_0 \exists v_1\, (Pv_0 \wedge Pv_1)$$

Syntaktisch sieht man diese Äquivalenz, da man v_0 in v_1 und v_1 in v_0 umbenennen kann, $\wedge$ kommutativ ist und die Reihenfolge der Quantoren hier keine Rolle spielt. (Natürlich kann man sich auch schnell überlegen, dass beide Formeln logisch äquivalent zu $\forall v_0\, Pv_0$ sind. Es gibt aber auch kompliziertere, weniger offensichtliche Beispiele.)

Man kann die pränexe Normalform mit der disjunktiven Normalform kombinieren, indem man den quantorenfreien Teil einer pränexen $\mathscr{L}$-Formel in DNF bringt (wobei die atomaren Teilformeln die Rolle der Aussagenvariablen einnehmen). Eine $\mathscr{L}$-Formel in dieser Form hat dann also die Gestalt

$$Q_1 v_{i_1} \ldots Q_n v_{i_n} \bigvee_{i=1}^{m} \bigwedge_{j=1}^{l_i} R_{ij} \tau_{ij1} \ldots \tau_{ijk_{ij}}$$

mit Quantoren $Q_i \in \{\exists, \forall\}$, k_{ij}-stelligen Relationszeichen $R_{ij} \in \mathscr{L} \cup \{\top, \bot, \doteq\}$, $\mathscr{L}$-Termen τ_{ijk} und natürlichen Zahlen $n, m, l_1, \ldots, l_m$.

Termreduzierte Darstellung

Eine weitere Möglichkeit, $\mathscr{L}$-Formeln bis auf logische Äquivalenz in eine einfachere Form zu bringen, besteht darin geschachtelte Terme zu eliminieren.

Definition 4.6.4 *Eine $\mathscr{L}$-Formel heißt* **termreduziert** (term-reduced), *falls ihre atomaren Teilformeln von der Form* $\top$, $\bot$, $Rv_{i_1}\ldots v_{i_n}$ *oder* $v_{i_0} \doteq fv_{i_1}\ldots v_{i_n}$ *sind, also jeweils höchstens ein Zeichen der Signatur $\mathscr{L}$ enthalten.*

Satz 4.6.5 *Jede $\mathscr{L}$-Formel $\varphi(v_{i_1},\ldots,v_{i_n})$ ist logisch äquivalent zu einer termreduzierten $\mathscr{L}$-Formel $\varphi'(v_{i_1},\ldots,v_{i_n})$.*

Man kann dies mit den bisherigen Normalformen kombinieren:

Jede pränexe $\mathscr{L}$-Formel mit quantorenfreiem Teil in DNF ist logisch äquivalent zu einer termreduzierten pränexen $\mathscr{L}$-Formel mit quantorenfreiem Teil in DNF

BEWEISSKIZZE Man löst geschachtelte Terme auf, indem man zusätzliche Variablen einführt. Im einem einfachen Beispiel mit einem Prädikat P und einstelligem Funktionszeichen f wird $Pffv_0$ im ersten Schritt durch $\exists v_1(v_1 \doteq fv_0 \wedge Pfv_1)$ ersetzt.

Allgemein: Eine atomare Teilformel $R\tau_1\ldots\tau_n$ mit einem Term der Form $\tau_i = \sigma[\frac{v_j}{fv_{i_1}\ldots v_{i_m}}]$ wird ersetzt durch $\exists v_j(v_j \doteq fv_{i_1}\ldots v_{i_m} \wedge R\tau_1\ldots\tau_{i-1}\sigma\tau_{i+1}\ldots\tau_n)$. Dabei muss v_j eine neue Variable sein, die in $R\tau_1\ldots\tau_n$ nicht vorkommt, und R darf auch $\doteq$ sein. Das macht man so lange, bis eine termreduzierte Formel erreicht ist. Die Formel wird durch diese Ersetzung zwar länger, die „Gesamtschachtelung" aber geringer, sodass man per Induktion sehen kann, dass der Ersetzungsprozess terminiert.

Anschließend kann man die Formel pränex machen und den quantorenfreien Teil in DNF bringen. Dadurch entstehen keine neuen geschachtelten Terme. □

> **Beispiel für die Umformung in termreduzierte Darstellung**
> Sei $\mathscr{L} = \{R, f, c\}$ mit zweistelligem Relationszeichen R, einstelligem Funktionszeichen f und Konstante c. Wie sieht eine termreduzierte Darstellung von
> $$\forall v_0\, (R\,ffv_0\,c \rightarrow fc \doteq v_1)$$
> aus? Sukzessive werden die markierten Terme ersetzt, von innen nach außen:

4.6 Normalformen

$\forall v_0 \, (R \, f \, fv_0 \, c \to fc \doteq v_1)$
$\sim \forall v_0 \, (\exists v_2 (v_2 \doteq fv_0 \land R \, fv_2 \, c) \to fc \doteq v_1)$
$\sim \forall v_0 \, (\exists v_2 (v_2 \doteq fv_0 \land \exists v_3 (v_3 \doteq fv_2 \land R \, v_3 \, c)) \to fc \doteq v_1)$
$\sim \forall v_0 \, (\exists v_2 (v_2 \doteq fv_0 \land \exists v_3 (v_3 \doteq fv_2 \land \exists v_4 (v_4 \doteq c \land R \, v_3 v_4))) \to f\,c \doteq v_1)$
$\sim \forall v_0 \, (\exists v_2 (v_2 \doteq fv_0 \land \exists v_3 (v_3 \doteq fv_2 \land \exists v_4 (v_4 \doteq c \land R \, v_3 v_4))) \to \exists v_5 (v_5 \doteq c \land fv_5 \doteq v_1))$
$\overset{*}{\sim} \forall v_0 \, (\exists v_2 \exists v_3 \exists v_4 (v_2 \doteq fv_0 \land v_3 \doteq fv_2 \land v_4 \doteq c \land R \, v_3 v_4) \to \exists v_5 (v_5 \doteq c \land v_1 \doteq fv_5))$
$\sim \forall v_0 \forall v_2 \forall v_3 \forall v_4 \exists v_5 ((v_2 \doteq fv_0 \land v_3 \doteq fv_2 \land v_4 \doteq c \land R \, v_3 v_4) \to (v_5 \doteq c \land v_1 \doteq fv_5))$
$\sim \forall v_0 \forall v_2 \forall v_3 \forall v_4 \exists v_5 (\neg v_2 \doteq fv_0 \lor \neg v_3 \doteq fv_2 \lor \neg v_4 \doteq c \lor \neg R \, v_3 v_4 \lor (v_5 \doteq c \land v_1 \doteq fv_5))$

Bei ∗ ist die termreduzierte Form erreicht. Anschließend wird die Formel noch pränex gemacht und der quantorenfreien Teil in DNF gebracht.

Für Anwendungen ist es meistens ausreichend, wenn man geschachtelte Funktionszeichen der Stelligkeit ≥ 1 auflöst und Konstante wie Variable behandelt. Im Beispiel wäre dann $\forall v_0 \, (\exists v_2 (v_2 \doteq fv_0 \land \exists v_3 (v_3 \doteq fv_2 \land R \, v_3 c)) \to fc \doteq v_1)$ bereits reduziert.

$\mathscr{L}$-Formeln ohne Funktionszeichen

Man kann in der Prädikatenlogik ohne Einschränkung der Ausdrucksstärke auf Funktionszeichen verzichten. Dazu führt man für jedes Funktionszeichen f in $\mathscr{L}$ ein neues Relationszeichen ein, dessen Interpretation der Graph der Interpretation von f sein wird. Ich zeige die Konstruktion beispielhaft für ein einzelnes Funktionszeichen, sie funktioniert aber problemlos für alle Funktionszeichen einer Sprache gleichzeitig.

Sei also eine Signatur $\mathscr{L}_f$ mit einem n-stelligen Funktionszeichen f gegeben. Man wählt nun ein neues $(n+1)$-stelliges Relationszeichen R. Ich setze $\mathscr{L} := \mathscr{L}_f \setminus \{f\}$, $\mathscr{L}_R := \mathscr{L} \cup \{R\}$ und $\mathscr{L}_{fR} := \mathscr{L}_f \cup \{R\}$.

Wenn man in einer $\mathscr{L}_f$-Struktur $\mathscr{M}_f$ nun das neue Relationszeichen R durch den Graphen der Funktion $f^{\mathscr{M}_f}$ interpretiert, wird $\mathscr{M}_f$ zu einer $\mathscr{L}_{fR}$-Struktur $\mathscr{M}_{fR}$, in der die $\mathscr{L}_{fR}$-Aussage

$$\gamma_{fR} := \forall v_0 \ldots \forall v_n \, (v_0 \doteq fv_1 \ldots v_n \leftrightarrow Rv_1 \ldots v_n v_0)$$

gilt. Man nennt dies eine *definitorische Erweiterung* (expansion by definition). Dadurch, dass γ_{fR} gelten soll, wird die Interpretation von R festgelegt.

Nun „vergisst" man f und seine Interpretation. Dadurch wird aus $\mathscr{M}_{fR}$ eine $\mathscr{L}_R$-Struktur $\mathscr{M}_R$. In dieser Struktur gilt die $\mathscr{L}_R$-Aussage

$$\gamma_R := \forall v_1 \ldots \forall v_n \exists v_0 \, \big(Rv_1 \ldots v_n v_0 \land \forall v_{n+1} \, (Rv_1 \ldots v_n v_{n+1} \to v_{n+1} \doteq v_0)\big)$$

die besagt, dass die Interpretation von R Graph einer n-stelligen Funktion ist.

Umgekehrt kann man jede $\mathscr{L}_R$-Struktur $\mathscr{N}_R$, die γ_R erfüllt, auf eindeutige Weise so zu einer $\mathscr{L}^{fR}$-Struktur $\mathscr{N}_{fR}$ expandieren, dass γ_{fR} gilt, indem man natürlich f durch die Funktion interpretiert, deren Graph $R^{\mathcal{N}_R}$ ist. Vergisst man jetzt R samt Interpretation, bekommt man eine $\mathscr{L}_f$-Struktur $\mathcal{N}_f$. Diese beiden Konstruktionen sind offenbar invers zueinander, und daher entsprechen $\mathscr{L}_f$-Strukturen genau den $\mathscr{L}_R$-Strukturen, die γ_R erfüllen.

Daher kann man auf die folgende Art auf Funktionszeichen verzichten: Zu jeder $\mathscr{L}_f$-Formel φ_f betrachtet man zunächst eine logisch äquivalente termreduzierte $\mathscr{L}$-Formel und ersetzt darin jedes Vorkommen einer Teilformel $v_{i_0} \doteq f v_{i_1} \ldots v_{i_n}$ durch $R v_{i_1} \ldots v_{i_n} v_{i_0}$. Dadurch erhält man eine $\mathscr{L}_R$-Formel φ_R.

Mit der gerade beschriebenen Korrespondenz zwischen $\mathscr{L}_f$-Strukturen und $\mathscr{L}_R$-Modellen von γ_R sieht man, dass φ_f genau dann erfüllbar ist, wenn $(\gamma_R \wedge \varphi_R)$ erfüllbar ist, und genau dann allgemeingültig ist, wenn $(\gamma_R \to \varphi_R)$ allgemeingültig ist.

> **Beispiel**
> Sei $\varphi_f = P f f v_0$ mit einstelligem Funktionszeichen f und Prädikat P. Eine termreduzierte Form ist $\exists v_1 \exists v_2 \, (v_1 \doteq f v_0 \wedge v_2 \doteq f v_1 \wedge P v_2)$. Mit einem neuen zweistelligen Relationszeichen R erhält man dann
>
> $$\varphi_R = \exists v_1 \exists v_2 \, (R v_0 v_1 \wedge R v_1 v_2 \wedge P v_2)$$
>
> Schließlich ist $\varphi_f = P f f v_0$ genau dann erfüllbar, wenn $(\gamma_R \wedge \varphi_R) = (\forall v_0 \exists v_1 (R v_0 v_1 \wedge \forall v_2 (R v_0 v_2 \to v_1 \doteq v_2))) \wedge \exists v_1 \exists v_2 (R v_0 v_1 \wedge R v_1 v_2 \wedge P v_2))$
> erfüllbar ist (beides ist der Fall).

Skolem- und Herbrand-Normalform

Wenn es um die Erfüllbarkeit bzw. die Allgemeingültigkeit einer $\mathscr{L}$-Formel geht und nicht um logische Äquivalenz, kann man (vergleichbar zu Lemma 2.4.1) besondere syntaktische Formen erreichen, indem man die Sprache durch zusätzliche Zeichen erweitert.

Definition 4.6.6 *Eine $\mathscr{L}$-Formel in pränexer Normalform heißt* **universell** *(universal), wenn in ihr keine Existenzquantoren vorkommen, und* **existenziell** *(existential), wenn in ihr keine Allquantoren vorkommen. Quantorenfreie Formeln sind sowohl universell als auch existenziell.*

Satz 4.6.7 *Zu jeder $\mathscr{L}$-Aussage φ kann man auf algorithmische Weise*
  (a) *eine erfüllbarkeitsäquivalente universelle $\mathscr{L}^*$-Aussage φ^* konstruieren, die* **Skolem-Normalform** *(Skolem normal form) oder* **Skolemisierung** *(Skolemization) von φ;*
  (b) *eine existenzielle $\mathscr{L}_*$-Aussage φ_* konstruieren, die genau dann allgemeingültig ist, wenn φ es ist, die* **Herbrand-Normalform** *(Herbrand normal form) von φ.*

4.6 Normalformen

Dabei sind $\mathscr{L}^*$ und $\mathscr{L}_*$ (im Allgemeinen verschiedene) Erweiterungen von $\mathscr{L}$ durch Funktionszeichen, die **Skolem-Funktionen** *(Skolem functions) genannt werden.*

Trivialerweise gibt es zu jeder $\mathscr{L}$-Aussage φ sogar eine quantorenfreie erfüllbarkeitsäquivalente Aussage, nämlich $\top$, falls φ erfüllbar ist, und $\bot$ andernfalls. Wichtig ist in diesem Satz daher, dass man die erfüllbarkeitsäquivalente $\mathscr{L}^*$-Aussage algorithmisch finden kann, also ohne vorher entscheiden zu müssen, ob φ erfüllbar ist oder nicht (was, wie in Kap. 7 gezeigt wird, im Allgemeinen nicht geht).

BEWEIS

(a) Indem man zunächst den Algorithmus aus Satz 4.6.3 anwendet, kann man annehmen, dass φ pränex ist. Wenn φ dann bereits universell ist, ist nichts zu tun. Andernfalls ist φ nach eventueller Umbenennung der Variablen von der Form

$$\forall v_1 \ldots \forall v_k \exists v_{k+1}\, \chi$$

für $k \in \mathbb{N}$ und eine $\mathscr{L}$-Formel χ, die möglicherweise weitere All- und Existenzquantoren enthält. Nun erweitert man $\mathscr{L}$ um ein neues k-stelliges Funktionszeichen f (im Falle von $k = 0$ also um eine neue Konstante) und ersetzt die $\mathscr{L}$-Formel φ durch die $\mathscr{L} \cup \{f\}$-Formel

$$\forall v_1 \ldots \forall v_k\, \chi\, [\tfrac{v_{k+1}}{f v_1 \ldots v_k}]$$

Auf diese Weise ersetzt man von außen nach innen (d. h. von links nach rechts) alle vorkommenden Existenzquantoren und erhält zum Schluss φ^*.

Wenn jeder einzelne dieser Ersetzungsschritte zu einer erfüllbarkeitsäquivalenten Formel führt, ist klar, dass dann auch φ^* erfüllbarkeitsäquivalent zu φ ist. Man kann daher annehmen, dass φ^* bereits im ersten Schritt erreicht ist.
Angenommen $\varphi = \forall v_1 \ldots \forall v_k \exists v_{k+1}\, \chi$ ist erfüllbar und $\mathscr{M}$ ein Modell. Dass φ in $\mathscr{M}$ gilt, bedeutet gerade, dass es für jedes k-Tupel $(m_1, \ldots, m_k) \in M^k$ ein $m' \in M$ mit $\mathscr{M} \vDash \chi(m_1, \ldots, m_n, m')$ gibt. Indem man $f^{\mathscr{M}}(m_1, \ldots, m_k) := m'$ setzt, wird $\mathscr{M}$ zu einem Modell $\mathscr{M}^*$ von φ^* expandiert. Folglich ist auch φ^* erfüllbar.
Ist umgekehrt $\mathscr{M}^*$ ein Modell von φ^* und β eine beliebige Belegung, dann gilt

$$(\mathscr{M}^*, \beta) \vDash \chi(\beta(v_1), \ldots, \beta(v_k), f^{\mathscr{M}^*}(\beta(v_1), \ldots, \beta(v_k))).$$

Mit $m' = f^{\mathscr{M}^*}(\beta(v_1), \ldots, \beta(v_k))$ gilt also, da f auf der rechten Seite nicht mehr vorkommt, $(\mathscr{M}, \beta) \vDash \chi(\beta(v_1), \ldots, \beta(v_k), m')$ oder $(\mathscr{M}, \beta \tfrac{v_{k+1}}{m'}) \vDash \chi$. Daraus folgt $(\mathscr{M}, \beta) \vDash \exists v_{k+1} \chi$, und da β beliebig war, schließlich $\mathscr{M} \vDash \varphi$.

(b) φ ist genau dann allgemeingültig, wenn $\neg \varphi$ nicht erfüllbar ist, also nach (a) genau dann, wenn $(\neg \varphi)^*$ nicht erfüllbar bzw. $\neg(\neg \varphi)^*$ allgemeingültig ist. Zieht man in dieser Formel die äußere Negation nach innen, erhält man die existenzielle Formel φ_*. Die Signatur $\mathscr{L}_*$ für φ ist also $\mathscr{L}^*$ für $\neg \varphi$. □

Beispiel für die Umformung in Skolem- und Herbrand-Normalform
Die Skolem-Normalform von $\varphi = \forall v_0 \exists v_1 \forall v_2 \exists v_3 \, (\neg R v_0 v_1 \vee R v_3 v_2)$ ist

$$\varphi^* = \forall v_0 \forall v_2 \, (\neg R \, v_0 \, f v_0 \vee R \, g v_0 v_2 \, v_2)$$

mit neuem einstelligem Funktionszeichen f und neuem zweistelligem Funktionszeichen g.

Für die Herbrand-Normalform φ_* von φ führt man folgende Schritte durch:

φ *negieren und pränex machen:* $\quad \exists v_0 \forall v_1 \exists v_2 \forall v_3 \, \neg(\neg R v_0 v_1 \vee R v_3 v_2)$
Skolemisieren: $\quad \forall v_1 \forall v_3 \, \neg(\neg R c v_1 \vee R v_3 h v_1)$
erneut negieren und pränex machen: $\quad \exists v_1 \exists v_3 \, (\neg R c v_1 \vee R v_3 h v_1) \; = \; \varphi_*$

wobei c neue Konstante und h neues einstelliges Funktionszeichen. Im Endeffekt eliminiert man also die Allquantoren in gleicher Weise wie bei der Skolemisierung die Existenzquantoren.

Bei mehreren Existenzquantoren hintereinander braucht man jeweils ein neues Funktionszeichen gleicher Stelligkeit. $\forall v_2 \forall v_0 \exists v_1 \exists v_3 \, (\neg R v_0 v_1 \vee R v_3 v_2)$ wird bei der Skolemisierung zu $\forall v_2 \forall v_0 \, (\neg R \, v_0 \, f v_0 v_2 \vee R \, g v_0 v_2 \, v_2)$ mit neuen zweistelligen Funktionszeichen f und g.

Die Herbrand-Normalform wird in Abschn. 6.3 wichtig sein: Mit ihrer Hilfe ergibt sich aus dem Satz von Herbrand eine Methode, um Formeln auf Allgemeingültigkeit zu testen.

Übungsaufgaben

Aufgabe 4.6.1 Seien P und Q zwei einstellige Relationszeichen. Bringen Sie die Formel $((\exists v_0 P v_0 \wedge \exists v_0 Q v_0) \to \exists v_0 (P v_0 \wedge Q v_0))$ in pränexe Normalform.

Aufgabe 4.6.2 Bringen Sie die Formel
$\forall v_0 \, \exists v_1 (\forall v_0 \, \neg v_1 \doteq f_1 v_0 c_0 \to R_0 \, c_0 \, v_1 \, f_1 v_2 f_1 v_0 c_0)$
in termreduzierte pränexe Normalform.

4.6 Normalformen

Aufgabe 4.6.3 * Beweisen Sie den Satz über termreduzierte Formeln und überlegen Sie sich dafür insbesondere, wie Sie die „Gesamtschachtelung" der Formel definieren, die durch die angegebenen Umformungen jeweils verringert wird.

Aufgabe 4.6.4 Bringen Sie die pränexe Normalform aus Aufgabe 4.6.1 in Skolem- und in Herbrand-Normalform.

Der Vollständigkeitssatz 5

In der Aussagenlogik können alle typischen Fragestellungen – z. B. nach Erfüllbarkeit oder logischer Äquivalenz – prinzipiell beantwortet werden, indem man Wahrheitstafeln ausrechnet oder eine der anderen Methoden aus Kap. 2 anwendet. In der Prädikatenlogik gibt es kein prinzipielles Verfahren, das alle solche Fragen beantwortet: Das ist die Aussage des Satzes 7.4.2 über die Unentscheidbarkeit der Prädikatenlogik, die auch aus dem Gödel'schen Unvollständigkeitssatz gefolgert werden kann. Für die Prädikatenlogik erster Stufe gibt es aber zumindest *vollständige Kalküle*, also Systeme von Ableitungsregeln, aus denen sich alle logischen Gesetze herleiten lassen (also zum Beispiel alle allgemeingültigen Sätze oder alle logischen Äquivalenzen). Ziel dieses Kapitels ist es, solch einen Kalkül anzugeben und die Vollständigkeit zu beweisen. Warum solch ein Kalkül kein Entscheidungsverfahren für alle Fragestellungen liefert, wird dann in Kap. 7 näher untersucht und analysiert.

5.1 Kalküle

Der erste Teil der folgenden Definition ist eine Erinnerung an Definition 4.3.1; der zweite Teil ist neu:

Definition 5.1.1 *Eine $\mathscr{L}$-Theorie T, also eine Menge von $\mathscr{L}$-Aussagen, heißt konsistent, wenn sie ein Modell $\mathscr{M} \vDash T$ hat. Sie heißt* **vollständig** *(complete), wenn sie konsistent ist und für alle $\mathscr{L}$-Aussagen φ gilt $T \vDash \varphi$ oder $T \vDash \neg\varphi$.*

Lemma 5.1.2
(a) *T ist genau dann inkonsistent, wenn $T \vDash \bot$.*

(b) *T ist genau dann vollständig, wenn für alle $\mathscr{L}$-Aussagen φ entweder $T \vDash \varphi$ oder $T \vDash \neg\varphi$ gilt.*

BEWEIS
(a) $T \vDash \bot$ bedeutet per Definition, dass jedes Modell von T auch Modell von $\bot$ ist. Da $\bot$ aber in keiner Struktur gilt, ist $T \vDash \bot$ also äquivalent dazu, dass keine $\mathscr{L}$-Struktur Modell von T ist.
(b) Da stets $T \vDash \top$, impliziert die Bedingung insbesondere $T \nvDash \neg\top \sim \bot$. Also ist T nach (a) konsistent. Umgekehrt kann für eine konsistente $\mathscr{L}$-Theorie T nicht $T \vDash \varphi$ und $T \vDash \neg\varphi$ gelten, weil dann auch $\mathscr{M} \vDash \varphi$ und $\mathscr{M} \vDash \neg\varphi$ für jedes Modell $\mathscr{M}$ von T gelten müsste. Aber aus $\mathscr{M} \vDash \varphi$ folgt per Definition $\mathscr{M} \nvDash \neg\varphi$. □

Für den weiteren Verlauf brauche ich eine technische Definition von „Kalkül":

Definition 5.1.3
(a) *Ein $\mathscr{L}$-**Kalkül** (deductive system) $\mathbb{K}$ besteht aus einer Menge von **Ableitungsregeln** (deduction rules). Ableitungsregeln ohne Voraussetzungen heißen **Axiome** (axioms).*

*Ein $\mathbb{K}$-**Beweis** oder eine $\mathbb{K}$-**Ableitung** ($\mathbb{K}$-proof/$\mathbb{K}$-deduction) ist eine (meist untereinander geschriebene) Folge*

$$T_0 \vdash_\mathbb{K} \varphi_0 \quad \ldots \quad T_n \vdash_\mathbb{K} \varphi_n$$

für $\mathscr{L}$-Theorien T_i und $\mathscr{L}$-Formeln φ_i, wobei sich für $i = 0, \ldots, n$ jedes $T_i \vdash_\mathbb{K} \varphi_i$ durch eine Ableitungsregel von $\mathbb{K}$ aus $T_0 \vdash_\mathbb{K} \varphi_0 \quad \ldots \quad T_{i-1} \vdash_\mathbb{K} \varphi_{i-1}$ ergibt.

*Eine $\mathscr{L}$-**Theorie** T **beweist** φ **in** $\mathbb{K}$ (proves in $\mathbb{K}$), oder φ ist $\mathbb{K}$-**beweisbar** aus T ($\mathbb{K}$-provable from T), wenn $T \vdash_\mathbb{K} \varphi$ am Ende eines $\mathbb{K}$-Beweises steht.*

*φ ist $\mathbb{K}$-**beweisbar** ($\mathbb{K}$-provable), wenn φ aus der leeren $\mathscr{L}$-Theorie $\mathbb{K}$-beweisbar ist. Das schreibt sich dann $\vdash_\mathbb{K} \varphi$.*
(b) *Eine $\mathscr{L}$-Theorie T heißt $\mathbb{K}$-**inkonsistent**, falls $T \vdash_\mathbb{K} \bot$, sonst $\mathbb{K}$-**konsistent**.*
(c) *$\mathbb{K}$ heißt **korrekt** (sound), falls aus $T \vdash_\mathbb{K} \varphi$ stets $T \vDash \varphi$ folgt, und **vollständig** (complete), falls umgekehrt aus $T \vDash \varphi$ stets $T \vdash_\mathbb{K} \varphi$ folgt.*

Lemma 5.1.2 zeigt, dass Inkonsistenz das semantische Gegenstück zur rein syntaktisch definierten $\mathbb{K}$-Inkonsistenz ist.

Es gibt andere Arten von Kalkülen, wie etwa die Tableau-Kalküle, in denen Ableitungen eine komplexere Struktur haben als nur Folgen von Formeln. Insbesondere für die Überlegungen in Kap. 7 ist der hier definierte Kalkülbegriff aber geeignet.

Satz 5.1.4 (Vollständigkeitssatz, Gödel 1929)
Es gibt für jede aufzählbare prädikatenlogische Signatur vollständige und korrekte berechenbare Kalküle.

5.1 Kalküle

Was genau „berechenbar" bedeuten soll, führe ich in Kap. 7 aus. Gemeint ist damit in einer ersten Annäherung, dass man die Anwendung der Kalkülregeln Schritt für Schritt maschinell nachvollziehen kann. Sonst könnte man den trivialen Kalkül betrachten mit dem einzigen Axiom: „$T \vdash_\mathbb{K} \varphi$, falls $T \vDash \varphi$". Damit ist natürlich nichts gewonnen, da diese Regel praktisch auch nicht anwendbar ist. Aufzählbarkeit der Signatur ist ein technischer Aspekt: Jede endliche Signatur ist aufzählbar. Unendliche Signaturen sind aufzählbar, wenn die Information programmierbar ist, welche Zeichen zur Signatur gehören und welche Stelligkeit sie haben.

Gödel hat diesen Satz durch die Angabe eines konkreten Kalküls gezeigt, und ich werde ihn im Rest des Kapitels auch dadurch beweisen, dass ich die Vollständigkeit eines konkreten Kalküls zeige. Dabei handelt es sich aber nicht um den Originalkalkül von Gödel, sondern um einen für den Beweis durch die sogenannte Henkin-Konstruktion optimierten Kalkül. Dieser Kalkül ist für praktische Zwecke jedoch nicht geeignet. Zwei praktikable Kalküle – im weiteren Sinn, nicht im technischen Sinn von Definition 5.1.3 – stelle ich in den Abschn. 6.2 und 6.3 vor.

Zur Beweisoptimierung gehört auch, dass ich mit einem vollständigen Junktoren-Quantoren-System arbeite, nämlich $\{\forall, \rightarrow\}$. Dies ist aber nur deshalb vollständig, weil $\bot$ als Aussagenkonstante vorhanden ist. Der besseren Lesbarkeit halber nutze ich allerdings die Abkürzung $\neg \varphi$ für $(\varphi \rightarrow \bot)$.

Definition 5.1.5 *Der $\mathscr{L}$-Kalkül $\mathbb{K}_\mathscr{L}$ besteht aus folgenden Regeln:*

Axiome: *Es gilt $T \vdash_{\mathbb{K}_\mathscr{L}} \varphi$ für die folgenden $\mathscr{L}$-Formeln φ:*

[Tautologie] *Alle $\mathscr{L}$-Tautologien.*

[$\doteq$-Axiom] *Alle $\mathscr{L}$-Gleichheitsgesetze.*

[$\forall$-Axiom] *Alle $\mathscr{L}$-Formeln der Form $(\forall v_i \psi \rightarrow \psi[\frac{v_i}{\tau}])$, wobei v_i frei für τ in ψ ist.*

[Prämisse] *Alle $\mathscr{L}$-Aussagen in T.*

Eigentliche Ableitungsregeln:

[modus ponens] *Wenn $T \vdash_{\mathbb{K}_\mathscr{L}} (\varphi \rightarrow \psi)$ und $T \vdash_{\mathbb{K}_\mathscr{L}} \varphi$, dann $T \vdash_{\mathbb{K}_\mathscr{L}} \psi$.*

[$\rightarrow$-Einführung] *Wenn φ eine $\mathscr{L}$-Aussage ist und $T \cup \{\varphi\} \vdash_{\mathbb{K}_\mathscr{L}} \psi$ dann $T \vdash_{\mathbb{K}_\mathscr{L}} (\varphi \rightarrow \psi)$.*

[$\forall$-Einführung] *Wenn $T \vdash_{\mathbb{K}_\mathscr{L}} \varphi$, dann $T \vdash_{\mathbb{K}_\mathscr{L}} \forall v_i \varphi$.*

Ich werde der Kürze halber $\vdash_\mathscr{L}$ statt $\vdash_{\mathbb{K}_\mathscr{L}}$ schreiben. Damit der Kalkül in dem angegeben Junktoren-Quantoren-System bleibt, müssen einige der Gleichheitsgesetze aus Satz 4.5.5 in einer logisch äquivalenten Form formuliert werden:

[Transitivität] $\quad \forall v_i \, \forall v_j \, \forall v_k \quad (v_i \doteq v_j \to (v_j \doteq v_k \to v_i \doteq v_k))$

[Kongruenz] $\quad \forall v_{i_1} \cdots \forall v_{i_{2n}} \quad (v_{i_1} \doteq v_{i_{n+1}} \to (v_{i_2} \doteq v_{i_{n+2}} \to \cdots \to (v_{i_n} \doteq v_{i_{2n}}$
$\to f v_{i_1} \ldots v_{i_n} \doteq f v_{i_{n+1}} \ldots v_{i_{2n}}) \cdots))$

und analog für Relationszeichen.

Der Begriff der $\mathbb{K}_{\mathscr{L}}$-Beweisbarkeit hängt nach Definition zunächst von der Signatur $\mathscr{L}$ ab. Es ist klar, dass ein $\mathbb{K}_{\mathscr{L}}$-Beweis einer $\mathscr{L}$-Formel φ auch ein $\mathbb{K}_{\mathscr{L}'}$-Beweis für jede größere Signatur $\mathscr{L}' \supseteq \mathscr{L}$ ist. Erst mit dem Beweis des Vollständigkeitssatzes und der Korrektheit des Kalküls ist auch die Umkehrung klar: Wenn es einen $\mathbb{K}_{\mathscr{L}'}$-Beweis von φ gibt, dann gilt φ wegen der Korrektheit von $\mathbb{K}_{\mathscr{L}'}$, also gibt es wegen der Vollständigkeit von $\mathbb{K}_{\mathscr{L}}$ auch einen $\mathbb{K}_{\mathscr{L}}$-Beweis von φ.

Beispiel
Als Beispiel zeige ich, dass $(\forall v_0(\varphi \wedge \psi) \to (\forall v_0 \varphi \wedge \forall v_0 \psi))$ $\mathbb{K}_{\mathscr{L}}$-ableitbar ist, dabei sind $\varphi = \varphi(v_0)$ und $\psi = \psi(v_0)$ $\mathscr{L}$-Formeln. Hinter den eigentlichen Ableitungsregeln steht, auf welche Zeilen der bisherigen Ableitung sie angewandt werden.

Um leichter verständlich zu sein, benutzt das Beispiel den Junktor $\wedge$, den man noch äquivalent durch $\to$ und $\bot$ ausdrücken müsste. An der Ableitung ändert dies nichts.

1) [Prämisse] $\quad \forall v_0(\varphi \wedge \psi) \vdash_{\mathscr{L}} \forall v_0(\varphi \wedge \psi)$
2) [∀-Axiom] mit $\tau = v_o$ $\quad \forall v_0(\varphi \wedge \psi) \vdash_{\mathscr{L}} (\forall v_0(\varphi \wedge \psi) \to (\varphi \wedge \psi))$
3) [modus ponens] (1,2) $\quad \forall v_0(\varphi \wedge \psi) \vdash_{\mathscr{L}} (\varphi \wedge \psi)$
4) [Tautologie] $\quad \forall v_0(\varphi \wedge \psi) \vdash_{\mathscr{L}} ((\varphi \wedge \psi) \to \varphi)$
5) [Tautologie] $\quad \forall v_0(\varphi \wedge \psi) \vdash_{\mathscr{L}} ((\varphi \wedge \psi) \to \psi)$
6) [modus ponens] (3,4) $\quad \forall v_0(\varphi \wedge \psi) \vdash_{\mathscr{L}} \varphi$
7) [modus ponens] (3,5) $\quad \forall v_0(\varphi \wedge \psi) \vdash_{\mathscr{L}} \psi$
8) [∀-Einführung] (6) $\quad \forall v_0(\varphi \wedge \psi) \vdash_{\mathscr{L}} \forall v_0 \varphi$
9) [∀-Einführung] (7) $\quad \forall v_0(\varphi \wedge \psi) \vdash_{\mathscr{L}} \forall v_0 \psi$
10) [Tautologie] $\quad \forall v_0(\varphi \wedge \psi) \vdash_{\mathscr{L}} (\forall v_\varphi \to (\forall v_0 \psi \to (\forall v_0 \varphi \wedge \forall v_0 \psi)))$
11) [modus ponens] (8,10) $\quad \forall v_0(\varphi \wedge \psi) \vdash_{\mathscr{L}} (\forall v_0 \psi \to (\forall v_0 \varphi \wedge \forall v_0 \psi))$
12) [modus ponens] (9,11) $\quad \forall v_0(\varphi \wedge \psi) \vdash_{\mathscr{L}} (\forall v_0 \varphi \wedge \forall v_0 \psi)$
13) [→-Einführung] (12) $\quad \vdash_{\mathscr{L}} (\forall v_0(\varphi \wedge \psi) \to (\forall v_0 \varphi \wedge \forall v_0 \psi))$

Das Beispiel wird in Kap. 6 in der Form $(\forall v_0 \, (P_0 v_0 \wedge P_1 v_0) \to (\forall v_0 \, P_0 v_0 \wedge \forall v_0 \, P_1 v_0))$ für die verschiedenen dort vorgestellten Methoden wiederkehren.

Weitere Beispiele von $\mathbb{K}_{\mathscr{L}}$-Ableitungen wird es noch viele im Laufe des Beweises des Vollständigkeitssatzes geben. Die ersten kommen als Beweis des folgenden vorbereitenden Lemmas:

Lemma 5.1.6 *Sei T eine $\mathscr{L}$-Theorie und φ eine $\mathscr{L}$-Formel bzw. in Teil (a) sogar eine $\mathscr{L}$-Aussage.*

5.1 Kalküle

(a) Wenn $T \cup \{\neg\varphi\}$ $\mathbb{K}$-inkonsistent ist, dann gilt $T \vdash_{\mathscr{L}} \varphi$.
(b) Wenn $T \vdash_{\mathscr{L}} \varphi$ und $T \vdash_{\mathscr{L}} \neg\varphi$, so ist T $\mathbb{K}$-inkonsistent.

BEWEIS

(a) Voraussetzung $\quad T \cup \{\neg\varphi\} \vdash_{\mathscr{L}} \bot$
   [$\to$-Einführung] $\quad T \vdash_{\mathscr{L}} (\neg\varphi \to \bot) \quad$ aus Zeile (1)
   [Tautologie] $\quad T \vdash_{\mathscr{L}} ((\neg\varphi \to \bot) \to \varphi)$
   [modus ponens] $\quad T \vdash_{\mathscr{L}} \varphi \quad$ aus Zeilen (2) und (3)

(b) Voraussetzung $\quad T \vdash_{\mathscr{L}} \varphi$
   Voraussetzung $\quad T \vdash_{\mathscr{L}} \neg\varphi$
   [Tautologie] $\quad T \vdash_{\mathscr{L}} (\varphi \to (\neg\varphi \to \bot))$
   [modus ponens] $\quad T \vdash_{\mathscr{L}} (\neg\varphi \to \bot) \quad$ aus Zeilen (1) und (3)
   [modus ponens] $\quad T \vdash_{\mathscr{L}} \bot \quad$ aus Zeilen (2) und (4) $\quad \square$

Satz 5.1.7 (**Korrektheit und Vollständigkeit von** $\mathbb{K}_{\mathscr{L}}$) *Eine $\mathscr{L}$-Theorie T beweist genau dann eine $\mathscr{L}$-Formel φ in $\mathbb{K}_{\mathscr{L}}$, wenn φ aus T logisch folgt:*

$$T \vdash_{\mathscr{L}} \varphi \iff T \vDash \varphi$$

Mit $\varphi = \bot$ gilt insbesondere: T ist genau dann $\mathbb{K}_{\mathscr{L}}$-konsistent, wenn T konsistent ist; und mit $T = \emptyset$ gilt insbesondere: φ ist genau dann $\mathbb{K}_{\mathscr{L}}$-beweisbar, wenn φ allgemeingültig ist.

BEWEIS DER KORREKTHEIT VON $\mathbb{K}_{\mathscr{L}}$, ALSO VON „$\Rightarrow$" IN SATZ 5.1.7:
Dazu muss man zeigen, dass alle $\mathbb{K}$-Axiome allgemeingültig und alle $\mathbb{K}$-Regeln korrekt sind, also logische Folgerungen in logische Folgerungen überführen. Das wurde im Wesentlichen alles in Abschn. 4.5 gezeigt; für die Ableitungsregeln muss man die Argumentation im Beweis von Satz 4.5.7 auf Modelle von T einschränken. Nicht bewiesen wurde bisher die Korrektheit der Regel [$\to$-Einführung], was aber eine leichte Übung ist. $\quad \square$

BEWEIS DER VOLLSTÄNDIGKEIT VON $\mathbb{K}_{\mathscr{L}}$, ALSO VON „$\Leftarrow$" IN SATZ 5.1.7:
Angenommen für eine $\mathscr{L}$-Aussage φ gilt $T \vDash \varphi$ und $T \nvdash_{\mathscr{L}} \varphi$. Nach Lemma 5.1.6 ist dann $T \cup \{\neg\varphi\}$ $\mathbb{K}_{\mathscr{L}}$-konsistent. Wenn diese Theorie sogar konsistent ist, gibt es ein Modell $\mathscr{M} \vDash T \cup \{\neg\varphi\}$ – im Widerspruch zu $T \vDash \varphi$.

Es reicht also zu zeigen, dass man sich (a) auf $\mathscr{L}$-Aussagen zurückziehen kann und dass (b) jede $\mathbb{K}_{\mathscr{L}}$-konsistente Theorie ein Modell hat. Das wird den kompletten nächsten Abschnitt umfassen. Der Beweis ist in vielen Aspekten sehr technisch und man kann ihn getrost überspringen. Es ist aber instruktiv sich anzuschauen, was eine Henkin-Konstante und ein Henkin-Axiom ist (Schritt 2) und wie aus den $\mathscr{L}$-Termen ein Modell gebaut wird (Schritt 4).

Übungsaufgaben

Aufgabe 5.1.1 * Leiten Sie die Formel ($\exists v_0 \forall v_1 \, R v_0 v_1 \to \forall v_1 \exists v_0 \, R v_0 v_1$) im Kalkül $\mathbb{K}_{\mathscr{L}}$ ab, wobei $\mathscr{L} = \{R\}$ aus einem zweistelligen Relationszeichen R besteht.

Aufgabe 5.1.2 * Leiten Sie die Formel $\exists v_0 \, (P v_0 \to \forall v_0 \, P v_0)$ im Kalkül $\mathbb{K}_{\mathscr{L}}$ ab, wobei jetzt $\mathscr{L} = \{P\}$ aus einem einstelligen Relationszeichen P besteht.

Aufgabe 5.1.3 Beweisen Sie die Korrektheit der Ableitungsregel [$\to$-Einführung].

5.2 Henkin-Konstruktion

T ist jetzt stets eine $\mathscr{L}$-Theorie.

Schritt 1: Es reicht $\mathscr{L}$-Aussagen zu betrachten

Lemma 5.2.1 *Sei $\varphi(v_1, \ldots, v_n)$ eine $\mathscr{L}$-Formel, $c_1, \ldots, c_n$ paarweise verschiedene Elemente aus einer Menge C von neuen Konstanten, und $\mathscr{L}_C = \mathscr{L} \cup C$. Dann gilt:*

(a) $T \vDash \varphi \iff T \vDash \forall v_1 \ldots \forall v_n \, \varphi \iff T \vDash \varphi[\frac{v_1}{c_1} \ldots \frac{v_n}{c_n}]$

(b) $T \vdash_{\mathscr{L}} \varphi \iff T \vdash_{\mathscr{L}} \forall v_1 \ldots \forall v_n \, \varphi \iff T \vdash_{\mathscr{L}_C} \varphi[\frac{v_1}{c_1} \ldots \frac{v_n}{c_n}] \iff T \vdash_{\mathscr{L}_C} \varphi$

BEWEIS
(a) ist klar nach den Definitionen im vorherigen Kapitel.
(b) Aus $T \vdash_{\mathscr{L}} \varphi$ folgt mit sukzessiver [∀-Einführung] $T \vdash_{\mathscr{L}} \forall v_1 \ldots \forall v_n \, \varphi$.

Aus $T \vdash_{\mathscr{L}} \forall v_1 \ldots \forall v_n \, \varphi$ folgt zunächst $T \vdash_{\mathscr{L}_C} \forall v_1 \ldots \forall v_n \, \varphi$, da $\mathbb{K}_{\mathscr{L}}$-Beweise auch $\mathbb{K}_{\mathscr{L}_C}$-Beweise sind. Mit dem [∀-Axiom] $T \vdash_{\mathscr{L}_C} (\forall v_1 \ldots \forall v_n \, \varphi \to \forall v_2 \ldots \forall v_n \, \varphi[\frac{v_1}{c_1}])$ und [modus ponens] erhält man daraus $T \vdash_{\mathscr{L}_C} \forall v_2 \ldots \forall v_n \, \varphi[\frac{v_1}{c_1}]$ und dann sukzessive $T \vdash_{\mathscr{L}_C} \varphi[\frac{v_1}{c_1}] \ldots [\frac{v_n}{c_n}] = \varphi[\frac{v_1}{c_1} \ldots \frac{v_n}{c_n}]$.

Angenommen $T \vdash_{\mathscr{L}_C} \varphi[\frac{v_1}{c_1} \ldots \frac{v_n}{c_n}]$. Sei k so groß, dass die Variablen $v_{k+1}, \ldots, v_{k+n}$ in dem entsprechenden $\mathbb{K}_{\mathscr{L}_C}$-Beweis nicht vorkommen. Dann kann man daraus einen $\mathbb{K}_{\mathscr{L}_C}$-Beweis für $\varphi[\frac{v_1}{v_{k+1}} \ldots \frac{v_n}{v_{k+n}}]$ machen, indem man zunächst jedes Vorkommen von c_i durch v_{k+1} ersetzt. Dabei bleiben Ableitungsregeln erhalten, außer möglicherweise in den Fällen, in denen Konstanten eine besondere Rolle spielen. Dies sind [$\doteq$-Axiom] für 0-stellige Funktionszeichen und [∀-Axiom]:
(1) Bei [∀-Axiom] muss nur sichergestellt sein, dass die ersetzte Variable frei für den ersetzenden Term ist. Dies ist bei vollständig neuen Variablen sicher der Fall.
(2) Das ggf. vorkommende [$\doteq$-Axiom] $c_i \doteq c_i$ muss man durch eine kurze Ableitung ersetzen, nämlich durch

5.2 Henkin-Konstruktion

[$\dot=$-Axiom] $\vdash_{\mathscr{L}_C} \forall v_0 \; v_0 \dot= v_0$

[∀-Axiom] $\vdash_{\mathscr{L}_C} (\forall v_0 \; v_0 \dot= v_0 \to v_{k+i} \dot= v_{k+i})$

[modus ponens] $\vdash_{\mathscr{L}_C} v_{k+i} \dot= v_{k+i}$

Also gilt $T \vdash_{\mathscr{L}_C} \varphi[\frac{v_1}{v_{k+1}} \ldots \frac{v_n}{v_{k+1}}]$ und sogar $T \vdash_{\mathscr{L}} \varphi[\frac{v_1}{v_{k+1}} \ldots \frac{v_n}{v_{k+n}}]$, da in der Ableitung keine der Konstanten c_i mehr vorkommt.

Mit sukzessiver [∀-Einführung] folgt daraus $T \vdash_{\mathscr{L}} \forall v_{1+k} \ldots \forall v_{n+k} \; \varphi[\frac{v_1}{v_{1+k}} \ldots \frac{v_n}{v_{n+k}}]$. Jetzt kann man mit der gleichen Argumentation wie gerade eben die Variablen v_{i+k} wieder durch nicht vorkommende Variablen substituieren, insbesondere durch v_i. (Weil v_{i+k} für die freien Vorkommen von v_i eingesetzt wurde, ist jedes Vorkommen von v_{i+k} auch wieder frei für v_i. Man kann zu Sicherheit aber auch in dem vorliegenden $\mathbb{K}_{\mathscr{L}}$-Beweis zunächst die gebundenen Variablen so abändern, dass die Variablen $v_1, \ldots, v_n$ gar nicht vorkommen.) Dadurch erhält man $T \vdash_{\mathscr{L}} \varphi$ und hat insgesamt in einem Ringschluss die Äquivalenz der ersten drei Aussagen gezeigt.

Da man am Anfang aus $T \vdash_{\mathscr{L}} \varphi$ auch auf $T \vdash_{\mathscr{L}_C} \varphi$ und daraus mit sukzessiver [∀-Einführung] auf $T \vdash_{\mathscr{L}_C} \forall v_1 \ldots \forall v_n \; \varphi$ schließen kann, folgt auch die Äquivalenz mit $T \vdash_{\mathscr{L}_C} \varphi$.   □

Wenn man direkt versuchen würde, die Konstanten c_i durch v_i ersetzen, hätte man keine Kontrolle über die „frei für"-Bedingung. Daher der Umweg über die neuen Variablen v_{k+i}.

Damit ist die erste Aufgabe erledigt: Man kann sich im Beweis des Vollständigkeitssatzes auf $\mathscr{L}$-Aussagen φ beschränken, indem man entweder universell abquantifiziert oder (unter Erweiterung der Sprache) freie Variablen durch Konstanten ersetzt.

Schritt 2: Henkin-Konstanten

Jetzt geht es darum, für eine $\mathbb{K}_{\mathscr{L}}$-konsistente $\mathscr{L}$-Theorie ein Modell zu konstruieren. Die Grundidee besteht darin, als Elemente des Modells die $\mathscr{L}$-Terme zu nehmen. Damit das funktioniert, muss man aber sicherstellen, dass es genug Terme gibt. Dazu führt man für jede Formel φ eine neue Konstante c_φ ein, die **Henkin-Konstante** (Henkin constant), und fordert die Gültigkeit des *Henkin-Axioms* (Henkin axiom) $(\exists v_i \; \varphi \to \varphi[\frac{v_i}{c_\varphi}])$. Wenn eine Formel $\varphi(v_i)$ erfüllbar ist, greift die Konstante c_φ also ein erfüllendes Element heraus. Wenn eine Formel $\varphi(v_i)$ nicht erfüllbar ist, bezeichnet c_φ irgendein Element, über das man nichts Näheres weiß. Da ich nur mit dem Quantor ∀ arbeiten möchte, gehe ich zum *dualen Henkin-Axiom* $(\varphi[\frac{v_i}{c_{\neg\varphi}}] \to \forall v_i \; \varphi)$ über, das man aus dem Henkin-Axiom für $\neg\varphi$ durch Kontraposition bekommt.

Definition 5.2.2

(a) *Eine $\mathscr{L}$-Theorie T ist eine* **Henkin-Theorie** (Henkin theory), *falls es zu jeder $\mathscr{L}$-Formel $\varphi(v_i)$ eine Konstante $c \in \mathscr{L}$ gibt, sodass $(\varphi[\frac{v_i}{c}] \to \forall v_i\, \varphi) \in T$.*
(b) *Sei $\mathscr{L}_0 := \mathscr{L}$ und $T_0 := T$, und dann induktiv*

$$\mathscr{L}_{n+1} := \mathscr{L}_n \cup \{c_{\neg\varphi} \mid \varphi(v_i)\, \mathscr{L}_n\text{-}Formel\}$$
$$T_{n+1} := T_n \cup \left\{(\varphi[\tfrac{v_i}{c_{\neg\varphi}}] \to \forall v_i\, \varphi) \mid \varphi(v_i)\,\mathscr{L}_n\text{-}Formel\right\}$$

wobei $c_{\neg\varphi} \notin \mathscr{L}_n$ jeweils neue Konstanten sind. Sei schließlich $\mathscr{L}_\infty := \bigcup_{n \in \mathbb{N}} \mathscr{L}_n$ und $T_\infty := \bigcup_{n \in \mathbb{N}} T_n$, die **Henkin-Theorie von** T.

Die Henkin-Theorie von T ist nach Konstruktion klarerweise eine Henkin-Theorie!

Lemma 5.2.3 *Die Henkin-Theorie einer $\mathbb{K}_{\mathscr{L}}$-konsistenten $\mathscr{L}$-Theorie ist $\mathbb{K}_{\mathscr{L}_\infty}$-konsistent.*

BEWEIS Zunächst zeigt Lemma 5.2.1, dass eine $\mathbb{K}_{\mathscr{L}}$-konsistente Theorie auch $\mathbb{K}_{\mathscr{L}_C}$-konsistent bleibt, wenn man neue Konstanten C hinzunimmt, weil man Konstanten in einem $\mathbb{K}_{\mathscr{L}_C}$-Beweis von $\bot$ eliminieren kann. Also können alle Konsistenzbetrachtungen bzgl. $\mathbb{K}_{\mathscr{L}_\infty}$ erfolgen.

Nun zeige ich, dass eine $\mathbb{K}_{\mathscr{L}_\infty}$-konsistente $\mathscr{L}$-Theorie T durch die Hinzunahme eines dualen Henkin-Axioms $(\varphi[\frac{v_i}{c_{\neg\varphi}}] \to \forall v_i\, \varphi)$ nicht $\mathbb{K}_{\mathscr{L}_\infty}$-inkonsistent wird. Denn andernfalls ergibt sich $T \vdash_{\mathscr{L}_\infty} ((\varphi[\frac{v_i}{c_{\neg\varphi}}] \to \forall v_i\, \varphi) \to \bot)$ mit [$\to$-Einführung]. Über die Tautologien $(((A_0 \to A_1) \to \bot) \to A_0)$ und $(((A_0 \to A_1) \to \bot) \to \neg A_1)$ erhält man daraus – mit den entsprechenden $\mathscr{L}_\infty$-Tautologien und jeweils [modus ponens] – einerseits (*) $T \vdash_{\mathscr{L}_\infty} \varphi[\frac{v_i}{c_{\neg\varphi}}]$ und andererseits (**) $T \vdash_{\mathscr{L}_\infty} \neg\forall v_i\, \varphi$. Aus (*) folgt mit Lemma 5.2.1 $T \vdash_{\mathscr{L}_\infty} \forall v_i\, \varphi$, was zusammen mit (**) der $\mathbb{K}_{\mathscr{L}_\infty}$-Konsistenz von T widerspricht.

Schließlich sieht man, dass die Vereinigung $T^{(\infty)}$ einer aufsteigenden Kette $T^{(0)} \subseteq T^{(1)} \subseteq T^{(2)} \subseteq \ldots$ von $\mathbb{K}_{\mathscr{L}_\infty}$-konsistenten Theorien auch wieder $\mathbb{K}_{\mathscr{L}_\infty}$-konsistent ist. Denn ein $\mathbb{K}_{\mathscr{L}_\infty}$-Beweis von $\bot$ aus $T^{(\infty)}$ kann nur endlich viele Prämissen enthalten: Diese liegen bereits in einem $T^{(n)}$. Also liegt ein $\mathbb{K}_{\mathscr{L}_\infty}$-Beweis von $\bot$ aus $T^{(n)}$ vor, was der $\mathbb{K}_{\mathscr{L}_\infty}$-Konsistenz von $T^{(n)}$ widerspricht.

Da man alle T_n und schließlich T_∞ als aufsteigende Vereinigung von Theorien schreiben kann, die jeweils durch Hinzunahme eines Henkin-Axioms entstehen, und somit alle Schritte $\mathbb{K}_{\mathscr{L}_\infty}$-Konsistenz erhalten, ist der Satz bewiesen. □

Das Argument, dass man die Henkin-Theorie durch sukzessive Hinzunahme einzelner Henkin-Axiome über die Vereinigung aufsteigender Ketten von Theorien erreicht, ist zwar intuitiv einsichtig, es braucht aber mengentheoretisches Handwerkszeug, um es mathematisch sauber durchzuführen. Darauf möchte ich nicht näher eingehen, sondern verweise auf die im Literaturverzeichnis angegebenen Bücher zur mathematischen Logik.

Man kann sich im Beweis des Vollständigkeitssatzes also auf Henkin-Theorien beschränken.

Schritt 3: Deduktive Vervollständigung

Definition 5.2.4 *Eine $\mathscr{L}$-Theorie T heißt $\mathbb{K}_{\mathscr{L}}$-deduktiv vollständig, wenn für alle $\mathscr{L}$-Aussagen φ entweder $T \vdash_{\mathscr{L}} \varphi$ oder $T \vdash_{\mathscr{L}} \neg\varphi$ gilt.*

Dies ist das syntaktische Gegenstück zur „semantischen" Definition der Vollständigkeit in Definition 5.1.1. Eine $\mathbb{K}_{\mathscr{L}}$-deduktiv vollständige $\mathscr{L}$-Theorie T ist insbesondere $\mathbb{K}_{\mathscr{L}}$-konsistent: Da stets $T \vdash_{\mathscr{L}} \top$ folgt $T \nvdash_{\mathscr{L}} \neg\top$. Die Annahme $T \vdash_{\mathscr{L}} \bot$ führt dann über die Tautologie ($\bot \leftrightarrow \neg\top$) und [modus ponens] zum Widerspruch!

Lemma 5.2.5 *Jede $\mathbb{K}_{\mathscr{L}}$-konsistente $\mathscr{L}$-Theorie T lässt sich zu einer $\mathbb{K}_{\mathscr{L}}$-deduktiv vollständigen $\mathscr{L}$-Theorie T^+ erweitern. Wenn T eine Henkin-Theorie ist, ist auch T^+ eine Henkin-Theorie.*

BEWEIS Angenommen es gilt weder $T \vdash_{\mathscr{L}} \varphi$ noch $T \vdash_{\mathscr{L}} \neg\varphi$, dann kann man zu $T \cup \{\varphi\}$ übergehen. Denn wäre diese Theorie $\mathbb{K}_{\mathscr{L}}$-inkonsistent, würde man aus $T \cup \{\varphi\} \vdash_{\mathscr{L}} \bot$ mit [$\rightarrow$-Einführung] $T \vdash_{\mathscr{L}} (\varphi \rightarrow \bot) = \neg\varphi$ erhalten. Wie im Beweis von Lemma 5.2.3 erhält man nun T^+, indem man sukzessive Aussagen hinzunimmt und ggf. Vereinigungen aufsteigender Ketten bildet, die ebenfalls die $\mathbb{K}_{\mathscr{L}}$-Konsistenz erhalten.

Die Eigenschaft, eine Henkin-Theorie zu sein, geht bei dieser Konstruktion nicht verloren, da sich die Sprache nicht ändert und daher keine neuen Formeln hinzukommen. □

Man kann sich im Beweis des Vollständigkeitssatzes also auf $\mathbb{K}_{\mathscr{L}}$-deduktiv vollständige Henkin-Theorien beschränken.

Schritt 4: Die Termstruktur

Sei also T eine $\mathbb{K}_{\mathscr{L}}$-deduktiv vollständige, $\mathbb{K}_{\mathscr{L}}$-konsistente $\mathscr{L}$-Henkin-Theorie. Auf der Menge der geschlossenen $\mathscr{L}$-Terme definiert man eine binäre Relation durch

$$\tau_1 \approx \tau_2 \quad :\Longleftrightarrow \quad T \vdash_{\mathscr{L}} \tau_1 \doteq \tau_2$$

Lemma 5.2.6 *$\approx$ ist eine Äquivalenzrelation.*[1]

---
[1] Zur Definition siehe im Anhang Abschn. 10.1.

BEWEIS Dies folgt aus der $\mathbb{K}_{\mathscr{L}}$-Beweisbarkeit der ersten drei Gleichheitsgesetze. Ich zeige exemplarisch die Transitivität von $\approx$, auch als weiteres Beispiel für einen $\mathbb{K}_{\mathscr{L}}$-Beweis.

[Prämisse]	$\vdash_{\mathscr{L}} \tau_0 \doteq \tau_1$
[Prämisse]	$\vdash_{\mathscr{L}} \tau_1 \doteq \tau_2$
[$\doteq$-Axiom]	$\vdash_{\mathscr{L}} \forall v_i \forall v_j \forall v_k (v_i \doteq v_j \to (v_j \doteq v_k \to v_i \doteq v_k))$
[$\forall$-Axiom]	$\vdash_{\mathscr{L}} (\forall v_i \forall v_j \forall v_k (v_i \doteq v_j \to (v_j \doteq v_k \to v_i \doteq v_k))$
	$\to \forall v_j \forall v_k (\tau_0 \doteq v_j \to (v_j \doteq v_k \to \tau_0 \doteq v_k)))$
[modus ponens]	$\vdash_{\mathscr{L}} \forall v_j \forall v_k (\tau_0 \doteq v_j \to (v_j \doteq v_k \to \tau_0 \doteq v_k))$
[$\forall$-Axiom]	$\vdash_{\mathscr{L}} (\forall v_j \forall v_k (\tau_0 \doteq v_j \to (v_j \doteq v_k \to \tau_0 \doteq v_k))$
	$\to \forall v_k (\tau_0 \doteq \tau_1 \to (\tau_1 \doteq v_k \to \tau_0 \doteq v_k)))$
[modus ponens]	$\vdash_{\mathscr{L}} \forall v_k (\tau_0 \doteq \tau_1 \to (\tau_1 \doteq v_k \to \tau_0 \doteq v_k))$
[$\forall$-Axiom]	$\vdash_{\mathscr{L}} (\forall v_k (\tau_0 \doteq \tau_1 \to (\tau_1 \doteq v_k \to \tau_0 \doteq \tau_2))$
	$\to (\tau_0 \doteq \tau_1 \to (\tau_1 \doteq \tau_2 \to \tau_0 \doteq \tau_2)))$
[modus ponens]	$\vdash_{\mathscr{L}} (\tau_0 \doteq \tau_1 \to (\tau_1 \doteq \tau_2 \to \tau_0 \doteq \tau_2))$
[modus ponens]	$\vdash_{\mathscr{L}} (\tau_1 \doteq \tau_2 \to \tau_0 \doteq \tau_2)$
[modus ponens]	$\vdash_{\mathscr{L}} \tau_0 \doteq \tau_2$ □

Die $\approx$-Äquivalenzklasse eines $\mathscr{L}$-Terms τ schreibe ich $\overline{\tau}$.

Lemma 5.2.7 *Auf der Menge M der $\approx$-Äquivalenzklassen von geschlossenen $\mathscr{L}$-Termen wird eine $\mathscr{L}$-Struktur $\mathscr{M}$ definiert durch*

$$f^{\mathscr{M}}(\overline{\tau_1}, \ldots, \overline{\tau_{s(f)}}) := \overline{f\tau_1 \ldots \tau_{s(f)}}$$
$$(\overline{\tau_1}, \ldots, \overline{\tau_{s(R)}}) \in R^{\mathscr{M}} :\Leftrightarrow T \vdash_{\mathscr{L}} R\tau_1 \ldots \tau_{s(R)}$$

Für eine Konstante, also ein 0-stelliges Funktionszeichen c, bedeutet dies insbesondere $c^{\mathscr{M}} = \overline{c}$.

BEWEIS Man muss zeigen, dass dies wohldefiniert ist, also nicht davon abhängt, welche Repräsentanten man für die Äquivalenzklassen $\overline{\tau_i}$ wählt. Der Beweis funktioniert analog zum Beweis von Lemma 5.2.6, wobei man als [$\doteq$-Axiom] nun das jeweilige Kongruenz-Gleichheitsgesetz benötigt. □

Schritt 5: $\mathscr{M}$ ist das gesuchte Modell

Lemma 5.2.8
(a) *Für jeden geschlossenen $\mathscr{L}$-Term τ gilt $\tau^{\mathscr{M}} = \overline{\tau}$.*
(b) *Für jede atomare $\mathscr{L}$-Aussage φ gilt $\mathscr{M} \vDash \varphi \iff T \vdash_{\mathscr{L}} \varphi$.*

5.2 Henkin-Konstruktion

BEWEIS
(a) Zur Erinnerung: Für einen geschlossenen $\mathscr{L}$-Term τ ist $\tau^{\mathscr{M}} = \beta(\tau)$ für beliebige Belegungen β. Per Induktion über den Aufbau der Terme gilt dann:

$$f\tau_1 \ldots \tau_{s(f)}{}^{\mathscr{M}} = \beta(f\tau_1 \ldots \tau_{s(f)}) = f^{\mathscr{M}}\big(\beta(\tau_1), \ldots, \beta(\tau_{s(f)})\big)$$
$$\text{Induktion} = f^{\mathscr{M}}(\overline{\tau_1}, \ldots, \overline{\tau_{s(f)}}) = \overline{f\tau_1 \ldots \tau_{s(f)}}$$

(b) $T \vdash_{\mathscr{L}} \top$ gilt wegen [Tautologie] und $T \nvdash_{\mathscr{L}} \bot$ wegen der $\mathbb{K}_{\mathscr{L}}$-Konsistenz von T. Nach Definition von $\approx$ und $\mathscr{M}$ sieht man mit Teil (a):

$$\begin{aligned}
\mathscr{M} \vDash \tau_1 \doteq \tau_2 &\iff \tau_1{}^{\mathscr{M}} = \tau_2{}^{\mathscr{M}} \iff \overline{\tau_1} = \overline{\tau_2} \iff T \vdash_{\mathscr{L}} \tau_1 \doteq \tau_2 \\
\mathscr{M} \vDash R\tau_1 \ldots, \tau_n &\iff (\tau_1{}^{\mathscr{M}}, \ldots, \tau_n{}^{\mathscr{M}}) \in R^{\mathscr{M}} \\
&\iff (\overline{\tau_1}, \ldots, \overline{\tau_n}) \in R^{\mathscr{M}} \iff T \vdash_{\mathscr{L}} R\tau_1 \ldots, \tau_n \quad \square
\end{aligned}$$

Für den abschließenden Beweis wird noch ein technisches Lemma gebraucht:

Lemma 5.2.9 *Für jeden geschlossenen $\mathscr{L}$-Term τ gibt es eine Konstante in $\overline{\tau}$.*

BEWEIS Sei $\varphi = \neg \tau \doteq v_i$, wobei v_i eine Variable ist, die in τ nicht vorkommt. Falls $T \vdash_{\mathscr{L}} \tau \doteq c_{\neg\varphi}$, so ist $c_{\neg\varphi}$ die gesuchte Konstante. Sonst gilt wegen der $\mathbb{K}_{\mathscr{L}}$-deduktiven Vollständigkeit $T \vdash_{\mathscr{L}} \neg \tau \doteq c_{\neg\varphi}$. Mit dem dualen Henkin-Axiom ($\varphi[\frac{v_i}{c_{\neg\varphi}}] \to \forall v_i \, \varphi$) und [modus ponens] folgt daraus $T \vdash_{\mathscr{L}} \forall v_i \, \neg \tau \doteq v_i$. Über das passende [$\forall$-Axiom] und [modus ponens] erhält man daraus schließlich $T \vdash_{\mathscr{L}} \neg \tau \doteq \tau$, im Widerspruch zu Lemma 5.2.6 und der $\mathbb{K}_{\mathscr{L}}$-Konsistenz von T. $\square$

Das Lemma zeigt, dass man das Universum M auch als die Menge der Äquivalenzklassen der Konstanten in $\mathscr{L}$ definieren könnte, was man häufig sieht.

Satz 5.2.10 *Für jede $\mathscr{L}$-Aussage φ gilt*

$$\mathscr{M} \vDash \varphi \iff T \vdash_{\mathscr{L}} \varphi$$

Insbesondere ist $\mathscr{M}$ ein Modell von T, also ist T konsistent.

BEWEIS VON SATZ 5.2.10 per Induktion über den Aufbau der $\mathscr{L}$-Aussagen. Der atomare Fall ist bereits in Lemma 5.2.8 (b) abgehandelt. Zur Erinnerung: Ich arbeite mit dem Junktoren-Quantoren-System $\{\to, \forall\}$.

Für den $\to$-Junktorenschritt $\to$ sieht man per Induktion:

$$\begin{aligned}
\mathscr{M} \vDash (\varphi \to \psi) &\iff \mathscr{M} \nvDash \varphi \text{ oder } \mathscr{M} \vDash \psi \\
&\iff T \nvdash_{\mathscr{L}} \varphi \text{ oder } T \vdash_{\mathscr{L}} \psi \\
(\text{da } T \, \mathbb{K}_{\mathscr{L}}\text{-deduktiv vollständig}) &\iff T \vdash_{\mathscr{L}} \neg\varphi \text{ oder } T \vdash_{\mathscr{L}} \psi
\end{aligned}$$

Über die Tautologien $(\neg A_0 \to (A_0 \to A_1))$ und $(A_1 \to (A_0 \to A_1))$ bekommt man mit [modus ponens] nun in beiden Fällen $T \vdash_{\mathscr{L}} (\varphi \to \psi)$.

Gilt umgekehrt $T \vdash_{\mathscr{L}} (\varphi \to \psi)$, folgt aus [modus ponens] $T \nvdash_{\mathscr{L}} \varphi$ oder $T \vdash_{\mathscr{L}} \psi$, woraus nach der gerade gezeigten Äquivalenz $\mathscr{M} \vDash (\varphi \to \psi)$ folgt.

Im ∀-Quantorenschritt gilt zunächst für beliebige Belegung β

$$\mathscr{M} \vDash \forall v_i \varphi \iff \text{für alle } m \in M \text{ gilt } (\mathscr{M}, \beta \tfrac{v_i}{m}) \vDash \varphi$$
$$\text{Lemma 5.2.9} \iff \text{für alle Konstanten } c \in \mathscr{L} \text{ gilt } (\mathscr{M}, \beta \tfrac{v_i}{c}) \vDash \varphi$$
$$\text{Substitutionslemma} \iff \text{für alle Konstanten } c \in \mathscr{L} \text{ gilt } \mathscr{M} \vDash \varphi[\tfrac{v_i}{c}]$$
$$\text{Induktion} \iff \text{für alle Konstanten } c \in \mathscr{L} \text{ gilt } T \vdash_{\mathscr{L}} \varphi[\tfrac{v_i}{c}]$$

Nun muss man noch zeigen, dass „*für alle Konstanten* $T \vdash_{\mathscr{L}} \varphi[\tfrac{v_i}{c}]$" äquivalent zu „$T \vdash_{\mathscr{L}} \forall v_i \varphi$" ist. Die Richtung „⇐" gilt allgemein, denn aus $T \vdash_{\mathscr{L}} \forall v_i \varphi$ folgt $T \vdash_{\mathscr{L}} \varphi[\tfrac{v_i}{c}]$ für jede Konstante c durch das passende [∀-Axiom] und [modus ponens]. Die Umkehrrichtung „⇒" gilt dagegen nur in der speziellen Situation der Henkin-Theorie, folgt aber sofort aus dem dualen Henkin-Axiom $(\varphi[\tfrac{v_i}{c_{\neg\varphi}}] \to \forall v_i\, \varphi) \in T$ mit [modus ponens]. Fertig! □

Übungsaufgaben

Aufgabe 5.2.1 Beweisen Sie Lemma 5.2.7.

Aufgabe 5.2.2 Sei $\mathscr{L}$ eine Signatur mit mindestens einer Konstante und $\mathscr{M}$ eine $\mathscr{L}$-Struktur. Sei M_0 die aus den Interpretationen geschlossener Terme bestehende Teilmenge von M, also $M_0 = \{\tau^{\mathscr{M}} \mid \tau \text{ geschlossener } \mathscr{L}\text{-Term}\}$. Aus M_0 definiert man eine $\mathscr{L}$-Struktur $\mathscr{M}_0$, indem man $f^{\mathscr{M}_0}(\tau_1^{\mathscr{M}}, \ldots, \tau_{s(f)}^{\mathscr{M}}) := f\tau_1 \ldots \tau_{s(f)}{}^{\mathscr{M}}$ setzt und $R^{\mathscr{M}_0} := R^{\mathscr{M}} \cap M_0^{s(R)}$.

Zeigen Sie $\mathscr{M} \vDash \varphi \iff \mathscr{M}_0 \vDash \varphi$ für alle quantorenfreien $\mathscr{L}$-Formeln φ.

Finden Sie ein Beispiel dafür, dass dies nicht für allgemeine $\mathscr{L}$-Formeln gilt.

5.3 Der Kompaktheitssatz der Prädikatenlogik

Unmittelbar aus dem Vollständigkeitssatz bzw. Satz 5.1.7 folgt der Kompaktheitssatz für die Prädikatenlogik erster Stufe:

Satz 5.3.1 (**Kompaktheitssatz**) *Eine unendliche Menge von $\mathscr{L}$-Formeln ist genau dann erfüllbar, wenn sie endlich erfüllbar ist.*

BEWEIS „⇒" ist trivial, denn ein Modell einer unendlichen Formelmenge ist auch Modell jeder endlichen Teilmenge. Umgekehrt kann man sich zunächst auf den Fall von $\mathscr{L}$-Aussagen zurückziehen, indem man freie Variablen durch neue Konstanten ersetzt; dies

5.3 Der Kompaktheitssatz der Prädikatenlogik

ändert nichts an der (Nicht-)Erfüllbarkeit. Wenn nun T eine inkonsistente $\mathscr{L}$-Theorie ist, dann ist T wegen der Vollständigkeit des Kalküls $\mathbb{K}_\mathscr{L}$ auch $\mathbb{K}_\mathscr{L}$-inkonsistent. In einem $\mathbb{K}_\mathscr{L}$-Beweis von $\bot$ kommen aber nur endlich viele $\mathscr{L}$-Aussagen aus T vor. Also ist bereits die endliche Teilmenge T_0 von T, die aus diesen $\mathscr{L}$-Aussagen besteht, $\mathbb{K}_\mathscr{L}$-inkonsistent und daher wegen der Korrektheit des Kalküls $\mathbb{K}_\mathscr{L}$ auch nicht erfüllbar. □

Der Kompaktheitssatz ist ein starkes Instrument, um interessante unendliche Strukturen zu finden, aber auch, um die Grenzen der Ausdrucksstärke der Prädikatenlogik zu zeigen. Hier folgen drei Anwendungsbeispiele; ein weiteres findet sich im Beweis des Satzes von Herbrand 6.3.1.

Eine Anwendung des Kompaktheitssatzes

Zunächst eine prädikatenlogische Variante der 3-Färbbarkeit (vgl. das Beispiel nach Satz 3.1.1): Ein Graph G ist genau dann 3-färbbar, wenn jeder endliche Teilgraph 3-färbbar ist.

Dazu betrachtet man die Signaturen $\mathscr{L}_G = \{R\} \cup \{c_g \mid g \in G\}$, und $\mathscr{L} = \mathscr{L}_G \cup \{F\}$, wobei R und F zweistellige Relationszeichen sind und die Signatur für jeden Knoten $g \in G$ eine Konstante c_g enthält. Man stellt nun die $\mathscr{L}$-Theorie Φ auf, die folgende $\mathscr{L}$-Aussagen enthält:

- $\neg c_g \doteq c_h$ für jedes Paar $g \neq h$ an Knoten $g, h \in G$;
- $R c_g c_h$ für jedes durch eine Kante verbundene Paar an Knoten $g, h \in G$;
- *Reflexivität*, *Symmetrie* und *Transitivität* von F, sodass eine Äquivalenzrelation beschrieben wird;
- diese hat höchstens drei Klassen: $\exists v_0 \exists v_1 \exists v_2 \forall v_3 (F v_0 v_3 \vee F v_1 v_3 \vee F v_2 v_3)$;
- $(R c_g c_h \rightarrow \neg F c_g c_h)$ für jedes Paar an Knoten $g, h \in G$.

G als Graph ist auf offensichtliche Weise eine $\mathscr{L}_G$-Struktur $\mathscr{G}$, indem man $c_g^{\mathscr{G}} = g$ setzt und für $R^{\mathscr{G}}$ die Kantenrelation nimmt. In jeder endlichen Teilmenge Φ_0 von Φ kommen nur endlich viele der Konstante c_g vor. Der durch die entsprechenden Knoten aufgespannt Teilgraph G_0 ist 3-färbbar: Man betrachtet eine beliebige 3-Färbung und macht damit G_0 zu einer $\mathscr{L}$-Struktur $\mathscr{G}_0$, indem man F durch „gleiche Farbe" interpretiert (und die Konstante der in G_0 nicht vorkommenden Knoten irgendwie). $\mathscr{G}_0$ ist dann ein Modell von Φ_0, also ist Φ endlich erfüllbar und nach dem Kompaktheitssatz erfüllbar. Ein Modell von Φ ist ein 3-gefärbter Graph G^+. Nimmt man darin den Teilgraphen, der von den Interpretationen der Konstanten c_g gebildet wird, bekommt man eine 3-Färbung von G.

(Statt des zweistelligen Relationszeichens F für die Gleichfarbigkeit könnte man auch drei Prädikate für konkrete Farben nehmen.)

Eine weitere Anwendung des Kompaktheitssatzes

Sei $\mathscr{L}$ eine beliebige Signatur. Dann gibt es keine $\mathscr{L}$-Aussage φ, die in einer $\mathscr{L}$-Struktur $\mathscr{M}$ genau dann gilt, wenn M unendlich ist.

Man kann nämlich jede endliche Menge $M_n = \{0, \ldots, n\}$ zu einer $\mathscr{L}$-Struktur $\mathscr{M}_n$ machen, indem man z. B. alle Funktionszeichen durch die konstante Nullfunktion und alle Relationszeichen durch die leere Menge interpretiert. Angenommen, es gibt nun solch eine $\mathscr{L}$-Aussage φ. Dann gilt $\mathscr{M}_n \models \neg \varphi$ und man sieht, dass die Formelmenge[a] $\Phi := \{\neg \varphi\} \cup \{\exists^{\geq n} v_0 \, v_0 \doteq v_0 \mid n \in \mathbb{N}\}$ endlich konsistent ist: Für jeden endlichen Teil ist nämlich $\mathscr{M}_n$ mit hinreichend großem n ein Modell. Also ist Φ nach dem Kompaktheitssatz konsistent und hat ein Modell $\mathscr{M}$. Dies ist dann nach Annahme eine endliche Struktur, da φ in ihr nicht gilt. Andererseits hat sie für jede natürliche Zahl n mehr als n Elemente: Widerspruch!

Sei $\mathscr{L}_{\text{Gr}} = \{R\}$ die Signatur der Graphensprache. Dann gibt es keine $\mathscr{L}_{\text{Gr}}$-Theorie Φ, deren Modelle genau die zusammenhängenden Graphen sind.

Angenommen diese Theorie gibt es. Man betrachtet die Signatur $\mathscr{L} = \mathscr{L}_{\text{Gr}} \cup \{c_0, c_1\}$ mit zwei zusätzlichen Konstanten. Wenn man den Liniengraphen $\mathscr{G}_{n+2}$ mit $n + 2$ Knoten betrachtet, also

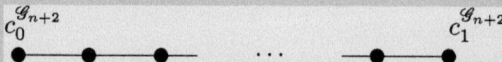

in dem die Konstanten c_0, c_1 durch die beiden Eckpunkte interpretiert sind, dann gibt es keinen Weg der Länge n von einem zu dem anderen Eckpunkt, d. h.

$$\mathscr{G}_{n+1} \models \varphi_n := \neg \exists v_1, \ldots \exists v_{n-1} (Rc_0 v_1 \wedge R v_1 v_2 \wedge \cdots \wedge R v_{n-2} v_{n-1} \wedge R v_{n-1} c_1)$$

Die $\mathscr{L}$-Theorie $\Phi \cup \{\varphi_n \mid n \in \mathbb{N}\}$ ist also endlich erfüllbar und hat damit nach dem Kompaktheitssatz ein Modell. Dieses Modell ist ein zusammenhängender Graph $\mathscr{G}$ (da Φ erfüllt ist), in dem es aber zwei Knoten $c_0^{\mathscr{G}}$ und $c_1^{\mathscr{G}}$ gibt, die durch keinen Weg endlicher Länge verbunden sind: Widerspruch!

---

[a] Die Abkürzung $\exists^{\geq n}$ ist auf in Abschn. 4.4 beschrieben.

Übungsaufgaben

Aufgabe 5.3.1 Zeigen Sie, dass es keine $\mathscr{L}_{\text{Gr}}$-Theorie gibt, deren Modelle genau die Bäume sind.

5.3 Der Kompaktheitssatz der Prädikatenlogik

Aufgabe 5.3.2 * Sei $\mathcal{M}$ eine unendliche $\mathscr{L}$-Struktur mit

$$M = \{c^{\mathcal{M}} \mid c \text{ Konstante in } \mathscr{L}\}$$

– für jedes Element ist also eine Konstante in der Sprache.

Zeigen Sie mit dem Kompaktheitssatz, dass es eine $\mathscr{L}$-Struktur $\mathcal{M}'$ gibt, die $\mathcal{M} \vDash \varphi \iff \mathcal{M}' \vDash \varphi$ für alle $\mathscr{L}$-Aussagen φ erfüllt und die nicht komplett aus Interpretationen der Konstanten besteht, also $M' \supsetneq \{c^{\mathcal{M}'} \mid c \text{ Konstante in } \mathscr{L}\}$.

6 Methoden und Verfahren

Viele offene Fragen der Mathematik und der Theoretischen Informatik lassen sich als prädikatenlogische Probleme formulieren. Zum Beispiel kann man die Goldbach'sche Vermutung, dass jede gerade Zahl größer als 2 eine Summe von zwei Primzahlen ist, so formalisieren: Man arbeitet in der Signatur $\mathscr{L} = \{+, \cdot, 0, 1, <\}$, formuliert in $\mathscr{L}$-Formeln $\pi(v_0) = (1 < v_0 \wedge \forall v_1 \forall v_2 \, (v_1 \cdot v_2 \doteq v_0 \rightarrow (v_1 \doteq 1 \vee v_2 \doteq 1)))$ die Eigenschaft Primzahl zu sein und in $\gamma(v_0) = \exists v_1 \, v_1 + v_1 \doteq v_0$ die Eigenschaft gerade zu sein und fragt sich, ob für die $\mathscr{L}$-Struktur $\mathscr{N} = (\mathbb{N}; +^{\mathbb{N}}, \cdot^{\mathbb{N}}, 0^{\mathbb{N}}, 1^{\mathbb{N}}, <^{\mathbb{N}})$ gilt

$$\mathscr{N} \models \varphi = \forall v_0 \big((\gamma(v_0) \wedge 1 + 1 < v_0) \rightarrow \exists v_3 \exists v_4 \, (\pi[\tfrac{v_0}{v_3}] \wedge \pi[\tfrac{v_0}{v_4}] \wedge v_0 \doteq v_3 + v_4) \big).$$

Äquivalent dazu ist, dass $\mathrm{Th}(\mathscr{N}) \cup \{\neg\varphi\}$ nicht erfüllbar ist. Auch relevantere Fragen wie P = NP oder schwierigere mathematische Probleme lassen sich mit hohem Aufwand formalisieren. In den letzten Jahren hat die erfolgreiche Formalisierung einiger anspruchsvoller mathematischer Theoreme in dem Beweisassistent LEAN für Aufsehen gesorgt.

In diesem Kapitel fasse ich kurz die bisher in diesem Buch beschriebenen Methoden zusammen, wie man prädikatenlogische Fragestellungen angehen kann, und stelle einige neue Methoden vor. Ich beschränke mich typischerweise auf Erfüllbarkeits- und Allgemeingültigkeitsprobleme.

6.1 Semantische Beweise und Gegenbeispiele

Die *Allgemeingültigkeit* einer $\mathscr{L}$-Formel φ kann man dadurch beweisen, dass man anhand der Definition zeigt, dass jede $\mathscr{L}$-Struktur $\mathscr{M}$ mit jeder Belegung β ein Modell von φ ist. Man kann sie durch ein Gegenbeispiel widerlegen, also durch die Angabe einer $\mathscr{L}$-Struktur $\mathscr{M}$ und einer Belegung β mit $(\mathscr{M}, \beta) \not\models \varphi$.

Umgekehrt kann man die *Erfüllbarkeit* einer $\mathscr{L}$-Formel φ durch ein Beispiel beweisen, also durch die Angabe einer $\mathscr{L}$-Struktur $\mathscr{M}$ und einer Belegung β mit $(\mathscr{M}, \beta) \vDash \varphi$, und man kann sie widerlegen, indem man anhand der Definition zeigt, dass keine $\mathscr{L}$-Struktur $\mathscr{M}$ mit irgendeiner Belegung ein Modell von φ sein kann.

Zur Erinnerung: φ ist genau dann erfüllbar ist, wenn $\neg \varphi$ nicht allgemeingültig ist. Eine $\mathscr{L}$-Formel $\psi(v_{i_1}, \ldots, v_{i_n})$ ist genau dann allgemeingültig, wenn die *universell abquantifizierte* $\mathscr{L}$-Aussage $\forall v_{i_1} \ldots \forall v_{i_n} \psi$ allgemeingültig ist. Also ist eine $\mathscr{L}$-Formel $\varphi(v_{i_1}, \ldots, v_{i_n})$ genau dann erfüllbar, wenn die *existenziell abquantifizierte* $\mathscr{L}$-Aussage $\exists v_{i_1} \ldots \exists v_{i_n} \psi$ erfüllbar ist. Man kann sich also für beide Fragen immer auf $\mathscr{L}$-Aussagen zurückziehen!

Zunächst ein triviales Beispiel. Sei $\mathscr{L} = \{P_0, P_1\}$ mit zwei Prädikaten. Um die Erfüllbarkeit der $\mathscr{L}$-Aussage

$$\varphi_1 = \big((\exists v_0\, P_0 v_0 \wedge \exists v_0\, P_1 v_0) \to \exists v_0\, (P_0 v_0 \wedge P_1 v_0)\big)$$

zu zeigen – und die Allgemeingültigkeit der $\mathscr{L}$-Aussage $\neg \varphi_1$ zu widerlegen – reicht es, eine $\mathscr{L}$-Struktur anzugeben, in der φ_1 gilt. Das ist z. B. eine einelementige Struktur $\mathscr{M}$ mit $P_0^{\mathscr{M}} = P_1^{\mathscr{M}} = M$.

Ein Modell zu finden, kann aber schwer sein. Man kann beispielsweise die $\mathscr{L}_{\text{Gr}}$-Aussage ρ_n betrachten, die die Existenz von Graphen mit mindestens n Knoten beschreibt, die keine 5-*Clique* und keine 5-*Anticlique* enthalten. Eine 5-(Anti-)Clique besteht aus 5 Elementen, von denen alle (bzw. keine) miteinander verbunden sind.

$$\rho_n = \Big(\forall v_0 \forall v_1\, (R v_0 v_1 \leftrightarrow R v_1 v_0) \wedge \forall v_0\, \neg R v_0 v_0 \wedge \exists^{\geqslant n} v_0\, v_0 \doteq v_0$$
$$\wedge\ \neg \exists v_0 \cdots \exists v_4 \big(\bigwedge_{0 \leqslant i < j \leqslant 4} R v_i v_j \vee \bigwedge_{0 \leqslant i < j \leqslant 4} (\neg v_i \doteq v_j \wedge \neg R v_i v_j)\big)\Big).$$

Man weiß, dass ρ_{42} erfüllbar und ρ_{48} nicht erfüllbar ist. Über die Werte dazwischen weiß man Stand 2024 nichts, obwohl es sich augenscheinlich um überschaubare Zahlen handelt. Für $n = 43$ gibt es allerdings $2^{\binom{43}{2}} = 2^{903} \approx 10^{300}$ mögliche Graphen, die Erfüllbarkeit beweisen könnten.

Sei $\mathscr{L}$ wie oben. Wieder ein einfaches Beispiel dafür, wie man durch Argumentation die Allgemeingültigkeit einer $\mathscr{L}$-Aussage zeigt, hier

6.1 Semantische Beweise und Gegenbeispiele

$$\varphi_2 = \Big(\forall v_0 \, (P_0 v_0 \wedge P_1 v_0) \to (\forall v_0 \, P_0 v_0 \wedge \forall v_0 \, P_1 v_0)\Big).$$

Man betrachtet eine beliebige $\mathscr{L}$-Struktur $\mathscr{M}$ und Belegung β. Dann gilt, stets nach Definition:

$(\mathscr{M}, \beta) \models \forall v_0 \, (P_0 v_0 \wedge P_1 v_0)$
$\iff$ für alle $m \in M$ gilt $(\mathscr{M}, \beta \tfrac{m}{v_0}) \models (P_0 v_0 \wedge P_1 v_0)$
$\iff$ für alle $m \in M$ gilt $(\mathscr{M}, \beta \tfrac{m}{v_0}) \models P_0 v_0$ und $(\mathscr{M}, \beta \tfrac{m}{v_0}) \models P_1 v_0$
$\iff$ für alle $m \in M$ gilt $(\mathscr{M}, \beta \tfrac{m}{v_0}) \models P_0 v_0$
  und für alle $m \in M$ gilt $(\mathscr{M}, \beta \tfrac{m}{v_0}) \models P_1 v_0$
$\iff$ $(\mathscr{M}, \beta) \models \forall v_0 \, P_0 v_0$ und $(\mathscr{M}, \beta) \models \forall v_0 \, P_1 v_0$
$\iff$ $(\mathscr{M}, \beta) \models (\forall v_0 \, P_0 v_0 \wedge \forall v_0 \, P_1 v_0).$

Die Wahrheitswertfunktionalität von $\to$ zeigt nun, dass φ_2 allgemeingültig ist.

Sei $\circ$ ein zweistelliges Funktionszeichen. Die folgende $\{\circ\}$-Aussage ist allgemeingültig:

$$\Big(\big(\forall v_0 \forall v_1 \forall v_2 \, (v_0 \circ v_1) \circ v_2 \doteq v_0 \circ (v_1 \circ v_2)$$
$$\wedge \, \exists v_0 \forall v_1 (v_0 \circ v_1 \doteq v_1 \wedge v_1 \circ v_0 \doteq v_1 \wedge v_1 \circ v_1 \doteq v_0)\big)$$
$$\to \forall v_0 \forall v_1 \, v_0 \circ v_1 \doteq v_1 \circ v_0 \Big).$$

Sie besagt, dass eine assoziative Verknüpfung $\circ$ mit neutralem Element e und vom Exponenten 2 (d. h. $m^2 = e$ für alle m) notwendigerweise kommutativ ist. Hier kann man nicht mehr einfach wie oben nur mithilfe der Definition der Auswertung argumentieren, sondern muss entweder die Strukturen, die die Prämissen der Aussage erfüllen, mathematisch untersuchen oder mit einem anderen Verfahren an das Problem herangehen.

Übungsaufgaben

Aufgabe 6.1.1 Sei $\mathscr{L} = \{P\}$ die Signatur mit einem einstelligen Relationszeichen. Zeigen oder widerlegen Sie die Allgemeingültigkeit der folgenden $\mathscr{L}$-Formeln:

$$(\forall v_0 \forall v_1 (Pv_0 \wedge Pv_1) \leftrightarrow (\forall v_0 Pv_0 \wedge \forall v_1 Pv_1))$$
$$(\forall v_0 \forall v_1 (Pv_0 \vee Pv_1) \leftrightarrow (\forall v_0 Pv_0 \vee \forall v_1 Pv_1))$$
$$\exists v_0 \exists v_1 (Pv_0 \wedge Pv_1) \leftrightarrow \exists v_0 Pv_0 \wedge \exists v_1 Pv_1))$$
$$\exists v_0 \exists v_1 (Pv_0 \vee Pv_1) \leftrightarrow \exists v_0 Pv_0 \vee \exists v_1 Pv_1))$$

Aufgabe 6.1.2 Sei $\mathscr{L} = \{f\}$ mit einem einstelligen Funktionszeichen. Zeigen Sie, dass die $\mathscr{L}$-Theorie $\{\exists v_0 \forall v_1 \neg fv_1 \doteq v_0, \forall v_0 \forall v_1 (fv_0 \doteq fv_1 \rightarrow v_0 \doteq v_1)\}$ konsistent ist, aber kein endliches Modell hat.

Aufgabe 6.1.3 * Sei $\mathscr{L}$ eine Signatur, die nur einstellige Relationszeichen enthält, und φ eine $\mathscr{L}$-Aussage, in der das Gleichheitszeichen nicht vorkommt. Zeigen Sie: Wenn φ erfüllbar ist, dann hat φ ein endliches Modell.

Hinweis: Ziehen Sie die Quantoren möglichst weit nach innen und bringen Sie die Formel dann in eine Form $\bigvee_i \bigwedge_j Q_{ij} \varphi_{ij}$ mit quantorenfreien, möglichst einfachen Formeln φ_{ij}.

6.2 Tableau-Methode

Eine andere Möglichkeit, die Allgemeingültigkeit einer $\mathscr{L}$-Formel zu zeigen, besteht im Anwenden logischer Gesetze. Die praktikablen Regeln aus Abschn. 4.5 bilden allerdings keinen vollständigen Kalkül; der für den Beweis des Vollständigkeitssatzes optimierte Kalkül $\mathbb{K}_\mathscr{L}$ aus Definition 5.1.5 ist dagegen wenig praxistauglich, weil gute Heuristiken fehlen, um Ableitungen in solchen Kalkülen zu finden.

Es gibt einige Arten von geeigneteren Kalkülen für die Prädikatenlogik. Als eine brauchbare Methode sei hier nun die Erweiterung der Tableau-Methode der Aussagenlogik für die Prädikatenlogik vorgestellt, die aber kein Kalkül im technischen Sinne der Definition 5.1.3 ist, weil Formeln nicht sequenziell, sondern als Baum angeordnet vorkommen.

Ich behandele zunächst nur den einfacheren Fall, dass die Signatur $\mathscr{L}$ *keine Funktionszeichen außer Konstanten* enthält – dadurch gibt es keine geschachtelten Terme – und dass in den Formeln kein Gleichheitszeichen vorkommt. Ich erläutere später noch kurz, wie man die Methode auf den allgemeinen Fall ausweitet.

Außerdem will man freie Variablen vermeiden. Daher erweitert man die vorhandene Signatur $\mathscr{L}$ um neue Konstantenzeichen so zu einer Signatur $\mathscr{L}_C$, dass diese abzählbar viele Konstanten enthält, die mit c_n für $n \in \mathbb{N}$ bezeichnet seien.

Der grundsätzliche Rahmen ist der gleiche wie in der Aussagenlogik: Man startet mit einer Frage $\varphi : 1$ oder $\varphi : 0$ und baut φ dann Schritt für Schritt ab. Aus der Aussagenlogik werden die Regeln für die Junktoren übernommen (die nun aber nicht mehr nur aussagenlogische Formeln, sondern $\mathscr{L}_C$-Aussagen verbinden). Neu sind Regeln für den All- und den Existenzquantor, die ich vorübergehend der besseren Verständlichkeit halber mit horizontalen Trennstrichen aufschreibe:

6.2 Tableau-Methode

$\forall v_i\, \varphi : 1$	$\forall v_i\, \varphi : 0$	$\exists v_i\, \varphi : 1$	$\exists v_i\, \varphi : 0$
$\varphi[\frac{v_i}{c_{i_0}}] : 1$	$\varphi[\frac{v_i}{c_j}] : 0$	$\varphi[\frac{v_i}{c_j}] : 1$	$\varphi[\frac{v_i}{c_{i_0}}] : 0$
$\vdots$	$\uparrow$	$\uparrow$	$\vdots$
$\varphi[\frac{v_i}{c_{i_1}}] : 1$	Hierbei muss c_j eine im		$\varphi[\frac{v_i}{c_{i_1}}] : 0$
$\vdots$	Pfad neue Konstante sein!		$\vdots$
$\varphi[\frac{v_i}{c_{i_2}}] : 1$			$\varphi[\frac{v_i}{c_{i_2}}] : 0$
$\vdots$			$\vdots$

Die schematische Darstellung der Regeln für $\forall v_i\, \varphi : 1$ bzw. $\exists v_i\, \varphi : 0$ bedeutet, dass man eine beliebige endliche Zahl von Einsetzungen von (neuen oder im Pfad schon vorhandenen) Konstanten vornehmen darf, und zwar an beliebigen Stellen im Pfad.

Die Regeln für die Quantoren sind so gestaltet, dass in einem Tableau nur $\mathscr{L}_C$-Aussagen vorkommen, keine Formeln mit freien Variablen. Atomare $\mathscr{L}_C$-Aussagen können durch Regeln nicht weiter aufgelöst werden. Ein Pfad schließt, wenn er sowohl $\varphi : 1$ als auch $\varphi : 0$ für eine $\mathscr{L}_C$-Aussage φ enthält oder $\top : 0$ oder $\bot : 1$. Dafür schreibt man wieder × unter den Pfad. Im Unterschied zur Aussagenlogik ist ein Tableau nicht notwendigerweise nach endlich vielen Schritten abgeschlossen.

Satz 6.2.1 (Korrektheit und Vollständigkeit der Tableau-Methode)
Sei φ eine $\mathscr{L}$-Aussage, in der weder Gleichheitszeichen noch Funktionszeichen einer Stelligkeit ≥ 1 vorkommen. Dann gilt:

- *φ ist genau dann erfüllbar, wenn in jedem Tableau für $\varphi : 1$ ein Pfad offen bleibt.*
- *φ ist genau dann allgemeingültig, wenn es ein Tableau für $\varphi : 0$ gibt, in dem alle Pfade schließen.*

BEWEIS Es reicht, die Behauptung für Erfüllbarkeit zu zeigen (sonst geht man zu $\neg \varphi$ über), es geht also um Tableaux für die Frage $\varphi : 1$. Ich führe den Beweis nicht in allen Details aus. Die Richtung „$\Leftarrow$" ist wieder eine Henkin-Konstruktion, die aber durch die Annahmen (kein Gleichheitszeichen, keine Funktionsausdrücke außer Konstanten) sehr vereinfacht wird.

„$\Rightarrow$": Sei $\mathscr{M}$ eine $\mathscr{L}$-Struktur, in der φ gilt.
Behauptung: Man findet in jedem Tableau einen Pfad und kann die in dem Pfad zusätzlich zu $\mathscr{L}$ vorkommenden Konstanten C' so in $\mathscr{M}$ interpretieren, dass in der dadurch entstehenden $\mathscr{L}_{C'}$-Struktur $\mathscr{M}_{C'}$ für jede $\mathscr{L}_{C'}$-Formel ψ Folgendes gilt: Falls $\psi : 1$ im Pfad vorkommt, dann gilt $\mathscr{M}_{C'} \vDash \psi$, und falls $\psi : 0$ im Pfad vorkommt, dann gilt $\mathscr{M}_{C'} \nvDash \psi$. Insbesondere kann dieser Pfad dann nicht schließen!

$\mathscr{M}_{C'}$ heißt *Expansion* (expansion) von $\mathscr{M}$ um die zusätzlichen Konstanten.
Man beweist die Behauptung „per Induktion über den Abbau von φ", d. h., man zeigt, dass sie bei Anwendung einer Tableau-Regel für die dadurch neu im Pfad vorkommenden

Formeln erhalten bleibt. Im Startpunkt des Tableaus $\varphi:1$ gilt die Bedingung, da $\mathscr{M} \models \varphi$. Zusätzliche Konstanten kommen hier noch nicht vor.

Die Junktorenschritte sind einfach zu sehen: Wenn etwa $(\psi \wedge \psi'):1$ im Pfad vorkommt, gilt nach Induktion $\mathscr{M} \models (\psi \wedge \psi')$, also $\mathscr{M} \models \psi$ und $\mathscr{M} \models \psi'$. Das Anwenden der Regel für $\wedge$ produziert die beiden neuen Einträge $\psi:1$ und $\psi':1$ im Pfad; die Induktionsbedingung ist also auch für ψ und ψ' erfüllt. Wenn $(\psi \vee \psi'):1$ im Pfad vorkommt, gilt nach Induktion $\mathscr{M} \models (\psi \vee \psi')$. Die $\vee$-Regel verzweigt den Pfad in $\psi:1$ bzw. $\psi':1$: Man führt den Pfad nun in der Verzweigung $\psi:1$ fort, wenn $\mathscr{M} \models \psi$, und andernfalls mit $\psi':1$, sodass auch hier die Induktionsbedingung erhalten bleibt. Zusätzliche Konstanten kommen nicht vor. Die anderen Junktorenregeln funktionieren analog.

Die Regel $\forall v_i \varphi:0$ führt auf dasselbe wie $\exists v_i \neg \varphi:1$ und die Regel $\exists v_i \varphi:0$ auf dasselbe wie $\forall v_i \neg \varphi:1$, daher reicht es, die Quantorenregeln für den Wahrheitswert 1 zu betrachten. Angenommen $\exists v_i \varphi:1$ taucht im Pfad auf, und sei $\mathscr{M}'$ die Expansion von $\mathscr{M}$ um die im Pfad bisher schon vorgekommenen neuen Konstanten. Nach Induktionsannahme gilt $\mathscr{M}' \models \exists v_i \varphi$, also gibt es ein $m \in M$ mit $(\mathscr{M}', \beta\frac{v_i}{m}) \models \varphi$ (mit beliebiger Belegung β). Die Regel für $\exists v_i \varphi:1$ führt im nächsten Tableau-Schritt zu $\varphi[\frac{v_i}{c_j}]:1$ mit einer Konstante c_j, die neu im Pfad ist. Setzt man nun $c_j^{\mathscr{M}''} = m$, bekommt man eine Expansion $\mathscr{M}''$ von $\mathscr{M}'$ mit $\mathscr{M}'' \models \varphi[\frac{v_i}{c_j}]$.

Falls $\forall v_i \varphi:1$ im Pfad auftaucht, gilt nach Induktionsannahme $\mathscr{M}' \models \forall v_i \varphi$. Die Tableau-Regel führt dann zu $\varphi[\frac{v_i}{c_j}]:1$. Wenn c_j im Pfad bereits vorhanden ist, gilt bereits $\mathscr{M}' \models \varphi[\frac{v_i}{c_j}]$. Wenn c_j neu im Pfad ist, expandiert man $\mathscr{M}'$ wie oben zu $\mathscr{M}''$, indem man als Interpretation von c_j irgendein Element aus M wählt.

„$\Leftarrow$" Angenommen in jedem Tableau für $\varphi:1$ bleibt ein Pfad offen. Dann gibt es ein Tableau für $\varphi:1$ mit einem Pfad P, in dem für alle Quantoren die zugehörige Regel mindestens einmal angewandt wurde, alle Junktorenregeln angewandt wurden und der nicht in endlich vielen Schritten geschlossen werden kann.

Falls in P als Einträge mit atomaren Formeln nur $\top:1$ oder $\bot:0$ vorkommen, gibt es in φ bestenfalls „unnötige Quantoren", d.h., φ ist im Wesentlichen eine aussagenlogische Formel und das Ergebnis folgt aus der aussagenlogischen Variante der Tableau-Methode.

Andernfalls kommt mindestens eine Konstante in P vor. Nun wendet man für alle in P vorkommenden Einträge $\forall v_i \psi:1$ und $\exists v_i \psi:0$ die zugehörigen Regeln mit allen bisher im Pfad vorkommenden Konstanten an. Die dadurch entstehenden $\mathscr{L}_C$-Formeln löst man wieder bis zur atomaren Ebene auf, wobei ggf. neue Konstanten eingeführt werden müssen. Diesen Prozess wiederholt man ggf. unendlich oft, bis man einen bezüglich Regelanwendung abgeschlossenen, möglicherweise unendlich langen Pfad P' erreicht. Dieser Pfad P' schließt nicht, da man sonst P in endlich vielen Schritten schließen könnte.

Sei nun C' die Menge der in P' vorkommenden Konstanten. Auf C' als Grundmenge definiert man eine $\mathscr{L}_{C'}$-Struktur $\mathscr{M}$, indem man zunächst jede Konstante in C' durch sich selbst interpretiert. Relationszeichen R interpretiert man so, dass

$$(c_{i_1}, \ldots, c_{i_n}) \in R^{\mathscr{M}} \iff Rc_{i_1} \ldots c_{i_n}:1 \text{ kommt in } P' \text{ vor}$$

6.2 Tableau-Methode

gilt. Insbesondere werden Relationszeichen, die in φ nicht vorkommen, durch die leere Menge interpretiert.

Behauptung: Wenn $\psi:1$ in P' vorkommt oder $\psi = \top$, dann gilt $\mathcal{M} \models \psi$, und wenn $\psi:0$ in P' vorkommt oder $\psi = \bot$, dann gilt $\mathcal{M} \not\models \psi$. Insbesondere ist dann $\mathcal{M}$ Modell von φ, da das Tableau mit $\varphi:1$ gestartet ist.

Beweis über den Aufbau von ψ: Für $\top$, $\bot$ und atomares $\psi = Rc_{i_1}\ldots c_{i_n}$ im Fall $\psi:1$ stimmt dies nach Definition von $\mathcal{M}$. Wenn dagegen $\psi:0$ in P' vorkommt, kann $\psi:1$ nicht auch vorkommen, weil P' nicht schließt. Also folgt wieder $(c_{i_1},\ldots,c_{i_n}) \notin R^{\mathcal{M}}$ nach Definition von $\mathcal{M}$.

Die Junktorenschritte sind einfach. Für die Quantorenschritte bemerkt man

$(*)$ $\mathcal{M} \models \forall v_i \psi' \iff$ für jede Konstante $c \in C'$ gilt $\mathcal{M} \models \psi'[\frac{v_i}{c}]$

$\mathcal{M} \models \exists v_i \psi' \iff$ es gibt eine Konstante $c \in C'$ mit $\mathcal{M} \models \psi'[\frac{v_i}{c}]$

weil M nur aus den Interpretationen der Konstanten in C' besteht. Wenn nun $\forall v_i \psi':1$ im Pfad vorkommt, müssen auch alle $\psi'[\frac{v_i}{c}]:1$ im Pfad vorkommen, da P' unter Regelanwendung abgeschlossen ist. Also gilt per Induktion $\mathcal{M} \models \forall v_i \psi'$ mit der Richtung $\Leftarrow$ von $(*)$. Wenn $\forall v_i \psi':0$ im Pfad vorkommt, muss entsprechend auch ein $\psi'[\frac{v_i}{c}]:0$ im Pfad vorkommen und per Induktion folgt $\mathcal{M} \not\models \forall v_i \psi'$ mit der Richtung $\Rightarrow$ von $(*)$. Analog für den Existenzquantor. $\square$

Beispiele für die Tableau-Methode

Ist $\exists v_0 (Pv_0 \to \forall v_1 Pv_1)$ allgemeingültig?

(1)		$\exists v_0 (Pv_0 \to \forall v_1 Pv_1) : 0$	
(2)	aus (1)	$(Pc_0 \to \forall v_1 Pv_1) : 0$	
(3)	aus (2)	$Pc_0 : 1$	
(4)		$\forall v_1 Pv_1 : 0$	
(5)	aus (4)	$Pc_1 : 0$	c_1 neu!
(6)	aus (1)	$(Pc_1 \to \forall v_1 Pv_1) : 0$	
(7)	aus (6)	$Pc_1 : 1$	
(8)		$\forall v_1 Pv_1 : 0$	
	(5) und (7)	×	

Alle Pfade schließen, also allgemeingültig!

Man sieht an diesem Beispiel, dass man die Regel für $\exists v_0 \ldots : 0$ aus (1) mehrfach aufrufen muss – in (2) und (6) – und dass die Regel für $\forall v_1 \ldots : 0$ in (5) eine im Pfad neue Konstante braucht. Bei der ersten Anwendung der Regel für $\exists v_0 \ldots : 0$ muss man hier ebenfalls eine neue Konstante nehmen, da bis dahin noch gar keine Konstante vorgekommen ist.

Zweites Beispiel

Als zweites Beispiel zeige ich wieder die Allgemeingültigkeit der $\mathscr{L}$-Aussage φ_2 aus Abschn. 6.1, also

$$\big(\forall v_0\,(P_0v_0 \wedge P_1v_0) \to (\forall v_0\,P_0v_0 \wedge \forall v_0\,P_1v_0)\big),$$

damit man die verschiedenen Methoden im Vergleich sieht.

(1)		$(\forall v_0\,(P_0v_0 \wedge P_1v_0) \to (\forall v_0\,P_0v_0 \wedge \forall v_0\,P_1v_0)) : 0$			
(2)	aus (1)	$\forall v_0\,(P_0v_0 \wedge P_1v_0) : 1$			
(3)		$(\forall v_0\,P_0v_0 \wedge \forall v_0\,P_1v_0) : 0$			
		↙		↘	
(4)	aus (3)	$\forall v_0\,P_0v_0 : 0$	aus (3)	$\forall v_0\,P_1v_0 : 0$	
(5)	aus (4)	$P_0c_0 : 0$ c_0 neu!	aus (4)	$P_1c_1 : 0$	c_1 neu!
(6)	aus (2)	$(P_0c_0 \wedge P_1c_0) : 1$	aus (2)	$(P_0c_1 \wedge P_1c_1) : 1$	
(7)	aus (6)	$P_0c_0 : 1$	aus (6)	$P_0c_1 : 1$	
(8)		$P_1c_0 : 1$		$P_1c_1 : 1$	
	(5) und (7)	×	(5) und (8)	×	

Alle Pfade schließen, also ist φ_2 allgemeingültig. Auf der rechten Seite könnte man statt c_1 auch c_0 nehmen, da die Konstante nur *im Pfad neu* sein muss

Drittes Beispiel

Hier nun noch ein Beispiel, wie man aus einem nicht schließenden Pfad ein Modell gewinnt. Sei $\mathscr{L} = \{R\}$ mit zweistelligem Relationszeichen und φ_3 die $\mathscr{L}$-Aussage

$$(\exists v_0 \exists v_1 \neg Rv_0v_1 \wedge \forall v_0 \exists v_1\,Rv_0v_1).$$

Modelle von φ_3 sind gerichtete Graphen, in denen von jedem Knoten eine gerichtete Kante wegführt, aber nicht von jedem Knoten zu jedem eine Kante führt. Die Tableau-Methode liefert nun mit dem Erfüllbarkeitstest zum Beispiel:

6.2 Tableau-Methode

(1)		$(\exists v_0 \exists v_1 \neg R v_0 v_1 \wedge \forall v_0 \exists v_1 \, R v_0 v_1) : 1$	
(2)	*aus (1)*	$\exists v_0 \exists v_1 \neg R v_0 v_1 : 1$	
(3)		$\forall v_0 \exists v_1 \, R v_0 v_1 : 1$	
(4)	*aus (2)*	$\exists v_1 \neg R c_0 v_1 : 1$	c_0 neu
(5)	*aus (4)*	$\neg R c_0 c_1 : 1$	c_1 neu
(6)	*aus (5)*	$R c_0 c_1 : 0$	
(7)	*aus (3)*	$\exists v_1 \, R c_0 v_1 : 1$	
(8)	*aus (7)*	$R c_0 c_2 : 1$	c_2 neu
(9)	*aus (3)*	$\exists v_1 \, R c_1 v_1 : 1$	
(10)	*aus (9)*	$R c_1 c_3 : 1$	c_4 neu
(11)	*aus (3)*	$\exists v_1 \, R c_2 v_1 : 1$	
(12)	*aus (11)*	$R c_2 c_4 : 1$	c_4 neu
⋮		⋮	

Man kann sich hier schnell davon überzeugen, dass das Tableau nicht schließen wird, weil kein neuer Eintrag von der Form $R c_i c_j : 0$ entstehen kann und man mit keiner Regelanwendung $R c_0 c_1 : 1$ bekommen kann. (Dies ist allerdings eine Argumentation *über* das Tableau und keine Anwendung der Tableau-Methode an sich. Ob ein Pfad noch schließen kann oder nicht, ist im Allgemeinen nicht entscheidbar.)

Man sieht aber auch, dass man immer wieder neue Konstanten einführen muss, die man wieder in (3) einsetzen kann. Im Beweis von Satz 6.2.1 werden aus nicht-schließenden Pfaden Modelle konstruiert, in denen nur solche Relationen bestehen, die durch die Axiome zwingend gegeben sind. Aus dem Tableau oben entsteht auf diese Weise folgendes Modell von φ:

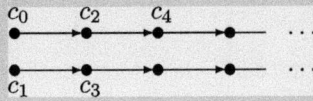

Für $\mathscr{L}$-Aussagen *mit Gleichheitszeichen* braucht man zusätzliche Regeln, etwa:

	$c_j \doteq c_k : 1$	$c_j \doteq c_k : 1$
	$\varphi[\frac{v_i}{c_j}] : 1$	$\varphi[\frac{v_i}{c_j}] : 0$
$c_i \doteq c_i : 1$	$\varphi[\frac{v_i}{c_k}] : 1$	$\varphi[\frac{v_i}{c_k}] : 0$

Die linke Regel bedeutet, dass man jederzeit in einem Pfad die Zeile $c_i \doteq c_i : 1$ einfügen darf. Die beiden Regeln rechts bedeuten, dass man, sofern $c_j \doteq c_k : 1$ in einem Pfad vorkommt, in allen anderen $\mathscr{L}_C$-Formeln im Pfad beliebig viele Vorkommen von c_j durch c_k ersetzen kann. Die Reihenfolge der beiden Voraussetzungen über dem Strich soll keine Rolle spielen.

Wählt man $\varphi = v_0 \doteq c_j$, dann ist $\varphi[\frac{v_0}{c_j}] = c_j \doteq c_j$. Man bekommt in diesem Fall also $\varphi[\frac{v_0}{c_j}]:1$ durch die linke Regel. Hat man auch $c_j \doteq c_k : 1$, bekommt man aus beidem mit der mittleren Regel $c_k \doteq c_j : 1$. Dies behebt die Asymmetrie der beiden Regeln rechts.

Ist $\forall v_0 \forall v_1 \forall v_2 \big((v_0 \doteq v_1 \land v_1 \doteq v_2) \to v_0 \doteq v_2 \big)$ allgemeingültig? Ja, denn:

(1)		$\forall v_0 \forall v_1 \forall v_2 \big((v_0 \doteq v_1 \land v_1 \doteq v_2) \to v_0 \doteq v_2 \big) : 0$	
(2)	aus (1)	$\forall v_1 \forall v_2 \big((c_0 \doteq v_1 \land v_1 \doteq v_2) \to c_0 \doteq v_2 \big) : 0$	c_0 neu
(3)	aus (2)	$\forall v_2 \big((c_0 \doteq c_1 \land c_1 \doteq v_2) \to c_0 \doteq v_2 \big) : 0$	c_1 neu
(4)	aus (3)	$\big((c_0 \doteq c_1 \land c_1 \doteq c_2) \to c_0 \doteq c_2 \big) : 0$	c_2 neu
(5)	aus (4)	$(c_0 \doteq c_1 \land c_1 \doteq c_2) : 1$	
(6)		$c_0 \doteq c_2 : 0$	
(7)	aus (5)	$c_0 \doteq c_1 : 1$	
(8)		$c_1 \doteq c_2 : 1$	
(9)	(7) in (6)	$c_1 \doteq c_2 : 0$	
	(8) und (9)	×	

Möchte man $\mathscr{L}$-*Aussagen mit Funktionszeichen* behandeln, arbeitet man am besten mit termreduzierten $\mathscr{L}$-Formeln. Alternativ kann man auch Funktionszeichen durch Relationszeichen ersetzen, so wie in Abschn. 4.6 beschrieben.

Übungsaufgaben

Aufgabe 6.2.1 Beweisen Sie mit der Tableau-Methode die Korrektheit der Dualitätsgesetze für die Quantoren.

Aufgabe 6.2.2 Seien P, Q und R drei einstellige Relationszeichen. Zeigen Sie mit der Tableau-Methode:

$$\neg \forall v_0 Q v_0, \forall v_0 (\neg Q v_0 \to P v_0), \forall v_0 (Q v_0 \leftrightarrow \neg R v_0) \models \exists v_0 (R v_0 \land P v_0).$$

Aufgabe 6.2.3 Sei $\mathscr{L} = \{R\}$ die Signatur mit einem dreistelligen Relationszeichen. Zeigen Sie mit der Tableau-Methode, dass folgende Formel allgemeingültig ist:

$$\big((\forall v_0 \forall v_1 \forall v_2 (R v_0 v_1 v_2 \to R v_1 v_0 v_2) \land \forall v_0 \forall v_1 \forall v_2 (R v_0 v_1 v_2 \to R v_2 v_1 v_0)) \\ \to \forall v_0 \forall v_1 \forall v_2 (R v_0 v_1 v_2 \to R v_0 v_2 v_1) \big).$$

6.3 Der Satz von Herbrand und Unifikation

Erinnerung: Ein Term heißt *geschlossen,* wenn er keine Individuenvariablen enthält. Damit es geschlossene $\mathscr{L}$-Terme gibt, muss $\mathscr{L}$ mindestens eine Konstante enthalten. Ist dies nicht der Fall, kann man $\mathscr{L}$ um eine Konstante erweitern, um den folgenden Satz anwenden zu können.

Satz 6.3.1 (Satz von Herbrand, 1930) *Sei $\mathscr{L}$ eine Signatur mit mindestens einer Konstante und $\varphi = \exists v_1 \ldots \exists v_n \psi$ eine existenzielle $\mathscr{L}$-Aussage, wobei ψ den quantorenfreien Teil bezeichnet. Dann ist φ genau dann allgemeingültig, wenn es ein $N \in \mathbb{N}$ und geschlossene $\mathscr{L}$-Terme $\tau_{i1}, \ldots, \tau_{in}$ für $i = 1, \ldots, N$ so gibt, dass*

$$\bigvee_{i=1}^{N} \psi(\tau_{i1}, \ldots, \tau_{in}) := \left(\psi\left[\begin{array}{ccc} v_1 & & v_n \\ \tau_{11} & \ldots & \tau_{1n} \end{array}\right] \vee \cdots \vee \psi\left[\begin{array}{ccc} v_1 & & v_n \\ \tau_{N1} & \ldots & \tau_{Nn} \end{array}\right] \right)$$

allgemeingültig ist.

Man kann für N keine Schranke angeben und sollte sich typischerweise eine große Zahl darunter vorstellen.

Für den Beweis braucht man noch den Begriff der *Unterstruktur* einer $\mathscr{L}$-Struktur $\mathscr{M}$. Dies ist eine $\mathscr{L}$-Struktur, die von $\mathscr{M}$ auf einer Teilmenge von M induziert wird: Falls $U \neq \emptyset$ eine unter allen Funktionen $f^{\mathscr{M}}$ für $f \in \mathscr{L}$ abgeschlossene Teilmenge von M ist, so ist die $\mathscr{L}$-**Unterstruktur** $\mathscr{L}$(-substructure) $\mathscr{U}$ mit Universum U definiert durch:

$$f^{\mathscr{U}} := f^{\mathscr{M}} \restriction_{U^{s(f)}} \quad \text{für jedes Funktionszeichen } f \in \mathscr{L}$$
$$R^{\mathscr{U}} := R^{\mathscr{M}} \cap U^{s(R)} \quad \text{für jedes Relationszeichen } R \in \mathscr{L}$$

BEWEIS DES SATZES VON HERBRAND Klar ist $\psi[\frac{v_1}{\tau_{i1}} \ldots \frac{v_n}{\tau_{in}}] \models \exists v_1 \ldots \exists v_n \psi$, also auch $\bigvee_{i=1}^{N} \psi(\tau_{i1}, \ldots, \tau_{in}) \models \exists v_1 \ldots \exists v_n \psi$, was die Richtung „$\Leftarrow$" beweist.

Für „$\Rightarrow$" nimmt man an, dass φ allgemeingültig ist, aber keine der möglichen Disjunktionen von Termeinsetzungen. Also ist jedes

$$\neg \bigvee_{i=1}^{N} \psi(\tau_{i1}, \ldots, \tau_{in}) \sim \bigwedge_{i=1}^{N} \neg \psi(\tau_{i1}, \ldots, \tau_{in})$$

erfüllbar. Dies bedeutet, dass die Menge

$$\left\{ \neg \psi\left[\tfrac{v_1}{\tau_1} \ldots \tfrac{v_n}{\tau_n}\right] \mid \tau_1, \ldots, \tau_n \text{ geschlossene } \mathscr{L}\text{-Terme} \right\}$$

endlich erfüllbar ist und nach dem Kompaktheitssatz 5.3.1 also ein Modell $\mathscr{M}$ hat.

Nun betrachtet man $M_0 := \{\tau^{\mathscr{M}} \mid \tau \text{ geschlossener } \mathscr{L}\text{-Term}\}$, also die Teilmenge von M, die aus den Interpretationen geschlossener Terme besteht. Sie ist Universum einer $\mathscr{L}$-

Unterstruktur $\mathcal{M}_0$ von $\mathcal{M}$, denn M_0 ist abgeschlossen unter den Funktionen $f^{\mathcal{M}}$ für $f \in \mathscr{L}$, da

$$f^{\mathcal{M}}(\tau_1^{\mathcal{M}}, \ldots, \tau_n^{\mathcal{M}}) = f\tau_1 \ldots \tau_n^{\mathcal{M}}.$$

Unterstrukturen sind gerade so definiert, dass alle geschlossenen $\mathscr{L}$-Terme die gleiche Interpretation in $\mathcal{M}_0$ wie in $\mathcal{M}$ haben und dass alle atomaren $\mathscr{L}$-Aussagen die gleiche Gültigkeit in $\mathcal{M}_0$ wie in $\mathcal{M}$ haben (vgl. Aufgabe 6.3.3). Also gilt auch eine quantorenfreie $\mathscr{L}$-Aussage in $\mathcal{M}_0$ genau dann, wenn sie in $\mathcal{M}$ gilt. Insbesondere folgt daraus $\mathcal{M}_0 \models \neg \psi[\frac{v_1}{\tau_1} \ldots \frac{v_n}{\tau_n}]$ für alle Terme $\tau_1, \ldots, \tau_n$. Da M_0 nun aber nur aus Interpretationen von Termen besteht, gilt $\mathcal{M}_0 \models \forall v_1 \ldots \forall v_n \neg \psi \sim \neg \exists v_1 \ldots \exists v_n \psi \sim \neg \varphi$, im Widerspruch zur Allgemeingültigkeit von φ! □

Wenn man $\mathscr{L}$-Aussagen ohne Gleichheitszeichen betrachtet, kommt auch in der Herbrand-Normalform kein Gleichheitszeichen vor. Durch die Termeinsetzungen erhält man eine Disjunktion quantorenfreier $\mathscr{L}$-Aussagen. Die Frage, ob solch eine Aussage allgemeingültig ist, lässt sich in ein rein aussagenlogisches Problem überführen:

Definition 6.3.2 *Sei $\varphi \neq \top, \bot$ eine quantorenfreie $\mathscr{L}$-Aussage, in der $\doteq$ nicht vorkommt. Das „aussagenlogisches Gerüst" von φ ist die aussagenlogische Formel φ_{AL}, die aus φ entsteht, indem man die atomaren Teilformeln von φ durch Aussagenvariablen ersetzt, wobei zwei atomare Formeln genau dann durch die gleiche Aussagenvariable ersetzt werden, wenn sie gleich sind.*

Lemma 6.3.3 *φ ist genau dann allgemeingültig, wenn φ_{AL} eine Tautologie ist.*

BEWEIS „⇐" ist uniforme Substitution.

„⇒": Angenommen φ_{AL} ist keine Tautologie und β ist eine Belegung der Aussagenvariablen mit $\beta(\varphi_{\mathrm{AL}}) = 0$. Man definiert nun auf der Menge der $\mathscr{L}$-Terme eine henkinartige $\mathscr{L}$-Struktur $\mathcal{M}$: Die Konstanten interpretiert man in $\mathcal{M}$ natürlich durch sich selbst und die Funktionen so, dass $f^{\mathcal{M}}(\tau_1, \ldots, \tau_{s(f)}) = f\tau_1 \ldots \tau_{s(f)}^{\mathcal{M}}$. Relationszeichen werden so interpretiert, dass genau dann $(\tau_1, \ldots, \tau_{s(R)}) \in R^{\mathcal{M}}$, wenn $R\tau_1 \ldots \tau_{s(R)}$ eine atomare Teilformel von φ ist, die durch eine Aussagenvariable A_i mit $\beta(A_i) = 1$ ersetzt wurde. Dann gilt offenbar $\mathcal{M} \not\models \varphi$. □

> **Beispiel für die Anwendung des Satzes von Herbrand**
> Mit dem Satz von Herbrand will ich nun die Allgemeingültigkeit zeigen von
>
> $$\varphi = \bigl(\forall v_0 \, (P_0 v_0 \wedge P_1 v_0) \to (\forall v_0 \, P_0 v_0 \wedge \forall v_0 \, P_1 v_0)\bigr).$$

6.3 Der Satz von Herbrand und Unifikation

Als Erstes wird φ in pränexe Normalform gebracht. Dabei ist es für das weitere Verfahren am günstigsten, wenn die Existenzquantoren möglichst weit innen stehen:

$$\forall v_1 \, \forall v_2 \, \exists v_0 \, \bigl(\neg(P_0 v_0 \wedge P_1 v_0) \vee (P_0 v_1 \wedge P_1 v_2)\bigr).$$

Mit zwei neuen Konstanten c_1 und c_2 und $\mathscr{L}_* = \{P_0, P_1, c_1, c_2\}$ bekommt man die Herbrand-Normalform

$$\varphi_* = \exists v_0 \, \bigl(\neg(P_0 v_0 \wedge P_1 v_0) \vee (P_0 c_1 \wedge P_1 c_2)\bigr).$$

Geschlossene $\mathscr{L}_*$-Terme, die man für v_0 einsetzen kann, sind c_1 und c_2. Setzt man beide wie im Satz von Herbrand ein, erhält man

$$\psi = \bigl((\neg(P_0 c_1 \wedge P_1 c_1) \vee (P_0 c_1 \wedge P_1 c_2)\bigr) \vee \bigl(\neg(P_0 c_2 \wedge P_1 c_2) \vee (P_0 c_1 \wedge P_1 c_2)\bigr)\bigr)$$

mit aussagenlogischen Gerüst

$$\psi_{\text{AL}} = \bigl((\neg(A_0 \wedge A_1) \vee (A_0 \wedge A_2)\bigr) \vee \bigl(\neg(A_3 \wedge A_2) \vee (A_0 \wedge A_2)\bigr)\bigr).$$

Mit einer beliebigen Methode der Aussagenlogik zeigt man nun $\models \psi_{\text{AL}}$.

Duale Resolution

Um zu überprüfen, ob φ_{AL} eine Tautologie ist, wird der Satz von Herbrand häufig mit der Resolutionsmethode verbunden. Mit Resolution würde man zeigen wollen, dass $\neg \varphi_{\text{AL}}$ nicht erfüllbar ist. Indem man das Negationszeichen nach innen zieht, erhält man de facto folgende „duale" Variante der Resolutionsmethode:

> Man bringt φ_{AL} in DNF und betrachtet die einzelnen Disjunktionsglieder als „duale Klauseln", d.h. jedes Disjunktionsglied wird zu einer Menge von Literalen, die als ihre Konjunktion verstanden wird. Auf diese dualen Klauseln wendet man nun Resolution an, und sieht, dass φ_{AL} genau dann eine Tautologie ist, wenn sich die leere duale Klausel ergibt.

Man kann zeigen, dass man sich immer auf eine $\mathscr{L}$-Aussage ohne Gleichheitszeichen zurückziehen kann: Wenn φ eine $\mathscr{L}$-Aussage mit Gleichheitszeichen ist, nimmt man ein neues zweistelliges Relationszeichen E. Man ersetzt nun $\tau_1 \doteq \tau_2$ in φ durch $E\tau_1\tau_2$, und erhält dadurch eine $\mathscr{L} \cup \{E\}$-Formel φ_E ohne Gleichheitszeichen.

Nun muss man aber noch sagen, dass sich die Interpretation von E möglichst ähnlich wie die Identität verhalten soll. Dazu fordert man die Gültigkeit der Gleichheitsgesetze für E. In einer einzelnen Formel kann man aber nur endlich viele davon zusammenfassen. Daher betrachtet man die

Teilmenge $\mathscr{L}^\varphi$ der in φ vorkommenden Zeichen aus $\mathscr{L}$ und schreibt $\mathscr{L}_E^\varphi$ für $\mathscr{L}^\varphi \cup \{E\}$. Nun sei $\Gamma_E^\varphi := \{\gamma_E \mid \gamma \; \mathscr{L}^\varphi\text{-Gleichheitsgesetz}\}$. In jedem Modell $\mathscr{M}$ von Γ_E^φ ist $E^{\mathscr{M}}$ eine Kongruenzrelation bzgl. $\mathscr{L}^\varphi$. Auf der Menge $M/E^{\mathscr{M}}$ der Äquivalenzklassen kann man daher auf natürliche Weise eine $\mathscr{L}_E^\varphi$-Struktur $\mathscr{M}/E$ definieren (die Äquivalenzklasse von $m \in M$ schreibe ich $\overline{m}$) durch:

$$f^{\mathscr{M}/E}(\overline{m_1}, \ldots, \overline{m_{s(f)}}) := \overline{f^{\mathscr{M}}(m_1, \ldots, m_{s(f)})}$$
$$(\overline{m_1}, \ldots, \overline{m_{s(f)}}) \in R^{\mathscr{M}/E} :\iff (m_1, \ldots, m_{s(f)}) \in R^{\mathscr{M}}.$$

Insbesondere ist $E^{\mathscr{M}/E}$ die Identitätsrelation auf $M/E^{\mathscr{M}}$, d. h., in $M/E^{\mathscr{M}}$ verhält sich E wie $\doteq$. Nun kann man per Induktion über den Formelaufbau für alle $\mathscr{L}^\varphi$-Aussagen ψ zeigen:

$$\mathscr{M}/E \vDash \psi \iff \mathscr{M} \vDash \psi_E.$$

Außerdem ist jede $\mathscr{L}^\varphi$-Struktur $\mathscr{N}$ von der Form $\mathscr{M}/E$, da man $\mathscr{M} = \mathscr{N}$ wählen und E darin durch die Identität interpretieren kann. Aus beiden Überlegungen folgt, dass die $\mathscr{L}$-Aussage φ genau dann allgemeingültig ist, wenn die $\mathscr{L}_E^\varphi$-Aussage $(\bigwedge \Gamma_E^\varphi \to \varphi_E)$ es ist, die kein Gleichheitszeichen mehr enthält.

Anstelle von E könnte man natürlich auch ein Symbol wie $\doteq$ wählen, das einem Gleichheitszeichen ähnlich ist. Da in $(\bigwedge \Gamma_E^\varphi \to \varphi_E)$ kein Gleichheitszeichen vorkommt, könnte man es darin sogar wieder durch $\doteq$ ersetzen. Letztendlich läuft die gesamte Überlegung also darauf hinaus, dass man für die Anwendung des Satzes von Herbrand die $\mathscr{L}$-Aussage φ durch die $\mathscr{L}$-Aussage $(\bigwedge \Gamma^\varphi \to \varphi)$ ersetzen kann, wobei Γ^φ die Menge der $\mathscr{L}^\varphi$-Gleichheitsgesetze ist, und man dann das Gleichheitszeichen wie ein Relationszeichen in $\mathscr{L}$ behandelt.

Unifikation

Wenn man die Allgemeingültigkeit von z. B. $(\exists v_0 \forall v_1 \, Rv_0v_1 \to \forall v_1 \exists v_0 \, Rv_0v_1)$ mit dem Satz von Herbrand zeigen möchte, muss man geeignete Termeinsetzungen in die Herbrand-Normalform $\exists v_1 \exists v_3 \, (\neg Rcv_1 \lor Rv_3hv_1)$ betrachten. Eine Chance, die Allgemeingültigkeit einer Disjunktion von Termeinsetzungen zu zeigen, hat man nur, wenn gleiche atomare Formeln auftreten. Im vorliegenden Beispiel möchte man also durch geeignete Einsetzungen erreichen, dass aus Rcv_1 und Rv_3hv_1 die gleiche Formel wird. Hier erreicht man dies offenbar, indem man zum einen c für v_1 und für v_3 einsetzt und dadurch $(\neg Rcc \lor Rchc)$ erhält und zum anderen hc für v_1 und z. B. c für v_3 einsetzt und dadurch $(\neg Rchc \lor Rchhc)$ erhält. Die Disjunktion beider Formeln ist allgemeingültig, ihr aussagenlogische Gerüst ist $((\neg A_0 \lor A_1) \lor (\neg A_1 \lor A_2))$.

Die Frage, wie man durch Termeinsetzungen gleiche atomare Formeln erreichen kann, wird durch das Verfahren der **Unifikation** (unification) geklärt.

Definition 6.3.4 *Sei* $P = \{(\tau_1, \tau_1'), \ldots, (\tau_n, \tau_n')\}$ *eine Menge von Paaren von $\mathscr{L}$-Termen. P wird durch eine Folge von Substitutionen $(\frac{v_{i_1}}{\sigma_1}, \ldots, \frac{v_{i_k}}{\sigma_k})$* **unifiziert** (unified), *falls*

$$\tau_j \left[\frac{v_{i_1}}{\sigma_1}\right] \left[\frac{v_{i_2}}{\sigma_2}\right] \cdots \left[\frac{v_{i_k}}{\sigma_k}\right] = \tau_j' \left[\frac{v_{i_1}}{\sigma_1}\right] \left[\frac{v_{i_2}}{\sigma_2}\right] \cdots \left[\frac{v_{i_k}}{\sigma_k}\right]$$

6.3 Der Satz von Herbrand und Unifikation

für alle $j = 1, \ldots, n$. Die Menge P heißt dann **unifizierbar** *(unifiable) und die Folge der Substitutionen* **Unifikator** *(unifier) von P.*

Die Substitutionen werden in der Definition nacheinander von links nach rechts ausgeführt, und nicht simultan. Bei nacheinander ausgeführter Substitution ist z.B. $gv_0v_1[\frac{v_0}{v_1}][\frac{v_1}{v_2}] = gv_1v_1[\frac{v_1}{v_2}] = gv_2v_2$, bei gleichzeitiger ist $gv_0v_1[\frac{v_0}{v_1}\frac{v_1}{v_2}] = gv_1v_2$.

Satz 6.3.5 (J. A. Robinson, 1965)
Falls P unifizierbar ist, so gibt es einen **Haupt-Unifikator** *(most general unifier), aus dem jeder Unifikator durch weitere Substitutionen hervorgeht.*

Hauptunifikatoren werden manchmal auch *minimale Unifikatoren* genannt.

Beispiel 1 für Hauptunifikatoren

Wenn f einstellig, g und h zweistellig, k dreistellig und c eine Konstante ist, dann sind die beiden Terme $gv_1hv_2v_3$ und gfv_3v_4 durch den Hauptunifikator $(\frac{v_1}{fv_3}, \frac{v_4}{hv_2v_3})$ unifizierbar und ergeben beide den Term $gfv_3hv_2v_3$. Aber auch $gffv_1hfv_1fv_1$ ist Ergebnis einer Unifikation durch $(\frac{v_1}{ffv_1}, \frac{v_2}{fv_1}, \frac{v_3}{fv_1}, \frac{v_4}{hfv_1fv_1})$.

Dagegen sind $k\,v_0\,gv_0v_1\,v_3$ und $k\,fv_3\,v_3\,c$ nicht unifizierbar, da v_3 sowohl mit c als auch mit gv_0v_1 unifiziert werden müsste, was offenbar nicht geht.

Beispiel 2 für Hauptunifikatoren

Der Hauptunifikator kann je nach Reihenfolge der Substitutionen verschiedene Gestalt annehmen und ist nur im Ergebnis und nur bis auf Variablenumbenennung eindeutig. Wenn z.B. $P = \{(v_0, fc), (fv_0, v_1)\}$, dann ist sowohl $(\frac{v_0}{fc}, \frac{v_1}{ffc})$ als auch $(\frac{v_1}{fv_0}, \frac{v_0}{fc})$ ein Hauptunifikator; beide liefern als Ergebnis die unifizierten Paare (fc, fc) und (ffc, ffc).

Anderes und einfachstes Beispiel: Für $P = \{(v_0, v_1)\}$ sind $\frac{v_1}{v_0}$ und $\frac{v_0}{v_1}$ Hauptunifikatoren, aber auch $(\frac{v_0}{v_3}, \frac{v_1}{v_3})$ ist einer.

Folgendes Verfahren entscheidet, ob eine Menge von Paaren unifizierbar ist, und bestimmt ggf. den Hauptunifikator:

1. Sei P gegeben. Starte mit leerer Folge Σ an Substitutionen.
2. Betrachte ein beliebiges $(\tau, \tau') \in P$:
   (a) Falls $\tau = f\rho_1 \ldots \rho_k$ und $\tau' = g\sigma_1 \ldots \sigma_l$ mit Funktionszeichen $f \neq g$ beginnen (auch Konstanten), dann stoppe mit Ausgabe „P ist nicht unifizierbar".
   (b) Falls $\tau = f\rho_1 \ldots \rho_k$ und $\tau' = f\rho'_1 \ldots \rho'_k$, dann ersetze P durch $(P \setminus \{(\tau, \tau')\}) \cup \{(\rho_1, \rho'_1), \ldots, (\rho_k, \rho'_k)\}$.
   (c) Falls $\tau = v_i = \tau'$, ersetze P durch $P \setminus \{(\tau, \tau')\}$.
   (d) Falls $\tau = v_i \neq \tau'$ und v_i in τ' vorkommt, dann stoppe mit Ausgabe „P ist nicht unifizierbar".
   (e) Falls $\tau = v_i$ und v_i in τ' nicht vorkommt, dann hänge $\frac{v_i}{\tau'}$ an Σ an und ersetze P durch $\{(\sigma[\frac{v_i}{\tau'}], \sigma'[\frac{v_i}{\tau'}]) \mid (\sigma, \sigma') \in P,\ (\sigma, \sigma') \neq (\tau, \tau')\}$.
   (f) Die letzten beiden Fälle gelten ebenso mit vertauschten Rollen für τ und τ'.
3. Falls $P \neq \emptyset$: springe zu 2.
   Falls $P = \emptyset$: stoppe mit Ausgabe „*Hauptunifikator ist* Σ".

BEWEIS VON SATZ 6.3.5 UND DER KORREKTHEIT DES VERFAHRENS

Das *Unifikationsmaß* einer Menge P von Termpaaren sei $(\#V, \#F, \#P)$, wobei $\#V$ die Anzahl der in P vorkommenden Individuenvariablen sei (jede Variable einmal gezählt, unabhängig wie oft sie vorkommt), $\#F$ die Anzahl von Vorkommen von Funktionszeichen und Konstanten in P (also mit Mehrfachzählung) und $\#$ die Anzahl von Paaren in P. Diese Tripel werden lexikografisch geordnet.

(2b) reduziert $\#F$, ohne $\#V$ zu ändern; (2c) reduziert $\#P$, ohne $\#F$ zu ändern und ohne $\#V$ zu erhöhen; (2e) reduziert $\#V$: In jedem Verfahrensschritt wird das Unifikationsmaß also kleiner, und daher stoppt das Verfahren nach endlich vielen Schritten mit $P = \emptyset$.

Im Fall (2a) ist klar, dass eine Substitutionsfolge genau dann $(\rho_1, \rho'_1), \ldots, (\rho_k, \rho'_k)$ unifiziert, wenn sie (τ, τ') unifiziert. Im Fall (2c) wird lediglich ein bereits unifiziertes Termpaar entfernt. Diese beiden Schritte sind also neutral in dem Sinne, dass sie die Unifizierbarkeit bzw. Nichtunifizierbarkeit von P nicht ändern.

Im Fall (2e) muss eine Unifikation $\tau = v_i$ mit τ' identifizieren, also τ' für v_i einsetzen. Somit ist eine ausgegebene Substitutionsfolge zum einen tatsächlich ein Unifikator, und zum anderen minimal. Schließlich ist es im Fall (2a) offensichtlich und im Fall (2d) leicht einzusehen, dass keine Unifikation möglich ist. Also ist das Verfahren auch insgesamt korrekt.

□

6.3 Der Satz von Herbrand und Unifikation

Zusammenfassung der Herbrand'schen Methode
Es gibt folgendes *Semientscheidungsverfahren* (vgl. Definition 7.1.1) für die Allgemeingültigkeit einer $\mathscr{L}$-Formel φ:

1. Gegebenenfalls eliminiert man das Gleichheitszeichen, bringt dann φ in pränexe Normalform und den quantorenfreien Teil von φ in DNF.
2. Nun bestimmt man die Herbrand'sche Normalform φ_*.
3. Mithilfe von Unifikation sucht man N geeignete Term-Einsetzungen.
4. Mit der dualen Resolutionsmethode testet man die Disjunktion der Term-Einsetzungen auf Allgemeingültigkeit.
5. Man durchläuft Schritte 3. und 4. mit wachsendem N, bis sich eine allgemeingültige Disjunktion von Term-Einsetzungen ergibt. In diesem Fall ist φ allgemeingültig. Andernfalls erhält man keine Antwort und das Verfahren stoppt nicht.

Umgekehrt gilt: Wenn φ allgemeingültig ist, dann gibt es ein N und geeignete Termeinsetzungen, welche dies nachweisen. Wenn man die möglichen Termeinsetzungen systematisch abarbeitet, gibt die Methode für allgemeingültige $\mathscr{L}$-Formeln irgendwann ein positives Ergebnis. Für nicht allgemeingültige $\mathscr{L}$-Formeln stoppt das Verfahren nicht und gibt daher kein Ergebnis. Daher handelt es sich nur um ein Semientscheidungsverfahren.

Beispiel für die Anwendung der Herbrand'schen Methode
Sei $\mathscr{L} = \{\circ, e\}$ mit einem zweistelligen Funktionszeichen $\circ$ und einer Konstanten e. Falls in einer $\mathscr{L}$-Struktur $\mathscr{M}$ die Operation $\circ^{\mathscr{M}}$ kommutativ ist, $e^{\mathscr{M}}$ neutrales Element ist und jedes Element ein Linksinverses hat, dann hat natürlich auch jedes Element ein Rechtsinverses. Genaueres Hinschauen zeigt, dass bereits aus den beiden schwächeren Voraussetzungen $\forall v_0 \forall v_1 \, (v_0 \circ v_1 \doteq e \leftrightarrow v_1 \circ v_0 \doteq e)$ und $\forall v_0 \exists v_1 \, v_0 \circ v_1 \doteq e$ das Ergebnis $\forall v_0 \exists v_1 \, v_1 \circ v_0 \doteq e$ folgt. Dies will ich nun mit der Herbrand'schen Methode nachvollziehen, indem ich zeige, dass die folgende $\mathscr{L}$-Formel φ allgemeingültig ist:

$$((\forall v_0 \forall v_1 \, (v_0 \circ v_1 \doteq e \leftrightarrow v_1 \circ v_0 \doteq e) \wedge \forall v_0 \exists v_1 \, v_0 \circ v_1 \doteq e) \rightarrow \forall v_0 \exists v_1 \, v_1 \circ v_0 \doteq e).$$

(1) Der erste Schritt müsste nun darin bestehen, die Gleichheitsgesetze hinzuzunehmen und φ zu ersetzen durch

$$\big((\forall v_0\, v_0 \doteq v_0 \wedge \forall v_0 \forall v_1\, (v_0 \doteq v_1 \rightarrow v_1 \doteq v_0)$$
$$\wedge\, \forall v_0\, \forall v_1 \forall v_2 ((v_0 \doteq v_1 \wedge v_1 \doteq v_2) \rightarrow v_0 \doteq v_2)$$
$$\wedge\, \forall v_0 \ldots \forall v_3\, ((v_0 \doteq v_2 \wedge v_1 \doteq v_3) \rightarrow v_0 \circ v_1 \doteq v_2 \circ v_3)) \rightarrow \varphi \big).$$

Es stellt sich aber heraus, dass dies in diesem speziellen Fall nicht nötig ist. Damit es überschaubar bleibt, arbeite ich deshalb mit der ursprünglichen $\mathscr{L}$-Formel φ.

(Würde man die volle Kommutativität $\forall v_0 \forall v_1\, (v_0 \circ v_1 \doteq v_1 \circ v_0)$ anstelle der ersten Voraussetzung nehmen, bräuchte man dagegen zumindest die Transitivität der Gleichheit.)

Außerdem schreibe ich der besseren Lesbarkeit halber $u, \ldots, z$ für Individuenvariablen.

Als Nächstes wird φ in pränexe Normalform mit quantorenfreiem Teil in DNF gebracht. Dabei bringt man die Allquantoren am besten möglichst weit nach außen, also etwa:

$$\forall y\, \exists w\, \forall x\, \exists u\, \exists v\, \exists z$$
$$\big((u \circ v \doteq e \wedge \neg v \circ u \doteq e) \vee (\neg u \circ v \doteq e \wedge v \circ u \doteq e) \vee \neg w \circ x \doteq e \vee z \circ y \doteq e\big).$$

(2) Die Herbrand'sche Normalform φ_* ist dann

$$\exists w\, \exists u\, \exists v\, \exists z$$
$$\big((u \circ v \doteq e \wedge \neg v \circ u \doteq e) \vee (\neg u \circ v \doteq e \wedge v \circ u \doteq e) \vee \neg w \circ fw \doteq e \vee z \circ c \doteq e\big)$$

mit neuer Konstante c und neuem einstelligen Funktionszeichen f.

Man hat nun unendlich viele $\mathscr{L}$-Terme $e, c, fe, fc, e \circ e, e \circ c, c \circ e, c \circ c, ffe, ffc, e \circ fe \ldots$, die man in allen möglichen Kombinationen für u, v, w und z in φ_* einsetzen kann. Der Überschaubarkeit der Darstellung wegen wähle ich hier einige zielführende Einsetzungen aus und erläutere, wie man auf diese Einsetzungen kommt. Ein automatisiertes Vorgehen wird dagegen systematisch alle möglichen Einsetzungen vornehmen, die an einer Stelle eine atomare Teilformel ψ und an anderer Stelle (und ggf. durch eine andere Einsetzung) die negiert-atomare Teilformel ψ entstehen lassen.

(3a) Für eine erste Einsetzung sucht man eine atomare Teilformel und eine negiert-atomare Teilformel „gleicher Gestalt", die durch geeignete Termeinsetzungen in der anschließenden Resolution einen Resolutionsschritt ermöglichen. (In diesem Beispiel haben alle atomaren Teilformeln die gleiche Gestalt $\tau_1 \circ \tau_2 \doteq e$.)

Man wählt etwa $\neg v \circ u \doteq e$ und $z \circ c \doteq e$, und unifiziert also $\{(v,z), (u,c)\}$, was durch den Hauptunifikator $(\frac{u}{c}, \frac{v}{z})$ geschieht. Setzt man nach dieser Substitution einen geschlossenen $\mathscr{L}$-Term wie zum Beispiel c für w und z in φ_* ein, erhält man

6.3 Der Satz von Herbrand und Unifikation

$$((c \circ c \doteq e \land \neg c \circ c \doteq e) \lor (\neg c \circ c \doteq e \land c \circ c \doteq e) \lor \neg c \circ fc \doteq e \lor c \circ c \doteq e).$$

(4a) Die atomaren Teilformeln werden nun durch Aussagenvariablen ersetzt und die Konjunktionsglieder als duale Klauseln aufgefasst. Durch A_0 für $c \circ c \doteq e$ und A_1 für $c \circ fc \doteq e$ erhält man die dualen Klauseln

$$\{A_0, \neg A_0\}, \{\neg A_0, A_0\}, \{\neg A_1\}, \{A_0\}.$$

Die Menge dieser dualen Klauseln ist bereits unter Resolution abgeschlossen und enthält nicht die leere Klausel. Also hat man noch keinen Beweis der Allgemeingültigkeit von φ.

(3b) Um durch die nächste Termeinsetzung einen neuen Resolutionsschritt zu ermöglichen, möchte man eine Klausel mit positivem A_1 erhalten, im Idealfall sogar $\{A_1\}$. Positive Einerklauseln bekommt man nur aus der Teilformel $z \circ c \doteq e$. Der Versuch, daraus A_1, also $c \circ fc \doteq e$ zu erhalten, scheitert aber, da $\{(z, c), (c, fc)\}$ nicht unifizierbar ist.

(3c) Im zweiten Versuch, eine Klausel mit positivem A_1 zu erhalten, betrachtet man $\neg w \circ fw \doteq e$ und $v \circ u \doteq e$ und unifiziert $\{(v, w), (u, fw)\}$ durch den Hauptunifikator $(\frac{v}{w}, \frac{u}{fw})$. Setzt man nach dieser Substitution c für w und für z in φ_* ein, erhält man

$$((fc \circ c \doteq e \land \neg c \circ fc \doteq e) \lor (\neg fc \circ c \doteq e \land c \circ fc \doteq e) \lor \neg c \circ fc \doteq e \lor c \circ c \doteq e),$$

zusammen mit der Einsetzung aus (3a) also die Disjunktion

$$((c \circ c \doteq e \land \neg c \circ c \doteq e) \lor (\neg c \circ c \doteq e \land c \circ c \doteq e) \lor \neg c \circ fc \doteq e \lor c \circ c \doteq e \lor$$
$$(fc \circ c \doteq e \land \neg c \circ fc \doteq e) \lor (\neg fc \circ c \doteq e \land c \circ fc \doteq e) \lor \neg c \circ fc \doteq e \lor c \circ c \doteq e)$$

(4c) Die neue atomare Formel $fc \circ c \doteq e$ wird durch A_2 ersetzt; zusammen mit der ersten Termeinsetzung erhält man also die dualen Klauseln

$$\{A_0, \neg A_0\}, \{\neg A_0, A_0\}, \{\neg A_1\}, \{A_0\}, \{A_2, \neg A_1\}, \{\neg A_2, A_1\}, \{\neg A_1\}, \{A_0\}.$$

Der Abschluss der Menge dieser dualen Klauseln unter Resolution ist

$$\{A_0\}, \{\neg A_1\}, \{\neg A_2\}, \{A_1, \neg A_2\}, \{\neg A_1, A_2\}, \{A_0, \neg A_0\}, \{A_1, \neg A_1\}, \{A_2, \neg A_2\}.$$

(3d) Man sieht, dass man zum Ziel kommt, wenn man die Klausel $\{A_2\}$ erhält. Will man analog zu (3b) A_2 aus $z \circ c \doteq e$ erhalten, also $fc \circ c \doteq e$, muss man $\{(z, fc), (c, c)\}$ unifizieren, was durch den Hauptunifikator $\frac{z}{fc}$ geschieht. Damit in (3c) die A_2 entsprechende Teilformel entsteht, hat man die Ersetzungen $(\frac{v}{w}, \frac{u}{fw}, \frac{w}{c})$ durchgeführt. Zusammen erhält man

$$((fc \circ c \doteq e \wedge \neg c \circ fc \doteq e) \vee (\neg fc \circ c \doteq e \wedge c \circ fc \doteq e) \vee \neg c \circ fc \doteq e \vee fc \circ c \doteq e).$$

(4d) Damit bekommt man also die duale Klausel $\{A_2\}$ und mit Resolution dann die leere Klausel und hat die Allgemeingültigkeit von φ bewiesen.

Im Beispiel ist dargestellt, wie man sich durch ein ansatzweise systematisches Vorgehen über die Schritte $N = 1, 2, 3$ dem Ziel annähert. Das funktioniert hier gut, weil man im Prinzip nur eine Möglichkeit hat, das Resolutionsverfahren weiterzutreiben. Bei umfangreicheren Formeln wird man nicht so zielgerichtet vorgehen können.

Bei genauerer Betrachtung kann man allerdings sehen, dass man bereits durch *eine* Einsetzung zum Ziel kommt, also $N = 1$, nämlich fc für u und z sowie c für v und w.

Diese Einsetzung kann man aus dem algebraischen Beweis ableiten: Dafür wählt man sich zunächst ein beliebiges $c \in M$. Nach Voraussetzung gibt es zu jedem $m \in M$ ein Linksinverses. Dieses muss nicht eindeutig bestimmt sein, aber man kann sich eine Funktion $f : M \to M$ wählen, welches für jedes $m \in M$ ein Linksinverses angibt, also $f(m) \circ m = e$. (Diese Schritte entsprechen der Einführung der Skolem-Funktionen!) Nun gilt also $f(c) \circ c = e$ und nach Voraussetzung auch $f(c) \circ c = e \Leftrightarrow c \circ f(c) = e$, also folgt $c \circ f(c) = e$. Somit hat man ein Rechtsinverses gefunden.

Übungsaufgaben

Aufgabe 6.3.1 Sei $\mathscr{L} = \{f, g, h, c\}$ mit zweistelligen Funktionszeichen f und g, einem einstelligen Funktionszeichen h und einem Konstantenzeichen c. Unifizieren Sie, falls möglich, folgende $\mathscr{L}$-Terme und finden Sie ggf. einen Hauptunifikator:

$gv_0ghcgv_2v_3$ und $gggv_5v_1hv_4ghcv_0$

$gv_4ggfgv_1v_6fv_5v_{12}gfv_{10}cv_2fv_7v_8$ und $gffv_3v_9fv_{11}v_{11}ggv_2gfv_{10}cfv_6v_0v_4$.

Aufgabe 6.3.2 Sei $\mathscr{L} = \{R\}$ die Signatur mit einem zweistelligen Relationszeichen. Zeigen Sie mit der Methode von Herbrand die Allgemeingültigkeit von $(\exists v_0 \forall v_1 \, Rv_0v_1 \to \forall v_1 \exists v_0 \, Rv_0v_1)$.

6.3 Der Satz von Herbrand und Unifikation

Aufgabe 6.3.3 Sei $\mathscr{U}$ eine $\mathscr{L}$-Unterstruktur von $\mathscr{M}$. Beweisen Sie formal, dass $\tau^{\mathscr{U}} = \tau^{\mathscr{M}}$ für alle $\mathscr{L}$-Terme τ gilt und $\mathscr{U} \vDash \varphi \iff \mathscr{M} \vDash \varphi$ für alle atomaren $\mathscr{L}$-Formeln φ.

Aufgabe 6.3.4 Seien P, Q und R drei einstellige Relationszeichen; die Signatur soll außerdem eine Konstante c enthalten. Zeigen Sie über den Satz von Herbrand:

$$\neg \forall v_0 Q v_0, \forall v_0 (\neg Q v_0 \to P v_0), \forall v_0 (Q v_0 \leftrightarrow \neg R v_0) \vDash \exists v_0 (R v_0 \land P v_0).$$

Teil III
Berechenbarkeit

7 Berechenbarkeit und Entscheidbarkeit

Die formale Logik trägt bereits in ihrer Konstruktion die Idee der Berechenbarkeit. Die Vorstellung, dass dies einer Maschine überlassen werden könnte, findet man historisch vermutlich zum ersten Mal bei Ramon Llull im 13. Jahrhundert. Die ersten Rechenmaschinen wurden dann ab dem 17. Jahrhundert konstruiert: Mit der Algebraisierung der Logik durch George Boole war damit im Prinzip die Grundlage für eine tatsächliche „Logikmaschine" gelegt.

Im Zuge der Entwicklung der Mengenlehre durch Georg Cantor wurde klar, dass man eine präzise Grundlage für die Mathematik braucht, weil man durch unsachgemäßen Umgang mit unendlichen Mengen zu Widersprüchen kam. Darüber, was genau als „unsachgemäß" anzusehen ist und was nicht, gab es Kontroversen. Die Formalisierung der Mathematik z. B. in Prädikatenlogik wurde ein wichtiger Bestandteil von Präzisierungsversuchen und damit auch die Frage, welche elementaren Regeln man in der Prädikatenlogik braucht, um alle nötigen mathematischen Beweistechniken formal nachvollziehen zu können. Insbesondere David Hilbert hat diese Entwicklung vorangetrieben, indem er versuchte mit Methoden der formalen Logik zu zeigen, dass gewisse Beweistechniken im Umgang mit unendlichen Mengen nicht zu Widersprüchen führen (gewissermaßen eine Art Programmverifikation).

Im Umfeld dieses *Hilbert-Programms* wurden diverse Berechenbarkeitskonzepte (rekursive Funktionen, λ-Kalkül) und abstrakte Maschinenmodelle (Turing-Maschinen) entwickelt und damit die Theoretische Informatik begründet. Protagonisten sind hier neben Alan Turing u. a. Emil Post und Alonzo Church. Hilbert war noch der Auffassung, dass sich alle mathematischen Fragestellungen prinzipiell entscheiden lassen müssten. Kurt Gödel konnte aber 1931 mit seinem berühmten Unvollständigkeitssatz zeigen, dass dies nicht der Fall ist. Eng verbunden damit ist das Ergebnis, dass es beschreibbare Funktionen gibt, die nicht berechenbar sind.

7.1 Grundlegende Konzepte

Ziel dieses dritten Teils des Buches ist es unter anderem, die *Unentscheidbarkeit* der Prädikatenlogik zu zeigen: Es gibt unter gewissen minimalen Voraussetzungen an die Sprache $\mathscr{L}$ kein allgemeines Verfahren, mit dem man für beliebige $\mathscr{L}$-Formeln entscheiden oder berechnen kann, ob sie allgemeingültig sind oder nicht. Um dies beweisen zu können, muss zunächst spezifiziert werden, was mit „allgemeinem Verfahren" bzw. mit „entscheidbar" oder „berechenbar" gemeint ist.

Es gibt viele Möglichkeiten, diese Begriffe zu präzisieren. Es haben sich aber bisher alle hinreichend starken Präzisierungen als äquivalent herausgestellt, weswegen man davon ausgeht, dass damit der intuitive Berechenbarkeitsbegriff adäquat charakterisiert ist (dies ist die sogenannte *Church'sche These*). Zwei dieser Präzisierungen will ich hier vorstellen: Berechenbarkeit durch *Turing-Maschinen* in Abschn. 7.2 und Berechenbarkeit im Sinne *rekursiver Funktionen* in Kap. 8. Es gibt eine Reihe anderer abstrakter Maschinenmodelle, die ebenfalls die gleiche Berechnungsstärke haben. Eine weitere in diesem Sinne äquivalente Herangehensweise ist der λ-*Kalkül*.

Als ersten Überblick werde ich zunächst die wichtigsten Begriffe der Berechenbarkeitstheorie und ihre Zusammenhänge auf einer intuitiven Ebene darstellen. Die folgenden Definitionen sind daher informell; sie sprechen von *Algorithmen* oder *Verfahren*. Um sie zu präzisieren, muss man festlegen, was ein Algorithmus ist bzw. wie die zugelassenen Verfahren aussehen. Typischerweise werden es schrittweise Prozeduren sein, wobei die einzelnen Schritte aus einer festgelegten Liste endlich vieler Möglichkeiten stammen.

Definition 7.1.1 **(informell)** *Sei M eine fest gewählte Menge.*

(a) *Eine Teilmenge $X \subseteq M$ heißt* **entscheidbar** *(decidable), wenn es einen Algorithmus gibt, der aus der Eingabe eines beliebigen Elements $m \in M$ die Ausgabe „ja" produziert, wenn $m \in X$, und „nein", wenn $m \notin X$.*

(b) *$X \subseteq M$ heißt* **semi-entscheidbar** *(semi-decidable) oder* **aufzählbar**[1] *(enumerable), wenn es einen Algorithmus gibt, der aus der Eingabe eines beliebigen Elements $m \in M$ die Ausgabe „ja" produziert, wenn $m \in X$, und nicht terminiert, wenn $m \notin X$.*

(c) *Eine Funktion $f : M \to N$ heißt* **berechenbar** *(computable), wenn es einen Algorithmus gibt, der aus der Eingabe eines beliebigen Elements $m \in M$ die Ausgabe $f(m) \in N$ produziert.*

Die Menge M ist für den Entscheidbarkeitsbegriff relevant, daher müsste man eigentlich genauer von „(semi-)entscheidbar in M" sprechen. Jede Menge X ist als Teilmenge von sich selbst natürlich entscheidbar, da der Algorithmus in diesem Fall nur konstant „ja" ausgeben muss. Es wird aber im Kontext immer festgelegt sein, welche umgebende Menge M gemeint ist.

---

[1] Dieser Begriff erklärt sich erst mit Satz 8.1.5.

7.1 Grundlegende Konzepte

Typischerweise arbeitet man mit einem endlichen Alphabet A und betrachtet als Menge M die Menge A^* aller endlichen Wörter über A, d. h. die Menge aller endlichen Folgen von Elementen aus A (vgl. Abschn. 10.1 im Anhang). Das wird bei den Turing-Maschinen der Fall sein.

Eine Vergrößerung des Alphabets ist unschädlich, d. h. ändert nicht die Entscheidbarkeit: Wenn $X \subseteq A^*$ entscheidbar ist und $A \subseteq B$, kann man zunächst bei Eingabe eines Wortes $w \in B^*$ prüfen, ob ein Zeichen aus $B \setminus A$ in w vorkommt (dann Ausgabe „nein"), und sonst den Entscheidungsalgorithmus für A anwenden. Die Umkehrung ist etwas weniger klar, aber im Wesentlichen kann man einen für B funktionierenden Algorithmus auf A einschränken. Insbesondere kann man immer ohne Einschränkung annehmen, dass $0, 1 \in A^*$, und etwa die Ausgabe „ja" durch 1 und die Ausgabe „nein" durch 0 darstellen.

Für ein endliches, nichtleeres Alphabet A ist die Menge der Wörter A^* eine abzählbar unendliche Menge und kann daher mit $\mathbb{N}$ identifiziert werden (siehe Lemma 10.2.2 im Anhang). Alternativ zu A^* kann man als umgebende Menge M daher auch die natürlichen Zahlen $\mathbb{N}$ wählen, was bei den rekursiven Funktionen der Fall sein wird.

Für alle gebräuchlichen Berechenbarkeitsbegriffe gelten diese Zusammenhänge:

Lemma 7.1.2 *Eine Teilmenge $X \subseteq M$ ist genau dann entscheidbar, wenn X und $M \setminus X$ semi-entscheidbar sind, und genau dann, wenn die* charakteristische Funktion (characteristic function) *χ_X berechenbar ist, wobei*

$$\chi_X(m) = \begin{cases} 1 & m \in X \\ 0 & m \notin X \end{cases}$$

BEWEIS FÜR DEN INTUITIVEN ENTSCHEIDBARKEITSBEGRIFF Wenn X entscheidbar ist, ist natürlich auch $M \setminus X$ entscheidbar: Man muss nur die Ausgaben „ja" und „nein" vertauschen. Ein Entscheidungsverfahren für X (bzw. $M \setminus X$) wird zu einem Semi-Entscheidungsverfahren, indem man die Ausgabe „nein" durch eine unendliche Schleife ersetzt.

Hat man Semi-Entscheidungsverfahren für X und $M \setminus X$, baut man daraus ein Entscheidungsverfahren für X, indem man abwechselnd einen Schritt im Semi-Entscheidungsverfahren für X und einen Schritt im Semi-Entscheidungsverfahren für $M \setminus X$ ansetzt. Eines der beiden Verfahren wird irgendwann eine positive Antwort liefern. Ist es das Verfahren für X, gibt man „ja" aus, andernfalls „nein".

Ein Entscheidungsverfahren für X und ein Berechnungsverfahren für χ_X gehen ineinander über, indem man die Ausgaben „ja"/„nein" mit „1"/„0" tauscht bzw. dadurch darstellt. □

Will man in entsprechender Weise die Semi-Entscheidbarkeit durch die Berechenbarkeit einer Funktion beschreiben, braucht man *partielle Funktionen*:

Definition 7.1.3 *Eine* **partielle Funktion** (partial function) $f : M \dashrightarrow N$ *ist eine Funktion* $g : D \to N$, *deren* Definitionsbereich (domain) D *eine Teilmenge von M ist.*

Für $m \in D$ *setzt man* $f(m) := g(m)$ *und sagt, dass f in m* definiert *oder* bestimmt *ist oder auch, dass $f(m)$ definiert oder bestimmt ist. Für $m \notin D$ sagt man, dass f in m* nicht definiert *oder* unbestimmt *ist.*

Wie in Lemma 7.1.2 beweist man für den intuitiven Entscheidbarkeitsbegriff den folgenden Zusammenhang:

Lemma 7.1.4 *Eine Teilmenge $X \subseteq M$ ist genau dann semi-entscheidbar, wenn die „partielle charakteristische Funktion"* $\overline{\chi_X}$ *berechenbar ist, wobei*

$$\overline{\chi_X}(m) = \begin{cases} 1 & m \in X \\ \text{unbestimmt} & m \notin X \end{cases}$$

Weder der Begriff „partielle charakteristische Funktion" noch die Notation $\overline{\chi_X}$ sind mathematischer Standard.

Übungsaufgaben

Aufgabe 7.1.1 Zeigen Sie mit den informellen Begriffen, dass Schnitt und Vereinigung zweier entscheidbarer Mengen wieder entscheidbar sind, und dass Schnitt und Vereinigung zweier semi-entscheidbarer Mengen wieder semi-entscheidbar sind.

Aufgabe 7.1.2 Zeigen Sie mit den informellen Begriffen: Wenn A und B semi-entscheidbar sind und $A \cup B$ und $A \cap B$ entscheidbar, dann sind A und B stets auch entscheidbar.

Aufgabe 7.1.3 Die Abbildung $\mathbb{N} \to \{0, 1\}^*$, die jeder Zahl ihre Binärdarstellung zuordnet, ist keine Bijektion (warum?). Wie kann man sie zu einer Bijektion abändern?

7.2 Turing-Maschinen

Die **Turing-Maschine** (Turing machine) ist ein von Alan Turing 1936 – also einige Jahre vor der Konstruktion der ersten Computer – entwickeltes, besonders einfaches abstraktes Rechnermodell. Es hat sich im Laufe der Zeit aber herausgestellt, dass das Konzept der Berechenbarkeit durch Turing-Maschinen trotz der Primitivität des Modells so umfassend ist wie komplexere Berechenbarkeitskonzepte (vgl. die *Church'sche These* weiter unten in diesem Abschnitt).

7.2 Turing-Maschinen

Die „Hardware" einer Turing-Maschine besteht aus einem beidseitig unendlichen *Speicherband* (tape) mit einzelnen, nebeneinander liegenden *Speicherzellen* (squares) – die man sich also mit den ganzen Zahlen $\mathbb{Z}$ indiziert vorstellen kann – und einem *Lese-Schreib-Kopf* (head), der in jedem Berechnungsschritt auf genau eine Speicherzelle zugreift.

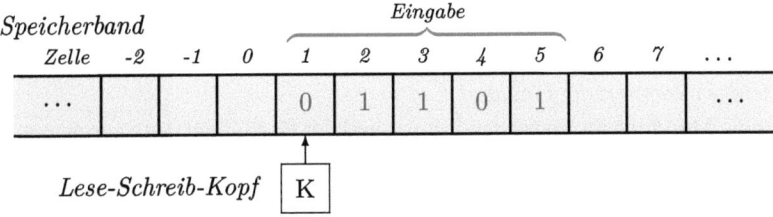

Die „Programmiersprache" einer Turing-Maschine arbeitet mit einem nichtleeren endlichen *Alphabet A*, das nicht das Symbol ∅ enthalten soll. In jeder Zelle des Speicherbandes steht entweder genau ein Zeichen aus A oder die Zelle ist leer. Kennzeichnet man leere Zellen durch ∅, dann steht in jeder Zelle genau ein Zeichen aus $A^+ := A \cup \{\emptyset\}$. (Bei einem Alphabet mit $0 \in A$ muss man also zwischen einer leeren Zelle und einer Zelle mit dem Wert 0 unterscheiden!)

Sodann gibt es eine endliche Menge Z an *Zuständen* (states), darunter den *Startzustand* (start state) $z_0 \in Z$ und den *Endzustand* (final state / accepting state) $z_{\text{end}} \in Z$. Zu jedem Zeitpunkt befindet sich die Maschine in genau einem Zustand. Der Zustand der Maschine ist eine zusätzliche Information, die unabhängig von der Position des Lese-Schreib-Kopfes und den aktuellen Zeichen auf dem Speicherband ist.

Das „Programm" einer Turing-Maschine besteht aus einer *Übergangsfunktion* (transition function)

$$U : Z \times A^+ \to Z \times A^+ \times \{-1, 0, +1\}$$

wobei $U(z_{\text{end}}, a) = (z_{\text{end}}, a, 0)$ für alle $a \in A^+$ gelten muss. Die Übergangsfunktion sollte man sich vorstellen als eine Liste von Zuweisungen $(z, a) \mapsto (z', a', p')$: Wenn der Lese-Schreib-Kopf im Zustand z das Zeichen a liest, soll die Maschine in den Zustand z' übergehen, a durch a' überschreiben und die Bewegung p' ausführen: eine Zelle nach links ($p' = -1$) oder eine Zelle nach rechts ($p' = +1$) oder stehen bleiben ($p' = 0$). Im Endzustand ändert sich nichts mehr.

Der „Programmlauf" einer Turing-Maschine funktioniert dann folgendermaßen:

- In der Startkonfiguration steht der Lese-Schreib-Kopf in einer definierten Startzelle. In der Startzelle und den unmittelbar rechts davon anschließenden $l - 1$ Zellen stehen Zeichen aus A, die ein Wort $w \in A^*$ der Länge l als *Eingabe* des Programms bilden. Alle weiteren Zellen links und rechts des Eingabewortes sind leer (wie im Bild oben angedeutet). Die Turing-Maschine befindet sich außerdem im Startzustand z_0.
- In jedem Programmschritt befindet sich die Turing-Maschine in genau einem Zustand z und liest das Zeichen $a \in A^+$ in der Zelle n, in der sich der Lese-Schreib-Kopf befindet.

Das Programm wertet dann $U(z, a) = (z', a', p')$ aus, die Maschine ersetzt das Zeichen a in Zelle n durch a', bewegt den Lese-Schreib-Kopf in die Zelle $n + p'$ und geht in den Zustand z' über. Damit ist der Programmschritt beendet und der nächste folgt.

- Sobald sich weder der Zustand noch die Position des Kopfes noch die Zeichen auf dem Band mehr ändern, sagt man: *„Die Maschine hält an"* oder *„Die Maschine stoppt"*. Ein Zustand, der dies bewirkt, heißt *Haltezustand*. Per Definition ist der Endzustand z_{end} also stets ein Haltezustand. Wenn die Maschine im Endzustand hält, sagt man auch: *„Die Maschine akzeptiert die Eingabe"*.
- Falls die Maschine im Endzustand stoppt und der Bandinhalt dann aus einem Wort $w' \in A^*$ besteht, das (analog zur Startkonfiguration) links und rechts von ausschließlich leeren Zellen begrenzt ist, nennt man w' die *Ausgabe*. Sie darf an einer beliebigen Stelle des Bandes stehen und muss nicht notwendigerweise in der Startzelle beginnen.

Es gibt viele Varianten von Turing-Maschinen, die sich aber alle gegenseitig simulieren können und daher die gleiche Berechnungsstärke haben. Übliche Varianten sind etwa:

- Maschinen mit mehreren Bändern, z. B. für Eingabe, Ausgabe und Zwischenberechnungen.
- Maschinen mit halbseitig unendlichen Bändern, also mit durch $\mathbb{N}$ statt $\mathbb{Z}$ indizierten Zellen.
- Maschinen, die ein zusätzliches spezielles Symbol nutzen, das Beginn und Ende des beschriebenen Bandteils markiert.

Die hier vorgestellte Variante – im Wesentlichen die Originalversion von Turing – ist besonders einfach und daher auch gut geeignet, um das grundlegende Prinzip abstrakter Maschinen vorzustellen. Andere Varianten sind dagegen besser geeignet, um die Äquivalenz mit anderen Berechenbarkeitsbegriffen zu beweisen.

Definition 7.2.1

(a) $X \subseteq A^*$ *heißt* **turing-entscheidbar** (Turing decidable), *wenn es eine Turing-Maschine gibt, die bei Eingabe* $w \in X$ *im Endzustand und bei Eingabe* $w \notin X$ *in einem anderen Haltezustand stoppt.*

(b) $X \subseteq A^*$ *heißt* **turing-semi-entscheidbar** *oder* **-aufzählbar** (Turing semi-decidable/enumerable), *wenn es eine Turing-Maschine gibt, die bei Eingabe* $w \in X$ *im Endzustand stoppt und bei Eingabe* $w \notin X$ *nicht stoppt.*

(c) *Eine partielle Funktion* $f : A^* \dashrightarrow A^*$ *heißt* **turing-berechenbar**, *wenn es eine Turing-Maschine gibt, die bei Eingabe* $w \in A^*$ *stoppt und die Ausgabe* $f(w)$ *liefert, falls* f *in w definiert ist, und nicht stoppt, falls* f *in w unbestimmt ist.*

Wenn man die Turing-Berechenbarkeit einer charakteristischen Funktion betrachtet, müssen nicht unbedingt 0 und 1 im Alphabet A liegen, sondern es reicht aus, dass man sie durch geeignete Wörter in A^* kodiert, beispielsweise 0 durch das leere Wort und 1 durch irgendein Zeichen $a_1 \in A$.

7.2 Turing-Maschinen

Beispiel für Turing-Entscheidbarkeit

Sei A das *unäre Alphabet* $A = \{\,|\,\}$. Die Teilmenge $X \subseteq A^*$ aller Wörter gerader Länge ist turing-entscheidbar:

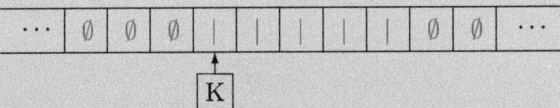

Die Turing-Maschine hat vier Zustände: $Z = \{z_0, z_1, z_2, z_{end}\}$ und folgende Übergangsfunktion:

$$
\begin{aligned}
(z_0, \emptyset) &\mapsto (z_{end}, \emptyset, 0) & (z_0, |) &\mapsto (z_1, |, 1) \\
(z_1, \emptyset) &\mapsto (z_2, \emptyset, 0) & (z_1, |) &\mapsto (z_0, |, 1) \\
(z_2, \emptyset) &\mapsto (z_2, \emptyset, 0) & (z_2, |) &\mapsto (z_2, |, 0) \\
(z_{end}, \emptyset) &\mapsto (z_{end}, \emptyset, 0) & (z_{end}, |) &\mapsto (z_{end}, |, 0)
\end{aligned}
$$

Durch den Wechsel der beiden Zustände z_0 und z_1 zählt man, ob man eine ungerade oder eine gerade Anzahl von Strichen gelesen hat. z_2 ist ein Haltezustand, der nicht der Endzustand ist.

Übersichtlicher stellt man die Funktionsweise der Turing-Maschine durch ein *Flussdiagramm* dar:

$$
\begin{array}{c}
\boxed{z_{end}} \xleftarrow{\emptyset \to \emptyset, -} z_0 \xrightleftharpoons[| \to |, R]{| \to |, R} z_1 \xrightarrow{\emptyset \to \emptyset, -} z_2
\end{array}
$$

Zustände werden dabei gerne in Kreisen dargestellt, doppelte Kreise kennzeichnen Haltezustände. Der Übergang von einem Zustand in den anderen wird durch Pfeile gekennzeichnet: An dem Pfeil steht, welches Zeichen für den Übergang verantwortlich ist, wie es überschrieben wird und wie die Maschine sich im Anschluss bewegt. Weil man es besser lesen kann, schreibe ich für die Bewegungen des Lese-Schreib-Kopfes $L, -, R$ statt $-1, 0, 1$.

Beispiel für Turing-Berechenbarkeit

Eine Modifikation dieser Turing-Maschine berechnet den Rest einer unär geschriebenen Zahl modulo 2, gibt also einen Strich ($= 1$) aus, wenn die Eingabe aus einer ungeraden Anzahl an Strichen besteht, und das leere Band ($= 0$), wenn die Eingabe aus einer geraden Anzahl an Strichen besteht:

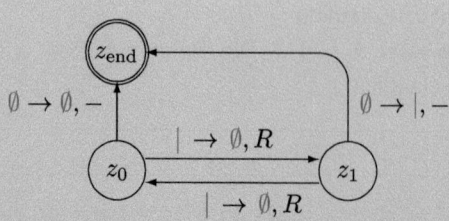

Bei zum Beispiel der Eingabe $3 = |\,|\,|$ ist der Lauf der Maschine dann wie folgt:

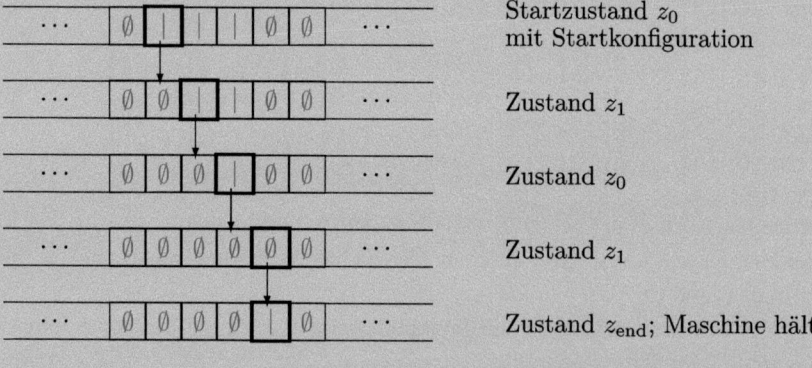

Die Position des Lese-Schreib-Kopfes ist hier durch das dicker eingerahmte Kästchen markiert und das Ersetzen der Zeichen durch Pfeile gekennzeichnet.

Jetzt kann man die **These von Church** (Church's thesis) für Turing-Maschinen formulieren:

Jede im intuitiven Sinne berechenbare Funktion ist turing-berechenbar.

Diese These ist nicht beweisbar, da „intuitiv berechenbar" kein präziser Begriff ist. Für alle bisher gefundenen Präzisierungen (über Maschinenmodelle, Programmiersprachen o. Ä.) wurde sie aber verifiziert; daher wird sie allgemein akzeptiert. Ich verwende sie in den folgenden Abschnitten in der Weise, dass ich häufig nur die intuitive Berechenbarkeit darlege, wo konkrete Turing-Maschinen angegeben werden müssten (und mit etwas Aufwand angegeben werden könnten).

Lemma 7.1.2 für Turing-Berechenbarkeit
Ein Beispiel sind die Aussagen von Lemma 7.1.2 für Turing-Entscheidbarkeit und Turing-Berechenbarkeit. Unter Benutzung der Church'schen These reichen die angestellten Überlegungen aus. Andernfalls müsste man konkret zeigen, wie die benötigten Turing-Maschinen aussehen, was ich jetzt kurz andeuten will.

7.2 Turing-Maschinen

> Einfach ist es, aus einem Turing-Entscheidungsverfahren für X ein Semi-Entscheidungsverfahren zu machen: Wenn die Turing-Maschine in einem Zustand $z' \neq z_{\text{end}}$ hält, ändert man die Übergangsfunktion so, dass sie im Zustand z' dauerhaft weiter nach rechts läuft und dadurch nicht stoppt.
>
> Um aus Turing-Maschinen $\mathcal{C}_X$ und $\mathcal{C}_{M \setminus X}$, die Semi-Entscheidungsverfahren für X bzw. $M \setminus X$ liefern, ein Entscheidungsverfahren für X zu machen, verdoppelt man zunächst eine Eingabe $a_1 \ldots a_n \in A^*$ zu $a_1 a_1 \ldots a_n a_n$ und simuliert auf den Zellen mit geradem Index die Maschine $\mathcal{C}_X$, auf den Zellen mit ungeradem Index die Maschine $\mathcal{C}_{M \setminus X}$, die abwechselnd laufen. Dies konkreter durchzuführen ist mühsam (deutlich einfacher geht es mit einer Mehrbändermaschine). Sobald $\mathcal{C}_X$ ihren eigentlichen Endzustand erreicht, lässt man die neue Turing-Maschine in ihren Endzustand übergehen; sobald $\mathcal{C}_{M \setminus X}$ ihren eigentlichen Endzustand erreicht, lässt man die neue Turing-Maschine in einen anderen Haltezustand übergehen.
>
> Aus einer Turing-Maschine, die die charakteristische Funktion χ_X berechnet, erhält man relativ einfach eine Entscheidungsmaschine für X: Statt bei Ausgabe 0 in den Endzustand zu gehen, lässt man die Maschine in einem anderen Zustand halten.
>
> Hat man umgekehrt eine Maschine, die X entscheidet, muss man an die beiden Haltezustände ein Programm anschließen, das das Band löscht und im einen Fall 1, im andern Fall 0 auf Band schreibt und dann jeweils in den Endzustand geht.
>
> Schwierig ist hier, dass man eine Kontrolle darüber haben muss, bis wohin man das Band löschen muss. Einfacher ist dies mit einem speziellen Symbol, das den beschriebenen Bereich des Bandes markiert. Andernfalls muss man dafür sorgen, dass die Maschine keine beliebig großen Abschnitte mit leeren Zellen zwischen gefüllten Zellen produziert.

Lemma 7.2.2 *Sei A ein endliches Alphabet. Jede endliche Teilmenge von A^* ist turing-entscheidbar.*

BEWEIS Sei $W = \{w_1, \ldots, w_n\} \subseteq A^*$ die gegebene endliche Wörtermenge. Dann wird W zum Beispiel durch die folgende Turing-Maschine $\mathcal{C}_W$ entschieden: Neben dem Startzustand z_0, dem Endzustand z_{end} und einem weiteren Haltezustand z_∞ gibt es für jedes nicht leere Anfangsstück v eines Wortes aus W einen Zustand z_v (für das leere Anfangsstück λ übernimmt der Startzustand z_0 die Rolle von z_λ). Die Maschine $\mathcal{C}_W$ liest das Eingabewort w von links nach rechts und merkt sich durch den Zustand die bisher gelesenen Zeichen. Liest die Maschine im Zustand z_v ein Zeichen a, für das[2] $v \frown a$ kein Anfangsstück eines Wortes von

---

[2] Das Zeichen $\frown$ steht für die *Konkatenation,* d. h. für das Hintereinandersetzen von Wörtern oder Symbolen zu einem längeren Wort – vgl. Abschn. 10.1 im Anhang.

W ist, geht die Maschine in den Haltezustand z_∞. Ebenso wenn die Maschine im Zustand z_v eine leere Zelle liest und v nicht in W liegt. In allen anderen Fällen geht sie in den Endzustand.

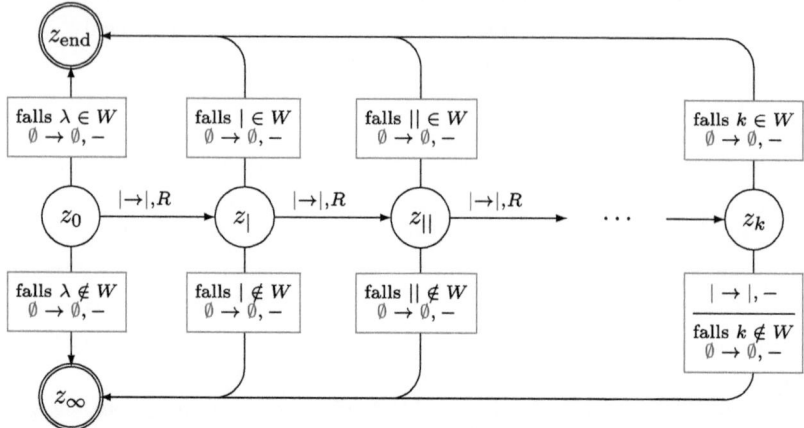

Dies ist das Flussdiagramm für das Beispiel des unären Alphabets $A = \{|\}$. Dabei ist k (d. h. k Striche) das längste Wort in W. □

Übungsaufgaben

Aufgabe 7.2.1 Schreiben Sie das Programm einer Turing-Maschine, die ihre Eingabe um ein Feld nach rechts versetzt.

Aufgabe 7.2.2 Schreiben Sie das Programm einer Turing-Maschine, die ihre Eingabe Zeichen für Zeichen verdoppelt, also $a_1 \ldots a_n$ zu $a_1 a_1 \ldots a_n a_n$ macht.

Aufgabe 7.2.3 Zeigen Sie, dass Schnitt und dass Vereinigung von zwei turing-entscheidbaren Mengen wieder turing-entscheidbar sind, indem Sie Programme entsprechender Turing-Maschinen skizzieren.

Aufgabe 7.2.4 Schreiben Sie das Programm einer Turing-Maschine über dem Alphabet $\{0, 1, (,)\}$, die bei Eingabe einer aus Klammern (und) bestehenden Zeichenkette das Zeichen 1 auf das Band schreibt, wenn es sich um eine sinnvolle Klammerung handelt, und 0 sonst.

7.3 Das Halteproblem

Sei A nun stets ein endliches, nichtleeres Alphabet. Jede Turing-Maschine $\mathcal{C}$, die mit dem Alphabet A arbeitet, lässt sich durch eine endliche Zeichenfolge $\ulcorner \mathcal{C} \urcorner$ über einem festen endlichen Alphabet A_{TM} beschreiben: Man wählt zum Beispiel $A_{\text{TM}} = A \cup \{0, \ldots, 9, \$\}$,

7.3 Das Halteproblem

wobei $ in A nicht vorkommen soll. Jedem Zustand z der Turing-Maschine ordnet man eine Nummer #z in Form einer Dezimalzahl zu, mit #$z_0 = 0$ und #$z_{end} = 1$. Dann schreibt man jeden Eintrag $(z, a) \mapsto (z', a', p)$ der Übergangsfunktion von $\mathcal{C}$ als Zeichenfolge #z \$ a \$ #z' \$ a' \$ p \$\$, wobei man für $p = -1$ z.B. 9 schreibt. Eine Möglichkeit für $\ulcorner\mathcal{C}\urcorner$ besteht nun darin, alle solchermaßen kodierten Einträge der Übergangsfunktion hintereinander zu setzen. Die Trennzeichen \$ erlauben es dann, aus $\ulcorner\mathcal{C}\urcorner$ die Übergangsfunktion zu rekonstruieren.

Da A^*_{TM} abzählbar ist (vgl. Lemma 10.2.2), gibt es also auch nur abzählbar viele Turing-Maschinen, die mit dem Alphabet A arbeiten. Also können auch nur abzählbar viele Teilmengen von A^* turing-entscheidbar sein und nur abzählbar viele Teilmengen von A^* turing-semi-entscheidbar. Da Pot(A^*) nach dem Satz von Cantor 10.2.3 aber überabzählbar ist, sind die meisten Teilmengen von A^* – nämlich überabzählbar viele – weder entscheidbar noch aufzählbar.

Man kann für eine über dem Alphabet A arbeitende Turing-Maschine $\mathcal{C}$ aber auch schon in A^* einen Code finden, aus dem sich die Übergangsfunktion rekonstruieren lässt. Von jetzt an nehme ich daher an, dass $\ulcorner\mathcal{C}\urcorner \in A^*$.

Einfach ist es, $\ulcorner\mathcal{C}\urcorner$ in A^* zu finden, wenn A mindestens zwei Elemente enthält: Dann kann man die Zeichen aus A_{TM} selbst wieder durch Wörter einer festen Länge aus A^* kodieren (gewissermaßen Bytes). Falls A ein unäres Alphabet ist, ist A^* im Wesentlichen $\mathbb{N}$. Durch systematisches Aufzählen der Wörter in A^*_{TM} bekommt man eine (in beide Richtungen berechenbare) Bijektion $\mathbb{N} \to A^*_{TM}$.

Lemma 7.3.1 *Die Menge der Codes von Turing-Maschinen*

$$C_{TM} := \{c \in A^* \mid c = \ulcorner\mathcal{C}\urcorner \text{ für eine Turing-Maschine } \mathcal{C}\}$$

ist turing-entscheidbar. Das heißt: Wenn man festgelegt hat, wie man eine Turing-Maschine als Wort über A beschreibt, dann findet man eine Turing-Maschine, die bei Eingabe eines Wortes $c \in A^*$ entscheidet, ob es sich um den Code einer Turing-Maschine handelt oder nicht.

BEWEIS Man muss durch eine Turing-Maschine prüfen, ob sich c aus korrekt kodierten Einträgen der Übergangsfunktion zusammensetzt, ob für jede Kombination von Zuständen und Zeichen aus A ein Eintrag der Übergangsfunktion vorhanden ist und ob die Übergangsfunktion für den Endzustand so definiert ist, dass die Maschine darin hält. Das ist intuitiv alles prüfbar, also gibt es (mit Church'scher These) auch eine Turing-Maschine dafür. □

Wenn eine Teilmenge $X \subseteq A^*$ durch eine Maschine $\mathcal{C}$ turing-semi-entscheidbar ist, kann man das als eine besondere Art der Beschreibung der Menge X ansehen, da X durch $\mathcal{C}$ festgelegt ist. Die Turing-Maschine $\mathcal{C}$ ist wiederum durch das Wort $\ulcorner\mathcal{C}\urcorner$ beschrieben. Jede andere Art, eine Menge X zu beschreiben, erfolgt üblicherweise auch durch einen Text in einem endlichen Alphabet (Buchstaben, Zahlen, mathematische Symbole). Zum Beispiel ist der Text „*Die Menge aller Wörter gerader Länge über dem Alphabet* $\{0, 1\}$" eine Beschreibung einer Menge. Für jede mögliche Präzisierung von „beschreibbar" durch endliche Zeichenfolgen über einem endlichen Alphabet gibt es nur abzählbar viele beschreibbare Teilmengen von A^*, weil es nur abzählbar viele mögliche Beschreibungen gibt. Also sind in diesem Sinne auch die meisten Teilmengen von A^* nicht beschreibbar.

Als nächstes Ziel möchte ich zeigen, dass keine der drei Eigenschaften „allgemeine Beschreibbarkeit", „Turing-Semi-Entscheidbarkeit" und „Turing-Entscheidbarkeit" übereinstimmen. Dazu brauche ich zunächst eine Verallgemeinerung von Definition 7.2.1:

Definition 7.3.2 *Eine Funktion* $f : A^* \times A^* \dashrightarrow A^*$ *ist* turing-berechenbar, *wenn es eine Turing-Maschine gibt, die bei Eingabe von* $w_1 \,\widehat{}\, \emptyset \,\widehat{}\, w_2$ *nach endlich vielen Schritten mit Ausgabe* $f(w_1, w_2)$ *im Endzustand stoppt, falls* f *in* (w_1, w_2) *definiert ist, und andernfalls nicht stoppt.*

Man kann sich überlegen, dass es Bijektionen $\beta : A^* \to A^* \times A^*$ gibt, die in beide Richtungen (turing-)berechenbar sind. Daher kann man die Berechenbarkeit einer Funktion $f : A^* \times A^* \dashrightarrow A^*$ auch auf die Berechenbarkeit der Funktion $f \circ \beta : A^* \dashrightarrow A^*$ zurückführen.

Lemma 7.3.3 *Wenn* $f : A^* \times A^* \dashrightarrow A^*$ *eine turing-berechenbare Funktion ist, dann ist für jedes* $v \in A^*$ *auch die Funktion* $f_v : A^* \dashrightarrow A^*$, $u_v(w) = u(v, w)$ *turing-berechenbar.*

BEWEIS Man konstruiert eine Turing-Maschine, die zunächst v vor ihre Eingabe w schreibt und dann die Turing-Maschine C_f simuliert, die f berechnet:

Für ein $v = (a_{i_1}, \ldots, a_{i_k})$ der Länge k benötigt man dafür $k+1$ neue Zustände $z'_0, \ldots, z'_k$: Die Maschine läuft vom Startzustand aus nach links und geht in Zustand z'_k über. Solange $j > 0$ schreibt sie im Zustand z'_j das Zeichen a_{i_j} in die aktuelle Zelle und geht dann weiter nach links. Im Zustand z'_0 geht sie wieder nach rechts und schließt das Programm der Turing-Maschine C_f an, wobei z'_0 deren Startzustand ersetzt. □

Satz 7.3.4

(a) *Es gibt keine* **universelle totale turing-berechenbare Funktion** (universal Turing computable function), *d. h. keine Funktion* $u : A^* \times A^* \to A^*$, *die turing-berechenbar ist und für die* $\{u_v : A^* \to A^* \mid v \in A^*\}$ *die Menge aller turing-berechenbaren Funktionen* $A^* \to A^*$ *ist.*

(b) *Es gibt aber eine* **universelle partielle turing-berechenbare Funktion,** *d. h. eine Funktion* $u : A^* \times A^* \dashrightarrow A^*$, *die turing-berechenbar ist und für die* $\{u_v : A^* \dashrightarrow A^* \mid v \in A^*\}$ *die Menge aller turing-berechenbaren partiellen Funktionen* $A^* \dashrightarrow A^*$ *ist.*

7.3 Das Halteproblem

BEWEIS

(a) Mit Cantor's Diagonalargument: Angenommen es gibt solch eine universelle Funktion u. Dann ist auch die Diagonalfunktion $\delta : A^* \to A^*, w \mapsto u(w, w)$ turing-berechenbar: Man verdoppelt zunächst die Eingabe w zu $w\widehat{\ }\emptyset\widehat{\ }w$ und simuliert dann die Turing-Maschine, die u berechnet. Für ein beliebig gewähltes Zeichen $a \in A$ ist dann sicher auch $\delta_a : A^* \to A^*, w \mapsto u(w, w)\widehat{\ }a$ turing-berechenbar, da man die vorherige Turing-Maschine nur so abändern muss, dass am Ende das Zeichen a angefügt wird, bevor sie in den Endzustand geht. Nach Annahme gibt es nun ein $w_0 \in A^*$ mit $\delta_a = u_{w_0}$. Daraus ergibt sich aber der Widerspruch

$$\delta_a(w_0) = u(w_0, w_0)\widehat{\ }a \neq u(w_0, w_0) = u_{w_0}(w_0)$$

(b) Beweisskizze: Man konstruiert eine *universelle Turing-Maschine* (universal Turing machine) $\mathcal{U}$: Wenn $\mathcal{U}$ eine Eingabe von der Form $c\widehat{\ }\emptyset\widehat{\ }w$ bekommt, prüft sie zunächst wie in Lemma 7.3.1, ob c von der Form $\ulcorner \mathcal{C} \urcorner$ ist. Falls ja, simuliert $\mathcal{U}$ den Lauf von $\mathcal{C}$ mit Eingabe w, indem $\mathcal{U}$ in c „nachschaut", wie sie sich verhalten soll (mehr dazu im Anschluss). Wenn dieser simulierte Lauf mit Ausgabe w' endet, löscht $\mathcal{U}$ noch den Teil c der Eingabe und geht in den Endzustand. In allen anderen Fällen läuft $\mathcal{U}$ unendlich lange weiter.

Wenn $\mathcal{U}$ im Endzustand hält, gibt es nach Konstruktion eine Ausgabe $w' \in A^*$, d. h. $\mathcal{U}$ berechnet eine partielle Funktion $u : A^* \times A^* \dashrightarrow A^*$. Dann ist nach Lemma 7.3.3 auch jedes $u_v : A^* \dashrightarrow A^*$ für $v \in A^*$ eine turing-berechenbare partielle Funktion. Umgekehrt wird jede turing-berechenbare partielle Funktion $f : A^* \dashrightarrow A^*$ von einer Turing-Maschine $\mathcal{C}_f$ berechnet. Nach Konstruktion ist $u_{\ulcorner \mathcal{C}_f \urcorner} = f$. Also ist u die gesuchte universelle partielle turing-berechenbare Funktion. □

Für partielle Funktionen funktioniert Cantors Diagonalargument nicht, weil $u(w_0, w_0)$ unbestimmt sein kann (und auch sein muss).

Die im Beweis angedeutete Simulation kann zum Beispiel folgendermaßen funktionieren: Die Maschine $\mathcal{U}$ zieht zunächst die Eingabe so auseinander, dass sie in den geraden Zellen steht und die ungeraden Zellen dazwischen leer sind. Dadurch erhält man gewissermaßen eine Zwei-Bänder-Maschine mit einem „Arbeitsspeicher" auf den ungeraden Zellen. In Zelle 1, den Beginn des Arbeitsspeichers, schreibt $\mathcal{U}$ den Code $0 = \#z_0$ des Startzustands.

Dann sucht $\mathcal{U}$ die Zelle n, in der der erste Eintrag a von w steht, markiert sie im Arbeitsspeicher, indem sie in die folgende leere Zelle $n + 1$ ein Symbol schreibt, und merkt sich das Zeichen a im eigenen Zustand. „Merken" bedeutet dabei, dass es im Programm der Turing-Maschine für jedes Zeichen im Alphabet eine Kopie der dann folgenden Subroutine gibt, sodass man am Ende von deren Ausführung aus dem Zustand der Turing-Maschine heraus immer noch auf das gelesene Zeichen zurückschließen kann.

Diese Subroutine besteht nun darin, dass $\mathcal{U}$ in dem Code c den im Arbeitsspeicher stehenden Zustand z in Kombination mit dem Zeichen a sucht. Dort liest $\mathcal{U}$ die Information der Übergangsfunktion $U(z, a) = (z', a', p)$ für diesen Fall. Mit dem Code $\#z'$ des neuen Zustands überschreibt $\mathcal{U}$ im Arbeitsspeicher den bisher dort gespeicherten Zustandscode; das neue Zeichen a' und die Bewegung p des Lese-Schreib-Kopfes merkt sich $\mathcal{U}$ im eigenen Zustand. Dann geht $\mathcal{U}$ an die markierte Stelle im Wort w zurück und ersetzt a durch a'. Anschließend liest $\mathcal{U}$ das Zeichen in Zelle $n + 2p$, merkt es sich im eigenen Zustand und versetzt ggf. die Markierung in Zelle $n + 2p + 1$.

Diese Prozedur wiederholt $\mathcal{U}$ und simuliert auf diese Weise die durch c kodierte Maschine. Am Ende muss deren Ausgabe dann wieder „zusammengezogen" werden und c und der Arbeitsspeicher gelöscht werden. Für all dies braucht $\mathcal{U}$ zwar viele Zustände, insbesondere wegen des zwischenzeitlichen „Merkens", aber insgesamt nur endlich viele.

Satz 7.3.5 (**Halteproblem** (halting problem), **Turing 1936**)

$$H := \big\{(c, w) \in A^* \times A^* \mid \text{ es gibt eine Turing-Maschine } \mathcal{C} \text{ mit } c = \ulcorner \mathcal{C} \urcorner$$
$$\text{und } \mathcal{C} \text{ stoppt bei Eingabe } w\big\}$$

ist eine turing-semi-entscheidbare Menge, die nicht turing-entscheidbar ist.

BEWEIS Sei ohne Einschränkung $1 \in A$. Man ändert die Turing-Maschine $\mathcal{U}$ aus dem vorhergehenden Satz, die die universelle partielle Funktion berechnet, so ab, dass sie 1 ausgibt, wenn die Maschine hält. Diese abgeänderte Turing-Maschine berechnet dann genau die „partielle charakteristische Funktion" $\overline{\chi_H}$. Also ist H semi-entscheidbar.

Angenommen H wäre turing-entscheidbar durch eine Turing-Maschine $\mathcal{C}_H$. Dann könnte man damit folgendermaßen eine universelle Turing-Maschine $\mathcal{U}_t$ konstruieren, die eine universelle totale turing-berechenbare Funktion berechnet:

$\mathcal{U}_t$ prüft zunächst, ob die Eingabe (c, w) in H liegt, indem sie $\mathcal{C}_H$ simuliert. Falls ja, berechnet $\mathcal{U}_t$ die Ausgabe w' der durch c kodierten Maschine $\mathcal{C}$ bei Eingabe w, indem $\mathcal{U}_t$ die Maschine $\mathcal{C}$ simuliert, und hält dann selbst im Endzustand mit Ausgabe w'. In allen andern Fällen gibt $\mathcal{U}_t$ das leere Wort (oder ein beliebiges anderes Wort) als Ausgabe und hält ebenfalls im Endzustand.

In jedem Fall stoppt also die Maschine im Endzustand und gibt ein Wort aus A^* als Ausgabe, d. h., $\mathcal{U}_t$ berechnet eine totale Funktion u. Nun ist es wie vorhin: Da jede turing-berechenbare Funktion f durch eine Turing-Maschine $\mathcal{C}_f$ berechnet wird, ist nach Konstruktion $f = u_{\ulcorner \mathcal{C}_f \urcorner}$. Für alle anderen c ist u_c nach Lemma 7.3.3 ebenfalls turing-berechenbar. Insgesamt ist u also eine universelle turing-berechenbare Funktion, im Widerspruch zu Satz 7.3.4 (a). □

Folgerung 7.3.6

$$\overline{H} := \big\{(c, w) \in A^* \times A^* \mid \text{ es gibt eine Turing-Maschine } \mathcal{C} \text{ mit } c = \ulcorner \mathcal{C} \urcorner$$
$$\text{und } \mathcal{C} \text{ stoppt nicht bei Eingabe } w\big\}$$

ist eine beschreibbare Menge, die nicht turing-semi-entscheidbar ist.

BEWEIS $A^* \times A^*$ ist die disjunkte Vereinigung von H, $\overline{H}$ und der Menge N der Paare (c, w), für die c nicht Code einer Turing-Maschine ist. Mit der Notation von Lemma 7.3.1

ist $N = (A^* \setminus C_{TM}) \times A^*$ und daher turing-entscheidbar: Denn C_{TM} ist nach Lemma 7.3.1 turing-entscheidbar, das Komplement nach Lemma 7.1.2 (bzw. der „Turing-Version" davon, vgl. S. 180), und dass Produkte turing-entscheidbarer Mengen turing-entscheidbar sind, ist eine Übung (vgl. Aufgabe 7.3.6). Mit $\overline{H}$ wäre daher auch $\overline{H} \cup N$ turing-semi-entscheidbar und damit H turing-entscheidbar (wieder nach Lemma 7.1.2): Widerspruch!

Andererseits ist $\overline{H}$ offenbar eine beschreibbare Menge, da sie im Satz ja beschrieben ist. □

Übungsaufgaben

Aufgabe 7.3.1 Schreiben Sie das Programm einer Turing-Maschine über dem Alphabet $\{0, 1\}^*$, welche die binäre Addition berechnet.

Aufgabe 7.3.2 * Skizzieren Sie das Programm einer Turing-Maschine, die eine Bijektion $\{0, 1\}^* \to \{0, 1\}^* \times \{0, 1\}^*$ berechnet.

Aufgabe 7.3.3 Schreiben Sie das Programm einer Turing-Maschine, die ihre Eingabe verdoppelt, d. h $a_1 \ldots a_n$ zu $a_1 \ldots a_n \emptyset a_1 \ldots a_n$ macht, wie im Beweis von Satz 7.3.4 (a).

Aufgabe 7.3.4 Schreiben Sie das Programm einer Turing-Maschine über dem Alphabet $A = \{0, 1\}$, die ihre Eingabe $a_1 \ldots a_n$ zu $a_1 \emptyset a_2 \emptyset \ldots a_{n-1} \emptyset a_n$ macht, also das Zeichen im i-ten Eingabefeld in das Eingabefeld $2i$ verschiebt.

Aufgabe 7.3.5 Schreiben Sie das Programm einer Turing-Maschine über dem Alphabet $A = \{0, 1, \$\}$, das bei Eingabe $a_1 \ldots a_m \$ b_1 \ldots b_n$ mit $a_i, b_j \in \{0, 1\}$ genau dann stoppt, wenn die beiden Folgen $a_1 \ldots a_m$ und $b_1 \ldots b_n$ gleich sind (also wenn $m = n$ und $a_i = b_i$ für alle $i = 1, \ldots, n$ gilt).

Aufgabe 7.3.6 Zeigen Sie, dass das kartesische Produkt zweier turing-entscheidbarer Mengen wieder turing-entscheidbar ist, indem Sie die Programme entsprechender Turing-Maschinen skizzieren.

7.4 Die Unentscheidbarkeit der Prädikatenlogik

Falls $\mathscr{L}$ eine höchstens abzählbare Signatur ist, kann man die $\mathscr{L}$-Formeln als Wörter über einem endlichen Alphabet A auffassen. Zum Beispiel kann A alle Junktoren und Quantoren, das Gleichheitszeichen und Klammern enthalten sowie Symbole v, R, f und die Ziffern $0, \ldots, 9$. Eine $\mathscr{L}$-Formel wird dafür zunächst als Zeichenkette geschrieben; dann werden die Individuenvariablen, Relations- und Funktionszeichen „aufgelöst", indem man den Index als Ziffernfolge dem entsprechenden Symbol v, R oder f nachstellt. Die Individuenvariable v_{17} wird beispielsweise zur Folge $v17$.

Nun kann man sich fragen, ob zum Beispiel die Menge aller $\mathscr{L}$-Formeln als Teilmenge von A^* turing-entscheidbar ist. Mit der Church'schen These ist dies klar, da es offenbar ein intuitives Entscheidungsverfahren gibt: Man kann eine Zeichenfolge dahingehend analysieren, ob sie für eine $\mathscr{L}$-Formel steht oder nicht. Mit etwas Mühe könnte man sogar eine konkrete Turing-Maschine dafür konstruieren. Allerdings muss man entscheiden können, ob ein Relations- oder Funktionszeichen zur Sprache gehört, also ob die Zeichenfolge aus R bzw. f gefolgt von einer Zahl für ein Relationszeichen bzw. Funktionszeichen der Sprache steht, und welche Stelligkeit es hat. Eine Sprache, die diese notwendige Bedingung erfüllt, nenne ich *entscheidbare Sprache*.

Ähnlich sieht man, dass für eine entscheidbare Sprache alle syntaktisch definierten Formelmengen entscheidbar sind, etwa die Menge aller $\mathscr{L}$-Aussagen. Etwas schwieriger zu sehen ist, dass auch die Menge aller $\mathscr{L}$-Tautologien entscheidbar ist. Das liegt daran, dass zum einen die aussagenlogischen Tautologien entscheidbar sind und zum anderen der Substitutionsprozess. Gar nicht offensichtlich ist dagegen das folgende Ergebnis:

Satz 7.4.1 *Sei $\mathscr{L}$ eine entscheidbare Sprache. Dann ist die Menge aller allgemeingültigen $\mathscr{L}$-Formeln semi-entscheidbar.*

BEWEISSKIZZE Dies folgt aus Gödels Vollständigkeitssatz, also aus der Existenz eines korrekten und vollständigen berechenbaren Kalküls, etwa des Kalküls $\mathbb{K}_{\mathscr{L}}$ aus Definition 5.1.5. Aus einem solchen Kalkül kann man auf die folgende Art ein Semi-Entscheidungsverfahren gewinnen.

Eingabe ist ein Wort $w \in A^*$. Man kann als Erstes prüfen, ob w eine $\mathscr{L}$-Formel ist (etwa in Polnischer Notation). Falls nein, lässt man das Verfahren nicht anhalten. Falls ja, will man herausfinden, ob es einen $\mathbb{K}_{\mathscr{L}}$-Beweis

$$\begin{array}{c} \varphi_{11} \ldots \varphi_{m_1 1} \vdash_{\mathscr{L}} \psi_{11} \ldots \psi_{n_1 1} \\ \varphi_{12} \ldots \varphi_{m_2 2} \vdash_{\mathscr{L}} \psi_{12} \ldots \psi_{n_2 2} \\ \vdots \qquad \qquad \vdots \\ \vdash_{\mathscr{L}} w \end{array}$$

gibt. Wenn man sowohl für $\vdash_{\mathscr{L}}$ als auch für den Zeilenwechsel irgendwelche Codes in A^* festlegt, die am besten in $\mathscr{L}$-Formeln nicht vorkommen, z. B. $\rightarrow \rightarrow$ und (), kann man einen $\mathbb{K}_{\mathscr{L}}$-Beweis als langes Wort in A^* schreiben.

Nun geht man A^* systematisch Wort für Wort durch (z. B. nach zunehmender Länge geordnet) und überprüft, ob es sich um einen derart kodierten $\mathbb{K}_{\mathscr{L}}$-Beweis handelt, an dessen Ende w steht. Falls ja, lässt man das Verfahren stoppen, andernfalls macht man mit dem nächsten Wort weiter. Dann stoppt das Verfahren genau dann, wenn w $\mathbb{K}_{\mathscr{L}}$-beweisbar ist, also genau dann, wenn w allgemeingültig ist.

7.4 Die Unentscheidbarkeit der Prädikatenlogik

Dann muss man sich klarmachen, dass man anhand der vorgelegten Zeichenfolge überprüfen kann, ob es sich um einen $\mathbb{K}_\mathscr{L}$-Beweis handelt. Dazu müssen die Regeln des Kalküls maschinell überprüfbar sein. Das ist bei allen Regeln sofort ersichtlich außer für [Tautologie]. Mit dem intuitiven Berechenbarkeitsbegriff sieht man aber auch dies: Eine $\mathscr{L}$-Tautologie entsteht aus einer aussagenlogischen Tautologie durch Substitution. Man muss also das „aussagenlogische Gerüst" einer $\mathscr{L}$-Formel identifizieren und entscheiden, ob es sich um eine aussagenlogischen Tautologie handelt. Letzteres kann man mit einer der Methoden aus der Aussagenlogik tun. Um das aussagenlogische Gerüst einer $\mathscr{L}$-Formel φ zu bestimmen, sucht man die minimalen Teilformeln, die nicht im Wirkungsbereich eines Quantors stehen, und substituiert sie durch Aussagenvariablen. Dadurch bekommt man die größte aussagenlogische Formel, aus der man φ durch Substitution bekommen kann. □

Satz 7.4.2 (Unentscheidbarkeit der Prädikatenlogik, Church 1936)
Falls $\mathscr{L}$ mindestens ein zweistelliges Relationszeichen oder ein einstelliges Funktionszeichen enthält, ist die Menge aller allgemeingültigen $\mathscr{L}$-Formeln nicht entscheidbar.

BEWEIS Da φ genau dann allgemeingültig ist, wenn $\neg\phi$ nicht erfüllbar ist (und der Übergang von φ zu $\neg\phi$ klarerweise berechenbar ist), kann man ebenso gut zeigen, dass die Menge der erfüllbaren $\mathscr{L}$-Aussagen nicht entscheidbar ist.

Der Beweis führt die Frage auf das Halteproblem zurück: Für jede Turing-Maschine $\mathcal{C}$ und jede Eingabe w wird auf berechenbare Weise eine $\mathscr{L}$-Formel $\varphi_{\mathcal{C},w}$ konstruiert, die genau dann erfüllbar ist, wenn $\mathcal{C}$ bei Eingabe w nicht stoppt. Wenn die Menge der allgemeingültigen $\mathscr{L}$-Aussagen entscheidbar wäre, könnte man also entscheiden, ob $\varphi_{\mathcal{C},w}$ erfüllbar ist, also ob $\mathcal{C}$ bei Eingabe w stoppt, im Widerspruch zur Unentscheidbarkeit des Halteproblems!

Der Einfachheit halber zeige ich den Satz für eine Sprache in einer erweiterten Signatur $\mathscr{L}_{\text{TM}}$. Diese Sprache kann man mit einem einzigen zweistelligen Relationszeichen oder einem einzigen einstelligen Funktionszeichen kodieren, aber diesen Schritt führe ich hier nicht aus.

Die Zellen des Bandes eines Turing-Maschine kann man sich durch $\mathbb{Z}$ indiziert vorstellen (mit Startposition 0), die Arbeitsschritte oder Zeitpunkte sind durch $\mathbb{N}$ indiziert (ebenfalls mit Startwert 0). Die Individuenvariablen werden sowohl für die Zellen als auch für die Zeitpunkte stehen, abhängig davon, an welcher Stelle sie in welchem Relationszeichen vorkommen. Der besseren Verständlichkeit halber schreibe ich z für die intendierte Bedeutung als *Zellen* und t für die intendierte Bedeutung als *Zeitpunkte*. Außerdem können Individuenvariablen auch Indizes für *Zustände* oder für *Zeichen* im Alphabet sein, dann benutze ich y.

Die Signatur $\mathscr{L}_{TM}$ soll die folgenden Zeichen enthalten:

- Eine Konstante $\underline{0}$ für die Startposition und den Startzeitpunkt.
- Ein einstelliges Funktionszeichen f für die folgende Zelle bzw. den folgenden Zeitpunkt. Für den Term $\underbrace{f \ldots f}_{k \text{ mal}} \underline{0}$ schreibe ich $\underline{k}$.
- Ein zweistelliges Relationszeichen < für die Anordnung der Zellen und der Zeitpunkte und ein zweistellige Relationszeichen ⩽ für die zugehörige nicht strikte Anordnung.
- Ein zweistelliges Relationszeichen K: Durch die Formel Ktz wird zum Zeitpunkt t die Position z des Lese-Schreib-Kopfes beschrieben.
- Ein dreistelliges Relationszeichen A: Die Formel $At\underline{i}z$ drückt aus, dass zum Zeitpunkt t das Zeichen a_i in Zelle z steht. Dabei sei $A = \{a_0, \ldots, a_m\}$ das Alphabet, mit dem die Turing-Maschine arbeitet.
- Ein zweistelliges Relationszeichen Z: Die Formel $Zt\underline{j}$ gibt an, dass sich die Maschine zum Zeitpunkt t im Zustand z_j befindet. Dabei sei $\{z_0, \ldots, z_n\}$ die Menge der Zustände der Turing-Maschine mit Startzustand z_0.

Nun beschreibt man in einer $\mathscr{L}_{TM}$-Aussage φ_C die Grundgegebenheiten der Turing-Maschine C. Dabei müsste man eigentlich nur über positive Zeitpunkte t reden. Um sich im späteren Verlauf des Beweises keine Gedanken über negative Zeitpunkte machen zu müssen, „friert" man die Maschine am besten bis zum Zeitpunkt 0 in Startposition ein und lässt erst dann das Programm laufen. Das sieht dann folgendermaßen aus:

- Das Relationszeichen < beschreibt eine totale strikte Ordnung, die *diskret* ist und keine Endpunkte hat, d.h., jedes Element v hat einen unmittelbaren Nachfolger fv und einen unmittelbaren Vorgänger. Zum Beispiel wird die Eigenschaft, dass fv unmittelbarer Nachfolger von v ist, beschrieben durch

$$\left(\forall v\, v < fv \wedge \neg \exists y\, (v < y \wedge y < fv) \right)$$

Das Relationszeichen ⩽ beschreibt die zugehörige nicht strikte Ordnung. Ich benutze es nur deshalb zusätzlich, weil die Formeln dann besser lesbar werden.
- In jeder Zelle steht zu jedem Zeitpunkt maximal ein Zeichen:

$$\forall z\, \forall t\, \forall y\, \forall y'\, \left((Atyz \wedge Aty'z) \to (y \doteq y' \wedge (y \doteq \underline{0} \vee \cdots \vee y \doteq \underline{m})) \right)$$

- Die Maschine ist zu jedem Zeitpunkt t in genau einem Zustand und bis zum Startzeitpunkt im Startzustand:

$$\forall t\, \left(\exists y(Zty \wedge (y \doteq \underline{0} \vee \cdots \vee y \doteq \underline{n}) \wedge \forall y'(Zty' \to y \doteq y')) \wedge (t \leqslant \underline{0} \to Zt\underline{0}) \right)$$

7.4 Die Unentscheidbarkeit der Prädikatenlogik

- Der Lese-Schreib-Kopf steht zu jedem Zeitpunkt in genau einer Zelle und bis zum Startzeitpunkt in Startposition:

$$\forall t \left(\exists z \, (Ktz \wedge \forall z'(Ktz' \to z \doteq z')) \wedge (t \leqslant \underline{0} \to Kt\underline{0}) \right)$$

In der $\mathscr{L}_{\text{TM}}$-Aussage $\pi_\mathcal{C}$ werden die Programmschritte von $\mathcal{C}$ wiedergegeben:

$$\forall z \forall t \left(\bigwedge_{\substack{0 \leqslant i \leqslant m \\ 0 \leqslant j \leqslant n}} ((\underline{0} \leqslant t \wedge Zt\underline{j} \wedge At\underline{i}z \wedge Ktz) \to (Zft\underline{j}' \wedge Aft\underline{i}'z \wedge Kftz')) \right.$$

$$\left. \wedge \bigwedge_{0 \leqslant i \leqslant m} ((\underline{0} \leqslant t \wedge \neg Ktz) \to (At\underline{i}z \leftrightarrow Aft\underline{i}z)) \right)$$

Dabei ist in der ersten Zeile z', j' und i' jeweils in Abhängigkeit von i und j durch die Übergangsfunktion $U(z_j, a_i) = (z_{j'}, a_{i'}, p)$ festgelegt: z' ist entweder z oder fz, oder z ist fz', je nachdem ob der Lese-Schreib-Kopf in derselben Zelle bleibt ($p = 0$) oder sich nach rechts ($p = 1$) oder links ($p = -1$) bewegt. Die Teilformel in der zweiten Zeile drückt aus, dass sich die Zeichen in den Zellen außerhalb des Lese-Schreib-Kopfes nicht ändern.

Schließlich drückt man in einer $\mathscr{L}_{\text{TM}}$-Aussage ε_w aus, dass bis zum Startzeitpunkt die Eingabe $w = (a_{i_0}, \ldots, a_{i_l})$ auf dem Band steht:

$$\forall t \big(t \leqslant \underline{0} \to (At\underline{i_0}\underline{0} \wedge At\underline{i_1}\underline{1} \wedge \cdots \wedge At\underline{i_l}\underline{l} \wedge \forall z \,((z < \underline{0} \vee \underline{l} < z) \to \forall y \neg Atyz)) \big)$$

Angenommen die Turing-Maschine $\mathcal{C}$ stoppt bei Eingabe w nicht. Dann ergibt sich aus dem Lauf der Maschine ein Modell $\mathscr{Z}$ der $\mathscr{L}_{\text{TM}}$-Aussage

$$\varphi_{\mathcal{C},w} := \big(\phi_\mathcal{C} \wedge \pi_\mathcal{C} \wedge \varepsilon_w \wedge \neg \exists t \, (\underline{0} < t \wedge$$
$$\forall z \forall y \, ((Ktz \leftrightarrow Kftz) \wedge (Zty \leftrightarrow Zfty) \wedge (Atyz \leftrightarrow Aftyz)))\big)$$

Das Universum des Modells $\mathscr{Z}$ ist $\mathbb{Z}$, und man interpretiert die Zeichen aus $\mathscr{L}_{\text{TM}}$ so wie intendiert, d. h. es ist zum Beispiel genau dann $(n_1, n_2, n_3) \in A^{\mathscr{Z}}$, wenn zum Zeitpunkt n_1 das Zeichen a_{n_2} in Zelle n_3 steht. (Achtung: Die Elemente des Modells sind sowohl Zellen als auch Zeitpunkte als auch Indizes für Zustände und Elemente des Alphabets!)

In die andere Richtung: Angenommen die $\mathscr{L}_{\text{TM}}$-Aussage $\varphi_{\mathcal{C},w}$ ist erfüllbar und hat ein Modell $\mathscr{M}$. Dann betrachtet man die Menge M_0, die aus dem Element $\underline{0}^\mathscr{M}$ und dessen unmittelbaren Nachfolgern und Vorgängern besteht. Diese Menge ist dann Universum einer Unterstruktur $\mathscr{M}_0$ von $\mathscr{M}$ und als Ordnung bzgl. $<^{\mathscr{M}_0}$ zu $(\mathbb{Z}, <)$ isomorph.

Auf M_0 beschreibt $\varphi_{\mathcal{C},w}$ nun den Lauf der Turing-Maschine $\mathcal{C}$ bei Eingabe w: Zum Beispiel steht genau dann zum Zeitpunkt t das Zeichen a_i in Zelle z, wenn $\varphi_{\mathcal{C},w} \vDash At\underline{i}z$ etc. In diesem Lauf wird kein Haltezustand erreicht, also stoppt $\mathcal{C}$ bei Eingabe w nicht. □

Man könnte denken, dass die $\mathscr{L}_{TM}$-Formel $\sigma_{C,w} = \neg\phi_{C,w}$ analog dazu genau dann erfüllbar ist, wenn die Turing-Maschine C bei Eingabe w stoppt. Tatsächlich hat diese Formel ein Modell, wenn die Turing-Maschine stoppt. Umgekehrt aber kann man aus der Erfüllbarkeit der Formel nicht schließen, dass die Turing-Maschine stoppt, weil ein Modell von $\sigma_{C,w}$ nicht wie $\mathbb{Z}$ aussehen muss und der Stoppzeitpunkt t „im Unendlichen" liegen könnte, also nicht von der Form $f \ldots f0$ sein muss. Im Gegenteil: Wäre es so, dass das Halten einer Turing-Maschine bei fester Eingabe äquivalent zur Erfüllbarkeit einer $\mathscr{L}_{TM}$-Formel wäre, könnte man umgekehrt damit wiederum das Halteproblem entscheiden.

Satz 7.4.3 *Wenn $\mathscr{L}$ nur aus Konstanten und null- und einstelligen Relationszeichen besteht, dann ist es entscheidbar, ob eine $\mathscr{L}$-Aussage allgemeingültig ist oder nicht.*

BEWEISIDEE Einerseits ist die Menge der allgemeingültigen $\mathscr{L}$-Formeln semi-entscheidbar, und damit auch die Menge der nicht erfüllbaren $\mathscr{L}$-Formeln.

Andererseits kann man zeigen, dass aufgrund der Beschränkungen an $\mathscr{L}$ jede erfüllbare $\mathscr{L}$-Formel schon ein endliches Modell hat. Für jede der abzählbar vielen Kombinationen aus einer $\mathscr{L}$-Formel φ und einer endlicher $\mathscr{L}$-Struktur $\mathscr{M}$ kann man in endlich vielen Schritten herausfinden, ob $\mathscr{M}$ Modell von φ ist oder nicht. Damit kann man durch systematisches Ausprobieren auch die erfüllbaren $\mathscr{L}$-Formeln aufzählen. □

Übungsaufgaben

Aufgabe 7.4.1 Sei $\mathscr{L} = \{f, c\}$ mit einem zweistelligen Funktionszeichen f und einem Konstantenzeichen c. Schreiben Sie das Programm einer Turing-Maschine über dem Alphabet $\{f, c, v, 0, 1, \ldots, 9\}$, die im Endzustand hält, wenn die Eingabe ein $\mathscr{L}$-Term in Polnischer Notation ist (wobei eine Variable wie v_{17} als $v17$ dargestellt wird), und sonst in einem anderen Haltezustand hält.

Aufgabe 7.4.2 Sei $\mathscr{L} = \{R\}$ mit einem zweistelligen Relationszeichen R. Bestimmen Sie das „aussagenlogische Gerüst" der folgenden $\mathscr{L}$-Formeln. Handelt es sich um $\mathscr{L}$-Tautologien?

$$((\forall v_0 \exists v_1 R v_0 v_1 \rightarrow \exists v_0 R v_0 v_0) \vee (\exists v_0 \forall v_1 R v_0 v_1 \rightarrow \neg \exists v_0 R v_0 v_0))$$

$$((\forall v_0 \forall v_1 R v_0 v_1 \rightarrow \forall v_1 \forall v_0 R v_1 v_0) \wedge (\forall v_1 \forall v_0 R v_1 v_0 \rightarrow \forall v_0 \forall v_1 R v_0 v_1))$$

$$\exists v_2 ((\exists v_0 R v_0 v_2 \rightarrow \forall v_0 \exists v_1 R v_0 v_1) \vee (\exists v_0 R v_0 v_2 \rightarrow \neg \forall v_0 \exists v_1 R v_0 v_1))$$

Aufgabe 7.4.3 Schreiben Sie das Programm einer Turing-Maschine über dem Alphabet $\{0, 1, \$\}$, die systematisch alle Wörter in $\{0, 1\}^*$, jeweils durch $\$$ getrennt, auf das Band schreibt.

Aufgabe 7.4.4 Schreiben Sie das Programm einer Turing-Maschine über dem Alphabet $\{0, 1, |\}$, die eine Bijektion $\{0, 1\}^* \to \mathbb{N}$ berechnet, wobei die natürlichen Zahlen unär dargestellt werden sollen, also die Zahl k durch k Striche $|$.

7.5 NP-Vollständigkeit und der Satz von Cook

Für die folgende Betrachtung braucht man eine Variante der Turing-Maschinen, nämlich die **nichtdeterministischen Turing-Maschinen** (nondeterministic Turing machines). Sie unterscheiden sich von den gewöhnlichen, *deterministischen* Turing-Maschinen darin, dass die Übergangsfunktion $Z \times A^+ \to Z \times A^+ \times \{-1, 0, 1\}$ ersetzt wird durch eine *Übergangsrelation*

$$U \subseteq Z \times A^+ \times Z \times A^+ \times \{-1, 0, 1\}$$

Die Übergangsrelation gibt für eine Konfiguration aus Zustand z und aktuell gelesenem Zeichen a verschiedene Möglichkeiten an, wie die Maschine weiterarbeitet. Sie muss daher die folgenden beiden Eigenschaften haben:

- Für alle $(z, a) \in Z \times A^+$ gibt es immer mindestens eine Möglichkeit, wie die Maschine weiterarbeitet, d. h., es gibt mindestens ein Tripel (z', a', p') mit $(z, a, z', a', p') \in U$.
- Im Endzustand gibt es keine andere Möglichkeit als zu stoppen, d. h. falls $(z, a, z', a', p') \in U$ und $z = z_{\text{end}}$, dann ist $z' = z_{\text{end}}$, $a' = a$ und $p' = 0$.

Nichtdeterministische Turing-Maschinen benutze ich hier nicht für die Berechnung von Funktionen, sondern nur für Entscheidbarkeitsfragen. Dies funktioniert folgendermaßen: Eine nichtdeterministische Turing-Maschine *akzeptiert* ein Wort $w \in A^*$, wenn es einen *möglichen Programmlauf* gibt, der den Endzustand erreicht. In einem möglichen Programmlauf geht die Maschine aus dem Zustand z, in dem sie das Zeichen a liest, in den Zustand z' über, überschreibt a mit a' und bewegt den Lese-Schreib-Kopf gemäß p, sofern $(z, a, z', a', p') \in U$.

Sei $A \neq \emptyset$ ein endliches Alphabet. Jede Teilmenge $M \subseteq A^*$ definiert ein *Entscheidungsproblem* (decision problem), nämlich die Frage:

Ist ein gegebenes $w \in A^*$ in M oder nicht?

Verkürzt wird daher die Teilmenge M ein **Problem** (problem) genannt.

Zur Erinnerung: $\lg(w)$ ist die Länge des Wortes w, also die Anzahl der Zeichen.

Definition 7.5.1

(a) *Ein Problem M heißt* **polynomiell** *(polynomial), falls es ein Polynom $T \in \mathbb{R}[X]$ und eine deterministische Turing-Maschine gibt, die für alle $w \in A^*$ in höchstens $T(\lg(w))$ Berechnungsschritten entscheidet, ob $w \in M$.*

Ein Problem heißt **nichtdeterministisch polynomiell** (nondeterministic polynomial), *falls das Gleiche für eine nichtdeterministische Turing-Maschine gilt.*

Die Klasse der polynomiellen Probleme wird mit P *(oder* PTIME*) bezeichnet, die Klasse der nichtdeterministisch polynomiellen Probleme mit* NP.

(b) *Ein Problem* M *heißt* **NP-schwer** (NP-hard), *falls es für jedes endliche Alphabet* B *und jedes* NP-*Problem* N $\subseteq$ B* *eine* polynomielle Reduktion (polynomial reduction) *auf* M *gibt.*

Eine Reduktion *ist eine berechenbare Funktion* $r : B^* \to A^*$, *die das Problem* N *in das Problem* M *überführt, d. h. für die* $w \in N \iff r(w) \in M$ *für alle* $w \in B^*$ *gilt. Die Reduktion ist* polynomiell, *wenn es ein Polynom* $R \in \mathbb{R}[X]$ *gibt, sodass* $\lg(r(w)) \leqslant R(\lg(w))$ *für alle* $w \in B^*$.

(c) *Ein Problem* M *heißt* **NP-vollständig** (NP-complete), *falls es in* NP *liegt und* NP-*schwer ist.*

Das Problem SAT

Sei A ein endliches Alphabet, in dem aussagenlogische Formeln beschrieben werden können. Wenn man aussagenlogische Formeln in Polnischer Notation schreibt, kann man $A = \{\top, \bot, \neg, \wedge, \vee, \to, \leftrightarrow, A, 0, 1, \ldots, 9\}$ nehmen, wenn man analog zur Kodierung prädikatenlogischer Formeln in Abschn. 7.4 eine Aussagenvariable wie A_{652} durch die Zeichenfolge A652 ersetzt. Dann ist die *Menge der aussagenlogischen Formeln* als Teilmenge von A^* ein polynomielles Problem:

Eine Turing-Maschine kann sukzessive die Formel z. B. von links nach rechts analysieren und abbauen: Sie identifiziert den am weitesten links stehenden Junktor und löscht ihn. Falls es ein zweistelliger Junktor war, findet sie die Trennstelle der beiden durch den Junktor verbundenen Teilformeln und schreibt eine Leerzeichen dazwischen. Dann macht sie mit diesen Teilformeln weiter, bis nur noch Aussagenvariablen, $\top$ oder $\bot$ übrig bleiben. Sobald andere Zeichen übrig bleiben oder ein Schritt nicht klappt, weil die Syntax nicht stimmt, gibt die Maschine eine negative Antwort. In jedem Abbauschritt muss die Formel im Wesentlichen einmal durchlaufen werden, man hat also einen quadratischen Algorithmus in der Länge des Wortes (d. h. polynomiell vom Grad 2).

Dagegen kennt man für die *Menge der erfüllbaren aussagenlogischen Formeln* als Problem in A^* bisher keinen polynomiellen Algorithmus (und vielfach wird angenommen, dass es auch keinen geben kann). Dieses *Erfüllbarkeitsproblem* wird allgemein mit SAT (vom englischen *satisfiability*) genannt. Der Satz von Cook und Levin (Satz 7.5.3) sagt aus, dass es sich bei SAT um ein NP-vollständiges Problem handelt.

Die Einordnung von Entscheidungsproblemen in die Klassen P(TIME) und NP geschieht durch Einschränkungen an die Berechnungszeit; der Umfang des benötigten Speicherplatzes spielt dabei keine

7.5 NP-Vollständigkeit und der Satz von Cook

Rolle. Es gibt auch die analog über Anforderungen an den Speicherplatz definierten Problemklassen PSPACE und NPSPACE. Die *Komplexitätstheorie* (computational complexity theory) untersucht diese und viele andere Problemklassen. Dabei gelten die polynomiellen Probleme als eine Annäherung an die „praktisch berechenbaren" Probleme, da die Berechnungszeit in einem vernünftigen Verhältnis zur Eingabegröße steht. In der Praxis kommt es natürlich auf den Grad und die Größe der Koeffizienten des Polynoms T an. Für manche Probleme in NP kennt man dagegen nur Algorithmen mit exponentieller Berechnungszeit in Abhängigkeit von der Eingabegröße, sodass sich schon bei recht kleinen Eingaben eine exorbitante Berechnungszeit ergibt.

Da man jede deterministische Turing-Maschine auch als nichtdeterministische Turing-Maschine auffassen kann, indem man als Übergangsrelation den Graphen der Übergangsfunktion nimmt, gilt offenbar $P \subseteq NP$.[3]

Eine berühmte offene Frage der Logik und der theoretischen Informatik ist, ob $P \neq NP$ oder ob $P = NP$, also ob nichtdeterministische Turing-Maschinen in polynomialer Zeit mehr berechnen können als deterministische oder nicht. Im Jahr 2000 wurde das P=NP-Problem vom *Clay Institut* in eine Liste von sieben *Millennium Problems* aufgenommen, für deren Lösung jeweils ein Preisgeld von einer Million Dollar ausgelobt ist.[4] Die meisten Fachleute gehen davon aus, dass $P \neq NP$. Andererseits wurde für viele überraschend 2002 ein polynomieller Algorithmus für das Primzahlproblem entdeckt, also für die Frage, ob eine gegebene natürliche Zahl eine Primzahl ist. (Das elementare Verfahren, alle kleineren Zahlen als Teiler zu testen, ist exponentiell in der Eingabegröße.)

Könnte man von *einem* NP-schweren Problem M zeigen, dass es in P liegt, dann wäre zum einen dieses Problem automatisch NP-vollständig (weil $P \subseteq NP$) und zum anderen hätte man P = NP gezeigt, da man dann alle NP-Probleme über die polynomielle Reduktion auf M ebenfalls in polynomieller Zeit lösen könnte. Daher gelten NP-schwere bzw. NP-vollständige Probleme als praktisch nicht berechenbar. Allerdings gibt es für manche NP-vollständigen Fragestellungen sehr gute und praktisch nutzbare Näherungsalgorithmen.

Für das Erfüllbarkeitsproblem der Aussagenlogik, also die Frage, ob eine gegebene aussagenlogische Formel erfüllbar ist, liefern die Wahrheitstafeln aus Abschn. 1.2 einen ersten Algorithmus. Er ist nicht polynomiell, da die Anzahl der auszurechnenden Belegungen exponentiell mit der Größe der Formel wachsen kann. Wenn man aber eine erfüllende Belegung kennt oder rät, kann man in polynomieller Zeit nachprüfen, ob diese Belegung tatsächlich die Formel wahr macht. Das ist ein allgemeines Phänomen, das bisweilen sogar zur Definition von NP-Problemen herangezogen wird und im folgenden Lemma technisch präzise beschrieben ist.

Lemma 7.5.2 *Ein Problem* $M \subseteq A^*$ *liegt genau dann in* NP, *wenn es ein Alphabet B, ein polynomielles Problem* $M^+ \subseteq A^* \times B^* \subseteq (A \cup B)^*$ *und ein Polynom* $Q \in \mathbb{R}[X]$ *gibt, für die gilt*

---

[3] „Nicht notwendigerweise deterministische Turing-Maschine" wäre daher eine genauere Bezeichnung.

[4] http://www.claymath.org/millennium-problems

$$w \in \mathsf{M} \iff \text{es gibt ein } z \in B^* \text{ mit } w\widehat{\ }z \in \mathsf{M}^+ \text{ und } \lg(z) \leqslant Q(\lg(w))$$

Das Wort z heißt **Zertifikat** *(certificate/witness) für w.*

BEWEISSKIZZE Wenn es polynomielle Zertifikate gibt, konstruiert man eine nichtdeterministischen Turing-Maschine, die in ihren möglichen Programmläufen alle $z \in B^*$ der Länge höchstens $Q(\lg(w))$ daraufhin testet, ob sie ein Zertifikat für w sind, was für jedes einzelne z in Polynomialzeit geht.

Hat man umgekehrt eine nichtdeterministische Turing-Maschine, die in höchstens $T(\lg(w))$ vielen Schritten entscheidet, ob $w \in \mathsf{M}$, dann kann nach jedem Berechnungsschritt auch nur ein Wort der Länge höchstens $\lg(w) + T(\lg(w))$ auf dem Band stehen, da jeder Schritt höchstens ein Zeichen hinzufügt. Für jeden Berechnungsschritt i nimmt man nun dieses Wort, das den Bandinhalt nach Schritt i wiedergibt, und fügt ein neues Symbol für den Zustand und eines für die Bewegung des Lese-Schreib-Kopfes an. Alle diese Wörter hintereinander beschreiben dann den gesamten Programmablauf, der zum Akzeptieren des Wortes w geführt hat, in einem Gesamtwort der Länge höchstens $T(\lg(w)) \cdot (\lg(w) + T(\lg(w)) + 2)$. Dieses Wort dient als Zertifikat, da man sicher in polynomieller Zeit überprüfen kann, ob ein gegebenes Wort auf die eben beschrieben Art einem Programmablauf der Turing-Maschine entspricht. Man findet also Zertifikate mit einer Länge, die durch das Polynom $Q(X) = T(X) \cdot (X + T(X) + 2)$ beschränkt ist. □

SAT liegt in NP

Für das Problem SAT der erfüllbaren aussagenlogischen Formeln dienen die erfüllenden Belegungen als Zertifikate: Wenn eine Formel φ die Länge n hat, kommen maximal n Aussagenvariablen $A_{i_1}, \ldots, A_{i_n}$ in φ vor. Mit aufsteigenden Indizes $i_1 < \cdots < i_n$ angeordnet kann man eine Belegung dieser Aussagenvariablen durch das Wort $\overline{\beta} = \beta(A_{i_1})\widehat{\ }\beta(A_{i_2})\widehat{\ }\ldots\widehat{\ }\beta(A_{i_n})$ über dem Alphabet $B = \{0, 1\}$ beschreiben.

Jetzt betrachtet man $\mathsf{SAT}^+ = \{\phi\widehat{\ }\overline{\beta} \mid \beta(\phi) = 1\}$. Die Länge von $\phi\widehat{\ }\overline{\beta}$ ist höchstens $2n$. Ob $\beta(\varphi) = 1$ kann man aus dem Wort $\phi\widehat{\ }\overline{\beta}$ heraus in quadratischer Zeit überprüfen: Man läuft einmal durch den Teil ϕ, um die Aussagenvariable mit dem kleinsten Index zu identifizieren, und sucht dann ihren Wahrheitswert im Teil $\overline{\beta}$. Im nächsten Durchlauf ersetzt man die Aussagenvariable durch ihren Wahrheitswert. Dann fährt man so fort, bis man alle Wahrheitswerte identifiziert und „eingesetzt" hat. Das Ausrechnen des Wahrheitswertes der Formel geht dann in Polnischer Notation in einem Durchlauf von φ. Also ist SAT $\in$ NP.

Alternativ kann man zum Beispiel die Methode von Quine nutzen, um direkt eine nichtdeterministische Turing-Maschine für SAT zu konstruieren, indem die Übergangsrelation sukzessive für jede Aussagenvariable die Möglichkeit bietet, sie einerseits durch $\top$ und andererseits durch $\bot$ zu ersetzen.

7.5 NP-Vollständigkeit und der Satz von Cook

Satz 7.5.3 (**Satz von Cook** *oder* **Satz von Cook und Levin, 1971**)
Das Erfüllbarkeitsproblem SAT *ist* NP-*vollständig.*
Sogar 3-SAT *ist* NP-*vollständig, das ist das Problem der erfüllbaren aussagenlogischen Formeln in KNF, in denen maximal drei Literale pro Klausel vorkommen.*

Wenn man SAT $\in$ P bzw. SAT $\notin$ P zeigen könnte, hätte man also die P=NP-Frage beantwortet. Bei der elementaren Methode, Erfüllbarkeit über Wahrheitstafeln zu testen, muss man im Allgemeinen exponentiell viele Belegungen in der Anzahl der vorkommenden Aussagenvariablen betrachten. Andere Verfahren wie z. B. die Resolutionsmethode oder Baumkalküle liefern zwar häufig schnellere Ergebnisse, sind aber ebenfalls nicht polynomiell.

BEWEIS SAT $\in$ NP wurde gerade im Beispiel gezeigt. Es reicht also zu zeigen, dass SAT NP-schwer ist. Sei dazu N $\subseteq$ B^* ein NP-Problem, das durch eine nichtdeterministische Turing-Maschine $\mathcal{C}_\mathsf{N}$ entschieden wird, wobei die Anzahl der Berechnungsschritte durch das Polynom $T \in \mathbb{R}[X]$ beschränkt sein soll.

N soll nun auf SAT reduziert werden, indem das Verhalten von $\mathcal{C}_\mathsf{N}$ für eine feste Eingabe w durch eine aussagenlogische Formel $C_{\mathsf{N},w}$ beschrieben wird. Dazu benutzt man für $t \in \mathbb{N}$, $n \in \mathbb{Z}, a \in A^+$ und $z \in Z$ die folgenden Aussagenvariablen:

$A_{t,a,n}$ für: *Zum Zeitpunkt t steht das Zeichen a aus dem Alphabet in der n-ten Speicherzelle.*
$Z_{t,z}$ für: *Zum Zeitpunkt t befindet sich die Maschine im Zustand z.*
$K_{t,n}$ für: *Zum Zeitpunkt t befindet sich der Lese-Schreib-Kopf in der n-ten Speicherzelle.*

Dies sind insgesamt abzählbar viele Aussagenvariablen, die man in geeigneter Weise mit den A_i für $i \in \mathbb{N}$ identifiziert. Für jedes einzelne $w \in A^*$ kann in den höchstens $T_w := \lceil T(\lg(w)) \rceil$ vielen Berechnungsschritten allerdings höchstens eine Speicherzelle im Abstand T_w von der Startzelle 0 erreicht werden. Man braucht also für jedes w nur die endlich vielen Aussagenvariablen mit $t \leqslant T_w$ und $|n| \leqslant T_w$.

Für fest gewähltes w und damit auch festes T_w ist die aussagenlogische Formel $C_{\mathsf{N},w}$ nun die Konjunktion folgender Formeln:

- Zu jedem Zeitpunkt $t \leqslant T_w$ befindet sich die Maschine in genau einem Zustand:

$$\bigwedge_{t \leqslant T_w} \left(\bigvee_{z \in Z} Z_{t,z} \wedge \bigwedge_{z \neq z'} \neg(Z_{t,z} \wedge Z_{t,z'}) \right)$$

- Zu jedem Zeitpunkt $t \leqslant T_w$ befindet sich der Kopf in genau einer der betrachteten Zellen:

$$\bigwedge_{t \leqslant T_w} \left(\bigvee_{|n| \leqslant T_w} K_{t,n} \wedge \bigwedge_{n \neq n'} \neg(K_{t,n} \wedge K_{t,n'}) \right)$$

- Zu jedem Zeitpunkt $t \leqslant T_w$ steht in jeder Speicherzelle n mit $|n| \leqslant T_w$ genau ein Zeichen:

$$\bigwedge_{t \leqslant T_w} \bigwedge_{|n| \leqslant T_w} \left(\bigvee_{a \in A} A_{t,a,n} \wedge \bigwedge_{a \neq a'} \neg(A_{t,a,n} \wedge A_{t,a',n}) \right)$$

- Zum Zeitpunkt $t = 0$ befindet sich die Maschine im Startzustand und der Kopf in der 0-ten Speicherzelle:

$$(Z_{0,z_0} \wedge K_{0,0})$$

- Die Eingabe ist $w = (a_0, \ldots, a_l)$ mit $a_i \in A$:

$$\left(A_{0,a_0,0} \wedge A_{0,a_2,2} \wedge \cdots \wedge A_{0,a_l,l} \wedge \bigwedge_{\substack{|n| \leqslant T_w \\ n \notin \{0,\ldots,l\}}} A_{0,\emptyset,n} \right)$$

- Die Programmschritte laufen in Übereinstimmung mit der Übergangsrelation:

$$\left(\bigwedge_{\substack{t \leqslant T_w,\ |n| \leqslant T_w \\ (z,a) \in Z \times A^+}} ((A_{t,a,n} \wedge Z_{t,z} \wedge K_{t,n}) \to \bigwedge_{(z,a,z',a',p') \in U} (A_{t+1,a',n} \wedge Z_{t+1,z'} \wedge K_{t+1,n+p'})) \right.$$

$$\left. \wedge \bigwedge_{t \leqslant T_w,\ |n| \leqslant T_w} (\neg K_{t,n} \to \bigwedge_{a \in A} (A_{t,a,n} \leftrightarrow A_{t+1,a,n})) \right)$$

Da das Alphabet A, die Zustandsmenge Z und die Übergangsrelation U fest sind, hat $C_{N,w}$ eine polynomielle Länge in T_w, also auch eine polynomielle Länge in $l = \lg(w)$. Außerdem ist die Formel $(C_{N,w} \wedge Z_{T_w, z_{\text{end}}})$ genau dann erfüllbar, wenn die Turing-Maschine C_N die Eingabe w in höchstens T_w Berechnungsschritten akzeptiert, womit das Ausgangsproblem N auf SAT reduziert ist.

Mit Lemma 2.4.1 kann man zudem $(C_{N,w} \wedge Z_{T_w, z_{\text{end}}})$ in eine erfüllbarkeitsäquivalente 3-SAT-Formel überführen, wobei sich die Länge nur um eine Konstante ändert, also polynomiell in $\lg(w)$ bleibt. □

Übungsaufgaben

Aufgabe 7.5.1 Skizzieren Sie das Programm einer Turing-Maschine, die im Beispiel auf S. 194 die aussagenlogischen Formeln entscheidet. Arbeiten Sie der Einfachheit halber mit dem vollständigen Junktorensystem $\{\neg, \wedge\}$ und Binärzahlen statt Dezimalzahlen für die Indizes.

7.5 NP-Vollständigkeit und der Satz von Cook

Aufgabe 7.5.2 Skizzieren Sie das Programm einer nichtdeterministische Turing-Maschine, welche die Methode von Quine für den Erfüllbarkeitstest implementiert. Arbeiten Sie der Einfachheit halber mit dem vollständigen Junktorensystem $\{\neg, \wedge\}$ und Binärzahlen statt Dezimalzahlen für die Indizes.

Aufgabe 7.5.3 Zeigen Sie, dass 2-SAT in P liegt, da die Resolutionsmethode in dem Fall, dass jede Klausel höchstens zwei Literale enthält, in polynomieller Zeit funktioniert. (Es soll also keine Turing-Maschine konstruiert werden.)

Rekursive Funktionen 8

In diesem Kapitel will ich nun noch eine alternative Herangehensweise an das Konzept der Berechenbarkeit von Funktionen vorstellen: die *rekursiven Funktionen*. Hierbei arbeitet man mit Funktionen $\mathbb{N}^k \to \mathbb{N}$ auf den natürlichen Zahlen. Allerdings kann man $\mathbb{N}$ auf intuitiv berechenbare Art mit den Wörtern A^* über einem endlichen Alphabet identifizieren. Daher kann man das Konzept der rekursiven Funktionen auch auf Funktionen $(A^*)^k \to A^*$ übertragen.

Zunächst führe ich das schwächere, aber für einige Beweise dennoch wichtige Konzept der *primitiv rekursiven* Funktionen ein, welches dann auf das Konzept der μ-*rekursiven* oder auch kurz *rekursiven Funktionen* ausgedehnt wird. Mit der oben angedeuteten Identifikation sind alle μ-rekursiven Funktionen turing-berechenbar und umgekehrt, was aber in diesem Buch nicht gezeigt wird.

8.1 Totale rekursive Funktionen

Die rekursiven Funktionen sind (ähnlich wie die logischen Formeln) durch einen induktiven Prozess beschrieben. Zunächst betrachtet man gewisse offensichtlich intuitiv berechenbare Grundfunktionen:

Die **Grund-** oder **Ausgangsfunktionen** (basic functions) sind:

die konstante Nullfunktion	$0:$	$\mathbb{N}^0 \to \mathbb{N},$	$\emptyset \mapsto 0$
die Nachfolgerfunktion	$N:$	$\mathbb{N} \to \mathbb{N},$	$n \mapsto n+1$
die Projektionsfunktionen	$\pi_i^k:$	$\mathbb{N}^k \to \mathbb{N},$	$(n_1, \ldots, n_k) \mapsto n_i$

Dann gibt es Regeln, mit denen man aus Funktionen neue Funktionen konstruieren kann, und die ebenfalls in einem intuitiven Sinne Berechenbarkeit erhalten. Je nachdem, welche Regeln man zulässt, bekommt man verschiedene Abstufungen der rekursiven Funktionen. Betrachtet werden die drei folgenden Regeln:

[Komposition] (composition)

Aus Funktionen $f_1, \ldots, f_l : \mathbb{N}^k \to \mathbb{N}$ und $g : \mathbb{N}^l \to \mathbb{N}$ ergibt sich durch *Komposition* die Funktion $h : \mathbb{N}^k \to \mathbb{N}$ mit

$$h(n_1, \ldots, n_k) := g\bigl(f_1(n_1, \ldots, n_k), \ldots, f_l(n_1, \ldots, n_k)\bigr)$$

[Primitive Rekursion] (primitive recursion)

Aus Funktionen $f : \mathbb{N}^k \to \mathbb{N}$ und $g : \mathbb{N}^{k+2} \to \mathbb{N}$ entsteht durch *Primitive Rekursion* die Funktion $h : \mathbb{N}^{k+1} \to \mathbb{N}$ mit

$$h(0, n_1, \ldots, n_k) := f(n_1, \ldots, n_k)$$
$$h(n+1, n_1, \ldots, n_k) := g\bigl(h(n, n_1, \ldots, n_k), n, n_1, \ldots, n_k\bigr)$$

[μ-Rekursion] (μ-recursion)

Aus einer Funktion $f : \mathbb{N}^{k+1} \to \mathbb{N}$ entsteht, sofern der *Normalfall* vorliegt, dass für alle $(n_1, \ldots, n_k) \in \mathbb{N}$ ein $m \in \mathbb{N}$ mit $f(m, n_1, \ldots, n_k) = 0$ existiert, durch μ-*Rekursion* die Funktion $h : \mathbb{N}^k \to \mathbb{N}$ mit

$$h(n_1, \ldots, n_k) := \mu m \left[f(m, n_1, \ldots, n_k) = 0 \right]$$

wobei $\mu m [E]$ das kleinste $m \in \mathbb{N}$ mit der Eigenschaft E bezeichnet.

Die primitive Rekursion kann man als eine Art „For-Schleife" verstehen: Die Rekursion wird hier immer bis zu einem festen Wert ausgeführt. Die μ-Rekursion ist dagegen eine Art „While-Schleife": Die Dauer der Rekursion ist im Voraus nicht abschätzbar.

Definition 8.1.1
(a) *Eine Funktion $f : \mathbb{N}^k \to \mathbb{N}$ heißt* **primitiv rekursiv** (primitive recursive), *wenn sie eine der Grundfunktionen ist oder sich aus Grundfunktionen durch endlichfache Anwendung der Regeln* [Komposition] *und* [Primitive Rekursion] *ergibt.*
(b) *Eine Funktion $f : \mathbb{N}^k \to \mathbb{N}$ heißt μ-***rekursiv** (μ-recursive) *oder kurz* **rekursiv** (recursive), *wenn sie eine der Grundfunktionen ist oder sich aus Grundfunktionen durch endlichfache Anwendung der Regeln* [μ-Rekursion] *im Normalfall,* [Komposition] *und* [Primitive Rekursion] *ergibt.*

8.1 Totale rekursive Funktionen

Erste Folgerungen und Varianten

- Wenn $f : \mathbb{N}^k \to \mathbb{N}$ (primitiv) rekursiv ist und $\sigma : \{1, \ldots, k\} \to \{1, \ldots, k\}$ eine beliebige Abbildung, dann ist auch die Funktion

$$(n_1 \ldots, n_k) \mapsto f(n_{\sigma(1)}, \ldots, n_{\sigma(k)}) = f\bigl(\pi^n_{\sigma(1)}(n_1, \ldots, n_k), \ldots, \pi^n_{\sigma(k)}(n_1, \ldots, n_k)\bigr)$$

(primitiv) rekursiv. Insbesondere kann man also die Reihenfolge der Argumente permutieren, und daher muss bei den Rekursionsschemata [Primitive Rekursion] und [μ-Rekursion] die Rekursion nicht notwendigerweise über die erste Variable laufen.

- Oft wird das Schema der Primitiven Rekursion ohne das Argument n über

$$h(n+1, n_1, \ldots, n_k) = g'\bigl(h(n, n_1, \ldots, n_k), n_1, \ldots, n_k\bigr)$$

definiert, wobei g' nun eine $(k+1)$-stellige Funktion ist. Diese Variante lässt sich sofort aus der hier angegebenen Version herleiten, weil mit g' auch die $(k+2)$-stellige Funktion g mit

$$g(m, n, n_1, \ldots, n_k) = g'(m, n_1, \ldots, n_k) =$$
$$g'(\pi^{k+2}_1(m, n, n_1, \ldots, n_k), \pi^{k+2}_3(m, n, n_1, \ldots, n_k), \ldots, \pi^{k+2}_{k+2}(m, n, n_1, \ldots, n_k))$$

(primitiv) rekursiv ist, die dann die gleiche Rekursion bewirkt. (Die Umkehrung gilt auch, also dass die „g'-Variante" ausreicht, um die „g-Variante" zu bekommen.)

- Wenn man Addition, Multiplikation und die charakteristische Funktion der Ordnung $<$ als zusätzliche Grundfunktionen zulässt, bekommt man die μ-rekursiven Funktionen auch ohne [Primitive Rekursion]. Der Beweis braucht allerdings einiges an Technik.

Beispiele rekursiver Funktionen

Alle *konstanten Funktionen* $c^k_m : \mathbb{N}^k \to \mathbb{N}, (n_1 \ldots, n_k) \mapsto m$ sind primitiv rekursiv: Die Nullfunktion c^0_0 ist eine der Grundfunktionen, und die weiteren konstanten Nullfunktionen bekommt man durch iterierte primitive Rekursion:

$$c^{k+1}_0(n_1, \ldots, n_k, 0) = c^k_0(n_1, \ldots, n_k)$$
$$c^{k+1}_0(n_1, \ldots, n_k, n+1) = c^{k+1}_0(n_1, \ldots, n_k, n)$$
$$= \pi^{k+2}_1(c^{k+1}_0(n_1, \ldots, n_k, n), n, n_1, \ldots, n_k).$$

Für $m \neq 0$ erhält man schließlich $c_m^k = N(N(\ldots N(c_0^k)\ldots))$ durch m-fach iterierte Komposition der Nachfolgerfunktion N mit der konstanten Nullfunktion.

Die *Addition* $(m,n) \mapsto m+n$ ist primitiv rekursiv, mit primitiver Rekursion über m:

$$0 + n = n = \pi_1^1(n)$$
$$(m+1) + n = (m+n) + 1 = N(m+n) = (N \circ \pi_1^3)(m+n, m, n)$$

wobei $g = N \circ \pi_1^3$ wegen [Komposition] primitiv rekursiv ist.

Die *Multiplikation* $(m,n) \mapsto m \cdot n$ ist primitiv rekursiv, mit primitiver Rekursion über m:

$$0 \cdot n = 0 = c_0^1(n)$$
$$(m+1) \cdot n = (m \cdot n) + n = g(m \cdot n, m, n).$$

Dabei ist g primitiv rekursiv, da die Summe primitiv rekursiv ist.

Die *Exponentiation* $(m,n) \mapsto m^n$ ist primitiv rekursiv, mit primitiver Rekursion über n:

$$m^0 = 1 = c_1^1(m)$$
$$m^{n+1} = m^n \cdot m = \pi_1^3(m^n, m, n) \cdot \pi_2^3(m^n, m, n)$$

und die rechte Seite ist eine Komposition primitiv rekursiver Funktionen.

Die *Vorgängerfunktion* $V(0) := 0$ und $V(n+1) := n$ ist primitiv rekursiv, denn die Definition ist bereits eine primitive Rekursion, die nur noch in die passende Form gebracht werden muss.

Die *modifizierte Differenz* $m \dotminus n := \max\{m-n, 0\}$ ist primitiv rekursiv durch die primitive Rekursion

$$m \dotminus 0 = m = \pi_1^1(m)$$
$$m \dotminus (n+1) = V(m \dotminus n).$$

Die *Abstandsfunktion* $|m-n| = (m \dotminus n) + (n \dotminus m)$ ist primitiv rekursiv als Komposition primitiv rekursiver Funktionen.

Definition 8.1.2
(a) *Eine Teilmenge $R \subseteq \mathbb{N}^k$ heißt* **(primitiv) rekursiv**, *wenn ihre charakteristische Funktion $\chi_R : \mathbb{N}^k \to \mathbb{N}$ (primitiv) rekursiv ist.*
(b) *Eine Teilmenge $A \subseteq \mathbb{N}^k$ heißt* **rekursiv aufzählbar** (recursively enumerable), *wenn sie Projektion einer rekursiven Menge ist, genauer wenn es eine rekursive Teilmenge $R \subseteq \mathbb{N}^{k+1}$*

8.1 Totale rekursive Funktionen

gibt mit
$$A = \pi[R] = \{(n_1, \ldots, n_k) \mid \text{es gibt } m \in \mathbb{N} \text{ mit } (n_1, \ldots, n_k, m) \in R\}$$
wobei $\pi = (\pi_1^{k+1}, \ldots, \pi_k^{k+1})$ die Projektion auf die ersten k Koordinaten ist.

Beispiele rekursiver Mengen
Die $<$-Relation und die $\leqslant$-Relation sind primitiv rekursiv, denn

$$\chi_{\leqslant}(x,y) = 1 \dotdiv (x \dotdiv y) = \begin{cases} 1 & x \leqslant y \\ 0 & x > y \end{cases}.$$

$$\chi_{<}(x,y) = 1 \dotdiv \chi_{\leqslant}(y,x) = \begin{cases} 1 & x < y \\ 0 & x \geqslant y \end{cases}.$$

Die Menge $M = \{2^n \mid n \in \mathbb{N}\}$ ist rekursiv aufzählbar, denn mit der konstanten Funktion 2 und der Exponentiation ist auch die Funktion $F(n) = 2^n$ rekursiv. In Satz 8.1.5 wird gezeigt, dass dann auch ihr Graph Γ_f und damit auch der gespiegelte Graph $\{(x,y) \mid (y,x) \in \Gamma_f\}$ rekursiv ist. Dessen Projektion (wie in Definition 8.1.2) ist die Menge M.

M ist sogar rekursiv, aber das ist weniger offensichtlich zu sehen.

Lemma 8.1.3 *Alle $\mathbb{N}^k$ sind rekursiv. Endliche Schnitte und Vereinigungen von rekursiven Teilmengen von $\mathbb{N}^k$ sowie Differenzen und Komplemente sind wieder rekursiv. Wenn $A \subseteq \mathbb{N}^k$ und $B \subseteq \mathbb{N}^l$ rekursiv sind, dann auch das kartesische Produkt $A \times B \subseteq \mathbb{N}^{k+l}$.*

BEWEIS $\mathbb{N}^k$ ist rekursiv, da die konstante k-stellige Funktion c_1^k rekursiv ist. Schnitte sieht man wegen $\chi_{X \cap Y} = \chi_X \cdot \chi_Y$ und Differenzen wegen $\chi_{X \setminus Y} = \chi_X \dotdiv \chi_Y$. Damit bekommt man mit X auch sein Komplement $\mathbb{N}^k \setminus X$ und die Vereinigung durch $X \cup Y = \mathbb{N}^k \setminus ((\mathbb{N}^k \setminus X) \cap (\mathbb{N}^k \setminus Y))$. Schließlich hat man $\chi_{A \times B}(n_1, \ldots, n_{k+l}) = \chi_A(n_1, \ldots, n_k) \cdot \chi_B(n_{k+1}, \ldots, n_{k+l})$. □

Mit diesem Lemma sieht man insbesondere:
- Jede rekursive Menge $R \subseteq \mathbb{N}^k$ ist auch rekursiv aufzählbar, weil R die Projektion der rekursiven Menge $R \times \mathbb{N}$ ist.
- Alle endlichen Mengen sind primitiv rekursiv. Dann, da

$$\chi_{\{m\}}(n) = 1 \dotdiv |n - m| = 1 \dotdiv |\pi_1^1(n) - c_m^1(n)|$$

sind die Einermengen $\{m\}$ rekursiv. Mengen, die sich von rekursiven Mengen nur um eine endliche Menge unterscheiden, sind daher ebenfalls rekursiv.

Ich will nun den Zusammenhang zwischen rekursiven und rekursiv aufzählbaren Mengen sowie rekursiven Funktionen näher beleuchten. Dazu brauche ich die Möglichkeit, von $\mathbb{N}^k$ rekursiv zu $\mathbb{N}$ überzugehen, also endliche Tupel natürlicher Zahlen in einer Zahl zu kodieren, was das folgende Lemma leistet.

Ich nenne eine Funktion $f = (f_1, \ldots, f_l) : \mathbb{N}^k \to \mathbb{N}^l$ *rekursiv*, wenn jede der Komponentenfunktionen f_i rekursiv ist.

Lemma 8.1.4 *Für alle $k, l > 0$ gibt es rekursive Bijektionen $\beta^{k,l} : \mathbb{N}^k \to \mathbb{N}^l$ mit $\beta^{1,1} = \mathrm{id}_{\mathbb{N}}$ und $\beta^{l,m} \circ \beta^{k,l} = \beta^{k,m}$. Es gilt damit, dass $X \subseteq \mathbb{N}^k$ genau dann rekursiv (aufzählbar) ist, wenn $\beta^{k,l}[X] \subseteq \mathbb{N}^l$ rekursiv (aufzählbar) ist.*

BEWEIS Man rechnet nach, dass

$$\beta^{2,1} : \mathbb{N}^2 \to \mathbb{N}, \ (m, n) \mapsto \tfrac{1}{2}(m+n)(m+n+1) + m$$

eine Bijektion ist. (Diese Konstruktion der Bijektion wird auch *erstes Cantor'sches Diagonalargument* genannt.) Sowohl $\beta^{2,1}$ als auch ihre Umkehrfunktion $\beta^{1,2} := (\beta^{2,1})^{-1}$ sind rekursiv (Aufgabe 8.1.2). Über $\beta^{2,1}$ erhält man induktiv Bijektionen

$$\beta^{k+1,1} : \mathbb{N}^{k+1} \to \mathbb{N}, \ (n_1, \ldots, n_{k+1}) \mapsto \beta^{2,1}\big(\beta^{k,1}(n_1, \ldots, n_k), n_{k+1}\big),$$

die als Komposition rekursiver Abbildungen rekursiv sind, ebenso wie ihre Umkehrabbildungen $\beta^{1,k+1} := (\beta^{k+1,1})^{-1}$. Rekursiv sind dann auch die Kompositionen $\beta^{k,l} := \beta^{1,l} \circ \beta^{k,1} : \mathbb{N}^k \to \mathbb{N} \to \mathbb{N}^l$, und es ergibt sich aus dieser Definition, dass

$$\beta^{l,m} \circ \beta^{k,l} = \beta^{1,m} \circ \beta^{l,1} \circ \beta^{1,l} \circ \beta^{k,1} = \beta^{1,m} \circ \beta^{k,1} = \beta^{k,m}.$$

Angenommen $X \subseteq \mathbb{N}^k$ ist rekursiv. Da

$$\chi_{\beta^{k,l}[X]}(n_1, \ldots, n_l) = \chi_X\big((\beta^{k,l})^{-1}(n_1, \ldots, n_l)\big),$$

ist dann auch $\beta^{k,l}[X] \subseteq \mathbb{N}^l$ rekursiv. Ist umgekehrt $\beta^{k,l}[X]$ rekursiv, dann ist mit dem gleichen Argument $X = \beta^{l,k}[\beta^{k,l}[X]]$ rekursiv.

Angenommen $X = \pi[Y] \subseteq \mathbb{N}^k$ ist rekursiv aufzählbar mit rekursivem $Y \subseteq \mathbb{N}^{k+1}$. Dann ist $\beta^{k,l}[X] = \pi\big[(\beta^{k,l} \times \mathrm{id}_{\mathbb{N}})[Y]\big]$ und für die rekursive Aufzählbarkeit von $\beta^{k,l}[X]$ reicht es zu zeigen, dass $Y' := (\beta^{k,l} \times \mathrm{id}_{\mathbb{N}})[Y]$ rekursiv ist. Nun ist offenbar $\beta^{k,l} \times \mathrm{id}_{\mathbb{N}} : \mathbb{N}^{k+1} \to \mathbb{N}^{l+1}$ eine rekursive Bijektion. Mit dem gerade bewiesenen Argument folgt daraus, dass Y' rekursiv ist, da es die besondere Form von $\beta^{k,l}$ nicht gebraucht hat. □

8.1 Totale rekursive Funktionen

Satz 8.1.5
(a) Die Funktion $f : \mathbb{N}^k \to \mathbb{N}$ ist genau dann rekursiv, wenn ihr Graph $\Gamma_f \subseteq \mathbb{N}^{k+1}$ rekursiv aufzählbar ist, was genau dann der Fall ist, wenn Γ_f rekursiv ist.
(b) Eine Menge $X \subseteq \mathbb{N}^l$ ist genau dann rekursiv aufzählbar, wenn sie das Bild einer rekursiven Menge unter einer rekursiven Funktion ist, also wenn es ein rekursives $Y \subseteq \mathbb{N}^k$ und eine rekursive Funktion $f : \mathbb{N}^k \to \mathbb{N}^l$ mit $X = f[Y]$ gibt.
Dies ist genau dann der Fall, wenn X entweder die leere Menge ist oder das Bild $g[\mathbb{N}]$ einer rekursiven Funktion $g : \mathbb{N} \to \mathbb{N}^l$.
(c) $X \subseteq \mathbb{N}^k$ ist genau dann rekursiv, wenn X und $\mathbb{N}^k \setminus X$ rekursiv aufzählbar sind.

Teil (b) erklärt den Begriff „rekursive Aufzählbarkeit": Jede nichtleere, rekursiv aufzählbare Menge $A \subseteq \mathbb{N}^l$ ist Bild einer rekursiven Funktion $g : \mathbb{N} \to \mathbb{N}^l$. Also ist $A = \{f(0), f(1), f(2), \dots\}$, wobei man sich vorstellen kann, dass die Funktionswerte $f(0), f(1), f(2), \dots$ sukzessive berechnet werden und damit A „aufzählen".

Für den Beweis brauche ich noch die folgende Beobachtung:
Wenn $R \subseteq \mathbb{N}^{k+1}$ rekursiv ist mit $\pi[R] = \mathbb{N}^k$, dann ist auch die Funktion

$$f(n_1, \dots, n_k) := \mu m \left[(n_1, \dots, n_k, m) \in R\right] = \mu m \left[1 \dot{-} \chi_R(n_1, \dots, n_k, m) = 0\right]$$

rekursiv.

BEWEIS Ich schreibe der Kürze halber $\bar{x}$ für ein Tupel $(x_1, \dots, x_k)$.

(a) Es gilt $(\bar{x}, y) \in \Gamma_f \iff f(\bar{x}) = y \iff |f(\bar{x}) - y| = 0$. Für rekursives f ist daher auch $\chi_{\Gamma_f}(\bar{x}, y) = 1 \dot{-} |f(\bar{x}) - y|$ rekursiv, also Γ_f rekursiv.
Weiterhin gilt $(*)$ $f(\bar{x}) = \mu y \left[(\bar{x}, y) \in \Gamma_f\right]$. Wenn Γ_f rekursiv ist, folgt daraus, dass auch f rekursiv ist. Außerdem ist Γ_f dann auch rekursiv aufzählbar.
Sei nun $\Gamma_f = \{(\bar{n}, f(\bar{n})) \mid \bar{n} \in \mathbb{N}^k\}$ rekursiv aufzählbar, nämlich Projektion der rekursiven Menge $R \subseteq \mathbb{N}^{k+2}$. Wenn man das Gleiche wie in $(*)$ tun will, muss man die „Bildkomponente" y im Graphen und die zusätzliche Komponente in R mithilfe von $\beta^{2,1}$ zusammenfassen:

$$f(\bar{x}) = \beta_1^{1,2}\left(\mu y \left[(\bar{x}, y) \in (\mathrm{id}_{\mathbb{N}^k} \times \beta^{2,1})[R]\right]\right),$$

wobei $\beta_1^{1,2}$ die erste Komponente der Umkehrfunktion $\beta^{1,2}$ von $\beta^{2,1}$ ist.
(b) Im Ringschluss: Eine rekursiv aufzählbare Menge $X \subseteq \mathbb{N}^k$ ist per Definition Bild einer rekursiven Menge $Y \subseteq \mathbb{N}^{k+1}$ unter der rekursiven Projektion.
Die leere Menge ist nach Lemma 8.1.3 rekursiv, also auch rekursiv aufzählbar. Wenn $X \neq \emptyset$ und $X = f[Y]$ mit rekursivem $Y \subseteq \mathbb{N}^k$ und rekursivem f, dann kann man die Funktion f auf dem Komplement von Y abändern, indem man für ein beliebiges $n_0 \in X$

$$f'(\bar{y}) := f(\bar{y}) \cdot \chi_Y(\bar{y}) + n_0 \cdot \chi_{\mathbb{N}^{k+1} \setminus Y}(\bar{y})$$

setzt. Dann ist f' weiterhin rekursiv und es gilt $f'[\mathbb{N}^k] = f[Y] = X$. Die Komposition $g = f' \circ \beta^{1,k}$ ist dann die gesuchte rekursive Funktion mit $g[\mathbb{N}] = X$.

Wenn schließlich $X = g[\mathbb{N}]$ für rekursives g, ist $\Gamma_g = \{(n, g(n)) \mid n \in \mathbb{N}\}$ nach Teil (a) rekursiv. Dann ist auch $\Gamma_g^{-1} = \{(g(n), n) \mid n \in \mathbb{N}\}$ rekursiv (weil man die Variablen in der charakteristischen Funktion permutieren kann) und damit ist X als Projektion von Γ_g^{-1} wie in Definition 8.1.2 rekursiv aufzählbar.

(c) Wenn X und sein Komplement rekursiv aufzählbar sind, also $X = \pi[Y]$ und $\mathbb{N}^k \setminus X = \pi[Z]$ für rekursive Mengen $Y, Z \subseteq \mathbb{N}^{k+1}$, dann ist nach Lemma 8.1.3 auch $Y \cup Z$ rekursiv. Außerdem ist die Projektion von $Y \cup Z$ ganz $\mathbb{N}^k$. Damit sieht man, dass X rekursiv ist, da

$$\chi_X(\bar{x}) = \chi_Y(\bar{x}, \mu y\,[(\bar{x}, y) \in Y \cup Z]).$$

Ist umgekehrt X rekursiv, dann ist erneut nach Lemma 8.1.3 auch $\mathbb{N}^k \setminus X$ rekursiv, und beide sind dann auch rekursiv aufzählbar. □

Übungsaufgaben

Aufgabe 8.1.1 Zeigen Sie, dass die Fakultätsfunktion $n \mapsto n!$ primitiv rekursiv ist.

Aufgabe 8.1.2 Berechnen Sie für $n = 0, \ldots, 10$ die Werte der Abbildung $\beta^{2,1}(n)$ aus Lemma 8.1.4 und überzeugen Sie sich dadurch, dass $\beta^{2,1} : \mathbb{N}^2 \to \mathbb{N}$ eine Bijektion ist. Zeigen Sie, dass $\beta^{2,1}$ rekursiv ist und ebenso ihre Umkehrfunktion. Sind sie auch primitiv rekursiv?

Aufgabe 8.1.3 Die *Ackermann-Funktion* $A : \mathbb{N}^2 \to \mathbb{N}$ ist definiert durch

- $A(x, 0) = 2 + x$ für alle $x \in \mathbb{N}$,
- $A(0, 1) = 0$ und $A(0, y) = 1$ für alle $y > 1$ sowie
- $A(x + 1, y + 1) = A(A(x, y + 1), y)$ für alle $x, y \in \mathbb{N}$.

Bestimmen Sie die Funktionen $A_n(x) := A(x, n)$ für $n = 0, 1, 2, 3$ und zeigen Sie dass die Funktion A_n für jedes feste n primitiv rekursiv ist.

(Anmerkung: Man kann zeigen, dass die Funktion $x \mapsto A(x, x)$ rekursiv, aber nicht primitiv rekursiv ist.)

8.2 Partielle rekursive Funktionen

Im Abschnitt über Turing-Maschinen wurde klar, dass partielle Funktionen den besseren Rahmen bieten, um Fragen der Berechenbarkeit zu behandeln. Auch die Definition rekursiver Funktionen kann man auf partielle Funktionen ausdehnen:

8.2 Partielle rekursive Funktionen

Definition 8.2.1
Eine partielle Funktion $f : \mathbb{N}^k \dashrightarrow \mathbb{N}$ für $k \in \mathbb{N}$ heißt **rekursiv** *(recursive), wenn sie eine der Grundfunktionen aus Definition 8.1.1 ist oder sich aus Grundfunktionen durch endlichfache Anwendung der für partielle Funktionen angepassten Regeln* [Komposition], [Primitive Rekursion] *und* [μ-Rekursion] *ergibt.*

Die Anpassungen sehen so aus:

[Komposition]

Aus partiellen Funktionen $f_1, \ldots, f_l : \mathbb{N}^k \dashrightarrow \mathbb{N}$ und $g : \mathbb{N}^l \dashrightarrow \mathbb{N}$ ergibt sich durch *Komposition* die partielle Funktion $h : \mathbb{N}^k \dashrightarrow \mathbb{N}$ mit

$$h(\bar{a}) := \begin{cases} g(f_1(\bar{a}), \ldots, f_l(\bar{a})) & \text{falls } f_1(\bar{a}), \ldots, f_l(\bar{a}) \\ & \text{und } g(f_1(\bar{a}), \ldots, f_l(\bar{a})) \text{ alle definiert} \\ \text{unbestimmt} & \text{sonst} \end{cases}$$

[Primitive Rekursion]

Aus partiellen Funktionen $f : \mathbb{N}^k \dashrightarrow \mathbb{N}$ und $g : \mathbb{N}^{k+2} \dashrightarrow \mathbb{N}$ entsteht durch *Primitive Rekursion* die partielle Funktion $h : \mathbb{N}^{k+1} \dashrightarrow \mathbb{N}$ mit

$$h(0, \bar{a}) := \begin{cases} f(\bar{a}) & \text{falls } f(\bar{a}) \text{ definiert} \\ \text{unbestimmt} & \text{sonst} \end{cases}$$

$$h(n+1, \bar{a}) := \begin{cases} g(h(n, \bar{a}), n, \bar{a}) & \text{falls } h(n, \bar{a}) \text{ und } g(h(n, \bar{a}), n, \bar{a}) \text{ definiert} \\ \text{unbestimmt} & \text{sonst} \end{cases}$$

[μ-Rekursion]

Aus einer partiellen Funktion $f : \mathbb{N}^{k+1} \dashrightarrow \mathbb{N}$ entsteht durch μ-*Rekursion* die partielle Funktion $h : \mathbb{N}^k \dashrightarrow \mathbb{N}$ mit

$$h(\bar{a}) := \begin{cases} \mu m\, [f(m, \bar{a}) = 0] & \text{falls ein } m \text{ mit } f(m, \bar{a}) = 0 \text{ existiert} \\ & \text{und } f(n, \bar{a}) \text{ für alle } n \leqslant m \text{ definiert ist} \\ \text{unbestimmt} & \text{sonst} \end{cases}$$

Man kann nun einige Ergebnisse aus dem vorigen Abschnitt auf partielle Funktionen ausdehnen. Insbesondere gilt:

- Eine partielle Funktion ist genau dann rekursiv, wenn ihr Graph rekursiv aufzählbar ist.
- Bilder rekursiv aufzählbarer Mengen unter partiellen rekursiven Funktionen sind wieder rekursiv aufzählbar und der Definitionsbereich einer partiellen rekursiven Funktion ist stets rekursiv aufzählbar.
- Eine Menge X ist genau dann rekursiv aufzählbar, wenn ihre partielle charakteristische Funktion $\overline{\chi_X}$ rekursiv ist.

Satz 8.2.2 *Die rekursiven totalen Funktionen sind genau die totalen turing-berechenbaren Funktionen. Die rekursiven partiellen Funktionen sind genau die partiellen turing-berechenbaren Funktionen.*

BEWEISIDEE Die Grundfunktionen lassen sich durch Turing-Maschinen berechnen, und die verschiedenen Kompositions- und Rekursionsschritte lassen sich mit Turing-Maschinen nachbilden. (Dies zu zeigen ist im Detail aufwendig, aber prinzipiell nicht so schwer.)

Umgekehrt kann man zeigen, dass sich die Arbeitsweise von Turing-Maschinen durch rekursive Funktionen beschreiben lässt. (Das ist nicht so leicht; der nächste Abschnitt gibt ein paar Anhaltspunkte, wie es gehen kann.) □

Einen Beweis findet man in dem Buch *Aufzählbarkeit, Entscheidbarkeit, Berechenbarkeit* von Hans Hermes (siehe Literaturverzeichnis).

Übungsaufgaben

Aufgabe 8.2.1 Zeigen Sie, dass die unmittelbar vor Satz 8.2.2 für partielle rekursive Funktionen aufgestellten Eigenschaften gelten.

Aufgabe 8.2.2 Zeigen Sie, dass alle Grundfunktionen turing-berechenbar sind.

Aufgabe 8.2.3 Sei $f : \mathbb{N}^2 \dashrightarrow \mathbb{N}$ eine partielle Funktion, die durch die Turing-Maschine $\mathcal{C}_f$ berechnet wird. Skizzieren Sie das Programm einer Turing-Maschine, die die Funktion berechnet, die aus f durch [μ-Rekursion] entsteht.

8.3 Gödelisierung und die Arithmetik

Im folgenden Abschnitt will ich nur einen kurzen Ausblick geben, wie man mit rekursiven Funktionen die Unentscheidbarkeit zeigen kann. Beweise gebe ich nicht an; Interessierte finden sie in den im Literaturverzeichnis aufgeführten Büchern zur Mathematischen Logik.

Über die Primfaktorzerlegung natürlicher Zahlen kann man jede endliche Folge natürlicher Zahlen in einer Zahl kodieren, indem man die Abbildung

8.3 Gödelisierung und die Arithmetik

$$\beta^* : \mathbb{N}^* \to \mathbb{N}, \quad n_0 \ldots n_{l-1} \mapsto p_0^{n_0+1} \cdot \ldots \cdot p_{l-1}^{n_{l-1}+1} - 1$$

betrachtet, in der p_i für die $(i+1)$-te Primzahl steht, also $p_0 = 2$, $p_1 = 3, \ldots$ Das „leere Produkt" ergibt 1, daher wird das leere Wort auf 0 abgebildet. Da die Primfaktorzerlegung eindeutig ist, handelt es sich um eine Bijektion, und mit etwas Aufwand kann man zudem zeigen, dass die Einschränkung auf jedes $\mathbb{N}^l$ (sogar primitiv) rekursiv ist.

Umgekehrt kann man aus einem Code $c = \beta^*(n_0 \ldots n_{l-1})$ die Länge l und die einzelnen Komponenten n_i des kodierten Tupels berechnen. Die Funktion $\mathbb{N} \to \mathbb{N}$, $c \mapsto k$ und die Funktionen $\mathbb{N}^2 \to \mathbb{N}$, $(c, i) \mapsto n_i$ sind sogar primitiv rekursiv (wobei die letzte Funktion durch 0 fortgesetzt wird, um sie total zu machen).

Nun kann man alles Mögliche als natürliche Zahlen kodieren, etwa Programme (d. h. Übergangsfunktionen) von Turing-Maschinen oder endliche Programmläufe von Turing-Maschinen bei bestimmter Eingabe oder $\mathscr{L}$-Formeln für eine abzählbare Signatur $\mathscr{L}$. Letzteres funktioniert zum Beispiel folgendermaßen: Man ordnet jedem Zeichen in $\mathscr{L}$ und allen weiteren in $\mathscr{L}$-Formeln vorkommenden Zeichen a einen *Code* $\ulcorner a \urcorner \in \mathbb{N}$ zu, etwa:

$$\ulcorner \top \urcorner = 0 \qquad \ulcorner \exists \urcorner = 7 \qquad \ulcorner f_0 \urcorner = 12$$
$$\ulcorner \bot \urcorner = 1 \qquad \ulcorner \forall \urcorner = 8 \qquad \ulcorner R_0 \urcorner = 13$$
$$\ulcorner \neg \urcorner = 2 \qquad \ulcorner \dot= \urcorner = 9 \qquad \ulcorner v_0 \urcorner = 14$$
$$\ulcorner \wedge \urcorner = 3 \qquad \ulcorner (\urcorner = 10 \qquad \ulcorner f_1 \urcorner = 15$$
$$\ulcorner \vee \urcorner = 4 \qquad \ulcorner) \urcorner = 11 \qquad \ulcorner R_1 \urcorner = 16$$
$$\ulcorner \to \urcorner = 5 \qquad \qquad \qquad \ulcorner v_1 \urcorner = 17$$
$$\ulcorner \leftrightarrow \urcorner = 6 \qquad \qquad \qquad \vdots \quad \vdots$$

Wichtig ist dabei, dass es eine Systematik gibt, die dazu führt, dass zum Beispiel die Menge der Codes aller Individuenvariablen eine rekursive Menge ist. Auch die Stelligkeit eines Funktions- oder Relationszeichens muss aus seinem Code berechenbar sein durch eine rekursive Funktion – das nenne ich dann „rekursive Sprache".

Nun kodiert man eine $\mathscr{L}$-Formel φ als natürliche Zahl, indem man sie zunächst als Zeichenkette $a_1 \ldots a_l$ schreibt und ihr dann den Code

$$\ulcorner \varphi \urcorner := \beta^*(\ulcorner a_1 \urcorner \ldots \ulcorner a_l \urcorner)$$

zuweist. Dieser Code $\ulcorner \varphi \urcorner \in \mathbb{N}$ heißt **Gödel-Nummer** (Gödel number) von φ.

Die (bereits als Zeichenkette vorliegende) Formel $\varphi = \exists v_0 \, f_1 v_0 \dot= f_0$ wird kodiert durch

$$\ulcorner \exists v_0 \, f_1 v_0 \dot= f_0 \urcorner = \beta^*(\ulcorner \exists \urcorner \ulcorner v_0 \urcorner \ulcorner f_1 \urcorner \ulcorner v_0 \urcorner \ulcorner \dot= \urcorner \ulcorner f_0 \urcorner)$$
$$= \beta^*(7 \ 14 \ 15 \ 14 \ 9 \ 12)$$
$$= 2^8 \cdot 3^{15} \cdot 5^{16} \cdot 7^{15} \cdot 11^{10} \cdot 13^{13} - 1.$$

Wenn man alles richtig macht, kann man die meisten Eigenschaften von $\mathscr{L}$-Formeln berechenbar aus dem Code ablesen. Zum Beispiel sind

$$\{\ulcorner\varphi\urcorner \mid \varphi \text{ ist eine } \mathscr{L}\text{-Formel}\}$$
$$\{\ulcorner\varphi\urcorner \mid \varphi \text{ ist eine } \mathscr{L}\text{-Formel mit genau einer freien Variablen } v_0\}$$
$$\{\ulcorner\varphi\urcorner \mid \varphi \text{ ist eine } \mathscr{L}\text{-Tautologie}\}$$

primitiv rekursive Teilmengen von $\mathbb{N}$. (Der Beweis ist langwierig, aber unspektakulär.)

Sei nun $\mathscr{L}$ stets eine abzählbare rekursive Sprache, und es soll eine Kodierung der $\mathscr{L}$-Formeln als natürliche Zahlen festgelegt sein, die die gewünschten schönen Eigenschaften besitzt.

Definition 8.3.1 *Eine Axiomatisierung einer $\mathscr{L}$-Theorie T ist eine Teiltheorie $T_0 \subseteq T$ mit $\{\varphi \mid T_0 \vDash \varphi\} = \{\varphi \mid T \vDash \varphi\}$.*

Eine $\mathscr{L}$-Theorie T heißt **rekursiv axiomatisierbar** *(recursively axiomatisable), wenn es eine Axiomatisierung $T_0 \subseteq T$ gibt, sodass $\{\ulcorner\varphi\urcorner \mid \varphi \in T_0\}$ rekursiv aufzählbar ist.*

T heißt **rekursiv entscheidbar**, *wenn $\{\ulcorner\varphi\urcorner \mid T \vDash \varphi\}$ rekursiv ist, und* **rekursiv semi-entscheidbar**, *wenn $\{\ulcorner\varphi\urcorner \mid T \vDash \varphi\}$ rekursiv aufzählbar ist.*

Lemma 8.3.2
Rekursiv axiomatisierbare $\mathscr{L}$-Theorien sind rekursiv semi-entscheidbar.
Rekursiv axiomatisierbare vollständige $\mathscr{L}$-Theorien sind rekursiv entscheidbar.

BEWEISIDEE Der erste Teil folgt aus der Vollständigkeit eines Kalküls wie $\mathbb{K}_\mathscr{L}$, denn damit ist $\{\varphi \mid T \vDash \varphi\} = \{\varphi \mid T_0 \vDash \varphi\} = \{\varphi \mid T_0 \vdash_\mathscr{L} \varphi\}$. Es reicht also zu zeigen, dass die Menge der Codes von $\mathscr{L}$-Formeln, die aus T_0 $\mathbb{K}_\mathscr{L}$-beweisbar sind, rekursiv aufzählbar ist.

Sowohl die Axiome von $\mathbb{K}_\mathscr{L}$ als auch – nach Annahme – eine Axiomatisierung von T (nämlich die Elemente von T_0) kann man rekursiv aufzählen. Dann kann man auch alle $\mathbb{K}_\mathscr{L}$-Beweise mit endlich vielen Prämissen rekursiv aufzählen und damit auch alle Codes von $\mathscr{L}$-Formeln, die sich mit einem $\mathbb{K}_\mathscr{L}$-Beweis aus T_0 ableiten lassen, weil jeder $\mathbb{K}_\mathscr{L}$-Beweis nur endlich viele Prämissen aus T_0 braucht.

Wenn T zusätzlich vollständig ist, gilt $\{\ulcorner\varphi\urcorner \mid T \nvDash \varphi\} = \{\ulcorner\varphi\urcorner \mid T \vDash \neg\varphi\}$ und man kann auch diese Menge rekursiv aufzählen. Außerdem ist $\{\ulcorner\varphi\urcorner \mid \varphi \text{ } \mathscr{L}\text{-Formel}\}$ rekursiv, also auch das Komplement dieser Menge. Damit folgt, dass $\{\varphi \mid T \vDash \varphi\}$ rekursiv ist, weil das Komplement $\{\ulcorner\varphi\urcorner \mid T \nvDash \varphi\} \cup (\mathbb{N} \setminus \{\ulcorner\varphi\urcorner \mid \varphi \text{ } \mathscr{L}\text{-Formel}\})$ rekursiv aufzählbar ist. □

Sei nun $\mathscr{N}$ die $\mathscr{L}_\mathscr{N}$-Struktur der natürlichen Zahlen $\mathbb{N}$ in der Signatur $\mathscr{L}_\mathscr{N} = \{+, \cdot, s, 0, <\}$, wobei $s^\mathbb{N} = N : n \mapsto n+1$ die Nachfolgerfunktion sein soll und alle anderen Symbole wie üblich interpretiert werden.

Satz 8.3.3 *Alle rekursiven Funktionen und alle rekursiv aufzählbaren Mengen sind in $\mathscr{N}$ definierbar.*

8.3 Gödelisierung und die Arithmetik

Die Definierbarkeit von Mengen ist wie in Definition 4.2.8 zu verstehen: $X \subseteq \mathbb{N}^k$ ist in $\mathcal{N}$ definierbar, wenn es eine $\mathcal{L}_\mathcal{N}$-Formel $\varphi(v_1, \ldots, v_k)$ gibt mit $X = \varphi^\mathcal{N}$. Eine Funktion $f : \mathbb{N}^k \dashrightarrow \mathbb{N}$ heißt dagegen definierbar, wenn ihr Graph definierbar ist, was umfassender ist als die Definierbarkeit durch Terme in Definition 4.2.8.

BEWEISIDEE Es ist einfach zu sehen, dass die Grundfunktionen definierbar sind und dass sich [Komposition] und [μ-Rekursion] definierbar ausdrücken lassen. Für [Primitive Rekursion] funktioniert dies nicht, da die zu definierende Funktion in der Definition selbst vorkommt. Der Beweis des Satzes benutzt daher die anfänglich erwähnte Charakterisierung der rekursiven Funktionen ohne [Primitive Rekursion], aber mit den um Addition, Multiplikation und die charakteristische Funktion der Ordnung erweiterten Grundfunktionen. Diese sind dafür eigens in die Sprache aufgenommen! □

Wenn man es sich genauer anschaut, stellt man fest, dass sich die rekursiven Funktionen und die rekursiv aufzählbaren Mengen durch Σ_1-*Formeln* definieren lassen. Das sind Formeln, die im Wesentlichen aus quantorenfreien Formeln durch Existenzquantifikation und *beschränkte Allquantifikation* hervorgehen. Eine beschränkte Allquantifikation von φ ist eine Formel $\forall v_i (v_i < \underline{n} \to \varphi)$, wobei $\underline{n}$ der Term $s \cdots s0$ mit n-facher Iteration des Funktionszeichens s ist.

Umgekehrt kann man zeigen, dass alle Σ_1-Formeln rekursiv aufzählbare Mengen definieren. Damit sind die Σ_1-definierbaren Funktionen gerade die rekursiven Funktionen, womit man eine weitere Charakterisierung der rekursiven bzw. der berechenbaren Funktionen erhält.

Satz 8.3.4 *Die Arithmetik, also die vollständige Theorie der natürlichen Zahlen*

$$\mathrm{Th}(\mathcal{N}) := \{\varphi \; \mathcal{L}_\mathcal{N}\text{-Aussage} \mid \mathcal{N} \vDash \varphi\}$$

ist unentscheidbar.

Folgerung 8.3.5 (**Unvollständigkeitssatz der Arithmetik, Gödel 1931**)
Jede rekursiv aufzählbare Axiomatisierung der Arithmetik, d. h. jede rekursiv aufzählbare Teiltheorie von $\mathrm{Th}(\mathcal{N})$, *ist unvollständig, wie zum Beispiel die Peano-Arithmetik oder die im Anschluss definierte Robinson-Arithmetik* Q.

Der Unvollständigkeitssatz wird gerne in dem Satz zusammengefasst: „*Es gibt wahre Aussagen über* $\mathbb{N}$, *die nicht beweisbar sind*". Beweisbarkeit bezieht sich darin auf eine rekursiv aufzählbare Axiomatisierung. Für eine $\mathcal{L}_\mathcal{N}$-Aussage φ, die sich aus dieser Axiomatisierung weder beweisen noch widerlegen lässt, muss in $\mathcal{N}$ dennoch entweder φ oder $\neg\varphi$ gelten. Diejenige von den beiden, die gilt, ist dann die nicht beweisbare wahre Aussage.

BEWEISSKIZZE FÜR DEN SATZ Man betrachtet alle $\mathcal{L}_\mathcal{N}$-Formeln $\varphi(v_0)$ in einer festen freien Variablen und nimmt eine rekursive Aufzählung $\alpha : \mathbb{N} \to \mathbb{N}$ der Gödel-Nummern dieser Formeln. Die n-te Formel in dieser Aufzählung soll φ_n heißen, d. h. $\alpha(n) = \ulcorner \varphi_n(v_0) \urcorner$. Diese Formeln kann man nun auch rekursiv verneinen und in die n-te Formel den Term $\underline{n}$

einsetzen, sodass man eine rekursive Aufzählung der $\mathscr{L}_\mathcal{N}$-Formeln $\neg\varphi_n[\frac{v_0}{\underline{n}}]$ bekommt. Dabei ist $\underline{n}$ der Term $\underbrace{s \cdots s}_{n \text{ mal}} 0$.

Wenn nun $\text{Th}(\mathcal{N})$ entscheidbar ist, ist auch $A := \{n \in \mathbb{N} \mid \mathcal{N} \vDash \neg\varphi_n[\frac{v_0}{\underline{n}}]\}$ rekursiv und damit durch eine $\mathscr{L}_\mathcal{N}$-Formel $\psi(v_0)$ definierbar. Nun muss aber $\psi(v_0)$ in der Aufzählung vorkommen, d.h., es gibt ein n_0 mit $\psi = \varphi_{n_0}(v_0)$. Die Definierbarkeit bedeutet, dass $n \in A \iff \mathcal{N} \vDash \varphi_{n_0}[\underline{n}]$. Nun führt ein Diagonalargument zum Widerspruch:

$$\begin{aligned}
n_0 \in A &\iff \mathcal{N} \vDash \varphi_{n_0}[\underline{n_0}] && \text{da } A \text{ durch } \varphi_{n_0} \text{ definiert ist} \\
&\iff \mathcal{N} \vDash \varphi_{n_0}[\tfrac{v_0}{\underline{n_0}}] && \text{da } n_0 = \underline{n_0}^\mathcal{N} \\
&\iff \mathcal{N} \nvDash \neg\varphi_{n_0}[\tfrac{v_0}{\underline{n_0}}] \\
&\iff n_0 \notin A && \text{nach Definition von } A.
\end{aligned}$$

□

Wenn man den Beweis der Unentscheidbarkeit der Arithmetik genauer analysiert, sieht man, dass dafür ein endliches Axiomensystem ausreicht, die (nach Raphael Robinson benannte) **Robinson-Arithmetik Q**:

$$\begin{array}{ll}
\forall v_0 \ (v_0 + 0 \doteq v_0) & \forall v_0 \forall v_1 \ (v_0 + S(v_1) \doteq S(v_0 + v_1)) \\
\forall v_0 \ (v_0 \cdot 0 \doteq 0) & \forall v_0 \forall v_1 \ (v_0 \cdot S(v_1) \doteq (v_0 \cdot v_1) + v_0) \\
\forall v_0 \ \neg v_0 < 0 & \forall v_0 \forall v_1 \ (v_0 < S(v_1) \leftrightarrow (v_0 < v_1 \vee v_0 \doteq v_1))
\end{array}$$

Daraus kann man nun wiederum die Unvollständigkeit der Prädikatenlogik in der Sprache $\mathscr{L}_\mathcal{N}$ folgern. Weil die Robinson-Arithmetik aus endlich vielen Axiomen besteht, kann man die Konjunktion χ aller dieser Axiome betrachten. Wenn die Prädikatenlogik entscheidbar wäre, könnte man insbesondere alle $\mathscr{L}_\mathcal{N}$-Formeln der Form $(\chi \to \varphi)$ entscheiden, und damit wäre Q entscheidbar.

Im Jahr 1900 hat David Hilbert auf dem Internationalen Mathematiker-Kongress in Paris 23 Probleme präsentiert, die er als besonders wichtig ansah – Vorbild für die 2000 ausgerufenen sieben *Millennium Problems,* zu denen das P=NP-Problem gehört. Das 10. Hilbert'sche Problem stellte die Frage, ob es einen Algorithmus gibt, der für ganzzahlige Polynome in mehreren Variablen, also $P(X_1, \ldots, X_n) \in \mathbb{Z}[X_1, \ldots, X_n]$, entscheidet, ob es eine Lösung in den ganzen Zahlen gibt, also $(z_1, \ldots, z_n) \in \mathbb{Z}^n$ so, dass $P(z_1, \ldots, z_n) = 0$. Man kann zeigen, dass man ebenso gut nach Lösungen in den natürlichen Zahlen fragen kann.

1970 wurde von Yuri Matiyasevich nach umfänglichen Vorarbeiten von Martin Davis, Hilary Putnam und Julia Robinson gezeigt, dass es kein solches Verfahren gibt, diese Frage also im Allgemeinen unentscheidbar ist. Dies folgt daraus, dass es rekursiv aufzählbare Teilmengen von $\mathbb{N}^k$ gibt, die nicht rekursiv sind, denn sie konnten die folgende Charakterisierung rekursiv aufzählbarer Mengen beweisen:

8.3 Gödelisierung und die Arithmetik

Satz 8.3.6 (Satz von Davis, Putnam, Robinson & Matiyasevich, 1970)
Eine Teilmenge $A \subseteq \mathbb{N}^k$ ist genau dann rekursiv aufzählbar, wenn es für ein $l \in \mathbb{N}$ Polynome P und Q in $\mathbb{N}[X_1, \ldots, X_{k+l}]$ gibt mit

$$A = \{(n_1, \ldots, n_k) \in \mathbb{N}^k \mid \text{es gibt } m_1, \ldots, m_l \in \mathbb{N} \text{ mit} \\ P(n_1, \ldots, n_k, m_1, \ldots, m_l) = Q(n_1, \ldots, n_k, m_1, \ldots, m_l)\},$$

d. h. wenn es $\{+, \cdot, 0, 1\}$-Terme $\tau_1(v_1, \ldots, v_{k+l})$ und $\tau_2(v_1, \ldots, v_{k+l})$ gibt, sodass A definiert ist durch die Formel

$$\exists v_{k+1} \ldots \exists v_{k+l} \; \tau_1 \doteq \tau_2.$$

Dieser Satz ist natürlich nicht einfach zu beweisen.

Übungsaufgaben

Aufgabe 8.3.1 Zeigen Sie, dass Funktionen, die sich aus in $\mathcal{N}$ definierbaren Funktionen durch [Komposition] und [μ-Rekursion] ergeben, auch wieder in $\mathcal{N}$ definierbar sind.

Aufgabe 8.3.2 Zeigen Sie, dass alle durch quantorenfreie $\mathscr{L}_\mathcal{N}$-Formeln definierbaren Teilmengen von $\mathbb{N}^k$ primitiv rekursiv sind und alle durch existenzielle $\mathscr{L}_\mathcal{N}$-Formeln definierbaren Teilmengen rekursiv.

Teil IV
Anhang

9 Ausblicke

Neben den beiden in diesem Buch intensiv behandelten Logiken, der klassischen zweiwertigen Aussagenlogik und der (klassischen) erststufigen Prädikatenlogik, gibt es noch viele weitere Logiken, die je nach Anwendung interessant und geeignet sein können. Ich will hier drei solche weiteren Logiken anreißen. Einige Hinweise zur weiterführenden Lektüre habe ich im Literaturverzeichnis aufgeführt.

Ich schreibe jetzt alle Formeln als Zeichenketten.

9.1 Prädikatenlogik zweiter Stufe

Grundidee der **Prädikatenlogik zweiter Stufe** (second order logic/second order predicate calculus) ist es, in einer passenden Struktur nicht nur die (erststufige) Quantifizierung über Elemente, sondern auch die (zweitstufige) Quantifizierung über Teilmengen oder Relationen zu ermöglichen.

Man kann sie in mehreren Abstufungen einführen. Die schwächste Variante ist die **Monadische Prädikatenlogik zweiter Stufe** MSO (monadic second order logic). Dafür erweitert man die Syntax der Prädikatenlogik erster Stufe in der Sprache $\mathscr{L}$ um einstellige **Relationsvariablen** V_i und zusätzliche atomare Formeln von der Form $V_i \tau$ für $\mathscr{L}$-Terme τ. Außerdem sind die zweitstufigen Quantifizierungen $\forall V_i \, \varphi$ und $\exists V_i \, \varphi$ bei der Formelbildung erlaubt.

Belegungen in $\mathscr{L}$-Strukturen $\mathscr{M}$ werden auf die Relationsvariablen ausgedehnt, indem jeder Relationsvariablen V_i eine Teilmenge $\beta(V_i)$ von M zugeordnet wird. Die Auswertung einer zweitstufigen $\mathscr{L}$-Formel erfolgt dann in der naheliegenden Weise: Man definiert, dass $(\mathscr{M}, \beta) \vDash V_i \tau$ genau dann gilt, wenn $\beta(\tau) \in \beta(V_i)$. Die Auswertung der zweitstufigen Quantoren $\exists V_i$ und $\forall V_i$ erfolgt analog zu den erststufigen Quantoren: Man ersetzt in der

Belegung β die ausgewählte Teilmenge $\beta(V_i)$ – durch eine geeignete Teilmenge von M für den Existenzquantor und durch alle Teilmengen für den Allquantor.

> In MSO kann man in der Graphensprache $\mathscr{L}_{\text{Gr}} = \{R\}$ ausdrücken, dass ein Graph zusammenhängend ist:
>
> $$\neg \exists V_0 \big(\exists v_1\, V_0 v_1 \wedge \exists v_2\, \neg V_0 v_2 \wedge \forall v_1 \forall v_2\, ((V_0 v_1 \wedge \neg V_0 v_2) \to \neg R v_1 v_2)\big).$$
>
> Man sagt also, dass es keine echte, nichtleere Teilmenge gibt, die keine Kante zu ihrem Komplement hat.

MSO ist eine intensiv untersuchte Logik, da sie noch viele schöne Eigenschaften hat und für viele Anwendungen ausreicht, in denen Zweistufigkeit nötig ist.

Für die volle zweistufige Prädikatenlogik benutzt man zusätzlich n-*stellige Relationsvariablen* V_i^n für jede Stelligkeit $n \in \mathbb{N}$, man hat zusätzliche atomare Formeln von der Form $V_i^n \tau_1 \ldots \tau_n$ für $\mathscr{L}$-Terme τ_i, und es sind zweistufige Quantifizierungen $\forall V_i^n\, \varphi$ und $\exists V_i^n\, \varphi$ erlaubt.

Auch hier funktioniert die Auswertung in einer $\mathscr{L}$-Struktur in naheliegender Weise, indem Belegungen β einer n-stelligen Relationsvariablen V_i^n eine Teilmenge $\beta(V_i^n)$ von M^n zuweisen, und zum Beispiel $(\mathcal{M}, \beta) \vDash V_i^n \tau_1 \ldots \tau_n$ per Definition gilt, wenn $(\beta(\tau_1), \ldots, \beta(\tau_n)) \in \beta(V_i^n)$. Für die Auswertung der Quantoren $\exists V_i^n$ und $\forall V_i^n$ muss man nun geeignete bzw. alle Teilmengen von M^n betrachten.

> In jeder Sprache $\mathscr{L}$ gibt es eine zweitstufige $\mathscr{L}$-Formel φ_∞, die in einer $\mathscr{L}$-Struktur genau dann gilt, wenn diese unendlich ist. Man drückt zum Beispiel aus, dass es eine strikte partielle Ordnung gibt, die kein maximales Element enthält:
>
> $$\exists V_0^2 \big(\forall v_1\, \neg V_0^2 v_1 v_1 \wedge \forall v_1 \forall v_2 \forall v_3 ((V_0^2 v_1 v_2 \wedge V_0^2 v_2 v_3) \to V_0^2 v_1 v_3) \wedge \forall v_1 \exists v_2\, V_0^2 v_1 v_2\big).$$

Die Formelmenge $\{\neg \varphi_\infty\} \cup \{\exists^{\geq n} v_0\, v_0 \doteq v_0 \mid n \in \mathbb{N}\}$ ist eine endlich erfüllbare, aber nicht erfüllbare Menge zweitstufiger $\mathscr{L}$-Formeln. Also gilt der Kompaktheitssatz nicht für die zweistufige Prädikatenlogik. Da der Kompaktheitssatz für die erststufige Prädikatenlogik eine unmittelbare Folge aus der Vollständigkeit und Korrektheit eines konkreten, berechenbaren Kalküls war, kann es also auch keinen vergleichbaren Kalkül für die zweistufige Prädikatenlogik geben. Sie ist daher nicht semi-entscheidbar.

Man kann die zweistufige Prädikatenlogik noch weiter ausbauen, indem man Sprachen mit z. B. zweitstufigen Relationszeichen betrachtet. Ein zweitstufiges Prädikat $\mathbb{P}$ könnte zum Beispiel eine Eigenschaft von Prädikaten ausdrücken und in Formeln der Form $\mathbb{P}\, V_0^1$ oder $\mathbb{P}\, Q$ für ein erststufiges Prädikat Q vorkommen.

9.2 Modallogik

Modallogik gibt es bereits bei Aristoteles. Die formalisierte Modallogik beginnt 1932 mit Clarence Irving Lewis, der eine formale Sprache für die Modallogik eingeführt und diverse Kalküle untersucht hat, und nimmt einen großen Aufschwung, nachdem Saul Kripke 1959 dafür Semantiken entwickelt hat. Heute ist Modallogik ein fruchtbares Gebiet mit vielen Anwendungen, u. a. für temporale, epistemische und deontische Logiken. Man kann sowohl die Aussagenlogik als auch die Prädikatenlogik zu einer modallogischen Variante erweitern. Ich gebe hier einen Einblick in die aussagenlogische Modallogik.

Die aussagenlogische Modallogik erweitert das aussagenlogische Alphabet um zwei Zeichen, die sogenannten **Modaloperatoren** (modal operators):

> $\Box$ genannt „*notwendig*" oder „*Quadrat*" (box)
>
> $\Diamond$ genannt „*möglich*" oder „*Raute*" (diamond)

Die Regeln der Formelbildung aus der Aussagenlogik werden auf modallogische Formeln ausgedehnt. Zusätzlich gibt es zwei Regeln für die Modaloperatoren.

> $\top$, $\bot$ und jede Aussagenvariable A_i sind modallogische Formeln.
>
> Wenn φ bzw. φ_1, φ_2 modallogische Formeln sind, dann auch:
> - $\neg \varphi$, $(\varphi_1 \land \varphi_2)$, $(\varphi_1 \lor \varphi_2)$, $(\varphi_1 \to \varphi_2)$ und $(\varphi_1 \leftrightarrow \varphi_2)$
> - $\Box \varphi$ und $\Diamond \varphi$.

Eine modallogische Formel ist also zum Beispiel

$$\Box \neg ((A_2 \land \Diamond A_0) \to \Box (\Diamond \bot \lor \Box \neg \Diamond \Diamond A_0))$$

Ein **modallogisches Modell** $\mathcal{M} = (W, Z, \beta)$ besteht aus einer nichtleeren Menge W „*möglicher Welten*" (possible worlds), einer *Zugangsrelation* (accessibility relation) $Z \subseteq W \times W$ und einer *Belegung* (valuation function)

$$\beta : W \times \{A_n \mid n \in \mathbb{N}\} \to \{0, 1\},$$

die jeder Aussagenvariable A_i in jeder möglichen Welt $w \in W$ einen Wahrheitswert $\beta(w, A_i)$ zuordnet. (W, Z) ist ein gerichteter Graph (mit Schleifen). Wenn $(w, w') \in Z$ sagt man „w sieht w'".

Per Induktion ordnet man nun jeder modallogischen Formel φ in jeder Welt w eines Modells $\mathcal{M}$ einen Wahrheitswert zu bzw. definiert, wann φ in der Welt des Modells gilt, wofür ich $(\mathcal{M}, w) \vDash \varphi$ schreibe:

- $(\mathcal{M}, w) \vDash A_n :\iff \beta(w, A_n) = 1$.
- Wenn $\varphi = *\varphi_1 \ldots \varphi_k$ mit einem k-stelligen Junktor $*$ aussagenlogisch zusammengesetzt ist, berechnet sich $(\mathcal{M}, w) \vDash \varphi$ wie in der Aussagenlogik aus den Gültigkeiten von $(\mathcal{M}, w) \vDash \varphi_1, \ldots, (\mathcal{M}, w) \vDash \varphi_k$ gemäß der $*$ zugeordneten Wahrheitswertfunktion.
- $(\mathcal{M}, w) \vDash \Box\varphi :\iff$ für alle w' mit $(w, w') \in Z$ gilt $(\mathcal{M}, w') \vDash \varphi$.
- $(\mathcal{M}, w) \vDash \Diamond\varphi :\iff$ es gibt ein w' mit $(w, w') \in Z$ und $(\mathcal{M}, w') \vDash \varphi$.

Ein modallogisches Modell
Ein modallogisches Modell $\mathcal{M}$ sieht zum Beispiel folgendermaßen aus:

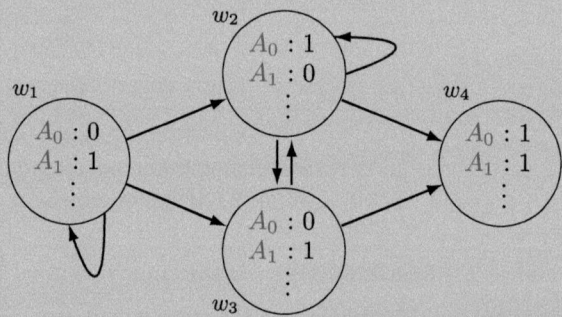

Es gilt $(\mathcal{M}, w_1) \vDash \neg A_0$ und $(\mathcal{M}, w_1) \vDash \Diamond A_0$, da Welt 1 nach Welt 2 sieht, wo A_0 gilt. Es gilt aber $(\mathcal{M}, w_1) \nvDash \Box A_0$, da Welt 1 nach Welt 3 sieht (oder auch in sich selbst), wo A_0 nicht gilt.

Es gilt auch $(\mathcal{M}, w_1) \vDash \Box\Diamond A_0$, da jede Welt, in die w_1 sehen kann, in eine Welt sieht, in der A_0 gilt.

Ein **modallogisches System** (system of modal logic) oder kurz eine **Modallogik** (modal logic) legt fest, welche modallogischen Formeln Tautologien sind, welche zueinander logisch äquivalent sind und welche logisch aus anderen folgen. Da die üblichen Äquivalenzen gelten sollen (also zum Beispiel, dass φ und ψ genau dann logisch äquivalent sind, wenn $(\varphi \leftrightarrow \psi)$ eine Tautologie ist), reicht es, die Tautologien zu kennen. Man identifiziert daher in der Regel eine Modallogik mit der Menge ihrer Tautologien. Damit ist dann auch die Bedeutung davon festgelegt, dass eine Modallogik *kleiner* oder *schwächer* als eine andere ist.

Interessante Modallogiken bekommt man im Besonderen durch die Betrachtung einer Auswahl $\mathbb{M}$ modallogischer Modelle:

9.2 Modallogik

- Eine modallogische Formel φ ist eine $\mathbb{M}$-*Tautologie*, wenn φ in allen Welten aller Modelle aus $\mathbb{M}$ gilt. Dafür schreibe ich $\mathbb{M} \vDash \varphi$.
- Eine modallogische Formel φ ist $\mathbb{M}$-*äquivalent* zu einer modallogischen Formel ψ, wenn φ und ψ in allen Welten aller Modelle aus $\mathbb{M}$ den gleichen Wahrheitswert haben. Dafür schreibe ich $\varphi \sim_\mathbb{M} \psi$.
- Eine modallogische Formel ψ wird von modallogischen Formeln φ_i für $i \in I$ $\mathbb{M}$-*impliziert*, wenn in allen Welten aller Modelle aus $\mathbb{M}$, in denen alle φ_i gelten, auch ψ gilt. Dafür schreibe ich $\{\varphi_i \mid i \in I\} \vDash_\mathbb{M} \psi$.

Wenn die Auswahl $\mathbb{M}$ dadurch festgelegt ist, dass man bei der Wahl der Modelle Bedingungen an W und Z stellt (nicht aber an β), erhält man sogenannte **normale modallogische Systeme** oder **normale Modallogiken** (normal system/normal modal logic). Sie sind durch die folgenden Eigenschaften charakterisiert:

- Es gilt das Prinzip der uniformen und das Prinzip der äquivalenten Substitution (für $\mathbb{M}$-Äquivalenz!).
- $\mathbb{M} \vDash \top$ und $\mathbb{M} \vDash \Box\top$.
- Dualität der Modaloperatoren: $\neg\Box\varphi \sim_\mathbb{M} \Diamond\neg\varphi$.
- Axiom K oder *starker modus ponens:* $\mathbb{M} \vDash ((\Box\varphi \wedge \Box(\varphi \to \psi)) \to \Box\psi)$ oder äquivalent: $\mathbb{M} \vDash (\Box(\varphi \to \psi) \to (\Box\varphi \to \Box\psi))$

Normale Modallogiken erhält man typischerweise auf zwei Weisen:

- Man schränkt die betrachteten Modelle durch Anforderungen an die Zugangsrelation ein.
- Man nimmt zusätzlich „Axiome", also modallogische Formeln, von denen man möchte, dass sie Tautologien werden, und betrachtet den *normalen Abschluss*, d. h. die kleinste normale Modallogik, die diese Axiome enthält.
  Die Axiome haben typischerweise eine duale Version, die die gleiche normale Modallogik erzeugt.

Die Modallogik KT
Beispielsweise kann man sich auf Modelle beschränken, in denen die Zugangsrelation reflexiv ist. Dadurch bekommt man eine Modallogik, die üblicherweise KT genannt wird.
 Beispiele von KT-Tautologien sind Formeln $(\Box\varphi \to \varphi)$: Denn wenn $\Box\varphi$ in einer Welt w gilt, muss auch φ in w gelten, da φ in allen von w zugänglichen Welten gilt und w sich selbst sieht.

> Also ist auch ($\Box\neg\varphi \to \neg\varphi$) bzw. mit Kontraposition ($\varphi \to \neg\Box\neg\varphi$) eine KT-Tautologie, d. h. wegen der Dualität der Modaloperatoren auch ($\varphi \to \Diamond\varphi$). Diese Formel heißt *die zu* ($\Box\varphi \to \varphi$) *duale Formel* (dual formula). Dass sie eine KT-Tautologie ist, sieht man ebenso direkt: Wenn φ in einer Welt w gilt, muss darin auch $\Diamond\varphi$ gelten, da w in eine Welt sieht, in der φ gilt, nämlich in sich selbst.
> Zusammen ergibt sich, dass auch ($\Box\varphi \to \Diamond\varphi$) eine KT-Tautologie ist. Ein weiteres Beispiel einer KT-Tautologie ist ($\Box\Box\varphi \to \varphi$) bzw. dual ($\varphi \to \Diamond\Diamond\varphi$).

Umgekehrt kann man zeigen, dass KT die kleinste normale Modallogik ist, die die Formeln ($\Box\varphi \to \varphi$) als Tautologien enthält. Erstaunlicherweise gibt es häufig solche Zusammenhänge, dass einfache Axiome die gleiche Modallogik erzeugen wie einfache Anforderungen an die Zugangsrelation. Hier einige verbreitete Beispiele[1]:

Name	Axiom	duales Axiom	Z ist ...
D	($\Box A_0 \to \Diamond A_0$)	selbstdual	linkstotal
T	($\Box A_0 \to A_0$)	($A_0 \to \Diamond A_0$)	reflexiv
4	($\Box A_0 \to \Box\Box A_0$)	($\Diamond\Diamond A_0 \to \Diamond A_0$)	transitiv
B	($A_0 \to \Box\Diamond A_0$)	($\Diamond\Box A_0 \to A_0$)	symmetrisch
5 / E	($\Diamond A_0 \to \Box\Diamond A_0$)	($\Diamond\Box A_0 \to \Box A_0$)	euklidisch[1]
M	($\Diamond\Box A_0 \to \Box\Diamond A_0$)	selbstdual	[keine Entsprechung]
tr	($A_0 \leftrightarrow \Box A_0$)	($\Diamond A_0 \leftrightarrow A_0$)	die Identität
V	$\Box A_0$	$\neg\Diamond A_0$	leer

Die Entsprechung bedeutet dabei nur, dass die kleinste normale Modallogik, die z. B. 4 enthält, genau die Modallogik ist, die man aus der Betrachtung von Modellen mit transitiver Zugangsrelation erhält. Sie bedeutet nicht, dass die Zugangsrelation in Modellen, in denen überall 4 gilt, transitiv sein muss.

Die kleinste normale Modallogik überhaupt erhält man, wenn man sämtliche modallogischen Modelle betrachtet. Diese Modallogik heißt ebenfalls K (für „Kripke"). Andere Systeme werden dann nach den charakteristischen Axiomen benannt, häufig mit vorangestelltem K, etwa KTB oder TB.

Zwei der wichtigsten Systeme sind die Systeme S4 und S5 von Lewis, die ihre traditionellen Namen behalten haben. Es gilt S4 = KT4 und S5 = KT5 = KTB4. Für S5 und S4 gibt es Entscheidungsverfahren. Andere modallogische Systeme sind aber unentscheidbar.

Für S5 betrachtet man also Modelle, in denen die Zugangsrelation eine Äquivalenzrelation ist (und es reicht Modelle zu betrachten, in denen jede Welt jede andere sieht). In S5

---

[1] „Euklidisch" heißt: Wenn eine Welt in zwei Welten sieht, dann sehen diese sich gegenseitig.

kollabieren die meisten *Modalitäten:* Jede Aufeinanderfolge von mehreren Modaloperatoren $\triangle_1 \ldots \triangle_k \varphi$ mit $k > 0$ und $\triangle_i \in \{\Box, \Diamond\}$ ist S5-äquivalent zu $\Box \varphi$ oder $\Diamond \varphi$.

Für S4 reicht es Modelle zu betrachten, in denen die Zugangsrelation eine partielle Ordnung ist. In S4 kollabieren alle „Doppelungen" von Modalitäten: Jede Abfolge von Modaloperatoren wie oben ist S4-äquivalent zu $\Box \varphi$, $\Diamond \varphi$, $\Box \Diamond \varphi$, $\Diamond \Box \varphi$, $\Diamond \Box \Diamond \varphi$ oder $\Box \Diamond \Box \varphi$.

Die Axiome tr. und V stehen nur der Vollständigkeit halber in der Liste, sie führen beide zu uninteressanten trivialen Modallogiken und ihre Namen sind, im Gegensatz zu den anderen, kein Standard. Das Axiom tr. (für „trivial") lässt die Modallogik im Wesentlichen zur Aussagenlogik kollabieren: Jede modallogische Formel φ ist Ktr.-äquivalent zu der Formel, die aus φ entsteht, indem man alle Modaloperatoren entfernt. Das Axiom V (für „Verum") lässt alle mit $\Box$ beginnenden Formeln KV-äquivalent zu $\top$ sein und alle mit $\Diamond$ beginnenden zu $\bot$.

9.3 Intuitionistische Aussagenlogik

Die **intuitionistische Aussagenlogik** (intuitionistic propositional logic) ist eine Logik, die die gleiche Syntax wie die klassische zweiwertige Aussagenlogik benutzt, aber eine andere Semantik. Entwickelt wurde der Intuitionismus von L. E. J. Brouwer zu Beginn des 20. Jahrhunderts als eine mathematik-philosophische Position im sogenannten Grundlagenstreit der Mathematik. Die intuitionistische Logik wurde von seinem Schüler Arend Heyting formalisiert.

Grob gesprochen werden in der Semantik die Wahrheitswerte *wahr* und *falsch* durch explizite Beweisbarkeit bzw. Widerlegbarkeit ersetzt. Dadurch entfällt das Prinzip des ausgeschlossenen Dritten, da es Aussagen geben kann, die weder beweisbar noch widerlegbar sind. Der Intuitionismus ist je nach Sichtweise schwächer oder stärker als die klassische Logik: Alle intuitionistischen Äquivalenzen sind auch klassisch gültig, aber nicht umgekehrt. Es gelten also *weniger* Gesetze, dadurch hat die intuitionistische Logik aber eine *größere* Differenzierungskraft.

Für die Informatik ist die intuitionistische Logik insofern von Bedeutung, als sie in einem gewissen Sinn das Berechenbarkeitsverhalten beschreibt: Die *Curry-Howard-Korrespondenz* (Curry-Howard correspondence) beschreibt eine Übersetzung zwischen Beweisen in intuitionistischer Logik und Programmen.

Ich beschränke mich in meiner kurzen Darstellung der intuitionistischen Logik hier auf das Junktorensystem $\{\bot, \to, \land, \lor\}$, da auch intuitionistisch die folgenden Äquivalenzen gelten, die daher als Definitionen für die fehlenden Junktoren $\leftrightarrow$, $\neg$ und $\top$ genommen werden können:

$$
\begin{aligned}
(A_0 \leftrightarrow A_1) &\sim ((A_0 \to A_1) \land (A_1 \to A_0)) \\
\neg A_0 &\sim (A_0 \to \bot) \\
\top &\sim (\bot \to \bot).
\end{aligned}
$$

Von diesen vier Junktoren kann allerdings kein weiterer mehr weggelassen werden. Die Regeln zur Formelbildung sind ansonsten die gleichen wie in der klassischen Aussagenlogik.

Definition 9.3.1 *Ein* **Modell für die intuitionistische Logik** *ist eine partiell geordnete Menge* $(W, \leqslant)$.

Eine **Belegung** *(assignment/valuation), genauer: eine Belegung der Aussagenvariablen mit Wahrheitswerten in einem Modell für die intuitionistische Logik, ist eine monotone Abbildung* $\beta : W \times \{A_i \mid i \in \mathbb{N}\} \to \{0, 1\}$. *Monoton bedeutet, dass mit* $w_1 \leqslant w_2$ *auch* $\beta(w_1, A_i) \leqslant \beta(w_2, A_i)$ *gilt.*

Die Herangehensweise hier stammt aus der Modallogik; man kann daher deren Terminologie möglicher Welten übernehmen. Häufig heißten die Elemente von W aber auch *Zustände* (nodes). Für $w_1 \leqslant w_2$ sagt man: „w_2 *kommt nach* w_1" oder „w_2 *ist später als* w_1".

Eine Belegung in einem intuitionistischen Modell liefert für jede Welt des Modells eine klassische Belegung. Die Monotonie bedeutet konkret, dass ein Wert 1 in allen späteren Zuständen erhalten bleibt, während sich ein Wert 0 in einem späteren Zustand zu 1 ändern kann.

Vorstellen kann man sich ein $w \in W$ mit $\beta(w, A_i) = 1$ als einen Zeitpunkt, zu dem man einen Beweis bzw. eine Berechnung für A_i hat – der in späteren Zuständen nicht verloren geht – während $\beta(w, A_i) = 0$ bedeutet, dass man (noch) keinen Beweis bzw. keine Berechnung für A_i hat. Im Gegensatz zur klassischen Logik bedeutet die Zuweisung des Wertes 0 zu A_i hier also nicht, dass A_i falsch ist, sondern nur, dass in diesem Zustand nicht bekannt ist, ob A_i gilt oder nicht. Die Formel A_i wird erst dann als falsch im Modell unter einer Belegung angesehen, wenn sie in jedem Zustand von der Belegung den Wert 0 zugewiesen bekommt.

Wie in der klassischen Logik wird die Belegung nun zu einer Funktion fortgesetzt, die in jedem Zustand $w \in W$ allen aussagenlogischen Formeln φ einen Wert $\beta(w, \varphi) \in \{0, 1\}$ zuordnet.

$$\beta(w, \bot) := 0$$
$$\beta(w, (\varphi \wedge \psi)) := \min\{\beta(w, \varphi), \beta(w, \psi)\}$$
$$\beta(w, (\varphi \vee \psi)) := \max\{\beta(w, \varphi), \beta(w, \psi)\}$$
$$\beta(w, (\varphi \to \psi)) := \begin{cases} 1 & \text{falls } \beta(w', \varphi) \leqslant \beta(w', \psi) \text{ für alle } w' \in W \text{ mit } w \leqslant w' \\ 0 & \text{sonst} \end{cases}$$

Lemma 9.3.2 *Die Fortsetzungen von Belegungen sind für alle Formeln monoton, d. h., für alle Formeln φ folgt aus $w_1 \leqslant w_2$ auch $\beta(w_1, \varphi) \leqslant \beta(w_2, \varphi)$.*

BEWEIS Per Induktion über den Aufbau der Formeln:

9.3 Intuitionistische Aussagenlogik

Monotonie gilt per Definition der Belegung für Aussagenvariablen und offensichtlich für $\bot$. Man weiß oder überlegt sich leicht, dass Maximum und Minimum monotoner Funktionen wieder monoton sind, also bleibt die Eigenschaft bei Konjunktionen und Disjunktionen erhalten.

Schließlich ist die Belegung für die Implikation so definiert, dass sie monoton wird: Wenn $w \leqslant w''$ und $\beta(w, (\varphi \to \psi)) = 1$, dann ist per Definition $\beta(w', \varphi) \leqslant \beta(w', \psi)$ für alle w' mit $w \leqslant w'$, insbesondere also auch für alle w' mit $w'' \leqslant w'$, da $\leqslant$ transitiv ist. $\square$

Definition 9.3.3
(a) *Eine aussagenlogische Formel φ heißt intuitionistische Tautologie, falls $\beta(w, \varphi) = 1$ für alle Modelle $(W, \leqslant)$, alle Belegungen β und alle $w \in W$.*
(b) *Zwei aussagenlogische Formeln φ_1 und φ_2 heißen* **intuitionistisch äquivalent** *zueinander, falls $\beta(w, \varphi_1) = \beta(w, \varphi_2)$ für alle Modelle $(W, \leqslant)$, alle Belegungen β und alle $w \in W$.*
(c) *Eine aussagenlogische Formel φ* **folgt intuitionistisch** *aus einer Menge $\{\varphi_i \mid i \in I\}$ von Formeln, falls für jedes Modell $(W, \leqslant)$, jede Belegung β und jedes $w \in W$, in dem für alle $i \in I$ die Bedingung $\beta(w, \varphi_i) = 1$ erfüllt ist, auch $\beta(w, \varphi) = 1$ gilt.*

Ich schreibe dies $\vDash_{\text{int}}$ bzw. $\sim_{\text{int}}$. Man sieht leicht aus der Definition, dass entsprechende Äquivalenzen wie in der klassischen Logik gelten, also beispielsweise:

$$\vDash_{\text{int}} \varphi \iff \varphi \sim_{\text{int}} \top$$
$$\varphi_1 \sim_{\text{int}} \varphi_2 \iff \vDash_{\text{int}} (\varphi_1 \leftrightarrow \varphi_2)$$
$$\varphi_1 \vDash_{\text{int}} \varphi_2 \iff \vDash_{\text{int}} (\varphi_1 \to \varphi_2).$$

Endliche oder diskrete Modelle $(W, \leqslant)$ zeichnet man gerne als gerichtete Graphen, wobei die Kanten in Richtung der Zugangsrelation weisen, also zu den späteren Zuständen hin, und nur Kanten zu den unmittelbaren echten Nachfolgern hin gezeichnet werden.

Die einfachsten Unterschiede zur klassischen Logik
Das einfachste nichttriviale Modell zeigt bereits zwei wesentliche Unterschiede zwischen der intuitionistischen und der klassischen Aussagenlogik:

$w' \bullet \quad \beta(w', A_0) = 1 \qquad$ also $\beta(w', \neg A_0) = 0$ und $\beta(w', \neg\neg A_0) = 1$
$\uparrow$
$w \bullet \quad \beta(w, A_0) = 0 \qquad$ also $\beta(w, \neg A_0) = 0$ und $\beta(w, \neg\neg A_0) = 1$

Man sieht zum einen, dass wegen $\beta(w, (A_0 \vee \neg A_0)) = 0$ das Prinzip des ausgeschlossenen Dritten verletzt ist. Zum anderen sieht man ebenfalls im Zustand w, dass A_0 und $\neg\neg A_0$ nicht äquivalent sind, also das Doppelnegationsgesetz nicht gilt. Es gilt lediglich $A_0 \vDash_{\text{int}} \neg\neg A_0$.

Man kann sich aber überlegen, dass das *Tripelnegationsgesetz* gilt, also $\neg A_0 \sim_{\text{int}} \neg\neg\neg A_0$. Hier die Beweisidee: Aus $A_0 \vDash_{\text{int}} \neg\neg A_0$ bekommt man zum einen durch Substitution $\neg A_0 \vDash_{\text{int}} \neg\neg\neg A_0$, zum anderen durch Kontraposition $\neg\neg\neg A_0 \vDash_{\text{int}} \neg A_0$.

Achtung: Kontraposition funktioniert intuitionistisch nur in eine Richtung: $(A_0 \to A_1) \vDash_{\text{int}} (\neg A_1 \to \neg A_0)$, aber $(\neg A_1 \to \neg A_0) \nvDash_{\text{int}} (A_0 \to A_1)$.

Auch die De Morgan'schen Gesetze gelten intuitionistisch nur teilweise.

Mengendarstellung und Heyting-Algebren

Eine Teilmenge von $(W, \leqslant)$ nennt man $\leqslant$-*abgeschlossen* ($\leqslant$-closed), falls sie mit jedem Element auch alle größeren enthält. Lemma 9.3.2 zeigt, dass in einem Modell $(W, \leqslant)$ mit Belegung β jede Formel φ eine $\leqslant$-abgeschlossene Menge

$$[\![\varphi]\!] := \{w \in W \mid \beta(w, \varphi) = 1\}$$

bestimmt. Es ist dann

$$[\![\bot]\!] = \emptyset$$
$$[\![(\varphi_1 \wedge \varphi_2)]\!] = [\![\varphi_1]\!] \cap [\![\varphi_2]\!]$$
$$[\![(\varphi_1 \vee \varphi_2)]\!] = [\![\varphi_1]\!] \cup [\![\varphi_2]\!]$$
$$[\![(\varphi_1 \to \varphi_2)]\!] = \text{die maximale } \leqslant\text{-abgeschlossene Teilmenge von } (W \setminus [\![\varphi_1]\!]) \cup [\![\varphi_2]\!]$$

Damit ergibt sich, dass $[\![\neg\varphi]\!]$ die größte $\leqslant$-abgeschlossene Teilmenge im Komplement von $[\![\varphi]\!]$ ist, wie es das folgende Bild andeutungsweise illustriert. Spätere Zustände stehen darin weiter oben, was durch die Pfeile angedeutet ist:

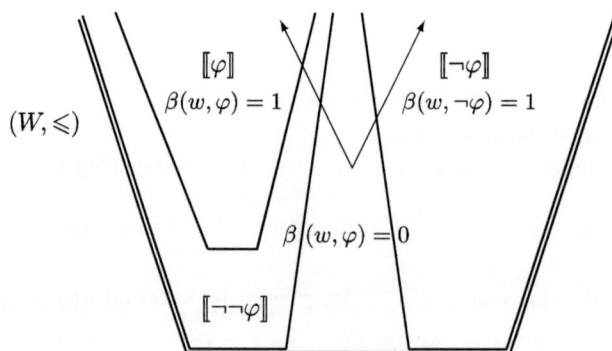

Mit dieser Überlegung kann man sich z. B. die Gültigkeit des Tripelnegationsgesetzes (und anderer intuitionistisch gültiger logischer Gesetze) plausibel machen: $[\![\neg\varphi]\!]$ und $[\![\neg\neg\neg\varphi]\!]$

9.3 Intuitionistische Aussagenlogik

sind bereits maximal komplementäre Teilmengen unter den $\leqslant$-abgeschlossenen Mengen, also kann $[\![\neg\neg\neg\varphi]\!]$ nicht noch größer als $[\![\neg\varphi]\!]$ werden.

Man kann nun Modelle $(W, \leqslant)$ mit Belegungen β konstruieren, für die die Abbildung $\varphi \mapsto [\![\varphi]\!]$ injektiv ist. Dadurch bekommt man eine Darstellung von Formeln durch Mengen analog zum Satz von Stone. Die Tarski-Lindenbaum-Algebra für die intuitionistische Aussagenlogik ist allerdings keine Boole'sche Algebra mehr, sondern eine sogenannte **Heyting-Algebra** (Heyting algebra): ein distributiver beschränkter Verband mit Pseudokomplementen (pseudo complement) anstelle von Komplementen.

c ist das Pseudokomplement von a, wenn c das eindeutige größte Element mit $a \sqcap c = 0$ ist. Ein Komplement erfüllt zusätzlich noch $a \sqcup c = 1$.

Die freie Heyting-Algebra $\mathcal{H}_1$

Im Gegensatz zur klassischen Logik gibt es bereits mit einer Aussagenvariablen unendlich viele Formeln, die intuitionistisch paarweise nicht äquivalent zueinander sind. Das Heyting-Pendant $\mathcal{H}_1$ zur Boole'schen Algebra $\mathcal{F}_1$ ist also unendlich groß und sieht folgendermaßen aus:

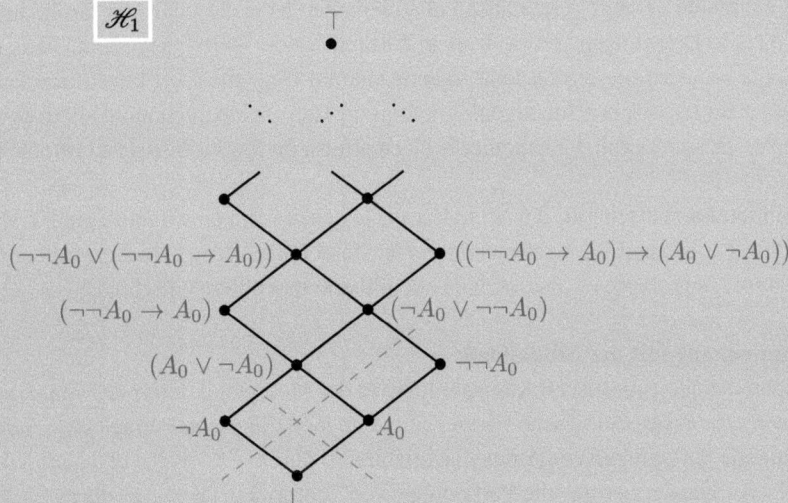

In der klassischen Logik bleiben bis auf Äquivalenz nur $\bot$, A_0, $\neg A_0$ und $\top$ übrig, angedeutet durch die gestrichelten Linien: $\neg\neg A_0$ ist logisch äquivalent zu A_0 und alle Formeln oberhalb von $(A_0 \vee \neg A_0)$ sind logisch äquivalent zu $\top$.

Die Heyting-Algebra $\mathcal{H}_2$ mit zwei Aussagenvariablen ist bereits so kompliziert, dass man ihren Aufbau nicht mehr als Gesamtes versteht.

Entscheidbarkeit

Man kann zeigen, dass auch für die intuitionistische Aussagenlogik die Fragen nach Erfüllbarkeit, logischer Äquivalenz oder logischer Folgerung entscheidbar sind, allerdings kann man nicht mehr einfach Wahrheitstafeln ausrechnen. Entscheidend für den Beweis sind die beiden folgenden Eigenschaften (die hier nicht bewiesen werden können), am Beispiel des Erfüllbarkeits- bzw. Tautologieproblems:

Satz 9.3.4
(a) *Es gibt ein endliches System von Regeln, aus denen sich (mit Substitution) alle intuitionistischen Tautologien (und nur Tautologien) ableiten lassen.*
(b) *Für jede Formel, die keine intuitionistische Tautologie ist, gibt es bereits ein endliches Modell, in dem sie falsch ist.*

Das Entscheidungsverfahren für intuitionistische Tautologien funktioniert nun so: Man lässt zwei Maschinen gleichzeitig laufen. Die erste erzeugt aus dem endlichen Regelsystem systematisch alle Tautologien. Falls eine gegebene Formel φ eine Tautologie ist, wird diese Maschine irgendwann eine Ableitung dieser Tautologie aus den Regeln aufzeigen. Die zweite Maschine erzeugt systematisch alle endlichen Modelle (z. B. der Größe nach) und testet für alle Belegungen, ob φ in allen Zuständen den Wert 1 bekommt. Falls φ keine Tautologie ist, wird diese Maschine irgendwann ein Gegenbeispiel konstruiert haben. Im Gegensatz zur klassischen Aussagenlogik folgt die Entscheidbarkeit nicht allein aus Teil (a) des Satzes, da keine explizite kanonische Normalform für intuitionistische Formeln bekannt ist.

Auch intuitionistisch gilt, dass eine Formel φ genau dann eine Tautologie ist, wenn $\neg\varphi$ nicht erfüllbar ist (und $\neg\varphi$ ist genau dann eine Tautologie, wenn φ nicht erfüllbar ist). Mit dem Tautologieproblem ist also auch das Erfüllbarkeitsproblem entschieden.

Zusammenhang mit der Modallogik

Man kann die intuitionistische Aussagenlogik in der Modallogik interpretieren. Dazu übersetzt man eine aussagenlogische Formel φ in eine modallogische Formel φ_{ML}, indem man zunächst alle Vorkommen von Aussagenvariablen A_i durch $\Box A_i$ ersetzt und dann sukzessive über den Aufbau der Formel alle Vorkommen von Teilformeln $(\psi \to \chi)$ durch $\Box(\psi \to \chi)$. Dann ist φ genau dann eine intuitionistische Tautologie, wenn φ_{ML} eine Tautologie in der Modallogik S4 ist.

Die Darstellung hier hat diese Interpretation genutzt: Die intuitionistischen Modelle sind S4-Modelle. Die Monotoniebedingungen stellen sicher, dass die Übersetzung von A_i durch $\Box A_i$ bzw. $(\psi \to \chi)$ durch $\Box(\psi \to \chi)$ die richtige ist.

Grundlagen 10

Ich setze mathematische Grundkenntnisse aus einer einführenden Mathematikvorlesung im Informatikstudium voraus und damit grundlegende mathematische Schreibweisen wie zum Beispiel $m \in M$ und grundlegende Beweistechniken wie zum Beispiel vollständige Induktion.

Es gibt zwei elementare Schreibweisen, über deren Gebrauch sich die mathematische Community leider nicht einig ist: Für mich beginnen die natürlichen Zahlen $\mathbb{N}$ bei der Zahl 0, und als Teilmengenzeichen verwende ich $\subseteq$, sofern die Möglichkeit der Gleichheit beinhaltet ist, sonst $\subsetneq$.

Typische Beweisarten lassen sich jetzt übrigens formal beschreiben:

- Dem indirekten Beweis liegt die logische Implikation $(\neg A_0 \to \bot) \vDash A_0$ zugrunde: Wenn die Annahme der Negation einer Aussage zum Widerspruch führt, ist die Aussage bewiesen.
- Auf dem Kontrapositionsgesetz $(\neg A_1 \to \neg A_0) \vDash (A_0 \to A_1)$ beruht der Beweis durch Kontraposition: Um zu zeigen, dass aus einer Aussage A eine Aussage B folgt, beweist man, dass aus der Verneinung von B die Verneinung von A folgt.
- Hinter dem Beweis der Äquivalenz von z. B. drei Aussagen durch einen Ringschluss steckt die Implikation

$$\big(((A_0 \to A_1) \wedge (A_1 \to A_2) \wedge (A_2 \to A_0)) \\ \to ((A_0 \leftrightarrow A_1) \wedge (A_1 \leftrightarrow A_2) \wedge (A_2 \leftrightarrow A_0))\big)$$

- Das Beweisprinzip der vollständigen Induktion lässt sich dadurch ausdrücken, dass die monadische zweitstufige $\mathscr{L}$-Formel in der Sprache $\mathscr{L} = \{+, 0, 1\}$

$$\forall V_0 \big((V_0\, 0 \wedge \forall v_1\, (V_0\, v_1 \to V_0\, v_1 + 1)) \to \forall v_2\, V_0\, v_2\big)$$

in den natürlichen Zahlen $\mathbb{N}$ als $\mathscr{L}$-Struktur (in der offensichtlichen Weise) gilt.

Eine wichtige Aufgabe der mathematischen Logik besteht darin zu klären, wie man ohne Widersprüche mit unendlichen Mengen umgehen kann. Bei Beweisen wie der Konstruktion der Henkin-Theorie habe ich mögliche Schwierigkeiten im Umgang mit unendlichen Mengen nicht thematisiert, sondern naiv argumentiert, dass man solange mit einer Konstruktion weitermacht, bis alles ausgeschöpft ist. In einem Buch über mathematische Logik würde ich an dieser Stelle sauberer argumentieren. Wer mehr hierüber wissen möchte, sei auf eines der im Literaturverzeichnis angegebenen Bücher über mathematische Logik verwiesen.

Ich führe nun noch einiges über Relationen, Graphen und Wörter aus, was in einer einführenden Mathematikveranstaltung nicht unbedingt vorkommt.

10.1 Relationen, Graphen, Wörter

Binäre Relationen

Eine *n-stellige Relation* (*n*-ary relation) R zwischen Mengen $M_1, \ldots, M_n$ ist eine Eigenschaft von *n*-Tupeln aus $M_1 \times \cdots \times M_n$, also etwas, von dem man sagen kann, dass es auf Elemente $m_1 \in M_1, \ldots, m_n \in M_n$ zutrifft oder nicht. Man schreibt dafür üblicherweise

$$Rm_1 \ldots m_n \quad \text{oder} \quad R(m_1, \ldots, m_n) \quad \text{oder} \quad (m_1, \ldots, m_n) \in R.$$

Die letzte Schreibweise kommt daher, dass man Relationen oft mit ihrem Graphen identifiziert: Der *Graph einer Relation R* (graph of a relation) Γ_R ist die Teilmenge von $M_1 \times \cdots \times M_n$ derjenigen *n*-Tupel, auf die die Relation zutrifft.

Wenn $M_1 = \cdots = M_n = M$, so spricht man von einer *n-stelligen Relation auf M*.

Von besonderer Bedeutung sind die zweistelligen oder *binären Relationen* (binary relations). Bei binären Relationen schreibt man auch mRn dafür, dass R auf (m, n) zutrifft, insbesondere wenn für R ein Symbol wie z. B. $\leqslant$ oder $\sim$ verwendet wird.

Für binäre Relationen gibt es eine Reihe wichtiger Eigenschaften. Ich betrachte jetzt eine binäre Relation auf M, da einige Eigenschaften im Fall einer Relation zwischen zwei verschiedenen Mengen M_1 und M_2 keinen Sinn ergeben.

- R heißt *reflexiv* (reflexive), wenn für alle $m \in M$ gilt, dass R auf (m, m) zutrifft.
- R heißt *irreflexiv* (irreflexive) oder *antireflexiv*, wenn es kein $m \in M$ gibt, sodass R auf (m, m) zutrifft. („Irreflexiv" ist also etwas anderes als „nicht reflexiv"!)
- R heißt *symmetrisch* (symmetric), wenn für alle $m, n \in M$ gilt, dass R genau dann auf (m, n) zutrifft, wenn es auf (n, m) zutrifft.
- R heißt *asymmetrisch* (asymmetric), wenn es keine Elemente $m, n \in M$ gibt, sodass R auf (m, n) und auf (n, m) zutrifft.

10.1 Relationen, Graphen, Wörter

- R heißt *antisymmetrisch* (antisymmetric), wenn es keine verschiedenen Elemente $m, n \in M$ gibt, sodass R auf (m, n) und auf (n, m) zutrifft.
- R heißt *transitiv* (transitive), wenn für alle $m_1, m_2, m_3 \in M$ gilt: Wenn R auf (m_1, m_2) und auf (m_2, m_3) zutrifft, dann auch auf (m_1, m_3).
- R heißt *linkstotal* (left-total), wenn es für alle $m_1 \in M$ ein $m_2 \in M$ gibt, sodass R auf (m_1, m_2) zutrifft.
- R heißt *total* (connected), wenn für alle $m_1, m_2 \in M$ mit $m_1 \neq m_2$ gilt: R trifft auf (m_1, m_2) oder auf (m_2, m_1) zu.
- R heißt *rechtseindeutig* (right-unique), wenn es für alle $m_1 \in M$ höchstens ein $m_2 \in M$ gibt, sodass R auf (m_1, m_2) zutrifft.

Mithilfe dieser Eigenschaften kann man wichtige Arten binärer Relationen definieren:

- Eine *partielle Ordnung* (partial order) auf M ist eine reflexive, antisymmetrische und transitive binäre Relation auf M. Wenn sie zudem total ist, ist es eine *totale* oder *lineare Ordnung* (linear order) oder auch schlicht eine *Ordnung*.

> Die Teilbarkeitsrelation ist zum Beispiel eine partielle Ordnung auf $\mathbb{N}$, ebenso die Teilmengenrelation $\subseteq$ auf einer Potenzmenge $\text{Pot}(M)$.
> Die Kleiner-Gleich-Relation $\leqslant$ und die Größer-Gleich-Relation $\geqslant$ sind totale Ordnungen auf $\mathbb{N}$.

- Eine *partielle strikte Ordnung* (strict partial order) auf M ist eine irreflexive und transitive binäre Relation auf M. Sie entsteht aus einer partiellen Ordnung dadurch, dass man die „reflexiven" Paare (m, m) entfernt. Wenn die Relation zudem total ist, ist es eine *totale strikte Ordnung* (strict linear order) oder auch schlicht eine *strikte Ordnung*.

> Beispiel für eine partielle strikte Ordnung ist die Echte-Teilmengen-Relation $\subsetneq$ (oder auch $\subset$ geschrieben) auf einer Potenzmenge $\text{Pot}(M)$.
> Die Kleiner-Relation $<$ und die Größer-Relation $>$ sind totale strikte Ordnungen auf $\mathbb{N}$.

- Eine *Prä-Ordnung* (pre-order) oder *Quasi-Ordnung* (quasi-order) auf M ist eine reflexive und transitive binäre Relation auf M. Hierbei ist also $a \leqslant b$ und $b \leqslant a$ erlaubt, ohne dass $a = b$ sein muss, falls man die Relation $\leqslant$ schreibt.

- Eine *Äquivalenzrelation* (equivalence relation) auf M ist eine reflexive, symmetrische und transitive binäre Relation auf M. Eine Äquivalenzrelation teilt M in die Partition der *Äquivalenzklassen* (equivalence classes) auf: Die Äquivalenzklasse von $m \in M$ besteht aus allen Elementen von M, die zu m in Relation stehen, und zwei verschiedene Äquivalenzklassen sind stets disjunkt.

Beispiel einer Äquivalenzrelation auf $\mathbb{N}$ ist die Relation „gleicher Rest bei der Division durch 3". Es gibt drei Äquivalenzklassen: die Menge aller natürlichen Zahlen, die durch 3 teilbar sind; die Menge aller natürlichen Zahlen, die bei Division durch 3 den Rest 1 lassen; die Menge aller natürlichen Zahlen, die bei Division durch 3 den Rest 2 lassen.

- Ein *Graph* (graph) mit Knotenmenge M ist eine irreflexive, symmetrische binäre Relation auf M. (Diese Verwendung des Wortes hat nichts mit dem „Graph einer Relation" zu tun!)
- Ein *gerichteter Graph* (directed graph/digraph) mit Knotenmenge M ist eine beliebige binäre Relation auf M. Ein allgemeiner gerichteter Graph lässt also *Schleifen* (loops) zu. Ein gerichteter Graph ohne Schleifen – mit Knotenmenge M – ist eine irreflexive binäre Relation auf M.
- Eine linkstotale, rechtseindeutige binäre Relation auf M ist der *Graph einer Funktion* (graph of a function) $M \to M$. Hier wird „Graph" wieder wie in „Graph einer Relation" verwendet.

Graphen

Ein *Graph* besteht aus einer Menge A, deren Elemente *Ecken* oder *Knoten* (vertices) genannt werden, und einer symmetrischen und irreflexiven Relation $R \subseteq A^2$, der *Kantenrelation*. Falls $(a_1, a_2) \in R$, so sagt man, dass die beiden Knoten a_1, a_2 durch eine *Kante* (edge) verbunden sind oder dass a_1 und a_2 *Nachbarn* voneinander sind. Der Graph heißt endlich, wenn er nur endlich viele Knoten hat.

Um möglichen Verwirrungen zu begegnen, schreibe ich a_i für die Knoten und R für die Kantenrelation: Denn sowohl „Knoten" als auch „Kante" beginnt mit K und sowohl „Ecke" als auch „edge" mit E. Die Knotenmenge wird zwar oft V wegen „vertices" geschrieben, aber v_i sind in der Logik die Variablen.

Graphen werden typischerweise durch Zeichnungen dargestellt, in denen die Knoten etwas dickere Punkte und Kanten gerade Verbindungsstriche sind. Bekanntes Beispiel eines Graphen ist das „Haus vom Nikolaus", wobei der Kreuzungspunkt in der Mitte keinen Knoten darstellt.

10.1 Relationen, Graphen, Wörter

Ein *Weg* oder *Pfad* (path) – und zwar der Länge n – von einem Knoten a_0 zu einem Knoten a_n ist eine Folge von Knoten $a_0, a_1, \ldots, a_n$, sodass es jeweils eine Kante zwischen a_i und a_{i+1} gibt und keine dieser Kanten mehrfach vorkommt, d. h. $\{a_i, a_{i+1}\} \neq \{a_j, a_{j+1}\}$ für $i \neq j$. Anschaulich ist dies also ein Kantenzug von a_0 nach a_n, bei dem keine Kante mehrfach durchlaufen wird. Der *Abstand* (distance) zweier Knoten ist die minimale Länge eines Weges von dem einen zu dem anderen Knoten und ∞, falls es keinen solchen Weg gibt.

Ein Graph heißt *zusammenhängend* (connected), wenn es von jedem Knoten zu jedem anderen Knoten des Graphen einen Weg gibt, also je zwei Knoten endlichen Abstand haben. Ein Graph heißt *zykelfrei* (without cycles), wenn es von keinem Knoten einen Weg zu sich selbst der Länge größer als 0 gibt.

Ein *Baum* (tree) ist ein zusammenhängender, zykelfreier Graph. Äquivalent ist ein Baum dadurch charakterisiert, dass es zwischen je zwei Knoten einen eindeutigen Weg gibt. *Blätter* (leaves) eines Baumes sind die Knoten, die nur einen Nachbarn haben.

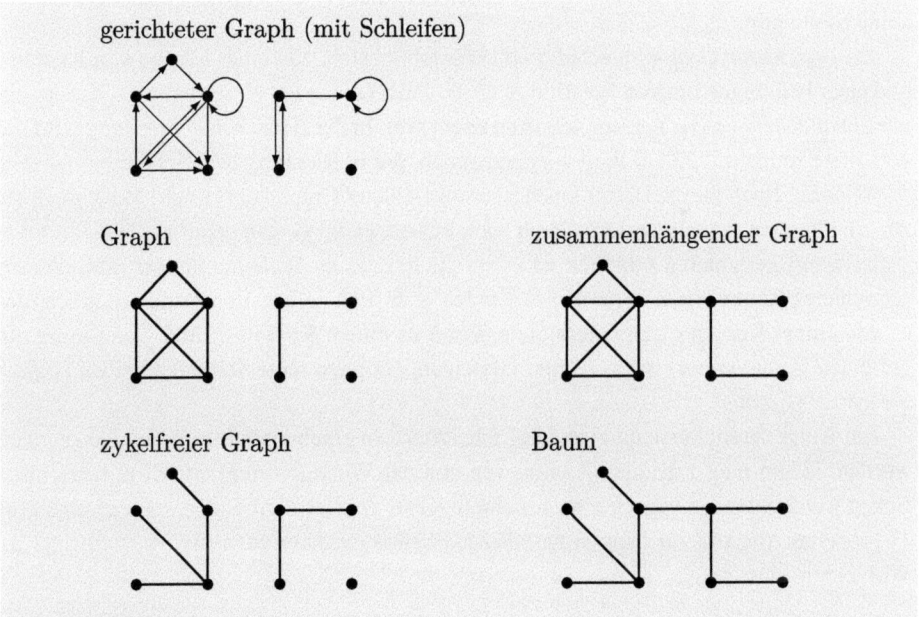

Ein *Wurzelbaum* ist ein Baum mit einem speziell bezeichneten Knoten, die *Wurzel* (root) heißt. Nachbarn eines Knotens a, die einen größeren Abstand zur Wurzel als a haben, heißen *Kinder* (children) von a. In einem Wurzelbaum ist ein Knoten genau dann ein Blatt, wenn er keine Kinder hat,

Ein Wurzelbaum ist *orientiert*, wenn für jeden Knoten a eine Anordnung auf der Menge der Kinder von a festgelegt ist.

Ein Baum heißt *etikettiert* – und zwar mit Etiketten aus einer Menge M – wenn eine Abbildung $A \to M$ festgelegt ist, die jedem Knoten ein Element aus M als *Etikett* (label) zuweist.

Ein orientierter Wurzelbaum wird in der Regel zeilenweise dargestellt: In der ersten Zeile die Wurzel, in der zweiten Zeile die Knoten mit Abstand 1 zur Wurzel, in der $(i+1)$-ten Zeile die Knoten mit Abstand i zur Wurzel. Die Kinder eines Knotens stehen in der vorgegebenen Anordnung von links nach rechts unter dem Knoten. Benachbarte Knoten werden mit einem Strich verbunden, und man ordnet alles so an, dass sich die Kanten (Striche) nicht überschneiden.

Ist es ein etikettierter Baum, schreibt man an die Stelle der Knoten ihre Etiketten und spricht gerne kurz von „dem Knoten m" statt von „dem Knoten mit dem Etikett m".

Ein *vollständiger Graph* (complete graph) ist ein Graph, in dem jeder Knoten mit jedem anderen durch eine Kante verbunden ist. Eine *Clique* in einem Graphen ist ein vollständiger Teilgraph, also eine Teilmenge von Knoten, die alle untereinander durch Kanten verbunden sind. Eine *Anti-Clique* in einem Graphen ist eine Teilmenge von Knoten, unter denen es keine Kante gibt.

Ein *gerichteter Graph* (directed graph/digraph) besteht aus einer Menge von Knoten A und einer beliebigen binären Relation $R \subseteq A^2$. Falls $(a_1, a_2) \in R$, so sagt man, dass es eine *gerichtete Kante von a_1 nach a_2* (directed edge) gibt. In der typischen Darstellung wird eine gerichtete Kante mit einem Pfeil wiedergegeben, der in Richtung des Zielknotens a_2 zeigt.

Achtung: Nach diesen Definitionen ist ein gerichteter Graph kein Graph! Manchmal wird zur Abgrenzung ein „normaler" Graph auch *ungerichteter Graph* genannt.

In einem gerichteten Graphen ist es möglich, dass es *Schleifen* (loops) gibt, das sind (gerichtete) Kanten (a, a) von einem Knoten a zu sich selbst. Es ist auch möglich, dass es von einem Knoten a_1 eine gerichtete Kante zu einem Knoten a_2 und gleichzeitig eine gerichtete Kante von a_2 nach a_1 gibt. Gerichtete Graphen ohne Schleifen heißen *einfache gerichtete Graphen*.

Ein Wurzelbaum kann auf eine natürliche Weise zu einem gerichteten Graphen gemacht werden, indem man z. B. jede Kante „weg von der Wurzel" orientiert: Zwei benachbarte Ecken werden dabei so durch eine gerichtete Kante (a_1, a_2) verbunden, dass a_2 einen (um 1) größeren Abstand zur Wurzel hat als a_1. Ebenso gut kann man den Wurzelbaum „zur Wurzel hin" ausrichten.

Wörter

Wenn A eine Menge von Elementen ist, die man als *Zeichen* oder *Symbole* auffasst, nennt man A ein *Alphabet*. Endliche Folgen von Zeichen aus A werden dann *Wörter* (words/strings) über A genannt. Jedes Wort w hat eine *Länge* (length), nämlich die Anzahl der Zeichen (mit Mehrfachzählung), aus denen w besteht: Wenn $w = a_1 a_2 \ldots a_n$, ist $\lg(w) = n$. Wenn A endlich ist, gibt es genau $|A|^n$ Wörter über A der Länge n: Für jede der n Positionen gibt es genau $|A|$ Möglichkeiten ein Zeichen aus A auszuwählen. Es gibt genau ein Wort der Länge 0: das *leere Wort* (empty word).

Wörter können, wie eben, als tatsächliche Abfolge der Zeichen $a_1 a_2 \ldots a_n$, geschrieben werden oder auch als Tupel $(a_1, a_2, \ldots, a_n)$. Als Tupel könnte man für das leere Wort auch () schreiben. Da die leere Abfolge an Zeichen nicht als solche erkennbar ist, schreibt man für das leere Wort häufig λ oder ϵ (möglicherweise von „leer" bzw. „empty").

Die Menge aller Wörter über A wird mit A^* bezeichnet. Auf A^* gibt es eine Operation, nämlich das Hintereinandersetzen oder die *Konkatenation* (concatenation) von Wörtern, für die das Symbol $\frown$ üblich ist. Es gilt also

$$a_1 a_2 \ldots a_n \frown b_1 b_2 \ldots b_m = a_1 a_2 \ldots a_n b_1 b_2 \ldots b_m.$$

Für zwei Wörter w und w' wird das Ergebnis der Konkatenation $w \frown w'$ oft einfach ww' geschrieben und das Konkatenationszeichen $\frown$ nur dann benutzt, wenn man die Operation verdeutlichen will.

Die Konkatenation ist offenbar assoziativ und hat ein neutrales Element, nämlich das leere Wort. Als mathematische Struktur ist $(A^*, \frown)$ daher ein sogenanntes *Monoid*.

10.2 Abzählbarkeit

Definition 10.2.1 *Eine unendliche Menge M heißt abzählbar* (countable), *falls es eine Bijektion $\mathbb{N} \to M$ gibt, und andernfalls überabzählbar* (uncountable).

Man darf *abzählbar* nicht mit *aufzählbar* im Sinne von Definition 7.1.1 verwechseln! Jede aufzählbare Menge ist abzählbar, aber nicht umgekehrt.

Lemma 10.2.2 *Wenn A ein nichtleeres, endliches oder abzählbar unendliches Alphabet ist, dann ist A^* abzählbar.*

BEWEIS Wenn A endlich ist, etwa mit n Elementen, kann man die Bijektion $\mathbb{N} \to A^*$ leicht angeben: 0 wird auf das leere Wort abgebildet, die Zahlen 1 bis n in beliebiger Reihenfolge auf die Elemente von A, die Zahlen $n+1$ bis $n+n^2$ dann auf die Wörter der Länge 2 (das kann man z. B. lexikografisch bezüglich der gerade festgelegten Reihenfolge auf A machen) etc.

Wenn A abzählbar unendlich ist, kann man A mit $\mathbb{N}$ identifizieren und das Ergebnis folgt aus der in Abschn. 8.3 bewiesenen Existenz einer Bijektion $\beta^* : \mathbb{N}^* \to \mathbb{N}$. □

Satz 10.2.3 (Cantor 1874/1890) *Die Potenzmengen $\operatorname{Pot}(\mathbb{N})$ und $\operatorname{Pot}(A^*)$ für ein Alphabet $A \neq \emptyset$ sind überabzählbar.*

BEWEIS Es reicht den Fall zu betrachten, dass A endlich ist. Dann gibt es eine Bijektion $\beta : \mathbb{N} \to A^*$. Daraus bekommt man eine Bijektion $\tilde{\beta} : \operatorname{Pot}(\mathbb{N}) \to \operatorname{Pot}(A^*)$, indem man einer

Teilmenge $M \subseteq \mathbb{N}$ die Menge der Bilder $\tilde{\beta}(M) = \{\beta(n) \mid m \in M\}$ zuordnet. Außerdem steht Pot($\mathbb{N}$) in Bijektion mit der Menge der unendlichen $\{0, 1\}$-Folgen, indem man jeder Teilmenge $M \subseteq \mathbb{N}$ die charakteristische Funktion χ_M zuordnet.[1]

Es reicht also, die Überabzählbarkeit der Menge der unendlichen $\{0, 1\}$-Folgen zu zeigen, was mit *Cantors zweitem Diagonalargument* (Cantors second diagonal argument) funktioniert:

Angenommen $\beta : \mathbb{N} \to \text{Abb}(\mathbb{N}, \{0, 1\})$ ist eine Bijektion. Dann konstruiert man eine Folge d, die an der n-ten Stelle verschieden von $\beta(n)$ ist, indem man $d(n) := 1 - \beta(n)(n)$ setzt. ($\beta(n)$ ist eine unendliche Folge, deren n-tes Glied $\beta(n)(n)$ ist.) Nach Annahme wird d von der Bijektion β erreicht, d. h., es gibt ein $n_0 \in \mathbb{N}$ mit $d = \beta(n_0)$. Dann ist natürlich auch $d(n_0) = \beta(n_0)(n_0)$. Andererseits ist nach Definition von d aber $d(n_0) = 1 - \beta(n_0)(n_0) \neq \beta(n_0)(n_0)$: Widerspruch! □

10.3 Eindeutige Lesbarkeit

Satz 10.3.1 *Aussagenlogische Formeln in Infix- und in Polnischer Notation sind eindeutig lesbar, d. h., es gibt genau eine aussagenlogische Formel als Baum, dem die gegebene Infix- bzw. Polnische Notation entspricht.*

Für den Beweis für die Polnische Notation braucht man folgendes Lemma:

Lemma 10.3.2 *Kein echtes Anfangsstück einer aussagenlogischen Formel in Polnischer Notation ist selbst eine aussagenlogische Formel in Polnischer Notation.*

Man spart sich etwas Schreibarbeit, wenn man dieses Lemma zusammen mit der eindeutigen Lesbarkeit per Induktion über die Länge der Formeln beweist:

- Für $\varphi = A_i, \top, \bot$ ist die eindeutige Lesbarkeit offensichtlich.
  Echtes Anfangsstück ist jeweils nur die leere Zeichenfolge, die keine Formel ist.
- Für $\varphi = \neg \psi$ ist klar, dass φ nur durch Anwenden der Regel für den Negationsjunktor entstanden sein kann. Also ist ψ eine aussagenlogische Formel, die per Induktion eindeutig lesbar ist. Damit ist auch φ eindeutig lesbar.
  Echte Anfangsstücke sind die leere Zeichenfolge und Folgen der Form $\neg \psi'$ für ein echtes Anfangsstück ψ' von ψ. Nach Induktion ist ψ' keine aussagenlogische Formel. Dann ist auch $\neg \psi'$ keine aussagenlogische Formel, da sie als solche nur durch Anwenden der Regel für den Negationsjunktor aus ψ' entstanden sein könnte.
- Für $\varphi = *\varphi_1 \varphi_2$ mit $* \in \{\land, \lor, \to, \leftrightarrow\}$ ist klar, dass φ nur durch Anwenden der Regel für den Junktor $*$ entstanden sein kann. Angenommen es gilt auch $\varphi = *\psi_1 \psi_2$. Wenn

---

[1] Eine Folge $(a_i)_{i \in \mathbb{N}}$ mit $a_i \in \{0, 1\}$ ist nichts anderes als eine Abbildung $\mathbb{N} \to \{0, 1\}, i \mapsto a_i$.

10.3 Eindeutige Lesbarkeit

$\varphi_1 \neq \psi_1$, dann ist entweder ψ_1 ein echtes Anfangsstück von φ_1 oder umgekehrt, was per Induktion nicht möglich ist.

Echte Anfangsstücke von φ sind neben der leeren Zeichenfolge, die keine Formel ist, Zeichenfolgen $*\varphi_1'$ und $*\varphi_1\varphi_2'$ mit echten Anfangsstücken φ_i' von φ_i. Wäre solch ein Anfangsstück von der Form $*\chi_1\chi_2$ mit aussagenlogischen Formeln χ_i, dann wäre entweder χ_1 echtes Anfangsstück von φ_1 oder $\chi_1 = \varphi_1$ und χ_2 echtes Anfangsstück von φ_2 oder φ_1 echtes Anfangsstück von χ_1, was alles nach Induktion nicht geht. □

Beweis für die Infixnotation

Für die eindeutige Lesbarkeit sind in diesem Fall die Klammern verantwortlich, daher braucht es einige Vorbereitungen über Klammerungen. Für eine aussagenlogische Formel φ sei k_φ die Anzahl von Klammern in φ und $\breve{\varphi}$ die *Klammerung* von φ, das ist die Zeichenfolge der Länge k_φ, die man aus φ erhält, indem man alle Zeichen außer den Klammern entfernt. Außerdem sei die *Klammerungstiefe* $\mathrm{Kt}(\breve{\varphi}, i)$ an der Stelle $i \in \{0, \ldots, k_\varphi\}$ die Anzahl der öffnenden minus die Anzahl der schließenden Klammern unter den ersten i Zeichen von $\breve{\varphi}$.

Formel:	(	($A_0 \to$	($A_1 \to A_2$)	)	$\vee$	($A_2 \to \neg A_1$	)	)
Klammerung:	(	(	(	)	)	(	)	)
Klammerungstiefe:	0 1	2	3	2	1	2	1	0

Lemma 10.3.3 *Für jede aussagenlogische Formel φ gilt:*

$$\mathrm{Kt}(\breve{\varphi}, i) \geq 0 \text{ für alle } i = 0, \ldots, k_\varphi \quad \text{und} \quad \mathrm{Kt}(\breve{\varphi}, i) = 0 \iff [i = 0 \text{ oder } i = k_\varphi].$$

BEWEIS per Induktion über den Aufbau der Formeln:

- Für $\varphi = A_i, \top, \bot$ ergibt sich die leere Klammerung, die offenbar alle Bedingungen erfüllt.
- Im Negationsschritt ändert sich die Klammerung nicht.
- Sei also $\varphi = (\varphi_1 * \varphi_2)$. Klar ist:
  - $\mathrm{Kt}(\breve{\varphi}, 0) = 0 = \mathrm{Kt}(\breve{\varphi}, k_\varphi)$
  - $\mathrm{Kt}(\breve{\varphi}, i) = 1 + \mathrm{Kt}(\breve{\varphi}_1, i - 1)$ für $i = 1, \ldots, k_{\varphi_1} + 1$
  - $\mathrm{Kt}(\breve{\varphi}, i) = 1 + \mathrm{Kt}(\breve{\varphi}_2, i - k_{\varphi_1} - 1)$ für $i = k_{\varphi_1} + 1, \ldots, k_\varphi - 1$.

Per Induktion folgen damit problemlos die Behauptungen. □

Damit kann man nun per Induktion über den Aufbau der Formeln simultan beweisen, dass alle aussagenlogischen Formeln φ in Infix-Notation eindeutig lesbar sind und kein echtes Anfangsstück selbst wieder eine aussagenlogischen Formel in Infix-Notation ist:

- Für $\varphi = A_i$, $\top$, $\bot$ ist dies offensichtlich.
- Für $\varphi = \neg \psi$ folgt die Behauptungen per Induktion: Zum einen ist ψ per Induktion eindeutig lesbar, also auch φ.
  Zum anderen sind echte Anfangsstücke die leere Zeichenfolge und Folgen der Form $\neg \psi'$ für ein echtes Anfangsstück ψ' von ψ. Nach Induktion ist ψ' keine aussagenlogische Formel. Dann ist auch $\neg \psi'$ keine aussagenlogische Formel, da sie als solche nur durch Anwenden der Regel für den Negationsjunktor aus ψ' entstanden sein könnte. (Das ist genau wie bei der Polnischen Notation.)
- Für $\varphi = (\varphi_1 * \varphi_2)$ ist diese Zerlegung eindeutig, denn falls auch $\varphi = (\psi_1 \circ \psi_2)$ für einen eventuell anderen zweistelligen Junktor $\circ$, ist entweder φ_1 ein Anfangsstück von ψ_1 oder umgekehrt. Per Induktion gilt also $\varphi_1 = \psi_1$. Da φ_1 und φ_2 per Induktion eindeutig lesbar sind, folgt dies auch für φ.
  Dass kein echtes Anfangsstück von φ eine aussagenlogischen Formel in Infix-Notation sein kann, ergibt sich aus dem Klammerungslemma, weil erst mit der letzten schließenden Klammer wieder die Klammerungstiefe 0 erreicht ist, was bei einer aussagenlogischen Formel der Fall sein muss. □

Verzeichnisse A

A.1 Literaturverzeichnis

Es gibt eine Vielzahl von Büchern zur Logik mit den unterschiedlichsten Schwerpunkten. Als weiterführende Lektüre für das Informatikstudium sind vermutlich Bücher, die auf pragmatische Weise logisches Handwerkszeug zur Verfügung stellen, eine naheliegendere Ergänzung als Werke, deren Schwerpunkt auf philosophischen Aspekten wie der Rolle der Logik in den Wissenschaften liegt. Beachten sollte man, dass die Terminologie und die Notationen sich von Buch zu Buch unterscheiden können. Insbesondere ältere Werke sind bisweilen schwer zu lesen.

Zunächst drei Einführungen in die Mathematische Logik, mit denen ich gearbeitet habe, auf denen (neben Mitschriften selbst gehörter Vorlesungen) große Teile des Buchs beruhen und die viele Aspekte vertiefen:

- Martin Ziegler: *Mathematische Logik,* 2. Auflage, Birkhäuser, Basel 2017.
- René Cori & Daniel Lascar: *Logique mathématique,* 2. Auflage, Masson, Paris 1994. Eine neue Auflage ist 2020/2021 bei Dunod erschienen.
  Englische Übersetzung: René Cori & Daniel Lascar: *Mathematical Logic,* Oxford University Press, 2000/2001.
- Heinz-Dieter Ebbinghaus, Jörg Flum & Wolfgang Thomas: *Einführung in die mathematische Logik,* 6. Auflage, Springer Spektrum, Berlin 2018.

Als Einführungen in die Logik für ein allgemeineres Publikum empfehle ich:

- Volker Halbach: *The Logic Manual,* Oxford University Press, 2010.
- Ansgar Beckermann: *Einführung in die Logik,* De Gruyter, 2011.

Als weiterführende Lektüre für die hier nur angerissenen Themen:

- Äquivalenz der Turing-Berechenbarkeit und der rekursiven Funktionen:
  Hans Hermes: *Aufzählbarkeit, Entscheidbarkeit, Berechenbarkeit,* 3. Auflage, Springer, 1978.
- Prädikatenlogik zweiter Stufe: siehe Ebbinghaus et. al.
- Modallogik:
  Sally Popkorn: *First steps in modal logic,* Cambridge University Press, 1994.
  Patrick Blackburn, Maarten de Rijke & Yde Venema: *Modal Logic,* Cambridge University Press, 2001.
- Intuitionismus und seine modallogische Interpretation:
  Arend Heyting: *Intuitionism,* 3. Auflage, North Holland, Amsterdam 1976
  Melvin Fitting: *Intuitionistic Logic, Model Theory, and Forcing,* North Holland, Amsterdam 1969.
- Weitere Logiken:
  Handbook of Philosophical Logic, herausgegeben von D. Gabbay & F. Guenthner
  Band 2 „Extensions of Classical Logic", D. Reidel, 1984.
  Band 3 „Alternatives to Classical Logic", D. Reidel, 1986.
- Geschichte der formalen Logik:
  Joseph Maria Bocheński: *Formale Logik,* Karl Alber, Freiburg/München 1956.

Nun folgen Referenzen für die in den historischen Anmerkungen zitierten Werke sowie für die mit Datum versehenen Theoreme:

- Moderne formalisierte Aussagenlogik:
  George Boole: *The mathematical analysis of logic,* Cambridge 1847.
- Wahrheitstafeln:
  Ludwig Wittgenstein: *Tractatus Logico-Philosophicus,* London 1922.
- Venn-Diagramme:
  John Venn: *On the Employment of Geometrical Diagrams for the Sensible Representation of Logical Propositions,* Proceedings of the Cambridge Philosophical Society, Band 4 (1880), S. 47–59.
- Tableau-Methode:
  Charles Lutwidge Dodgson (Lewis Carrol): *Symbolic Logic Part II,* herausgegeben von W. W. Bartley, New York 1977.
  Evert Beth: *Remarks on natural deduction,* Nederl. Akad. Wetensch. Proc. Ser. A 58 Indag. Math. 17 (1955), S. 322–325.
- Resolution und Unifikation:
  Martin Davis & Hilary Putnam: *A computing procedure for quantification theory,* J. Assoc. Comput. Mach. 7 (1960), S. 201–215.
  John Alan Robinson: *A machine-oriented logic based on the resolution principle,* J. Assoc. Comput. Mach. 12 (1965), S. 23–41.

A.1 Literaturverzeichnis

- Die Methode von Quine:
  Willard Van Orman Quine: *Methods of Logic,* Harvard University Press, 1950.
- Stones Darstellungssatz für Boole'sche Algebren:
  Marshall Stone: *The theory of representations for Boolean algebras,* Trans. Amer. Math. Soc. 40 (1936), Band 1, S. 37–111.
- Prädikatenlogik:
  Gottlob Frege: *Begriffsschrift,* Nebert, Halle 1879.
  Alfred North Whitehead & Bertrand Russell: *Principia Mathematica,* Cambridge University Press, 1910.
  Wilfrid Hodges: *Elementary Predicate Logic,* in: *Handbook of Philosophical Logic,* herausgegeben von D. Gabbay & F. Guenthner, Band 1 „Elements of Classical Logic", D. Reidel, 1983
- Vollständigkeitssatz und Unvollständigkeitssatz:
  Kurt Gödel: *Die Vollständigkeit der Axiome des logischen Funktionenkalküls,* Monatsh. Math. Phys. 37 (1930), Band 1, S. 349–360.
  Kurt Gödel: *Über formal unentscheidbare Sätze der Principia Mathematica und verwandter Systeme I,* Monatsh. Math. Phys. 38 (1931), Band 1, S. 173–198.
- Satz von Herbrand:
  Jacques Herbrand: *Recherches sur la théorie de la démonstration,* 1930.
- Turing-Maschinen und das Halteproblem:
  Alan Turing: *On Computable Numbers, with an Application to the Entscheidungsproblem,* Proc. London Math. Soc. (2) 42 (1936), Band 3, S. 230–265.
- Überabzählbarkeit der reellen Zahlen, Satz von Cantor:
  Georg Cantor: *Ueber eine Eigenschaft des Inbegriffs aller reellen algebraischen Zahlen,* Journal für die Reine und Angewandte Mathematik 77 (1874), S. 258–263.
  Georg Cantor: *Ueber eine elementare Frage der Mannigfaltigkeitslehre,* Jahresbericht der Deutschen Mathematiker-Vereinigung 1 (1890/91), S. 75–78.
- Unentscheidbarkeit der Prädikatenlogik:
  Alonzo Church: *A note on the Entscheidungsproblem,* Journal of Symbolic Logic, 1 (1936), S. 40–41.
- NP-Vollständigkeit von SAT, Satz von Cook und Levin:
  Stephen Cook: *The complexity of theorem-proving procedures.* in: Proceedings of the 3rd Annual ACM Symposium on the Theory of Computing (STOC'71). ACM, New York 1971, S. 151–158.
  Richard Karp: *Reducibility among combinatorial problems. Complexity of computer computations,* Proc. Sympos., IBM Thomas J. Watson Res. Center, Yorktown Heights, N.Y. (1972), S. 85–103
  Leonid Levin: *Universal sorting problems.* Übersetzung des russischen Originals in: Problems of Information Transmission, Jg. 9 (1973), S. 265–266.

- Hilberts 10. Problem; Satz von (Davis, Putnam, Robinson und) Matiyasevich:
  Juri Matijasevič: *The Diophantineness of enumerable sets* (russisch), Dokl. Akad. Nauk SSSR191 (1970), S. 279–282.

A.2 Personenverzeichnis

Der Liste der im Buch erwähnten Namen schicke ich eine – vollkommen subjektiv ausgewählte – Liste von Personen voraus, die für die Entwicklung der Logik aus Sicht der Informatik wichtig sind:

- *Aristoteles* (384–322 v. Chr.): gilt mit seiner Syllogistik als Begründer der formalen Logik
- *Ramon Llull* (1232–1316): erste Idee einer „logischen Maschine"
- *Gottfried Wilhelm Leibniz* (1646–1716): Binärsystem, binäre Rechenmaschine, Idee einer „universellen Maschine"
- *George Boole* (1815–1864): Begründer der modernen formalisierten Aussagenlogik
- *Gottlob Frege* (1848–1925), *Charles Sanders Peirce* (1839–1914): Entwicklung der Prädikatenlogik
- *David Hilbert* (1862–1943): Formale Systeme, Formalisierung der Mathematik, Begründer der Beweistheorie
- *Emil Post* (1897–1954), *Alonzo Church* (1903–1995), *Stephen Kleene* (1909–1994) und *Alan Turing* (1912–1954): Begründer der Berechenbarkeitstheorie und damit der theoretischen Informatik
- *Kurt Gödel* (1906–1978): bedeutende Ergebnisse mit dem Vollständigkeitssatz und den Unvollständigkeitssätzen
- *Clarence Irving Lewis* (1883–1964), *Saul Kripke* (1940–2022): formalisierte Modallogik und Semantik der Modallogik

Nun folgt die Liste der Personen, deren Namen im Buch auftauchen, zusammen mit den Lebensdaten und dem Zusammenhang, in dem der Name auftaucht. Oft ist irgendetwas nach ihnen benannt, und ob diese Benennung immer gerechtfertigt ist, kann ich nicht beurteilen.

- *Aristoteles* (384–322 v. Chr.): Modallogik (S. 45, 87, 221)
- *Evert Beth* (1908–1964): Tableau-Methode (S. 48)
- *George Boole* (1815–1864): Boole'sche Algebra (S. 4, 74, 173)
- *Luitzen Egbertus J. Brouwer* (1881–1966): Begründer des Intuitionismus (S. 225)
- *Georg Cantor* (1845–1918): Begründer der Mengenlehre; erstes und zweites Diagonalargument (S. 173, 185, 206, 237)
- *Lewis Carroll:* siehe *Charles Dodgson*

A.2 Personenverzeichnis

- *Alonzo Church* (1903–1995): Church'sche These; Unentscheidbarkeit der Prädikatenlogik (S. 173, 174, 180, 189)
- *Chrysippos von Soloi* (281/276–208/204 v. Chr.): Aussagenlogik (S. 4, 45)
- *Stephen Cook* (∗1939): Satz von Cook und Levin (S. 197)
- *Haskell Brooks Curry* (1900–1982): Currying; Curry-Howard-Korrespondenz – nach ihm ist auch die Programmiersprache Haskell benannt (S. 25, 225)
- *Martin Davis* (1928–2023): Resolution; Satz von Davis, Putnam, Robinson und Matiyasevich (S. 61, 215)
- *Charles Dodgson* (1832–1898): Tableau-Methode (S. 48)
- *Gottlob Frege* (1848–1925): Frege-Prinzip; Prädikatenlogik; aus seinem „Behauptungsstrich" ist das Zeichen ⊢ entstanden (S. 13, 18, 87)
- *Gerhard Gentzen* (1909–1945): Gentzen-Kalküle (S. 65)
- *Kurt Gödel* (1906–1978): Vollständigkeitssatz und Unvollständigkeitssätze (S. 87, S. 133, 134, 173, 211, 213)
- *Helmut Hasse* (1898–1979): Hasse-Diagramme (S. 76)
- *Leon Henkin* (1921–2006): Henkin-Axiome, -Konstanten, -Modelle und -Theorien (S. 140)
- *Jacques Herbrand* (1908–1931): Herbrand-Normalform und Satz von Herbrand (S. 128, 159)
- *Arend Heyting* (1898–1980): formaler Intuitionismus; Heyting-Algebren (S. 225, 229)
- *David Hilbert* (1862–1943): Hilbert-Programm; Hilbert'sche Probleme (S. 173, 214)
- *Alfred Horn* (1918–2001): Horn-Formeln, Horn-Klauseln (S. 61)
- *William Howard* (∗1926): Curry-Howard-Korrespondenz (S. 225)
- *Maurice Karnaugh* (1924–2022): Karnaught-Veitch-Diagramme (S. 79)
- *Saul Kripke* (1940–2022): Semantik der Modallogik; Axiom und System K (S. 221, 223, 224)
- *Jean-Louis Krivine* (∗1939): Von ihm stammt das Hut-Beispiel (S. 122).
- *Leonid Levin* (∗1948): Satz von Cook und Levin (S. 197)
- *Clarence Irving Lewis* (1883–1964): Modallogische Systeme (S. 221, 224)
- *Adolf Lindenbaum* (1904–1941): Tarski-Lindenbaum-Algebra (S. 75)
- *Ramon Llull* (1232–1316): Idee einer „logischen Maschine" (S. 173)
- *Jan Łukasiewicz* (1878–1956): Erfinder der Polnischen Notation (S. 9)
- *Yuri Matiyasevich,* nach anderer Transkription *Juri Matijassewitsch* (∗1947): Satz von Davis, Putnam, Robinson und Matiyasevich (S. 215)
- *Augustus de Morgan* (1806–1871): Regeln von De Morgan (S. 24)
- *Giuseppe Peano* (1858–1932): Peano-Arithmetik (S. 213)
- *Charles Sanders Peirce* (1839–1914): Prädikatenlogik; Peirce-Funktion (S. 35)
- *Emil Post* (1897–1954): Mitentwickler der Berechenbarkeitstheorie (S. 173)
- *Hilary Putnam* (1926–2016): Resolution; Satz von Davis, Putnam, Robinson und Matiyasevich (S. 61, 215)
- *Willard Van Orman Quine* (1908–2000): Methode von Quine (S. 63)

- *John Alan Robinson* (1930–2016): Resolution und Unifikation (S. 61, 163)
- *Julia Robinson* (1919–1985): Satz von Davis, Putnam, Robinson und Matiyasevich (S. 215)
- *Raphael Robinson* (1911–1995): Robinson-Arithmetik Q (S. 214)
- *Bertrand Russell* (1872–1970): Principia Mathematica (S. 88)
- *Henry Maurice Sheffer* (1882–1964): Sheffer-Strich (S. 35)
- *Albert Thoralf Skolem* (1887–1963): Skolem-Funktionen und Skolem-Normalform (S. 128)
- *Marshall Stone* (1903–1989): Darstellungssatz von Stone (S. 78)
- *Alfred Tarski* (1901–1983): Tarski-Lindenbaum-Algebra (S. 75)
- *Alan Turing* (1912–1954): Turing-Maschinen; Halteproblem (S. 173, 176, 186, 193)
- *Edward Veitch* (1924–2013): Karnaught-Veitch-Diagramme (S. 79)
- *John Venn* (1834–1923): Venn-Diagramme (S. 41)
- *Alfred North Whitehead* (1861–1947): Principia Mathematica (S. 88)
- *Ludwig Wittgenstein* (1889–1951): Wahrheitstafeln (S. 40)
- *Martin Ziegler:* Von ihm habe ich das Symbol $\doteq$ übernommen (S. 88).

Stichwortverzeichnis

A
∀-Einführungsregel, 135
∀-Einführungsregel, 121
Ableitung, 134
Ableitungsregel, 66, 121, 122, 134
Absorptionsgesetz, 46, 74
Abstand, 235
Ackermann-Funktion, 208
Akzeptieren, 178, 193
Algebra
  Boole'sche, 74
  duale, 82
  Heyting-, 229
  Lindenbaum-, 75
  Potenzmengen-, 75
  Tarski-Lindenbaum-, 75, 81
Allgemeingültig, 107
Allquantor, 88
Alphabet, 236
Anti-Clique, 236
äquivalente Substitution, 25, 27
äquivalente Substitution, 114, 223
Äquivalenz
  (aussagen-)logische, 18
  -junktor, 4
  Erfüllbarkeits-, 54
  verschiedene Arten der, 20
Äquivalenz
  -klasse, 234
  -relation, 234
Äquivalenz
  (prädikaten-)logische, 107

intuitionistische, 227
modallogische, 223
Arithmetik, 213
  Peano-, 213
  Robinson-, 213, 214
Atom, 79
Atomare $\mathscr{L}$-Formel, 92
Aufzählbar, 174
  Turing-, 178
Aufzählbar
  rekursiv, 204
Ausgabe, 178
Aussage, 95
Aussagenkonstante, 4, 88
Aussagenlogik
  intuitionistische, 225
  klassische zweiwertige, 3
Aussagenvariable, 4, 89, 99
Ausschließendes Oder, 22
Auswertung von
  aussagenlogischen Formeln, 13
  intuitionistischen Formeln, 226
  $\mathscr{L}$-Formeln, 102
  modallogischen Formeln, 221
  Termen, 101
Axiom
  Henkin-, 139
  K, 223
  Kalkül, 134
  modallogisches, 223

B
Baum, 235
  -kalkül, 48
  -kalkül, 152
  etikettierter, 236
  Formel-, 5
  orientierter, 235
  Wahrheits-, 49
  Wurzel-, 235
Belegung
  intuitionistische, 226
  modallogische, 221
  partielle, 15
  von Aussagenvariablen mit Wahrheitswerten, 12
  von Individuenvariablen, 100
  zweistufige, 219
Berechenbar, 174
  Turing-, 178, 184
  universelle Funktion, 184
Beschränkte Quantifikation, 213
bestimmt, 176
Beweis, 134
Beweisbar, 134
Binäre Relation, 232
Blatt, 235
Boole'sche Algebra, 74
  Atom, 79
  duale Algebra, 82
  Erzeuger, 80
  Filter, 82
  Homomorphismus, 77
  Isomorphismus, 77
  Satz von Stone, 78
  Unteralgebra, 76

C
Cantor
  Diagonalargument, 185, 206, 238
  Satz von, 237
Charakteristische Funktion, 175
Church'sche These, 180
Clique, 236
Curry-Howard-Korrespondenz, 225

D
Darstellungssatz von Stone, 78

De Morgan, 74
Deduktiv vollständig, 141
Definierbare Relation, 106
definitorische Erweiterung, 127
Diagonalargument, 185, 206, 214, 238
Diagramm
  Fluss-, 179
  Hasse-, 76
  Venn-, 41
Disjunktions-
  junktor, 4
  term, 29
Disjunktive Normalform, 28, 47, 125
Diskrete Ordnung, 190
DNF *siehe* disjunktive Normalform
Doppelnegation, 74
Duale
  Algebra, 82
  Formel, 83, 224
Dualität, 83
Dualität, 118, 223

E
∃-Einführungsregel, 121
Ecke, 234
Eindeutige Lesbarkeit, 8, 92, 94, 238
Einführungsregel, 66
Einführungsregel, 121
Eingabe akzeptieren, 178, 193
Elementares logisches Gesetz, 23, 45
Eliminationsregel, 66
Endlich erfüllbar, 71
Endzustand, 177
Entscheidbar, 174
  Modallogiken, 224
  Prädikatenlogik, 189
  turing-, 178
Entscheidungsproblem, 39, 193
Erfüllbar, 18, 196
  endlich, 71
Erfüllbarkeitsäquivalent, 54
Erfüllbarkeitsproblem, 39
Erfüllbar, 107, 108
Erzeuger, 80
Etikett, 236
Ex falso quodlibet, 21
Existentiell
  Formel, 128

Existenziell
  abquantifiziert, 150
Existenzquantor, 88
Expansion, 153
Extremalgesetz, 74

F
Falsum, 4, 93
Filter, 82
Flussdiagramm, 179
Folgerung
  (aussagen-)logische, 18
  (prädikaten-)logische, 108
  intuitionistische, 227
  modallogische, 223
Formel
  allgemeingültige, 107
  atomare, 92
  aussagenlogische, 5
  duale, 83, 224
  existenziell abquantifizierte, 150
  existenzielle, 128
  geschlossene, 95
  Horn-, 61, 63
  $\mathscr{L}$-, 93
  modallogische, 221
  positive, 37
  prädikatenlogische, 93
  Teil-, 10, 94
  universell abquantifizierte, 108
  universelle, 128
Frege-Prinzip, 13
Frei für, 117
Freie Variable, 95
führender Junktor, 13
Funktion
  charakteristische, 175
  Nachfolger-, 201
  nullstellige, 99
  partielle, 176
  partielle charakteristische, 176
  partielle rekursive, 209
  partielle turing-berechenbare, 178, 184
  Peirce-, 35
  primitiv rekursive, 202
  (μ-)rekursive, 202
  Skolem, 129
  termdefinierbare, 106
  turing-berechenbare, 178, 184
  Übergangs-, 177
  universelle berechenbare, 184
  Wahrheitswert-, 12, 17, 36
Funktionszeichen, 88
  nullstelliges, 89

G
Gebundene Variable, 95
Gerichteter Graph, 234, 236
Geschlossene Formel, 95
Geschlossener Term, 95
Gesetz
  Absorptions-, 46, 74
  elementares logisches, 23, 45
  Extremal-, 74
  Gleichheits-, 118
  Komplement-, 74
  logisches, 23, 122
  Quantoren-, 118
  von De Morgan, 74, 118
Gleichheitsgesetz, 118
Gleichheitszeichen, 88
Gödel-Nummer, 211
Graph, 234
  einer Relation, 232
  gerichteter, 234, 236
  vollständiger, 236
Graphensprache, 90
Grundmenge, 98

H
Halteproblem, 186
Haltezustand, 178
Hasse-Diagramm, 76
Hauptunifikator, 163
Henkin-
  Axiom, 139
  Konstante, 139
  Theorie, 140
Herbrand-Normalform, 128
Heyting-Algebra, 229
Höhe, 7
Homomorphismus, 77
Horn-Klausel und -Formel, 61, 63

I
Implikation, 18, 108
  intuitionistische, 227
  Junktor, 4
  modallogische, 223
Individuenvariable, 88
Induktion
  über den Aufbau der Formeln, 6
  vollständige, 231
Infix-Notation, 7
Interpolationssatz, 33
Interpretation
  der intuitionistischen Logik, 230
  der Signatur, 98
  von Termen, 101
Intuitionismus, 225
Isomorphismus, 77

J
Junktor, 4, 88
  führender, 13
  NAND-, 35
  NOR-, 35
  nullstelliger, 12
Junktorensystem
  vollständiges, 34

K
K, 223, 224
𝕂-Ableitung, 134
𝕂-Beweis, 134
𝕂-beweisbar, 134
Kalkül, 45
  Baum-, 48
  korrekter, 45
  Sequenzen-, 65
  sound, 45
  vollständiger, 45
Kalkül, 134
  korrekter, 134
  sound, 134
  vollständiger, 134
Kalkül
  Baum-, 152
kanonische DNF/KNF, 31
Kante, 234
Kind, 235

Klammerung, 239
Klassische Aussagenlogik, 3
Klausel, 29, 56
  Horn-, 61, 63
  leere, 57
KNF *siehe* Konjunktive Normalform
Knoten, 234
Kompaktheitssatz
  der Aussagenlogik, 71
  der Prädikatenlogik, 144
Komplement, 74
Komplementgesetz, 74
Komposition, 36, 209
Kompositionalitätsprinzip, 13
Kongruenz, 118
Konjunktions-
  junktor, 4
  term, 28
Konjunktive Normalform, 29, 54
Konkatenation, 237
Konsistent, 18, 108, 133, 134
Konstante(nzeichen), 89, 99
Konstruktionsproblem, 39
Kontextfreiheit, 14
Korrekt, 45, 134

L
$\mathscr{L}$-Aussage, 95
$\mathscr{L}$-Formel *siehe* Formel
$\mathscr{L}$-Satz, 95
$\mathscr{L}$-Struktur, 98
$\mathscr{L}$-Tautologie, 115
$\mathscr{L}$-Term *siehe* Term
$\mathscr{L}$-Theorie *siehe* Theorie
Länge, 8
Länge, 236
Leeres Wort, 236
Lese-Schreib-Kopf, 177
Lindenbaum-Algebra, 75
Literal, 28, 57
Logische
  Äquivalenz, 18
  Äquivalenz, 107
  Folgerung, 18, 108
  Gesetze, Prinzipien, Regeln, 23
    elementare, 23, 45, 122

M

Metasprache, 20
Methode von Quine, 63
Modalität, 225
Modallogik, 220
  normale, 223
Modallogisches System, 222
Modaloperator, 221
Modell
  intuitionistisches, 226
  modallogisches, 221
  prädikatenlogisches, 104, 108
Modus ponens, 121
  starker, 223
mögliche Welt, 221
monadische zweite Stufe, 219
MSO, 219
μ-Rekursion, 202

N

Nachbar, 234
Nachfolgerfunktion, 201
NAND, 35
Negationsjunktor, 4
Nichtdeterministisch
  polynomielles Problem, 194
  Turing-Maschine, 193
NOR, 35
Normale Modallogik, 223
Normalform
  disjunktive, 28, 47, 125
  Herbrand-, 128
  kanonische disjunktive bzw. konjunktive, 31
  konjunktive, 29, 54
  pränexe, 123
  Skolem-, 128
  termreduzierte, 126
NP, 194
  -schwer, 194
  -vollständig, 194, 197
NPSPACE, 195
Nullstellig
  Funktion, 99
  Funktionszeichen, 89
  Junktor, 12
  Relation, 99
  Relationszeichen, 89

O

Objektsprache, 20
Oder
  ausschließendes, 22
  einschließendes, 13
Ordnung
  diskrete, 190
  partielle, 233
  strikte, 233
  totale, 233
Orientierter Baum, 235

P

P, 194
Paritätsformel, 17
Partielle
  Belegung, 15
  Funktion, 176
    charakteristische, 176
    rekursive, 209
    turing-berechenbare, 178, 184
  Ordnung, 233
Peano-Arithmetik, 213
Peirce-Funktion oder -Operator, 35
Pfad, 235
Polnische Notation, 9
  Umgekehrte, 10
Polynomielles Problem, 193
positive Formel, 37
Potenzmengenalgebra, 75
Prädikat, 89
  zweitstufiges, 220
Prädikatenlogik
  erster Stufe, 87
  zweiter Stufe, 219
Pränexe Normalform, 123
primitiv rekursive
  Funktion, 202
  Menge, 204
primitive Rekursion, 202
Prinzip
  äquivalente Substitution, 25, 27
  äquivalente Substitution, 114, 223
  Dualitäts-, 83
  logisches, 23
  uniforme Substitution, 25, 27, 114, 223
Problem, 193
  Entscheidungs-, 39, 193

Erfüllbarkeits-, 39
nichtdeterministisch polynomielles, 194
polynomielles, 193
Such- oder Konstruktions-, 39
Produktstruktur, 107
Pseudokomplement, 229
PSPACE, 195
PTIME, 194

Q
Q, 213, 214
Quantor, 88
  logische Gesetze, 118
  relativierter, 112
  unnötiger, 118
  Wirkungsbereich, 95
Quantorenlogik, 87
Quines Methode, 63

R
Reduktion, 194
Regel *siehe* Gesetz
Rekursion
  μ-, 202
  primitive, 202
Rekursiv
  aufzählbar, 204
  axiomatisierbar, 212
  entscheidbar, 204, 212
  Funktion, 202
  Menge, 204
  partielle Funktion, 209
  semi-entscheidbar, 212
Relation, 232
  Äquivalenz-, 234
  binäre, 232
  definierbare, 106
  nullstellige, 99
  Übergangs-, 193
  Zugangs-, 221
Relationsvariable, 219
  n-stellige, 220
Relationszeichen, 88
  nullstelliges, 89
  zweistufiges, 220
relativierter Quantor, 112
Resolution, 56–58

duale, 161
Resolvente, 57
Ringsprache, 90
Robinson-Arithmetik, 214

S
Σ_1-Formel, 213
S4, 224
S5, 224
SAT, 196
Satz
  aussagenlogischer, 5
  Interpolations-, 33
  Kompaktheits-, 71, 144
  $\mathscr{L}$-, 95
  Unifikationssatz, 163
  von Cantor, 237
  von Church, 189
  von Cook, 197
  von Gödel
    Vollständigkeitssatz, 134
  von Herbrand, 159
  von Stone, 78
Schleife, 236
Schließender Pfad, 50
Schnitt, 74
Semi-entscheidbar, 174
  rekursiv, 212
  turing-, 178
Sequenz, 66
Sequenzenkalkül, 65
Sheffer-Strich, 35
Signatur, 88
Simultane Substitution, 26
Skolem-
  Funktion, 129
  Normalform, 128
Sound, 45, 134
Speicherband, 177
Speicherzelle, 177
Sprache, 88
  Graphen-, 90
  Ring-, 90
Starker modus ponens, 223
Startzustand, 177
Stelligkeit, 89
Strikte Ordnung, 233
Struktur, 98

Substitution
  äquivalente, 25, 27
  äquivalente, 114, 223
  simultane, 26
  uniforme, 25, 27, 114, 223
  von Teilformeln, 25
  von Termen, 115
Substitutionslemma
  für Formeln, 117
  für Terme, 116
Suchproblem, 39
System
  modallogisches, 222

T
Tableau-Methode, 48, 152
Tarski-Lindenbaum-Algebra, 75, 81
Tautologie
  aussagenlogische, 18
  intuitionistische, 227
  $\mathscr{L}$-Tautologie, 115
  modallogische, 223
  prädikatenlogische, 115
Teilformel, 10, 94
Term, 91
  geschlossener, 95
Termdefinierbare Funktion, 106
Termreduziert, 126
Theorie, 108
  deduktiv vollständige, 141
  Henkin, 140
  $\mathbb{K}$-konsistente, 134
  konsistente, 133
  rekursiv axiomatisierbare, 212
  rekursiv entscheidbare, 212
  rekursiv semi-entscheidbare, 212
  vollständige, 133
These von Church, 180
Totale Ordnung, 233
Träger, 98
Tripelnegation, 228
Turing-
  aufzählbar, 178
  berechenbar, 178, 184
  entscheidbar, 178
  Maschine, 176
    nichtdeterministische, 193
  semi-entscheidbar, 178

U
Übergangsfunktion, 177
Übergangsrelation, 193
Umbenennung gebundener Variablen, 118
Umgekehrte Polnische Notation, 10
Unentscheidbarkeit, 189
Unifikation, 162
Unifikator, 163
Unifizierbar, 163
uniforme Substitution, 25, 27, 114, 223
universell
  abquantifiziert, 108
  berechenbare Funktion, 184
  Formel, 128
Universum, 98
Unteralgebra, 76
Unterstruktur, 159

V
Variable
  Aussagen-, 4
  frei für, 117
  freie, 95
  gebundene, 95
  Individuen, 88
  Relations-, 219
  Umbenennung, 118
Venn-Diagramm, 41, 79
Verband, 76
Vereinigung, 74
Verum, 4, 93
Verum ex quolibet, 21
vollständig
  Junktorensystem, 34
  Kalkül, 45
  NP-, 194, 197
vollständig
  Graph, 236
  Induktion, 231
  Kalkül, 134
  Theorie, 133
Vollständigkeitssatz, 134
vollständig
  Quantorensystem, 123

W
Wahrheitsbaum, 49

Wahrheitstabelle oder -tafel, 15, 40
Wahrheitswert, 12, 13
  -funktion, 12, 17, 36
  -verlauf, 15, 29
Weg, 235
Welt
  mögliche, 221
Widersprüchlich, 18
Widerspruchsfrei, 18
Wirkungsbereich, 95
Wort, 236
  leeres, 236

Wurzel, 235
Wurzelbaum, 235

Z

Zertifikat, 196
Zugangsrelation, 221
Zusammenhängend, 235
Zustand, 177, 226
zweite Stufe, 219
zweiwertig, 3
zykelfrei, 235

MIX
Papier aus verantwortungsvollen Quellen
Paper from responsible sources
FSC® C105338

If you have any concerns about our products,
you can contact us on
ProductSafety@springernature.com

In case Publisher is established outside the EU,
the EU authorized representative is:
**Springer Nature Customer Service Center GmbH
Europaplatz 3, 69115 Heidelberg, Germany**

Printed by Libri Plureos GmbH
in Hamburg, Germany